均田制の研究

均田制の研究

—— 中国古代国家の土地政策と土地所有制 ——

堀　敏一著

岩波書店

はしがき

旧中国社会の発展の構造をどうとらえたらよいだろうか。一口にいって私の関心はそういう点にある。学生のころ内藤湖南博士の時代区分論に興味をもった。それは戦前の日本において、はやくから中国史の発展を体系的にとらえた唯一の歴史学であった。しかしその宋以後を近世とする説は、私たちにはどうしてもなじめないものがあった。博士の近世論が形成されたのは辛亥革命の時期であり、博士にとっては宋以後の中国社会と革命以後の現代中国とが連続すべきものとしてうけとられていた。宋代をルネサンスにあたるとする説は、もとより博士の世界史的視野によるものであるが、その根底には右のような中国理解があった。しかし辛亥革命はいったん挫折し、あらたに五四以後の革命に発展する。そうした政治情勢はおそらく博士の理解の外にあったであろう。晩年の博士は、中国の伝統文化が世界の将来にはたす指導的な役割を強調した。これはアナクロニズムである。現在の私たちは伝統中国にたいするいわゆる西欧の衝撃と、そこからはじまった革命の苦難の道程を考えて、革命中国が世界に何を寄与するかを問わなければならない。そしてあらためて伝統中国との関係を考えなければならない時にきている。

一九四八年、私の卒業と同時に、前田直典氏の「東アジャに於ける古代の終末」があらわれた。これは日・朝・中三国の発展の関連を考えるとともに、中国の唐末までを古代としたものである。前田氏を身近に知っていた私は、氏のすすめもあって、唐宋変革期の政治史的過程を研究しはじめた。前田氏の説は今日からみれば欠陥があきらかである。日・朝・中各国に世界史の発展法則が貫徹しているというその説は、歴史の発展と変革の普遍性があまりにオプティミスティックに信仰されていた戦後の一時期にふさわしい。しかし実際にはそれはヨーロッパ史ないし日本史の発展の型をアジア史にもあてはめようとするものであって、各国史の発展の特殊具体的な構造や、各国間の国際関係の具体的な構造連関に及んでいない。中国史についていえば、唐までの大土地所有における奴隷耕作を強調するが、同時期に広汎に存在し、むしろ生産の主流をなしたのではないかとおもわれる小農民層を軽視している。もちろんこの提言が、中国史を世界史的発展との関連において考察しようとする研究態度に影響した点は大きいのである。

まもなく私は一九五〇年度歴史学研究会大会において、「中国における封建国家の形態」と題して報告することになった。それはまことに恥かしい未熟なものであったが、右のような発展法則の理解のしかたに疑問を出し、中国農民の自立性を評価しようとした点に意義があったとおもう。しかしそのような農民をめぐる社会の具体的な構造をやはりしめすことができなかったために説得性を欠いていた。ただそこでのべたことが、対象とする時代こそずれたが、本書の課題につながるものであることだけは指摘しておきたい。もっとも私が最初に手をつけたのは、前記のように唐宋変革期の政治史的過程であった。しかしたとえば黄巣などの農民戦争を問題にするに際しても、農民のおかれている社会の構造とその変化とを、それ自体として確実につかんでおく必要を痛感した。何よりもこの時期の変革を、どのような社会からどのような社会への変革としてとらえるのか、そういう根本的なところで異論の多い学界の現状では、政治史的過程の追究からだけでは及びえない点がある。変革の前提となる社会の性格をどのようにとらえるか、私が本書の主題とする均田制を研究の対象とするようになったのは、そのような問題関心からである。もちろん唐以前の社会をあつかう場合、前田氏のように大土地所有を重視する立場もあるが、均田制の対象とする小農民こそ主要な生産者ではないのか、そうとすれば土地の還受をたてまえとするこの制度のもとでは、国家の土地と農民にたいする直接的な支配こそが問題とされなければならないであろう、それが中国社会の特質につらなる問題なのではないか。それが私の考えた点である。

私の研究対象が移るあいだに、中国古代史研究者の関心も小農民の上に集まるようになった。そして漢代を対象とする西嶋定生氏の体系的な著述『中国古代帝国の形成と構造』(一九六一年)があらわれた。西嶋氏もはじめは漢代を家父長的家内奴隷制の社会とみていたが、右の著述では主要な直接生産者を奴隷ではなく小農民とし、皇帝と小農民との間に基本的な階級関係があるとした。氏にかぎっていうことではないが、このような発想の転換に、なにほどかマルクスの草稿『資本制生産に先行する諸形態』の影響があるのではないかとおもう。ただしそこに描かれたアジア的形態をそのまま中国史上にもとめれば、殷周社会をおいてない。問題は殷周社会の基礎をなしていた氏族共同体が解体したのち、古典古代的な奴隷制が展開せず、小規模な家族によって小規模な経営をおこなう農民が生まれ、それを支配する秦漢以降の専制国家が形成された点にある。中国の学界ではこのような農民をただちに封建的小生産者に類比するのであるが、西嶋氏らは中国古代社会の特殊性をしめすものとして、このような農民支配の体制を個別人身的支配とよんだのである。私は先述のように、中国農民の自立性をはやくから重視していたつもりであるが、じゅうぶん具体的な構造論として提示したわけではなかったので、のちに均田制を研究するようになってから、この西嶋説に教えられるところが多かった。

しかしながら個別人身的支配がその理念どおりに貫徹することは、現実には困難であったろう。なぜならば、この支配体制は自立的な小農民層の広汎な出現にともなってあらわれたわけであるが、それは同時に小農民層の階層分化をともない、豪族的大土地所有制の発展をもみたからである。さきの前田氏らの説は、この大土地所有制を主要な、もしくは先進的な制度とみて、小農民層を軽視したわけであるが、西嶋氏の個別人身的支配説では、豪族は皇帝の小農民支配に背馳し、その貫徹を妨げる存在としてのみとらえられている。これにたいして増淵龍夫氏は、この支配体制を可能にしているのは、地方における豪族の小農民らにたいする社会的規制力の存在であり、皇帝権力はそれを媒介として滲透したとする(「中国古代国家の構造」)。たしかにそのとおりであって、私も本書で豪族と小農民とのそうした面にふれるが、それとともに豪族勢力の発展が小農民層との対立を激化する一面をもったことに注意したい。このような地方社会の矛盾が、漢帝国を崩壊させ、つぎの時代の占田・課田制から均田制を生みだしてくる主要な背景をなしている。本書の第一篇は、均田制が成立してくるまでの土地制度の展開を主題としているが、それぞれの土地制度の内容とともに、その展開をうながした右のような背景について、それぞれの章でふれることになる。また均田制がこのようにして生まれてくるとすれば、均田制はそれ自体のなかに矛盾をふくんだ存在として出現したはずである。第二篇では、均田制の制度的な内容を確定することに多くの頁をさかなければならないが、その際制度の変遷にそのような矛盾の展開をみ、また史料的には限られているが、実際の施行状況とのギャップを見失わないようにしたい。その結果均田制の崩壊とそれにつづく地主＝佃戸関係の形成にも言及するが、宋代以後の社会を全体として理解するには、やはり専制権力との関係が問題になるので、この点は今後の課題として残される。

右に豪族と小農民との関係における矛盾が均田制を生みだしてくるとのべたが、他方では豪族勢力の発展が六朝以後の貴族制を形成することがひろく認められている。六朝・隋唐を貴族政治の時代と特徴づけたのは内藤博士であるが、博士のいう貴族政治は、宋以後のいわゆる君主独裁政治に対比して、貴族が君主の権力を制約する点に重点をおいていた。たしかにそのために君主権力が弱体化し、六朝時代の分裂をまねいた面はあるが、本書の主題とする占田・課田制から均田制があらわれてくるのも同じ時代であって、このような政治制度からみれば、権力は前代よりも一層直接に個々の人民を掌握するにいたるのであり、いわゆる個別人身的支配の体制はより徹底すると考えられる。この一見相矛盾する現象がむしろ相関連するものであることを、私は『岩波講座世界歴史・古代５』の総説でのべておいた。近年の貴族制研究は、内藤博士の場合とはちがって、貴族の寄生官僚的な面を追究する傾向と、貴族制の根源を地方郷党社会にもとめようとする傾向とを生んでいる。この二つの傾向はあきらかに視角を異にしているが、実は貴族制のもつそれぞれの側面を強調しているのであって、後者の郷党との関係を重んずる説においても、貴族の文臣官僚としての性格こそが問題にされているのである。地方豪族勢力の発展が、西欧的な封建領主の方向に進まず、したがって分権的な政治体制を出現させず、右のような貴族制を形成した理由について、川勝義雄氏は、豪族同士の対立をはらんでいた当時の郷邑社会において、共同体再建の方向をめざす郷論の役割を重視し、その底に自立的な小農民の力が作用していたと想像している（「漢末のレジスタンス運動」「貴族制社会と孫呉政権下の江南」）。また谷川道雄氏は、六朝士大夫が大土地所有の拡大よりも、その資産を小農民の自立性を維持するために用いる自己抑制的な態度――私利を捨てて公義につくという倫理観念を高く評価し（「北朝貴族の生活倫理」「『共同体』論争について」）、均田制もこのような士大夫的理念の体制化であると説く（「均田制の理念と大土地所有」）。

川勝・谷川両氏は、豪族・士大夫の指導する右のような郷党社会を「豪族共同体」とよんだ。これは共同体の発展によって歴史を解しようとする立場からの提言であるが（「中国中世史研究における立場と方法」）、両氏のこのような提言の底には、「近代の超克」を共同体の再生にかけ、その際に精神的契機をすぐれて重んずる今日的な観点があるらしくおもわれる。そのために歴史上にもとめられる共同体も、私心を否定するもの、私有と対立するものとして描かれているとおもう。しかし私有制が発達し、階級社会が成立してからの共同体は、ローマ社会やゲルマン社会についていわれるごとく、一般には私的所有の主体としての農民の再生産を保障するための、私的所有者の共同体としてあらわれるとおもう。共同体の特徴をなす公有地や共有地は、そこでは私的所有者が生産を遂行するための条件をなしている。中国の場合ローマやゲルマンとは同じでないが、上にのべてきたように、戦国・秦漢以来小規模な土地を自ら経営する農民が広汎に存在している。これらの小農民がどのようにして再生産をおこなうのか、その条件を考えてみるのが中国におけるいわゆる「共同体」の問題であるとおもう。その場合中国古代ではたしかに豪族の役割が重要である。豪族は農民の再生産条件を創出しもしくは占有するからであるが、そのことは反面、占奪による農民の没落の条件をもつくり出す。そうしたなかで、なぜ均田制による小農民支配の体制を可能にした強力な皇帝権力が成立してくるかを考えてみれば、そこには北方民族の征服という契機があるにせよ、根本的には農民の農業生産における国家の役割に注目しないわけにいかないとおもう。つまり中国における「共同体」の問題は、豪族ばかりでなく、国家をも射程に入れなければならないということである。

アジア的国家の共同体的機能ということは古くからいわれている。しかしそこでは原始的な共同体の未分解と国家的土地所有が特徴とされている。それにたいして、小農民の一応自立的な経営とその上におよぶ個別人身的支配の体制が成立した秦漢以後の中国において、国家の生産上の役割がどうであったかは、あらためて具体的に考えてみなければならない問題である。そしてそこでは農民の土地にたいする一定の権利が発達していたことはたしかであるが、それと同時に均田制が端的にしめすごとく、国家の土地にたいする支配を無視できないこともまたあきらかである。この点に関連して、土地が国有であるか私有であるかという単純な二者択一的な議論をおこなうことは意味がないとおもう。しからば中国古代における土地所有制の性格をどう考えたらよいか。第三篇の第八章ではこの点を論じてみたい。国家の生産上の役割にともなって、国家の人民にたいする支配は、国家の土地にたいする支配と不可分な関係をもつにいたる。土地にたいする支配の法的表現が右の土地所有権の問題であるが、第七章では国家の人民にたいする支配の法的形式である身分制の問題をとりあげたい。中国古代の身分制としては、良人と賤人とをわけるのが基本的な制度であるが、この身分制も漢帝国の崩壊過程で、個別人身的支配体制の強化が要請されるにともなって確立してくるのであり、均田制の施行につれてさらに整備した体系をとるようになるのである。そこでは国家の直接支配をうける均田農民は良人とされて、無権利なもしくは権利薄弱な各種の賤人と対置される。個別人身的支配というと、とかく専制権力のもとに人民がまったく無権利で隷属するといった状態が想像され、それをただちに奴隷制というカテゴリーのなかに押しこめやすいのであるが、農民が支配階級である官人をもふくめた良人身分としてあらわれるところに、国家の共同体的性格がしめされているのではないかと、現在の私は考えている。中国古代に奴隷制の発展があったことは、賤人身分中の奴婢の存在によって知られるが、この発展に限界があったことは、賤人・奴婢が良人にたいして比較的少数であったことにしめされている。

以上は私の問題関心のありかたをのべたのであって、本書の内容の全般的な解説ではかならずしもない。本書中の各章には、はじめに「問題の所在」と題する一節を設けて、章ごとの問題点、学説史的位置、研究の方法等をのべたので、詳しくはそちらを読まれたい。本書の第一章から第七章までは、かつて学会誌・紀要・記念論文集等に発表したものによっているが、本書に収めるに際して大はばに書き改めたので、近作の第二章を除いては、原形をとどめた部分の方がおそらく少ない。第八章は今回新しく発表するものである。いうまでもなく本書の研究は先学の業績に負うことが多く、その名は必要に応じて本文中に記したが、煩をさけて掲載誌・収録書・発行所・発表年度等は掲げず、巻末に参考文献目録をのせて、それらの検索にあてた。これにはさらに若干の文献を補足して、本書の主題にかんするなるべく偏頗のない目録たることを期するとともに、簡単な解説を付して、この方面に関心をもつ研究者、とくに初学者の便宜をはかった。この目録はかつて池田温氏の協力をえて、『東洋文化』第三七号に掲載したものを増補して作成した。

末筆ながら、本書をご推薦いただいた石母田正氏、ご助言をいただいた西嶋定生氏、右の目録にご協力いただいた池田温氏、本書引用の敦煌・吐魯番等出土文書をパリ・ロンドン等で調査する機会を与えられた明治大学、製作・校正の過程で多大のお骨折をいただいた岩波書店の方々に、あつくお礼申上げる。

一九七五年三月

堀　敏　一

目　次

第三篇 中国古代の身分制と土地所有制

第一篇　均田制の成立過程

第一章　均田思想と均田制度の源流

一　問題の所在

均田制は五世紀の北魏王朝のもとで出現するのであるが、国家が人民の土地を規制したり、あるいは国家が人民に土地を配分しようとする思想は、五世紀になって突然あらわれたものではない。周代におこなわれたと伝えられる井田制は、そのような思想にもとづいておこなわれた最古の土地制度であると考えられており、均田制はこの井田制を模範とし、これを復活しようとしてあらわれてくるのである(1)。そしてあるときには、均田制自体「井田」とよばれており、井田制と同視されさえした(曾我部静雄「井田法と均田法」)(2)。それゆえ本章の課題は、まず井田制とはどのようなものかを考えてみることである。

ところで井田制については、それが周代に現実に存在したのか、しなかったのか、といった論議が古くからおこなわれてきた(3)。しかし本章の関心はそのような点にはない。井田制の内容を今日我々に伝える史料は、いずれも井田制がおこなわれたといわれる時代よりは後世のものである。周代は後世の中国人にとって理想的な黄金時代と考えられたから、井田制にかぎらず、周代の制度はすべて後世の人々によって理想化されて伝えられた。それらは後世になればなるほど、理想化された部分が付加されたと考えてよいとおもう。したがって周代に井田制とよばれる制度が存在したとしても、それは後世の文献に伝えられる井田制とは別のものであったであろう。しかし均田制をはじめとする後世の制度に影響を与えたのは、現実におこなわれた井田制ではなく、文献によって伝えられた井田制の内容である。それはいわば伝承化され神話化された井田制である(4)。したがって本章の関心は、そのようにして伝承化され神話化された井田制を問題とすることである。

井田制の伝承に後世の理想が加えられているとすれば、そこには理想化を必要とした後世の事情が反映していることであろう。後世の事情によって理想化がなされたからこそ、それは現実政治に影響を与えたといえるであろう。そこで本章では、伝承化された井田制の内容とともに、それを理想化した時代の歴史的条件が考えられなければならない。その際注意すべきは、井田制が現実におこなわれたといわれる周の前半期(西周)と、それを理想化して伝えた戦国・秦漢との間に、中国社会の大変革があったことである。近年の通説によれば、この変革は、いわゆる周の封建制の基礎をなしていた氏族共同体が解体して、小規模な家族と土地をもつ農民(これを日本・中国の学界では、小農民・自立小農民・個体農民などとよぶ)が生まれると同時に、彼らのあいだの階層分化もはげしくなり、また他方ではこれらの農民を支配する専制国家が成立したものとして特徴づけられる。とすれば理想化された井田制は、このようにして成立した専制国家の支配層、知識人ないし為政者の、土地および農民にたいする考えを反映するものとして注目すべきであろう。そしてそのような考えが、井田制の理想とともに、のちの均田制にいたるまで伝えられて、政策の方向を決定したと考えられる。

しかし理想化された井田制はあくまで理想であって、それがそのままただちにおこなわるべくもなかった。そこで均田制にいたるまで、一方に井田制を理想として掲げながら、他方においてより現実に適合した政策が追求された。その最初のものとみなされる漢代の限田制は、反対勢力の圧力によって実現をみないで終ったが、それにしても専制国家が人民の側の土地を規制しうるものとみなし、その具体的な立案をはじめておこなったものとして注目される。「均田之制」という言葉は、北魏に先だって、この限田制を指す言葉としてあらわれてくるのである。また限田制は土地とともに奴婢の制限をともなったのであるが、そのことは当時の大土地所有の労働力、および国家の人民支配との関連でみた場合、どのような意義を有するのか、この点も本章で考えてみたい問題である。

限田制は人民の側の土地所有額に制限を設けようとするにすぎず、のちの均田制のように土地の配分をはかるものではない。これにたいして漢代には、公田が貧民への土地分与を通して、国家の人民支配のうえで重要な役割をはたしたことが最近指摘されている。秦漢時代には広大な公田が存在し、国家が最大の土地所有者であったことはたしかであるが、これら公田の起源は、戦国以降専制権力が成立してくる過程で、その家産として集積されたものだといわれる（増淵龍夫「先秦時代の山林藪沢と秦の公田」）。その点においては、公田は一般の私田となんら異なる所がない。しかしそのような公田の性格は、前漢の中頃以後変質し、公田を貧民に賦与して、国家の支配する小農民を育成しようと意図されるにいたったといわれるのである(5)。もちろんこの場合の公田の賦与は、一部の地域において臨時におこなわれたものであるが、それにしてもこのような公田の役割は、のちの均田制と類似した点があるとおもわれる。限田制とならんで、公田制にも本章で論及したいゆえんである。

最後に、前漢と後漢の中間期に一時政権を掌握した王莽がおこなった、いわゆる王田についてのべなければならない。これこそ彼の主観的な意図においては、井田制のそのままの再現をはかったものである。しかしその具体的な内容についてみれば、上にのべてきた限田制や公田制など、当時の土地制度と無縁ではないようである。ただ限田制が相当の大土地所有以上を問題にしたのにたいし、王莽の王田は一時的にもせよ、はじめて小農民を対象とした国家の統一的な土地政策としておこなわれた点に、重要な意義があることを認めなければならないであろう。

（1）　古来均田制施行の動機となったといわれる李安世の上疏には、「井税之興、其来日久、田萊之数、制之以限、蓋欲使土不曠功、民罔游力、雄擅之家、不独膏腴之美、単陋之夫、亦有頃畝之分、所以恤彼貧微、抑兹貪欲、同富約之不均、一斉民於編戸、……愚謂、今雖桑井難復、宜更均量、審其径術、令分藝有準、力業相称」（魏書五三李安世伝）といい、均田制についで三長制・新租調制を施いた四八六（太和十）年の詔には、「夫任土錯貢、所以通有無、井乗定賦、所以均労逸、……又隣里郷党之制、所由来久、欲使風教易周家至日見」（魏書一一〇食貨志）とあって、北魏王朝が均田制を施行するにあたって、井田制を念頭においていたことはあきらかである。

(2)　曾我部氏は均田制の公の名称が井田であったと主張している。その論拠は、唐王朝の編纂にかかる唐六典三戸部の条に、「戸部尚書・侍郎之職、掌天下戸口・井田之政令」とある点にある(旧唐書職官志にも同様な文があるが、これは六典と同系統の史料によるものであろう)。均田制という名称は、後述するように漢代からあり、前記李安世伝には、李安世の上疏の後に、「高祖深納之、後均田之制起於此矣」と編者(北斉の魏収)が付記しているように、北朝でもおこなわれており、唐の開元八年二月十九日の詔勅のなかでも、「朕於蒼生、若保赤子、為之均田、邑制廬井」(唐大詔令集一〇三)とのべているように、唐代の公式の文書にも用いられているのであるから、井田のみが公式の名称であるという断言はさしひかえたいが、均田制が井田と同視されたことはたしかである。

(3)　この論争史の要をえた紹介と批評は、近年では、小竹文夫「中国井田論考」にみられる。

(4)　Balazs, É., "Evolution of Landownership in Fourth-and Fifth-Century China" もこの点を指摘している。「この問題にかんする『詩と真実』を弁別することがいかに難しかろうとも、疑いないことは、詩の方が真実よりも一層重要になったことである。」(*Chinese Civilization and Bureaucracy*, p. 101.)

(5)　公田の貸与が郡県の小農民を維持する機能をはたしたことについては、加藤繁・西嶋定生・五井直弘諸氏(これらの論文についいては第五節の注を参照)が多かれ少なかれ言及しているが、平中苓次「漢代の公田の『仮』――塩鉄論園池篇の記載について――」は、公田の貧民への貸与が宣帝・元帝以後、とりわけ元帝以後盛んになったことを指摘しており、好並隆司「西漢元帝期前後に於ける藪沢・公田と吏治」は、元帝以後の政策の転換と関連して、これが郡県民維持に重要な役割をはたしたことを指摘している。

二　井田説の形成

1　孟子の井田説

上記のように、井田制にかんする文献は、いずれも井田制がおこなわれたといわれる西周の時代よりは後世のものであり、そこには後世の思想が反映しているとみられる。それらの文献のなかでもっとも古いまとまった記録は、孟子の滕文公章句上にみえるものであろう。それは戦国時代の中ごろの人孟子が、小国の滕の君主文公に説いた部分である。それをみると孟子自身、すでに周代のことをはっきりとは知っていなかったらしい。例えば夏・殷・周の税制について、「夏后氏は五十にして貢せしめ、殷人は七十にして助し、周人は百畝にして徹す」といい、このなかでは助法がもっともよいとのべた後に、詩経の「我が公田に雨ふりて、遂に我が私に及ぶ」という詩句を引いて、この句によると周代に公田があったことがわかるが、公田があるのは助法だけだから、周代にも助法がおこなわれたことがわかる、といった一種の考証をやっている。

　このような税制や学校制度にかんする孟子の意見具申が終ったのち、文公は畢戦という臣下をやって、孟子に「井地」のことを問わせたという。これは助法をおこなうために、その基礎となる井田のやりかたを尋ねさせたのである。すると孟子は、経界すなわち土地区画をおこなうことがまず大切であることを強調したのち、彼の考える井田の法をつぎのように説いたのである。

　請う、野は九の一にして助し、国中は什の一にして自ら賦せしめよ。卿以下には必ず圭田有り、圭田は五十畝、余夫には二十五畝なり。死せるにも徙るにも郷を出づることなく、郷の田にては井を同じくし、出入には相い友とし、守望には相い助け、疾病にも相い扶持せしめば、則ち百姓親睦せん。方里にして井す、井は九百畝にして、其の中を公田と為し、八家皆百畝を私とし、同《とも》に公田を養い、公事畢りて、然る後敢えて私事を治む。野人を別つ所以なり。此れ其の大略なり。夫《か》のこれを潤沢にするが若《ごと》きは、則ち君と子とに在り。

　これによると孟子は、君主の領土を国中と野とにわけ、国中では十分の一の現物税をとり、野において井田を実施しようと考えたわけである。君主の領土が国中と野とにわけられるのは、当時の邑制国家一般の構造にもとづくものであるが、この場合国中とは君主の居城を中心としてその周囲の郊などとよばれる一定範囲の地を指し、その外の郊外を野と称していると理解すべきであろう。孟子の言では、卿以下の士大夫層に与える圭田の位置が不明確であるが、それはおそらく国中におかるべきものであって、その外の野において、野人・百姓、すなわち庶民を対象とする井田をおこなうのであろう。井田の方法は、一里四方の土地を一井とし、一井は九〇〇畝なので、これを一〇〇畝ずつに九等分して、真中の一〇〇畝を公田とし、周囲の土地を一〇〇畝ずつ八家に与えて私田とし、八家は真中の公田を共同して耕すようにするのである。これはつまり徭役労働制であるが、孟子が理想としたのは、これによって八家が「井を同じくし、出入には相い友とし、守望には相い助け、疾病にも相い扶持し」、さらに共同して公に奉仕する共同体的な社会であったとおもわれる。

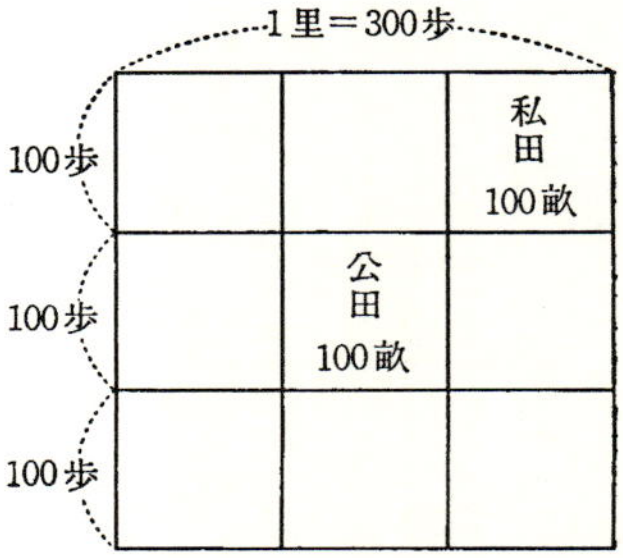

以上の記事はしばしば誤解されているように、周代のものとして孟子が伝えたのではない。孟子が助法という税法を理想とし、それをおこなうための土地制度として自分で考えだしたものであり、実際に滕国でおこなうようすすめたものである。であるから、「夫のこれを潤沢にするが若きは、則ち君と子とに在り」といい、大略をのべただけで、細かい点の修飾は文公と畢戦とに任せているのである。さきに孟子が「我が公田に雨ふりて、遂に我が私に及ぶ」という詩句を引いて、周代にも助法があったことを推測したとのべたが、これは孟子の我田引水的な推理であって、実際には右の詩句は、公田と私田があったこと以上のことをしめしてはいない。それを助法がしやすいように公田と私田を組みあわせたのは、孟子自身の発明なのである。(6)

2　周礼の井田説

孟子についで、井田制についてまとまった記録をのこしているのは周礼である。周礼に記された周制は、非常に詳細で整備されていて、きわめて理想化されたものであることは定評があり、その制作年代は早くみても戦国末、おそくみる説では前漢末までくだるとされている(7)。

周礼の井田制には、孟子のそれとはかなり違った点がある。一つは田土の肥瘠によって支給する面積をかえた点である。すなわち周礼の地官大司徒の条に、

不易の地は家ごとに百畮。一易の地は家ごとに二百畮。再易の地は家ごとに三百畮。

とあり、地官遂人条には、

上地は夫ごとに一廛・田百畮・萊五十畮、余夫も亦かくの如し。中地は夫ごとに一廛・田百畮・萊百畮、余夫も亦かくの如し。下地は夫ごとに一廛・田百畮・萊二百畮、余夫も亦かくの如し。

とある。一易の地・再易の地は休耕農法がおこなわれる土地で、萊というのは休耕地である。これは周礼がつくられた時代に、一部においてこのような農法がおこなわれていた現実を反映したものであろう。ただ上地は、遂人条では五〇畝の萊があるのに、大司徒条にはなく、同じ周礼のなかにもくいちがいがある。

さらに周礼では、この肥瘠に応じた田土の配分は、家口数および力役を出す人数を考慮してきめていると考えられる。すなわち地官小司徒条に、

上地は家ごとに七人にして、任ずべき者は家ごとに三人。中地は家ごとに六人にして、任ずべき者は二家に五人。下地は家ごとに五人にして、任ずべき者は家ごとに二人。

といい、夏官大司馬条に、

上地は食する者参の二にして、其の民用うべき者は家ごとに三人。中地は食する者半ばにして、其の民用うべき者は二家に五人。下地は食する者参の一にして、其の民用うべき者は家ごとに二人。

とある。「任ずべき者」とか「用うべき者」とかいうのは、家口のなかから力役に徴発される者をいみする。また大司馬条の「食する者」は、加藤繁氏の指摘のように、田土をいみし、「食する者参の二」は、さきに引いた遂人条の「田

百畮、萊五十畮」に、「食する者半ば」は「田百畮、萊百畮」に、「食する者参の一」は「田百畮、萊二百畮」に相応ずる(『支那古田制の研究』)。したがってこれらの田土は、力役の人数に応じてわりあてられているのであり、田土が力役の反対給付として支給されるものであることをしめしている。しかしそれにしても、小司徒条のように、家口数を七人・六人・五人に限り、これを上・中・下の土地にそれぞれわりあてているのは、数字を整えるためであって、あまりに不自然である。

田土が力役の反対給付とされるのは孟子の場合も同様であるが、孟子と周礼の最大の相違は、後者に公田がないことである。孟子にとっては、農民の共同性に基礎をおく助法が理想であり、そのために公田の存在こそが彼の土地法の眼目であった。しかし周礼においては、土地の肥瘠や家口数に応じた割当が問題とされていて、土地のより公平な分配に関心が移っているといえそうである。このように両者の問題関心は根本的に違うのであるから、井田制の記述にかんするかぎり、両者はいずれか一方が他方を模倣したり修正したりしたものではなく、まったく別個の伝承だとすべきであろう。しかし年次的にいずれが前かといえば、やはり孟子が前であり、周礼にみられるごとき公平な分配への関心は後出のものである。それは周礼以後この点への関心がますます強まっていく傾向からもいえることである。

3　その後の井田説

孟子や周礼のほか、井田に言及した記録には断片的なものが多いが、それらのなかから井田の内容にも及んだものをみると、それらは右の二書にもとづいて多少の修飾を加えたものが多い。例えば漢初の文帝の時代の人韓嬰がつくった韓詩外伝四には、つぎのような文がある。

古は八家にして井田す。方里にして一井、広さ三百歩、長さ三百歩を一里と為す。其の田は九百畝なり。広さ十歩、長さ百歩を十畝と為し、広さ百歩、長さ百歩を百畝と為す。八家が隣を為し、家ごとに百畝を得。余夫は各々二十五畝を得。家ごとに公田十畝と為し、余の二十畝を共に廬舎と為して、各々二畝半を得。

これはむろん孟子を基礎にしたものであるが、公田一〇〇畝を共同で耕さないで、八家に一〇畝ずつわりあててしまい、残る二〇畝を廬舎の地(宅地)にするというのである。これは詩経の「中田に廬有り」という句によって考え出されたものであるが、しかしこの詩句は「疆場に瓜有り」と対になっていて、廬は廬舎ではなく瓜類を指すのである。穀梁伝宣公十五年条も、「古は三百歩を里と為し、名づけて井田と曰う。井田とは九百畝、公田一に居る」と記し、つづけて「古は公田を居と為す」といって、やはり公田のなかに居宅があったとしている。穀梁伝の制作年代はすくなくとも漢初にくだるであろうから、漢初にこのような説が普及していたのかもしれないが、あるいは穀梁伝が直接韓詩外伝によったということも考えられる(郭沫若『十批判書』邦訳四二頁以下)。

時代がくだって後漢の時代になって、井田制のことを詳しく伝えるのは班固の漢書二四食貨志である。それを読むと、大部分は孟子・周礼・韓詩外伝等の先行文献をつなぎあわせたものであるが、そのなかに古い文献にない新しい記録ではないかとおもわれる個所が二個所ある。その一つは、

民年二十にして田を受け、六十にして田を帰す。

という還受の記載である。このような記録は、今日知るかぎり漢書食貨志が最初であるが、前後漢交替期に王莽がおこなった「王田」の場合にも還受は命令していないから、後漢になってあらわれた説ではないかとおもわれる(8)。人には老病・生死があって、農家の人員はつねに一定しているわけではないから、還受をおこなえば、それぞれの農家の人員と土地の面積とがつねに比例して、より公平に均等になるわけである。いうまでもなくのちの均田制の最大の特徴はこの還受にあるのであるから、井田説のなかに還受の思想があらわれたということは重要な意義をもつ。

もう一つは、周礼にもとづいて、「民、田を受けること、上田は夫ごとに百畮、中田は夫ごとに二百畮、下田は夫ごとに三百畮、歳ごとに耕種する者を不易の上田と為し、一歳を休む者を一易の中田と為し、二歳を休む者を再易の下

田と為す」とのべたのちに、

　三歳かわるがわるこれを耕して、自ら其の処を爰《か》う(三歳更耕之、自爰其処)。

とある点である。これを、土地の肥瘠によって与える面積を異にするばかりでなく、三年ごとに与えられた土地を交換する、いわゆる定期的割換と解する説があるが、もしそうとすると、これは孟子・周礼等にない新しい点となる(服部宇之吉「井田私考」)。これにたいし、右の文は再易の下田の説明で、下田の場合三年ごとに一〇〇畝ずつ場所をかえて耕すことをいみするという解釈もある(加藤繁前掲書)。もし後者が正しければ、周礼の内容を出るものではない。

しかし漢書食貨志の右の文をどう解するかはともかく、定期的割換をおこなう考えが後漢になってあらわれたことは確かである。すなわちすでに引いた孟子の「死せるにも徙るにも郷を出づることなく」という句の趙岐の注に、

　死とは、死を葬うを謂うなり。徙とは、土を爰《か》え居を易えて、肥磽を平らかにするを謂うなり。

といい、公羊伝宣公十五年条の何休の注に、

　上田は一歳ごとに一たび墾し、中田は二歳ごとに一たび墾し、下田は三歳ごとに一たび墾す。肥饒独り楽しむを得ず、墝埆独り苦しむを得ず。故に三年ごとに土を換え居を易えて、財均しく力平らかならしむ。

とあって、後者では三年ごとに割換をおこなうとのべている。三国時代に入って、漢書地理志の顔師古注に引用された張晏の説では、「周制は、三年ごとに一たび易えて、以て美悪を同じくす」といい、孟康の説では、「三年ごとに土を爰え居を易えるは、古の制なり」といい、やはり三年ごとの割換説をのべている。田土の定期的割換という慣行は、世界各地において古くおこなわれていた事実があるようであるが、中国の井田制にかんするこれらの説は、古い文献になく、比較的後代になってあらわれてきたところをみると、上にのべてきたような、土地の公平・平等な分配という思想をおしすすめた結果考え出された理想像で、これを古制に仮託してのべたのが上記の人々であったとおもわれ

る。[9] 還受の思想が人の一生を単位として平均化を考えたのにたいし、一層短期間に平均化を実現しようと考えたところに、定期的割換説が生まれたといえよう。

(6) 孟子の井田制を孟子自身の発明だとする説は、胡適をはじめ井田制否定論者のなかに多いが、私は胡適のように孟子の議論の曖昧さを論拠とはせず、むしろ一貫性をもった自説の主張だと考えるのである。

(7) 周礼の制作年代にかんする論争史は、宇野精一『中国古典学の展開』に詳述されている。宇野氏自身は、銭穆「周官著作時代考」に賛成して、戦国末期説をとっている。前漢末期説をとるのは、近年では津田左右吉「儒教の礼楽説」『左伝の思想史的研究』「周官の研究」等である。

(8) なお後漢書一〇六循吏・劉寵伝の章懐太子注に引く後漢の応劭の風俗通のなかに、春秋井田記なるものを引いており、そのなかに「人年三十、受田百畝、以食五口、五口為一戸」とある。また呉の韋昭の国語注にも、「三十者、受田百畝」とある。これらは受田のみで、田土の還付に言及していない。

(9) 加藤繁『支那古田制の研究』は、周代の田制を問題にしたものであるが、上記の諸説を引いて、定期的割換は後漢の学者が唱え出したものにすぎないとのべている。私も賛成であるが、私にとっての問題は、この割換説を井田制伝承の発展のなかに位置づけることにある。

三　井田説の背景

1　井田の対象となる農民

井田制にかんする以上のような伝承が、いずれも後世の知識人あるいは支配層の理想をのべたものであるとすれば、それはどのような当時の現実を反映しているのであろうか。まず最初に、孟子でも周礼でも、井田制で一家にわりあてられる面積は、一〇〇畝を標準としていることを指摘しておこう。周礼では二〇〇畝・三〇〇畝の場合もあるが、これは休耕がおこなわれる場合であるから、むろんこれも一〇〇畝が標準である。また周礼では、これらの土地が五

―七人の家族をもつ農民にわりあてられていることも指摘しておこう。

さて孟子の梁恵王章句上には、孟子が梁の恵王にむかって、

五畝の宅、これに樹うるに桑を以てすれば、五十の者、以て帛を衣るべし。雞豚狗彘の畜、其の時を失うこと無ければ、七十の者、以て肉を食うべし。百畝の田、其の時を奪うこと勿《な》ければ、数口の家、以て飢うること無かるべし。

と説いた話が出てくる。同じことは斉の宣王にむかっても説かれたが、そこでは右の「数口の家」が「八口の家」となっている。また尽心章句上にも、文はちがうが同じ内容をのべたところがある。要するにこれは孟子の持論だったらしいが、当時の農民の生活を安定させるためにのべたものであるから、孟子からみれば、五畝の宅地、一〇〇畝の田地、八人家族というのが、当時の標準的な農民の姿であったのであろう。井田制の一家一〇〇畝というのも、このような標準的な農民が対象として考えられているのである。万章章句下には、「耕す者の獲る所は、一夫百畝にして、百畝の糞《おさめ》は、上農夫は九人を食《やしな》い、上の次は八人を食い、中は七人を食い、中の次は六人を食い、下は五人を食う」とあり、一〇〇畝の土地をもつ農夫は、その収穫によって五―九人を養うことができるといっている。ただしこの部分は、孟子は周制として考えているのであるが、上の孟子の言と比較すれば、当時の実情としても妥当しうるであろう。漢書七二貢禹伝にのせる貢禹の上言に、「中農は七人を食う」とあるのは右の孟子の言によるものであろうが、貢禹はこれを漢代のこととして論じている。これらの人々は歴史的発展の観念をもっているわけではなく、古制はそのまま現代の模範となるという意識をもっているのであるが、その古制なるものはしばしば後代の要求によって修飾されている場合が多いのである。

戦国時代以降、右のような農民の姿を描いているのは、孟子・周礼にとどまらない。荀子にも、「家ごとに五畝の宅、百畝の田」(大略篇)の語がある。漢書食貨志では、戦国の初め魏に仕えた李悝の語を伝えて、

今一夫、五口を挾《さしはさ》み、田百晦を治む。歳収、晦ごとに一石半、粟百五十石と為す。

という。これによると、一家五人家族で、一〇〇畝の土地を耕し、毎年粟一五〇石の収穫をあげるものと計算されている。(10)下って漢代になって、同じ食貨志に、文帝のときの有名な鼂錯の上言をのせて、

今農夫五口の家、其の役に服する者は二人を下らず。其の能く耕す者は百晦に過ぎず。百晦の収は百石に過ぎず。

とある。ここでは五人の家族、二人の壮丁、一〇〇畝の土地にたいし、その収穫は一〇〇石とされて、李悝の場合より少なく見積られている。(11)

ここで家族構成と田土面積との関係に関連して、前節で引いた周礼地官遂人条に、「上地は夫ごとに一廛・田百晦・萊五十晦、余夫も亦かくの如し」とある、夫と余夫との関係を検討しておこう。夫と余夫とを区別するかぎり、この場合の夫は単に一人前の男子をいみするのではなかろう。前引の李悝の言に「一夫、五口を挾み、田百晦を治む」とあり、孟子は「一夫百畝にして、百畝の糞は、上農夫は九人を食う」という。この場合の夫は、一〇〇畝の土地をもち、五—九人の家族を養う農民と考えられる。換言すれば、小農民の一家を代表する家長、戸主を指すことになる。遂人条の夫をもこのようないみにとれば、余夫は家長以外の同一家内の丁男を指すことになろう。(12)もっとも夫を妻帯した丁男一般とし、余夫を未婚の丁男に限ろうとする説もあるようであるが(服部宇之吉「井田私考」)、いずれにせよ右の遂人条にしたがえば、家内の丁男はことごとく一〇〇畝の地をもつことになる。鼂錯によると、五人家族で二人の服役者をもつということであるから、このような家は、遂人条によると二〇〇畝の土地をもつことになるわけである。このように丁男にそれぞれ一〇〇畝を与えるという法は、のちの均田制において実現するのであるが、一家の土地を一〇〇畝とする戦国・秦漢の際の農民像や、他の井田説とは矛盾するようである。周礼自体も地官大司徒条では、「不易の地は家ごとに百晦」としているし、孟子の井田制のごとき、九〇〇畝の土地を八家で分けるのであるから、一家全体で一〇〇畝としないかぎり、肝心の公田と私田の組みあわせが成りたたなくなってしまう。余夫という語は

孟子にはじめて出るのであるが、卿以下士大夫層の圭田の対象とされているのであって、一般の農民とは別である。これを周礼が農民としてとりあげたため、後世の多くの論者を惑わせることになったのではないか。(13) 遂人条の「夫ごとに一廛・田百畮・萊五十畮」の部分は、これだけなら他の文献と矛盾しない。これに余夫の叙述が加えられたため混乱がおこったのであろう。

以上を要するに、家族数にして五人から八人ないし九人、田土の広さが一〇〇畝、時に五畝の宅地をもち、一年の収穫が一〇〇ないし一五〇石と見積られる農民が、戦国・秦漢の時代に知識人・為政者の眼に映じた典型的な農民の姿であったとおもわれる。このような小農民は、すでに指摘したように、春秋・戦国の変革期に、それ以前の氏族共同体の崩壊の結果生まれてきて、新たに形成された中国最初の統一国家、秦漢帝国のもとで、主要な生産者層を形づくるにいたったものである。このような農民が生産の主体としてたちあらわれることなしには、土地を彼らの間に分配するという思想は生まれてこなかったであろう。かくして孟子・周礼以下の書に記された井田制の内容は、古来井田制がおこなわれたと伝えられる西周社会がまさに崩壊したその後に、新しく生まれた農民を対象として考案されたものと考えなければならないのである。

2　土地平均化への要求

以上は戦国・秦漢の際に形成された井田制にかんする伝承が、当時主要な生産者として生まれてきた小農民を対象としたものであることをのべたのであるが、しかし小農民が出現したというだけでは、国家が積極的に彼らに土地の配分をはかるという必要はないはずである。そこには知識人・為政者をしてその必要を感ぜしめるに足る状況が存在したと考えなければならない。

そこで上に一部を引いた小農民にかんする論議をみると、李悝は一〇〇畝の田土からあがる粟一五〇石がいかに充分なものでないかを、数字をあげて説いているのである。すなわち十一の税として一五石、五人家族一年分の食粮として九〇石を差引くと、残るのは四五石であり、これは一石三〇銭として一三五〇銭にあたるが、祭礼の諸費用三〇〇銭、五人分の衣料費一五〇〇銭をこれから差引くと、不時の支出を見込まないでも四五〇銭(一五石分)の不足となるというのである。漢初の人鼂錯の眼に映じたのは、寄生的な商人が富んで、生産者である農民が窮乏する姿である。農民は窮乏の結果、彼らの作物を廉売し、高利の借金をして、結局田宅を売り、子孫を鬻いで流亡し、その田宅は商人の手もとに集中するという。

右の李悝・鼂錯らによって指摘されているのは、当時の小農民の生活がきわめて不安定な状態にあり、たえず没落の危険にさらされているという点である。氏族共同体の規制が失われた結果は、小農民層の独立をもたらすと同時に、おそらくは主として右の鼂錯の言にもみられるような債務関係を通じて、彼らのあいだの分解をおしすすめ、土地所有の不均衡を生みだしたのである。そこでどのようにして小農民層の生産を保護し、その生活を安定させるかが、当時の為政者・知識人の重要な課題の一つとなった。井田制にかんしてさまざまな説が生まれたのも、このような課題にたいする彼らの関心を反映しているものとみるべきであろう。孟子の場合も、当時覇道政治を追求していた王侯にたいして、王道政治を説くにあたり、その王道政治の基礎として、民生を安定させることが希求されたのである。

ただし孟子の井田制は、農民が相互に扶助しあい、共同して国家に奉仕する共同体的な体制を重視するのにたいして、周礼以後の井田制では、むしろ土地の公平・平等な分配に重点が移っている点を、前節で指摘した。おそらく原始儒教時代の孟子の場合には、周代の氏族共同体的な社会への復帰の理想が、直接右のような形であらわされているのであろう。それにたいして孟子より後代の周礼以下の場合には、現実社会の土地所有の不均衡が一層激化していくため、土地の平均化のための方策をさまざまな形で考えざるをえない事情があったとおもわれる。もちろんこれ以後の時代においても、周礼の郷党制や、のちに実現した均田制下の三長制や郷里・隣保の制にみられるように、農民の共同体制が無視されているわけではないが、そこでは国家の力によって個別的に平均化された農民が、国家の力によって郷村を組織し維持することが考えられているのである。

土地所有の不均衡は、漢代に地方豪族勢力の台頭をうながし、彼らの一層の発展の結果は、漢帝国を解体させて、魏晋南北朝の分裂時代を現出した。しかしそれによって小農民が消滅してしまったわけではなく、すくなくとも唐代までは、彼らが生産の上ではたした中心的な役割を評価しなければならないとおもう。豪族層と小農民層とがどのような構造連関をもったかは後章で論ずるとして、ここではそのような小農民層の存続と関連して、漢以後井田制の理想にもとづく土地制度の実現がくり返しはかられた末、やがて均田制を生みだすにいたることを指摘しておきたい。

(10)　この李悝の言は、彼が魏の文侯のために「地力を尽くすの教」を説いた一説であるが、魏国はこれを実行して富強になったといわれる。呂氏春秋先識覧に、魏の襄王のときの史起の言を引いて、「魏氏之行田也以百畝、鄴独二百畝、是田悪也」とあるのは、一〇〇畝を基準とするなんらかの土地制度が魏でおこなわれたことをしめしている。鄴だけが地味が悪くて二〇〇畝だったというのは、休耕法がおこなわれていたからであろう。

(11)　鼂錯が五口の家に服役者二人というのは、前節に引用した周礼地官小司徒条に、七人の家で服役者三人、六人の家で服役者二家に五人(一家で二・五人)、五人の家で服役者二人という叙述に一致する。

(12)　漢書食貨志に、「農民戸人已受田、其家衆男為余夫、亦以口受田如比」とあるのは、あきらかに周礼の遂人条にもとづいたものであるが、ここでは余夫を「其の家の衆男」と説明している。

(13)　孟子が余夫にわりあてた圭田二五畝を、農民の余夫への給田と解した説は非常に多い。加藤繁『支那古田制の研究』もその一つである。これらにたいし、莫非斯「論孟子並没有所謂井田制」は、卿に圭田五〇畝を与え、余夫、すなわちその余の大夫に二五畝を与えるものと解している。

四　漢代における限田の意義

1　董仲舒の限田

井田制の理想は小農民層の維持をはかるにあったが、豪族勢力が小農民を圧倒して、社会の支配層として登場してくる情勢のもとにあっては、伝えられた井田の内容がそのままの形で実現することは不可能であった。そこで大土地所有の発展が問題となった前漢の武帝のときに、有名な儒者の董仲舒が、井田にかわる限田を提唱したといわれ、その上言が漢書食貨志にのこっている。

……秦に至りては則ち然らず、商鞅の法を用いて帝王の制を改め、井田を除きて民売買するを得、富者は田、仟伯を連ね、貧者は立錐の地なし。……古の井田の法、卒《にわか》には行ない難しと雖も、宜しく少しく古に近くし、民の名田するを限りて、以て足らざるを澹《にぎ》わし、幷兼の路を塞ぎ、塩鉄は皆民に帰し、奴婢を去りて専殺の威を除き、賦歛を薄くし、繇役を省いて、以て民力を寛うすべし。

右に井田制が崩壊した結果、土地の売買が自由になり、貧富の差が生じたというのは、井田制が周代におこなわれたかどうか問題であるけれども、共同体的な土地規制が崩れたことは事実であろうから、大体において正しい認識であるといえよう。しかしその責任を秦の商鞅に帰するのは、悪弊をとかく秦のせいにする漢代人特有の思考様式によるもので、正しくない。ともかく井田制の崩壊が原因なら、それを復活するに如くはないのであるが、それは現状では困難であるから、私有地の制限をおこなえという。ここでは明瞭に井田が理想的なものとして念頭におかれながら、より現実的なものとして限田が提唱されているのである。しかし右の引用文の中略された部分(後述)で、董仲舒は小農民困窮の原因として、富者の山沢独占、国家の税役の重さ、塩鉄の専売、豪族地主の収奪、官吏の暴政等をあげているので、その提案は、限田ばかりでなく、塩鉄専売や奴婢身分の廃止、税役の軽減をふくむ包括的なものとなっており、かえって現実性を欠く結果になっているとおもわれる。右の上書は、後漢に流行した儒家の重農主義の見地から編纂された漢書食貨志上にのみのっているものであり(岡崎文夫「漢書食貨志上に就て」)、近年の研究では、董仲舒自身が武帝の政治においてどの程度重視されたか疑問とされているし(平井正士「漢の武帝時代に於ける儒家任用」、福井重雅「儒教成立史上の二三の問題」)、つぎにのべる前漢末の限田の際にも、董仲舒のことは回顧されていない。彼の提案が無視されたことは確実である。

2　前漢末哀帝時代の限田

董仲舒の提案は右のごとくであるが、前七(綏和二)年、前漢末に哀帝が即位すると、限田の具体策がつくられることになった。その内容は、漢書食貨志ばかりでなく、同書一一哀帝紀、綏和二年六月条にも出ているが、後者によるとつぎのごとくである。

> 諸〔侯〕王・列侯の国中に名田するを得るもの、列侯の長安に在るもの及び公主の県道に名田するもの、関内侯・吏民の名田するものは、皆三十頃を過ぐるを得る無からん。諸侯王の奴婢は二百人、列侯・公主は百人、関内侯・吏民は三十人。年六十以上と十歳以下とは数中に在らず。賈人は皆名田すると吏たるとを得ず。犯す者は律を以て論ず。諸《およ》そ名田することと奴婢を畜うること品を過ぐるものは、皆県官に没入せん。

このうち賈人(商人)の土地所有禁止については、すでに武帝のときに、「賈人の市籍有るもの及び其の家属は、皆名田することを得る無く、以て農に便にす。敢て令を犯さば田僮を没入せん」(史記三〇平準書)とあって、これを継承したものであるが、それ以外の諸侯王以下吏民にいたるまでの田土・奴婢の制限は、ここではじめて登場してくるのである。そのことは、この限田の発議者である哀帝のもとの師傅の師丹が、「孝文皇帝、亡周・乱秦の兵革の後を承けて、天下空虚なり。故に農桑を勧むるを務めとし、帥いるに節倹を以てす。民始めて充実し、未だ幷兼の害有らず。故に民田及び奴婢の為に限を為さず」(漢書食貨志)といっていることでわかる。この文は一見漢初の文帝のときのことをいっているようであるが、師丹はこのあとにすぐつづけて、「今累世承平にして、豪富の吏民は訾鉅万を数え、而して貧弱兪々困しむ」とのべて、田土および奴婢の制限を提案しているのであるから、それ以前に制限がなかったことはたしかなのである。

さて制限案の内容をみると、奴婢の所有制限が、諸侯王以下吏民にいたるまで、二〇〇人・一〇〇人・三〇人と段階がつけられているのにたいし、田土の制限はいずれも三〇頃である。この点に疑問をもった西嶋定生氏は、田土もまた二〇〇頃・一〇〇頃・三〇頃と段階づけられていたのが脱落したのであろうと推測し(「漢代の土地所有制――特に名田と占田について――」)、宇都宮清吉氏もこれに賛成した(「僮約研究」)。

もしそうだとすれば、つぎに問題なのは、これらの田土と労働力の問題である。田土と奴婢がならんで制限の対象となっているのは、奴婢が田土の耕作者であったことをしめすといわれ(西嶋前掲論文、五井直弘「漢代の公田における仮作について」、影山剛「前漢時代の奴隷制をめぐる一、二の問題に関する覚書」)、それが漢代を奴隷制社会と論断する証拠ともされた(西嶋「古代国家の権力構造」)。奴婢が田土の耕作者として使用されたことはまちがいないが、しかしこの制限案におけるように、田土一頃(一〇〇畝)にたいし奴婢一人の割合では、労働力が不足して小作人ないし雇傭人を使用せざるをえないという指摘も正鵠をいているとおもわれる(宇都宮前掲論文[14])。漢代における地主＝小作関係の存在は[15]、上に引いた董仲舒の上書のなかではじめて指摘され、前漢末の限田に引続いて井田を復活した王莽の令のなかでも言及されている。ところが不思議なことに、董仲舒は限田とともに奴婢の廃止をいうのみであり、王莽も井田の復活とともに奴婢の売買を禁止しただけで、小作関係については具体的な施策をしておらず、前漢末の限田が田土と奴婢の制限をするのみで、小作人に言及していないのと同断である。漢帝国の支配の基礎は自営的な小農民にあるのであるから、これら小農民が豪族地主のもとに隷属してしまうのはゆゆしい大事であるにもかかわらず、これにたいする対策がないのは何故であろうか。

　このことを考えるために、董仲舒が小作制に言及した部分を漢書食貨志から引用すると、つぎのごとくである。

　……小民安んぞ困しまざるを得んや。又た月を加えて更卒と為し、已にして復た正と為すこと一歳、屯戍せしむること一歳、力役は古に三十倍す。田租・口賦・塩鉄の利は、古に二十倍す。或は豪民の田を耕して、什の五を税せらる。

また王莽の令の関係部分を、漢書食貨志および同書九九下王莽伝のなかから引用すると、つぎのごとくである。

　漢氏田租を減軽して、三十にして一を税するも、常に更賦ありて、罷癃咸な出だす。而も豪民侵陵して、田を分かち仮を劫す。厥《そ》の名は三十にして一を税するも、実は什に五を税するなり。

右に田を分かつ（分田）というのは、豪族地主が土地を小農民に分け与えて小作させることで、のちの魏の屯田において「分田之術」（魏志一六任峻伝所引魏武故事）と称せられるものである。仮は貸借をいみするとともに、賃貸料あるいは小作料を指す語であるから、仮を劫す（劫仮）とは小作料を強奪するといういみであろう。その小作料が田収の十分の五に及ぶというのである。

　ところで注意すべきは、このような重い農民の負担が、右の場合両者とも、国家の税役の負担とならべてのべられていることである。董仲舒は、力役・兵役・田租・口賦・塩鉄専売等の小農民への収奪が、古に二十倍・三十倍することをのべたのちに、そのような小農民の負担の一つとして、小農民のうちの或るものが豪族からこうむる十分の五の小作料収奪をあげているのである。王莽の場合には、漢代の田租は三十分の一で軽いが、さらに人頭税の負担があり[16]、さらに豪族の小作料収奪があるから、名目上は三十分の一というけれども、実際は十分の五を出す結果になっているというのである。これによってみると、両者とも小作農民を国家の税役を負担する農民としてとらえており、国家の小農民にたいする直接支配が、地主＝小作関係の発展によって否定されているとはまだ意識するにいたっていないとおもわれる[17]。したがって対策としては、小農民の没落から生ずる奴婢のみが、田土とならんでとりあげられる結果になったのであろうとおもわれる[18]。哀帝のときの限田策の場合も同様であったであろう。

この限田策は、食貨志に「期三年に尽く」とあり、三年の猶予期間をおいて実行されることになったのであるが、大規模な田土・奴婢の所有者にはかなりの衝撃を与えたらしい。同じく食貨志に「時に田宅・奴婢の賈減賤と為る」とあって、一時田土と奴婢の価格が低落するほどであったという。しかし当時哀帝の側近にあった外戚の丁氏、傅氏、寵臣の董賢らの反対にあって、結局実行されないで終ったのである。おそらくこのことに関係するのであろう、漢書八六王嘉伝は、王嘉の封事をのせて、そのなかで、寵臣董賢が二〇〇〇余頃の賜田をえた結果、

均田之制、此れより堕壊す。

とのべている。この封事は、王嘉伝によると、董賢らを侯に封じた数月後になされたとされているが、彼らが列侯になったのは前三(建平四)年三月であり、封事も同年中になされたと考えられる。ただし封事の内容はそれ以前のことをのべているのであり、「均田之制」が崩壊してしまったあとでそれを指摘しているのであるから、この「均田之制」が上にのべてきた前七年の限田制を指している公算は大きいのである[19]。

均田制という言葉ははじめてここにあらわれるのであるが、三国時代の孟康はこれに注して、「公卿より以下、吏民に至るまで、名づけて均田と曰い、皆頃数有り、品制中に於て均等ならしむ。今賢に二千余頃を賜う。則ち其の等制を壊つなり」と説明している。公卿以下吏民まで、田土の頃数がそれぞれきめられていたというのは、さきに前七年の限田制の内容について、西嶋氏が推定したところに近い。ここでは均田制という語は、すべてを平等にしてしまうのではなく、現実に存在する身分的な階層制を是認したうえで、その階層に応じて相対的に均等な配分をはかるといういみに用いられている。後世の均田制の場合にも、それは階層分化が一層進んだ社会の状況に応じて、それへの対策として生まれてくるのであるから、理想化された井田制とはちがって、現実社会の階層性を否定しさることはでき

ず、それを温存せざるをえないのである。

3　名田と限田と制と

限田制は実行されなかったが、民間地主の保有する土地を対象として、その上に国家が規制を加えようとする思想が存したことは注目されてよい。民間地主の土地は一般に「民田」「私田」などとよばれ、売買・質入れなどの処分が自由であった。「民田」「私田」はそれぞれ「官田」「公田」に対するものであり、これらの土地の存在をもって、中国社会における土地私有権の発達をしめすものとみる説がある(仁井田陞「中国・日本古代の土地私有制」)。この説にたいする私見は第八章でのべるが、右の民田・私田の語が、民間地主の土地にたいする権利の存在をしめすものであることには異論がない。しかしそのことは、民田・私田の上に及ぶ専制国家の支配と規制とをかならずしも排除するものではないのである。

右の点に関連して、西嶋氏が指摘したように、上記の限田や商人にたいする土地所有禁止に際して、とくに「名田」という語が用いられていることは、やはり問題になるとおもう(「漢代の土地所有制——特に名田と占田について——」)。西嶋氏はこれを「自己の所有なることを官に識認せられた土地であり、その識認とともに田租納付の負担が課せられた土地である」とし、したがって「国家権力の支配下に統轄されていたもの」としたが、これにたいし平中苓次氏は、「名田」という特定の土地名称は存在せず、「名」田」という述語として読むべきで、それは「土地を自己の名義に帰属させる」という意味にすぎないとし、きびしい批判を展開した(「漢代の『名田』・『占田』について」)。たしかに西嶋氏の論証の過程には多くの疑問点があり、「名田」の原義は平中氏の指摘のとおりであるにちがいない。しかし問題は、「名田」という語がとくに田土にたいする国家的規制の際に用いられるのはなぜかという点である。この点については材料不足ではあるが、田土の名義人を決定するには官への登録という手続きが必要であり、その手続きに際して国家の介入が可能であったから、その際に田土の名義決定に一定の制約を加えようとする（民の田に名づくるを限る）のが、限田制ではなかったかとおもわれる。

国家が民間地主の土地に制約を加えようとする思想は、限田制とは別に存在していたとおもわれる。前漢の武帝は前一〇六（元封五）年、全国を一三部に分かち、刺史をおいて地方政治を監察させることにしたが、その刺史の任務を規定した六条詔書の第一条は、「強宗豪右、田宅制を踰え、強を以て弱を淩ぎ、衆を以て寡を暴する」ものを検察することとされていた（漢書百官公卿表注・続漢書百官志注所引「漢官典職儀」）。また後漢の初め、三九（建武十五）年、天下の墾田・戸口を調査したところ、河南・南陽両郡では「田宅制を踰える」状態であったという（後漢書五二劉隆伝）。また後漢末の桓帝のとき、大司農劉祐は宦官らの占拠した良田・山沢等を「科品に依って没入」したという記録がある（同書九七党錮伝）。

右に「田宅制を踰える」とあるところをみると、一見土地所有の拡大を規制する具体的な「制」なるものが存在したようにもおもわれるし、「科品に依って没入」したというのは、その際地位に応じて規制の度合が規定されていたともうけとれる。しかしもしそうだとすれば、何も武帝のときの董仲舒や哀帝のときの師丹が、ことあたらしく限田を提唱する必要はなかったであろう。さきにも指摘したように、師丹は文帝以来哀帝のときまで、「民田及び奴婢の為に限を為さず」と明言しているのであるから、統一的・具体的な「制」なるものが存在したとは考えられない。[20] おそらくこの「田宅制を踰える」というのは、「奢僭制を踰える」（晋書三七竟陵王楙伝）、「奢侈制を越える」（漢書六五東方朔伝）、「荒淫制を越える」（漢書食貨志の董仲舒の上書）、「封賞制を踰える」（後漢書六六陳蕃伝）などとあるのと同じく、漠然とした抽象的な用法であったとおもわれる。にもかかわらず、田宅が（奢侈もまた同様であるが）一定の限度をこえるべきでないという観念は存在したのであり、国家はそれを監察し、時にはその没収をさえおこなったのである。

（14）　宇都宮氏の論拠は、本書でも前に引用した鼂錯の上書に、一〇〇畝の土地の労働力として二人を仮定している点にある。

氏によればこれは貧農の場合であるから、大土地所有者が畜力を使えば一〇〇畝一人で足りる。しかし武帝のとき頃畝単位の変更があり、それ以後の一〇〇畝は武帝以前の二四〇畝に当るから、漢末の一頃(一〇〇畝)は畜力を用いても、約二・五人を必要とするという。楊偉立・魏君弟「漢代是奴隷社会還是封建社会?」にも、田土数と奴婢数が対応しないという指摘があるが、計算の根拠には問題がある。

(15) この時代の小作関係の存在は、この時代を封建社会とする説の一根拠となっているが、これを封建的生産関係あるいは農奴制とみてよいかどうかにはなお問題があるとおもうので、小作制という一般的な名称を使用する。

(16) 「更賦」は一般には、戍辺三日の義務の代償として納められる毎年三〇〇銭の免役銭を指し、これを過更銭ともよんだのであるが(平中苓次「漢代の官吏の家族の復除と『軍賦』の負担」)、王莽の令文の場合、田租と更賦だけをあげているので、ここでは仮に算賦等をも含むものとして理解した。

(17) ここでは直接には政策提案者ないし施行当事者の意識の問題として理解した。しかしその背後には、地主=小作関係の発展の程度と関連するとおもうが、小作農が皇帝の直接支配する自立小農民の地位から脱落せずに存在するという現実の関係が存在したとおもわれる。当時の小作制についてのこのような理解は、河地重造「秦・漢帝国の基本構造と歴史的性格」などにもみられる。そしてこのような関係は、本書第二章であつかう魏晋の時代には、漢代より一歩前進したものとしてあらわれてくると私は考える。

(18) 西村元佑「漢代における限田・王田制と大土地所有問題」「漢代王・侯の私田経営と大土地所有の構造」もここに提起したような問題をとりあげているが、氏は当時の大土地所有が奴隷制経営を基盤としており、それが小農民を圧迫して没落させるという観点から、抜本策として奴婢の制限や売買禁止がとられたので、奴隷制経営の周辺に副次的に発生する小作制は、故意に無視されたのであるとしている。私は専制国家の直接支配をうける自立的な小農民経営をこそ当時の主要な生産様式と考えるものであるが、その周囲には、これらの小農民の没落から生ずる副次的な生産様式として、債務奴隷制と、小経営の地主への隷属形態としての小作制が、たえず再生産されると考える。

(19) 漢書補注の著者王先謙は、これを綏和二(前七)年の限田だとしているが、西村元佑「魏晋の勧農政策と占田課田」では、以下に引く孟康の注を参照して、公田賜与の際の規準をいみしたかもしれないとのべている。

(20) 好並隆司「前漢帝国の二重構造と時代規定」は、この「制」を漢書王嘉伝に記された「均田之制」のごときものであろうといい、この制をこえるか否かの検討は、地図によって判断したであろうとしている。そして農民のもつ土地には「下級所有権的保障」がおこなわれており、その根底に天子の家産としての規制があったと考えている。

五　漢代における公田の意義

1　初期の公田と公田開放論

前節でふれたように、中国古代の耕地は大別して私田と公田とにわかれる。私田は人民が占有し利用し処分する自由をもつ土地であるが、公田は国家が直接掌握し管理する土地である。漢代の限田はこの私田の上に国家が干渉を加えようとするものであったが、公田ないしそれに類似した国家の管理する土地は、漢代においては一般に民間に譲与もしくは貸与されて、時に私田を生みだし、もしくは私田の存在を補完する役割をはたすことがあった。これによって公田も、限田と同様に、小農民すなわち小規模な私田の所有者を維持し、これを国家の直接支配下につなぎとめておくのに役立ったのである。

もっとも漢代の公田は、当初から右のような意義をもったわけではない。冒頭でもふれたように、公田の起源は、戦国時代に専制権力が成長する過程で、それまで氏族共同体の成員の共同の利用に委ねられてきた山林藪沢等の未墾地を囲い込んだところから生じたといわれる。それは君主の家産として形成されたものであり、その点では民間豪族地主の集積した私田と性格を異にするものではないが、その量において厖大であった君主の公田は、群小豪族地主を圧倒して、専制権力を形成する権力基盤となりえたのである。とくに漢は国初に秦の公田をうけついだばかりでなく、武帝のときの楊可の告緡政策等によって大量の民田を没収したから、すこぶる厖大な公田を所有するにいたったのである。

これらの公田の耕作は、告緡によって没収されたものが、田土ばかりでなく、多数の奴婢を含むところから、はじめは帝室の直接経営のもとに奴婢を使役したものが多かったと考えられている。[21] しかし民間に貸し出されたものも国初からあり、漢書一上高帝紀、二(前二〇五)年十一月条に、

　故《もと》の秦の苑囿・園池は、民をして之れに田するを得しむ。

とあるのは、秦からうけついだ苑囿や園池が人民に貸し出されて、その耕作に委ねられていたことをしめすものとおもわれる。[22] 昭帝時代の有名な塩鉄論争(前八一年)では、この公田も俎上にのぼったことが、塩鉄論園池篇によってうかがわれる。その際大夫が公田からの収入が国家財政の上でもつ意義を強調したのにたいし、文学は、

　今県官の多く苑囿・公田・池沢を張るや、公家に鄣仮の名ありて、而も利は権家に帰す。

と称して、貸し出された公田等が有力者に独占され、彼らの手を経て小農民に又貸しされることによって、有力者の利益になっている点を指摘した。これは主として長安を中心とする三輔の地の状態をのべているのであるが、この場合国家の側においても有力者の側においても、公田はいずれにせよ財源として理解されていたということができよう。

　塩鉄論争において、文学は右の状況を指摘したうえで、

　先帝の開きし苑囿・池籞は、これを民に賦《あた》え帰して、県官は租税すべきのみ。仮と税とは名を殊にすれども、其の実は一なり。

といい、すくなくとも武帝時代に設置された苑囿・池籞(御料地とそこに設置された漁獲設備)を開放して、人民の所有に帰するよう主張した。[23]

　塩鉄論争は、時の権力者霍光の一派が、政敵桑弘羊らの政策を批判し、その勢力を失墜させる目的で、地方の賢良・文学の徒を動員しておこなったものであり、賢良・文学らは権力闘争に利用されたまでであって、その主張は、榷酒廃止の一事を除いては、ほとんど実現しなかったというのが通説である。短期的にみればたしかにそのとおりであり、苑囿の開放という主張もただちには実現していない。しかし武帝時代の対外膨脹政策と、それにともなって実行され

た桑弘羊らの財政政策は、武帝の末年よりようやく転換の萌しをみせていた。されば こそそのあとをついだ霍光は、武帝の政策によって疲弊した民衆の救済(恤民政策)に手をそめざるをえなかったのである。[24] このような情勢のなかで賢良・文学らが、中央政府本位の法家的政治を強行してきた桑弘羊らにたいする痛烈な批判者として登場してきたのは、けっして偶然ではない。彼らは郷村の中小地主階級、すくなくとも自作農以上の階級から出身したものといわれており(宇都宮清吉「史記貨殖列伝研究」)、[25] その儒家的重農思想は、地主層とその周囲の小自作農民とからなる郷村の共同体的秩序の安定を希求するものであったと考えられる。このような思想は、塩鉄論争の当時はまだ影響力をもたなかったにしても、やがて霍光の死を経て、宣帝・元帝の時代、とりわけ元帝の時代にいたると、漢帝国の政策をその方向に大きく転換させていくのである(好並隆司「西漢元帝期前後に於ける藪沢・公田と吏治」「前漢後半期における皇帝支配と官僚層の動向」)。

2　前漢末以後の公田分与

苑囿ないし公田の開放という主張も、右の趨勢に沿って実現した。すなわち塩鉄論争以後昭帝時代には、元鳳三(前七八)年正月、河南の「中牟苑を罷めて、貧民に賦《わか》つ」(漢書七昭帝紀)という唯一の例があるだけであるが、つぎの宣帝・元帝時代になると、苑囿・公田の貧民への分与が増加している。[26]

塩鉄論争の際文学が主張したのは、苑囿をいっさい民の所有に帰して私田とすることであったが、実際にはこのように私田とする場合と、公田のまま貸与(仮貸)する場合と、両種があった。右の中牟苑は廃止されて私田とされたのであり、元帝の初元元(前四八)年三月には、「三輔・太常・郡国の公田及び苑の省くべき者を以て、貧民を振業し、貲の千銭に満たざる者には、種・食を賦《あた》え貸す」(漢書九元帝紀)とあり、元帝時代の貢禹の上言に、「貧民はこれに田を賜うと雖も、なお賤く売りて以て賈《あきない》す」(同書七二貢禹伝)とあるところをみると、元帝の時代には、相当の範囲にわたって公田や苑囿を廃止して、貧民の私田とすることがおこなわれたらしい。一方公田の貸与については無数の例がある。宣帝の地節元(前六九)年三月に、「郡国の貧民に田を仮す」とあり、同三年正月には、「公田を仮し、種・食を貸す」とあり、同年十月の詔に、「池籞の未だ御幸せざる者は貧民に仮与せよ。……流民の還帰する者には公田を仮し、種・食を貸して、且つ算事する勿かれ」(以上漢書八宣帝紀)とあり、元帝の初元元年四月の詔に、「江海・陂湖・園池の少府に属する者は、以て貧民に仮して、租賦すること勿かれ」といい、同二年三月の詔に、「水衡の禁囿、宜春の下苑、少府の佽飛外池・厳籞・池田を、貧民に仮与せよ」(以上漢書九元帝紀)などという。このように公田・苑囿の貸与は、それらの譲渡にくらべて、一層多かったようであり、従来の研究ももっぱらこの方に注目している。

公田を民に貸与することは、すでにのべたように漢初からおこなわれているが、前漢の中頃までは、それは帝室なり国家なりの財源と考えられており、実情は権家に独占されているという状態であった。しかし宣帝・元帝以降の場合は、公田を貧民に譲渡もしくは貸与することによってその生活を保障し、国家の直接支配する郡県民を維持することにねらいがあったとおもわれる(好並前掲論文)。このことは、初期の公田の役割が君主の私産・家産としての性格を出るものではなかったのにたいし、後期の公田はより公権的な機能をおびるようになったことをしめすものである。

もし公田がこのような意義をもつとすれば、公田を与えられた農民の負担がどのようなものであったかも問題になるであろう。公田を譲渡された農民が一般郡県民と異ならないことはもちろんであるが、公田を貸与された農民の負担が、民間豪族地主の小作人のように、あるいはのちの魏の屯田客のように、収穫の五、六割に及ぶものであったならば、それを一般の土地所有農民と同視することは許されないからである。しかしながら、漢代公田の仮作民の負担を明示した史料は存在しない。漢書二九溝洫志に、「今、内史の稲田の租挈重く、郡と同じからず」とあり、武帝の時代まで長安近傍の稲田では重い租がとられていたらしいが、これはとくに稲田と名ざされており、しかも一般の郡の公田とは同じでないといわれている。そしてこの稲田の租も今後は軽減するよう命令されているのである。さきに引用したように、塩鉄論争において文学が苑囿の開放を主張した際には、「仮と税とは名を殊にすれども、其の実は一なり」といわれている。これについて平中氏は、「官の所有地として公田から仮をとるのと、民の所有地として私田に税(田租)をかけるのとは、それぞれ名目を異にするわけであるが、その実質においては同一であり、官の収入においては変りはない」と解し(「漢代の公田の『仮』――塩鉄論園池篇の記載について――」)、西嶋氏は、仮も税もともに収穫の三十分の一位であったとしている(「代田法の新解釈」)。これは武帝・昭帝以前の公田の場合であるが、もしそうであるとすれば、貧民への保障を目的とした後年の公田貸与の場合にも、やはり農民の負担は重くなかったとみるべきではなかろうか。

後漢書三章帝紀、元和元(八四)年二月甲戌の詔には、

其れ郡国をして人の田無く、它界に徙りて、肥饒に就かんと欲する者を募り、恣に之《ゆ》くを聴《ゆる》さしめん。在所に到れば、公田を賜給し、雇耕傭と為して、種・餉を賃し、田器を貰与し、租を収むる勿きこと五歳、算を除くこと三年。其の後、本郷に還らんと欲する者は禁ずる勿かれ。

とあり、公田を賜給された農民が、一定期間田租と算賦とを免除されたことがしめされている。この場合の「租」を、相当の額の土地賃貸料とみるむきもあるようであるが(五井直弘「漢代の公田における仮作について」[27])、右の農民は種子・食粮については借り賃を払ったとしても、身分は「雇耕傭」なのであるから、土地を賃貸しているものとはおもわれない。彼らは無田とはいえ本来一般の郡県民であったのであり、三年、五年の後には郷里に帰ることを許されたのであるから、公田の賜給はあきらかに農民救済のためであり、自立小農民の育成をめざしたものとみることができる。したがって育成期間、算賦とならんで免除された租は、一般郡県民の負担する三十分の一の田租とみるべきであろう。三年、五年の後に公田にのこった農民がどのように扱われたかはあきらかでないが、もし三年ののちに算賦が、五年ののちに田租が復活されたのであれば、その負担は当然一般郡県民と同じでなければならない[28]。しかし公田による農

民救済策は臨時的なものであるから、農民の扱いも時によっていろいろであっても不思議でない。さきに引いた宣帝の地節三年十月の詔に、「流民の還帰する者には公田を仮し、種・食を貸して、且つ算事する勿かれ」とあるのは、算賦だけ（もしくは算賦と徭役と）が免除された例であるが、(29)その田租がどのようなものであったかあきらかでない。

宣帝・元帝期以後の公田政策の対象となる貧民や流民の出現は、武帝時代の膨脹政策や財政政策によるところも大きいが、また郷村における豪族勢力の発展の結果でもある。この時期の郷村には、豪族と小農民との対立がかもし出すさまざまな矛盾が鬱積していたとおもわれるが、注意すべきは、この段階では国家の小農民育成策は、豪族にたいする抑圧政策をともなっていないことである。むしろ豪族弾圧が強力におこなわれたのは、酷吏といわれる人々が活躍した武帝頃までで、宣帝・元帝期以後は、酷吏から循吏へ、法術政治から儒教政治へと転換がおこなわれた。そこでは国家は豪族と妥協し、あるいはその支持をとりつけながら、その権力を滲透させようとしたといわれる（好並「漢代の治水灌漑政策と豪族」ほか前掲論文）。それは豪族が地方の支配者として勢力を確立してきたからであるが、小農民らは豪族と仮作・傭作・債務関係などによって結ばれながら、一般的にはなお自立性を失っていない。(30)豪族は農民の再生産の機構を握ってその影響力を強めているが、国家もまた地方官吏の勧農政策を通じて、農民生産の安定に配慮を加えている。公田の譲渡・貸与も、そうした政策の一環としておこなわれたものであるといえよう。

(21)　河地重造「漢代の土地所有制について」は、武帝時代を界に公田の奴隷制経営からコロナート的小作経営への移行がみられるとした。五井直弘「漢代の公田における仮作について」は、漢代の仮作にさまざまな形態を認めて河地説を批判したが、武帝の没官以前の商人の田地や没官後の公田において、奴婢が使用されたことを認めており、平中苓次「漢代の公田の『仮』——塩鉄論園池篇の記載について——」も、武帝時代没官された公田においては、奴婢耕作がおこなわれたとしている。

(22)　高帝紀の記事は、秦の苑囿・園池を開放して民に与えたものとも解されるが、五井前掲論文は、民に仮与されたものであるとし、山田勝芳「漢代の公田」は、貧民の生活安定を目的としておこなわれた公田仮与の初期の例としている。

(23)　塩鉄論園池篇は、公田を論ずる際の最も重要な史料であるが、これについての諸家の解釈は、平中前掲論文によって批判しつくされた観がある。しかし「愚以為非先帝之開苑囿・池籞、可賦帰之於民、県官租税而已」の部分については、平中氏が「愚おもえらく、先帝の開ける苑囿・池籞に非ざるものは云々」と読んで、「武帝が設置した上林苑・甘泉苑及び其の中にある池籞・園田等を除く其の他一般の官有地の意、主として公田を指す」と解したのにたいし、好並隆司「西漢皇帝支配の性格と変遷」は、「愚おもえらく非なり。先帝の開設せる苑囿・池籞は云々」と読み、その前の部分に「今県官之多張苑囿・公田・池沢、公家有鄣仮之名、而利帰権家」とあるのに対比して、「権家の耕地(権家が借りた公田を指す……引用者)は止むを得ないが残る園囿池沢を田畝に復原して民にあたえようとするのが園池篇の主旨であったと思う」と解釈している。西嶋定生「代田法の新解釈」は、問題の個所を好並氏と同様に読みながら、「ここでは武帝の設置したということの指摘が大切なのであり」、「一般の公田も『先帝の開ける苑囿・池籞』という言葉の中にふくめられていたとみなすべきである」としている。

(24)　塩鉄論争の背後に霍光と桑弘羊の権力闘争があることは、郭沫若『塩鉄論読本』、西嶋定生「武帝の死——『塩鉄論』の政治史的背景——」等に論じられているが、山田勝美氏はその著『塩鉄論』の「解説」において、同様な説がすでに幕末の有吉敏の稿本『塩鉄論訳義』(一八三〇年)に見えることを指摘している。右の西嶋論文は、霍光の政権掌握からその死にいたるまでの政治史的過程と政策についてのべている。

(25)　影山剛「塩鉄論について」は、賢良・文学を単に豪族層の代表としている。賢良・文学の主張が自作農をも含めた郷村秩序の安定を希求するものであったところから宇都宮氏の説が出たのであろうが、当時の郷村は漢帝国の政策転換とも関連して、再編成過程にあったであろうし、その階層分析は今後に残された課題であろう。

(26)　平中前掲論文は、とくに元帝の時代に公田・苑囿等の貧民への仮与が積極的になる点を指摘して、塩鉄論園池篇の文は、宣帝・元帝時代に在世した著者桓寛が、元帝時代のことを念頭において書いたのかもしれないという。しかしこれは推測にすぎないので、本章では園池篇の文学の主張を論争当時のものとして扱った。

(27)　漢代に租という語は、一般郡県民が納める田租を指すと同時に、公田の賃貸料をもいみしたから、単に「租」とあるだけではいずれを指すかあきらかでない。また公田・私田を通じて、土地の賃貸料は「仮」ともよばれた。前掲塩鉄論に「仮・税殊名、其実一也」というのは公田の例であり、王莽の令に「分田劫仮」とあるのは私田の例である。なお後漢書四和帝紀では、永元五(九三)年九月壬午条に、「其官有陂池、令得采取、勿収仮税二歳」とあり、同九年六月戊辰詔に、「其山林饒利、陂池漁採、以贍元元、勿収仮税」とあり、同十一年二月詔に、「遣使循行郡国、稟貸被災害不能自存者、令得漁采山林池沢、不収仮税」とあり、同十五年六月詔に、「令百姓鰥寡、漁采陂池、勿収仮税二歳」とあるように、「仮税」という語も用いられているが、これらは帝室の山林・陂池等に立入って、動植物を捕獲・採集する場合の賃貸料であって、農地の例は見当らない。

(28) 山田勝芳「漢代の公田」は、前漢末以後の公田経営の変化とともに、経営担当官庁も中央諸官の農官から郡県に移ったと推測している。

(29) この「算事」について、顔師古は「不出算賦及給傜役」と解しているが、平中苓次「漢代の復除と周礼の施舎」はこれを批判して、「事」は税・役いずれにせよ一定の給付を指すもので、「算事」は算賦の給付をいみするとした。これにたいしては曾我部静雄「中国古代の施舎制度」の反論があり、山田勝芳前掲論文はこれにしたがって算賦・傜役を指すものとしている。

(30) 限田制と小作制との関連について前節でのべた点を想起せよ。豪族と小農民との間の仮作(小作)や債務関係については、第二、三章でより具体的にのべたい。

六　王莽の王田の意義

1　王田実施の前提

前漢末以後儒教が普及していくなかで、儒教の熱烈な信奉者・実践者として声望を高めた王莽は、政権を掌握すると儒教の古典に描かれた制度をそのまま実現しようとした。それゆえにその政策は空想的・非現実的であって、それが王莽政権の命とりになったと考えられているようである。(31)そうした面は否定できないのであるが、しかし彼の政策をあまりに歴史上孤立した特異な現象のように考えるならば、それは正しくない。例えばここでとりあげようとする土地政策は、古典に描かれた周の井田制の復活を策したものであるが、これにさきだつ前漢の限田策にしても、のちの占田・課田や均田制にしても、井田制を模範とした点は同じなのであるから、王莽の政策もこれら中国古代の一連の土地政策の歴史のなかに、正しく位置づけられる必要があるとおもう。

王莽は即位の翌年、西紀九(始建国元)年夏、令を下してその土地政策を施行した。令の前文は、その際王莽が当時の状況をどう認識していたかをしめしている(以下の引用はとくに断わらないかぎり、漢書王莽伝による)。

古は廬井八家を設く。一夫一婦田百畝、什一にして税す。則ち国給し民富みて頌声作る。此れ唐虞の道にして三代の遵い行なう所なり。秦、無道為り、賦税を厚くして以て自ら供奉し、民力を罷《つか》らせて以て欲を極め、聖制を壊ちて、井田を廃す。是を以て兼并起り、貪鄙生じ、強者は田を規ること千を以て数え、弱者は曾て立錐の居なし。又奴婢の市を置き、牛馬と蘭を同じくし、民臣に制せられ、顓《もっぱ》ら其の命を断ず。姦虐の人、因縁して利を為し、人の妻子を略売するに至る。

ここまでは秦がおこなったこととしてのべられている。秦が井田を廃したというのは事実とちがうが、すでに引いた武帝のときの董仲舒の上奏にも、「秦に至りては則ち然らず、商鞅の法を用いて帝王の制を改め、井田を除きて民売買するを得、富者は田、仟伯を連ね、貧者は立錐の地なし」とあって、井田の廃止を秦の虐政のせいにし、その結果として土地の売買が可能となり、貧富の差が生じたとしている。このような考え方は王莽の令とまったく同じであるから、王莽は漢代知識人に共通の認識を踏襲しているにすぎないであろう。ただ董仲舒は、これにたいする対策として限田を提唱するとともに、奴婢をやめるよう提案しているが、その前提となる奴婢の状況についてはのべていない。王莽の場合には、後述するように田土とならんで奴婢の売買を禁ずるのであるが、その前提としてここでは、田土の兼并とともに奴婢売買の状況が言及されている。

つぎに漢代の状況がのべられている。

漢氏田租を減軽して、三十にして一を税するも、常に更賦ありて、罷癃咸な出だす。而も豪民侵陵して、田を分かち仮を劫す。厥の名は三十にして一を税するも、実は什に五を税するなり。父子夫婦終年耕芸すれども、得る所以て自ら存するに足らず。故に富者は犬馬も菽粟を余し、驕りて邪を為し、貧者は糟糠にも厭かず、窮して姦を為す。倶に辜《つみ》に陥り、刑用いて錯《お》かず。

これもすでに董仲舒が、「……力役は古に三十倍し、田租・口賦・塩鉄の利は古に二十倍す。或は豪民の田を耕して、什の五を税せらる。故に貧民は常に牛馬の衣を衣て犬彘の食を食む。……赭衣道に半ばにして、断獄歳ごとに千万を以て数う」といっていることと、細部はともかく、考え方の大すじは同じである。だからここでも王莽の令は漢儒の考えを踏襲しているといえる。もっとも董仲舒はこれを秦代のこととしてのべているが、それは彼が漢の盛時の人間であるからであり、右の文につづいて「漢興りて、循って未だ改めず」といい、現前の事態も秦代と同じであると指摘している。むしろ現前に展開している右のような状況こそが、董仲舒にこの上奏をおこなわせる動機となったものであろう。このような状況は王莽のときにも変らないどころか、ますます発展しているわけであるから、王莽が漢儒の考えをひきついだといっても、その漢儒の考え自体が現状に触発されて生まれてきたものである以上、それは王莽にとっても容易に現状を認識させる考え方としてうけいれることができたものとおもわれる。

さて右のような状況認識の上で、実施されることになった土地政策はどのようなものであったか。それはまず、

今天下の田を更《あらた》め名づけて王田と曰い、奴婢を私属と曰い、皆売買するを得ず。

という有名な言葉で始まる。「王田」という名はいうまでもなく、「普天の下、王土に非ざるはなし」という王土理念にもとづいたものである。この王田がまた「井田」ともよばれたことは、令文の末尾に、「敢えて井田聖制を非とし、無法にして衆を惑わす者あらば、諸《これ》を四裔に投じ、以て魑魅を防ぐ」とあり、またのち西紀二二(地皇三)年にこれを廃止したとき、「井田・奴婢・山沢・六筦の禁を除く」といわれたことによってあきらかである。王莽にとって、王田は古の井田制の復活にほかならなかったのである。ところが王莽の先行者の董仲舒は、「古の井田の法、卒には行ない難しと雖も、宜しく古に近くし、民の名田するを限りて、以て足らざるを澹わし、并兼の路を塞ぐべし」といい、井田制は復しがたいから限田をおこなうよう提案しており、のち哀帝のときになって限田の具体策がつくられた

ことは、すでにのべたとおりである。そうすると、状況認識において漢儒の考え方を大体うけついだ王莽が、漢儒によってただちにはおこないがたいといわれた井田制を復活させたのはなぜであろうか。王莽が儒教の教義の教条主義的な実践者であったというだけで理解できるだろうか、という問題が生ずる。

この問題について示唆されるのは、やはり王田実施の令に、

予前に大麓に在りしとき、始めて天下の公田をして口井せしむ。時に則ち嘉禾の祥あり、反虜逆賊に遭いて且く止む。

とのべられていることである。大麓というのは舜が烈風雷雨にあって迷わなかった場所であり、この試煉にたえて堯から位を禅られることになった故事によって用いられている。この故事は王莽が平帝の大司馬・太傅であった当時、王莽の徳をたたえるために引用されたことがあり、顔師古は「大麓とは大司馬・宰衡為りし時を謂う」と解している。王莽が大司馬になったのは平帝の元寿二(前一)年六月であり、翌元始元(一)年二月太傅・安漢公となり、元始四年夏宰衡となっている。この間に「公田をして口井せしむ」ということがあったわけであるが、これはおそらくは、漢書一二平帝紀、元始二年夏の条にあるつぎの事実を指すものであろう。(32)

郡国大いに旱し蝗あり、青州尤も甚しく、民流亡す。安漢公・四輔・三公・卿大夫・吏民、百姓の困乏するものの為に、其の田宅を献ずる者二百三十人、口を以て貧民に賦《わか》つ。……安定の呼池苑を罷めて、以て安民県と為し、官寺市里を起こし、募りて貧民を徙す。県次食を給し、徙所に至りて田宅・雑器を賜い、犂牛・種食を仮与す。

これは王莽伝の方に、「莽因りて上書し、銭百万を出だし、田三十頃を献じて、大司馬に付し、貧民を助け給せんことを願う。是に於て公卿皆慕い効《なら》う」とあるものに当たり、王莽の主導の下に行なわれたものとおもわれる。ここには官民の献じた田宅を貧民に分与したことと、安定(甘粛)の呼池苑(滹沱苑)を廃して安民県をおき、(33)そこに貧民を徙して田宅を給したことと、二つの事実があげられているが、いずれも公田を貧民に与えたことは同じである。公田が私田

の献納によってつくられたり、公田に新県がおかれたりすることはやたらにおこなわれたことではないが、それが貧民の口数に応じて与えられたり、田宅とともに耕牛・種子・食糧などが貸し与えられたりすることはけっして稀でない。既述のように前漢の末に近づくと、公田は没落する貧民を救済し、その自立を確保するために活用されるようになるのであるから、大司馬王莽の公田賦与も、こうした政策をひきついだものと解される。この王莽の即位前の公田賦与は、王莽自身令文のなかで、即位後の井田制に発展するものとして位置づけているのであるから、それまでの限田策とちがって井田が復活する前提には、前漢末以来おこなわれてきた公田政策があったと理解してよいであろう。

2　王田の内容

それでは王莽の王田＝井田の具体的な内容はどのようなものであったか。第一に、すでにのべたように田土・奴婢の売買を禁止したことである。もう一度引けば、

　今天下の田を更め名づけて王田と曰い、奴婢を私属と曰い、皆売買するを得ず。

とある。この王田という名称によって、王莽の土地制度を土地国有制とよんでよいかどうか[34]は、田土とならぶ奴婢が私属とよばれていることで、いささか躊躇を感ずる。ここでは奴婢が、田土とならんで、売買が禁じられてはいるが、奴婢が廃止されたわけではなく、奴婢の私有は認められているようにおもわれる。そして以下にのべるように、田土が国家に回収されたことはないようである。ただ西紀二一(地皇二)年、この王田制が崩壊に瀕したころ、公孫禄というものが王莽を諌めた語に、「明学男張邯・地理侯孫陽、井田を造り、民をして土業を棄てしむ」とある。井田の復活は王莽の基本的態度から出ているとおもわれるから、[35]張邯・孫陽なるものは、井田実施の具体案の作成者であったのかもしれないが、それはともかく、「民をして土業を棄てしむ」という語は、さきの「王田」の語とならんで、民田の所有権が奪われたことを指すかのごとくである。しかしこの語とて、あるいはつぎにのべるような形で、規定以上の

田土を処分しなければならなかったことから出たのかもしれない。

そこで第二の点としてあげられるのは、土地保有限度の設定と、それをこえた余分な田土の処置である。

其の男口八に盈たずして、田一井を過ぐる者は、余田を分かちて九族・鄰里・郷党に予えよ。

これは一種の限田であるが、[36] 哀帝のときの限田が三〇頃を限度として、大土地所有者のみを対象としているのにたいし、王莽の場合にはより小規模な農民を対象としている点が重大な違いである。すなわち男子家族八人未満の家は、一井すなわち九〇〇畝を限度とするとされているのである。それではこの八人とか一井＝九〇〇畝とかいう数字は、何を根拠として出されたものであるかというと、孟子の王莽的解釈から出た数字であるらしい。孟子は一井＝九〇〇畝の土地を一〇〇畝ずつに九等分し、中の一〇〇畝を公田とし、周囲の八〇〇畝を一〇〇畝ずつ八家に分けあたえるよう提案している。一般に王莽の政治は、古典のなかでもとりわけ周礼に則ったものと考えられているようであるが、しかし土地制度においては、八とか一井とかいう数字を孟子からえていると考えた方がよいとおもう。[37] しかもその内容は、孟子とはちがった独自のものに変えられている。孟子は各家に一〇〇畝ずつの田土を均等に配分しようとするのであるが、農村内部の階層分化が進んだ時代においては、官僚・豪族を除外するとしても、一家の田土を一〇〇畝に抑えることは困難がともなったであろう。そこで王莽の場合には、小家族でも一家九〇〇畝までは保有できるようにされているのである。しかしつぎに注目すべきは、この限度をこえた余分の田土を、国家が回収するのではなく、九族・隣里・郷党に分けるよう規定されている点である。これは当時のいわゆる宗族・郷党の世界が、その内部に階層分化をふくみながらも、なお自律的な共同体的性格を保持しており、のちの均田制のように国家が直接介入するまでもなく、共同体内の処理にゆだねることが可能であると考えられていたのであろう。

王田制の内容の第三は、土地をもたないものの受田である。

もと田無くして今まさに田を受くべき者は、制度の如くせよ。

上にのべたのがすでに土地をもっているものの場合であるとすれば、つぎに問題になるのは土地をもたないものはどうするかという点である。このような人々には国家から田土が与えられたようであるが、その具体的内容はわからない。右に「制度の如くせよ」とある以上、「制度」なるものが別に定められていたとおもわれるが、それが今日伝わっていないからである。ただいえることは、のちの均田制のように全国土のあらゆる農民を対象にして受田を規定していたのではないということである。前に有田者の限田を規定した以上、ここでの受田は無田者（あるいはそれに近いもの）に限られるのであり、そうとすればそれらに与えられる田土は、一部の国有地、すなわち公田であったろうと推測されるのである。したがってこの規定は、前漢末以来おこなわれてきた公田の賦与をひきついだものとおもわれるが、前漢の公田賦与が臨時的、局地的なものであったのにたいし、すべての無田者を対象とする恒常的・統一的な「制度」として確立しようとしたところに、新しさがあったといえよう。

　王莽直前の限田制が、反対にあって結局日の目をみないで終ったのにたいし、王莽の王田は短い期間ではあったが、実施に移されたとおもわれる。さきの令文につづいて、

> 田宅・奴婢を売買し、銭を鋳るに坐するもの、諸侯・卿大夫より庶民に至るまで、勝げて数う可からず。

と記録されているのは、田宅・奴婢の売買禁止とその罰則が効力をもっていたことをしめしている。と同時に、この実施がたいへんな抵抗をうけたであろうことをもしめしている。西紀二一（地皇二）年魏成（河北、漢の魏郡）大尹李焉と卜者王況は反乱を企てたが、その王況の言に、「新室即位以来、民田・奴婢売買するを得ず。……百姓怨恨し、盗賊並び起る」とあり、また二三（更始元）年兵をあげた隗囂の檄でも、「田を王田と為し、売買するを得ず」（後漢書一三隗囂伝）という点をあげている。これらは後に王莽の反対者が王莽の罪を数えあげたものであるが、田土・奴婢の売買は早くから抵抗をうけていたらしく、西紀一二（始建国四）年にはやくも売買の禁止を解くのやむなきにいたっている。西紀九（始建国元）年に王田の制がはじまってからわずか四年目にすぎない。

諸々の王田に名食するもの、皆これを売るを得、拘するに法を以てする勿かれ。私かに庶人を買売するを犯す者、また一切治する勿かれ。

ここでとりあげられているのは、さきに王莽の井田の内容の第一としてあげた売買禁止の点だけである。第二の限田や第三の受田の件がどうなったかはいっさいわからない。しかし第一の売買禁止の件は、第二、第三の制度を実施するうえでの前提となるものであるから、これによって王莽の土地政策が形骸と化したとみる見解はほぼ正しいであろう。ただし名目的であるにせよ、王田はまだ存続したのであって、その点は右にも王田の名を廃止するとはいっていない。これが最後的に廃止されるのは、すでにふれたように、王莽が殺される前年の二二(地皇三)年のことである。

王莽の王田の制が失敗した原因については、王莽政権の構造や、それをめぐるこの時代の歴史的諸条件を考慮しなければならず、また王田の制ばかりでなく、通貨政策や六筦の制などの他の統制政策と総合して扱われなければならない。ここではそのような考察をするのが目的ではなく、均田制にいたるまでの中国古代の土地制度史のなかに、王莽の土地政策を位置づけてみようとしたのである。その結果、その状況認識においても、制度の内容においても、それがけっしていわれるがごとき非現実的な教条主義的なものでなかったことが判明したとおもう。王莽の土地政策は、それにさきだつ限田制や公田政策をひきついだものであるが、大土地所有を対象とした限田制や、臨時的・局地的な公田賦与の政策とちがって、小農民にたいする国家的な土地政策を制度化した点に画期的な意義があり、その点でのちの均田制により近い位置を占めるものであった。ただ土地所有者の限田と無田者の受田との二本立てになっており、しかも限田によって浮かびあがる余剰の田土は共同体内の処理にまかされるので、受田があったといっても、均田制のような還受はおこなわれなかったとおもわれる。このように限田と受田とが二本立てになっている点や、還受がまだあらわれない点は、のちの西晋の占田・課田も同じである。しかし田土を還受しようとする思想は、既述のように、王莽の直後の後漢時代からおこっている。これは推測にすぎないが、王莽がはじめて小農民にたいする政策の具体的な実行案を考えたことが、右のような考えの発展に影響したのではないだろうか。

以上のように王莽の土地政策の内容は、中国古代の土地制度史上重要な位置を占めるのであるが、その前提をなす土地売買の禁止が猛烈な反対をうけて形骸と化し、王莽政権の没落とともに姿を消してしまうのである。公田の臨時的・局地的な賦与は後漢でもおこなわれるが、統一的な小農民対策が再び登場するのは、漢帝国の崩壊後をまたなければならない。(38)

(31) Dubs, Homer H., "Wang Mang and his Economic Reforms." かつて胡適・オットー＝フランケらのように、王莽を社会主義者として評価する見解があった。こうした見方自体歴史の条件を無視した非現実的な見解たるを免れないが、Dubs 氏はそうした見解を否定して、王莽の政策実践の動機が、儒学の理念に忠実であることにあったとしている。

(32) 桑田六郎「王莽の土地改革について」は、王莽の令にみえる「嘉禾の祥」と「反虜逆賊」を、資治通鑑三五平帝元始二年条の記事に比定している。そうすると令の「公田口井」が、この年の公田分与の事実を指すものであることはほぼ確実であろう。

(33) 水経注一七渭水条に、「元始二年、平帝罷安定滹沱苑、以為安民県、起官寺市里」とある。

(34) 池田温「均田制――六世紀中葉における均田制をめぐって――」は、王莽の場合「土地国有宣言」を発していることが、均田制とちがうとしている。

(35) 王莽伝によれば、張邯は王莽末年の地皇四年、大長秋より大司徒になり、一〇月漢軍が長安に入城したとき降伏して殺された人物である。

(36) 桑田前掲論文は、王莽の土地改革が限田制の一種にすぎないことを論じたものであるが、それは王莽の土地制度全体についていわれているので、その点私とは違う。

(37) 宇野精一『中国古典学の展開』第八章第四節「王莽と周礼」は、王莽の政治が周礼によったとはかぎらず、ことに王田はそうでないといい、桑田前掲論文は孟子によったと指摘している。

(38) 河地重造「王莽政権の出現」は、王莽の時代を、専制君主の斉民制的支配体制から豪族共同体を基礎として再編された古代末期的専制支配体制への転換期としてとらえている。本章では王莽の土地制度を、小農民への国家的な土地規制をともなう均田制的な支配体制の第一歩とみたわけであり、王莽政権の画期的な意義を重視する点においては異論がない。しかし均田制的な支配体制は豪族の発展とともにあらわれてくるものであり、同時に斉民制の再編をもいみするとおもわれるので、斉民制と豪族共同体とをこのように対立させてとらえなければならないものかどうか、王莽以前の氏のいう「斉民制」の基礎をどう考えるかという問題とともに、疑問が残る。

第二章　魏晋の占田・課田と給客制の意義

一　問題の所在

漢帝国が崩壊したのち、魏・呉・蜀三国の分立を経て、西晋の武帝が一時中国を統一すると、占田・課田の制度を施行した。この制度は西晋王朝の土地と人民にたいする支配のしかたをしめすものであるが、西晋の統一が永続きせずに瓦解したため、どの程度実効性があったか疑わしく、これを伝える史料も極端に少ない。にもかかわらず、この制度にかんする研究は非常に多いのであるが、それはこの制度が、これよりおよそ二世紀の後にあらわれてくる均田制の先駆をなすものとして、歴史的な意義があるとみなされているからであろう。

もっとも池田温氏のように、占田・課田制のこのような意義をあまり高く評価しない見解もある(「均田制――六世紀中葉における均田制をめぐって――」)。池田氏は、占田・課田制に均田制と同様な土地の還受を認め、均田制の直接の起源をこの西晋の田制にもとめようとする説(1)を批判して、つぎのような理由をあげている。すなわち均田制を施行した北魏の為政者は、占田・課田制にまったく言及していないこと、また占田・課田にかんする現存史料は、後世の史官によって均田制をモデルに再構成されたと考えられることなどである。しかし私には、現存史料がそれほど均田制に近づけて整理されているようにはおもわれない。むしろそうだからこそ、占田・課田制を均田制と同視する説には、私も池田氏と同様、賛成できないのである。占田・課田制に均田制の先駆としての意義を認めるということは、占田・課田制を均田制と同視することではむろんないし、北魏の当事者が占田・課田制を意識していたかどうかとも関係がない。井田制をモデルとして専制国家の人民支配を実現しようとする古来からの一連の土地政策のなかに、占田・課田制も均田制も位置づけられるということである。その際、それぞれの制度はそれぞれの時代の歴史的条件に応じて成立したのであるから、それぞれの歴史的段階に応じた異なった形態をとってあらわれた。占田・課田制についていえば、それが均田制と違うことはむろんであるが、例えば漢代の限田制にくらべれば、漢帝国崩壊後の新しい段階に応じてあらわれたものであるから、均田制に一歩近づいたこともたしかなのである。

占田・課田制の制度的内容を、均田制にいたる歴史的見透しのもとに位置づけて、日本の学界に大きな影響を与えたものに、宮崎市定氏の説がある（「晋武帝の戸調式に就て」。なお「中国史上の荘園」をも参照）。この説は占田を一般の私有地にたいする限田とし、課田を前代の魏の旧屯田民に与えられた国有地として、占田と課田とをまったく別個の農民を対象とした土地と解するものである。(2)宮崎氏は後漢末以後、豪族の農奴制的な大土地経営がさかんになり、中国の中世社会がはじまるとみるわけであるが、魏の屯田はこのような民間豪族の大土地経営を模したものであり、ここではじまった国有地における農奴制が、西晋の課田にうけつがれ、やがて一般人民をも包摂した均田制に発展すると考えるのである。このように氏の占田・課田論は、その時代区分論と不可分の関係をもつにいたっているわけである。私は魏晋時代に農奴制の発展がみられたとすること、魏の屯田を豪族的経営と同様なものとみることには反対でないが、漢代以来すでに私田と公田の分離がはっきりしており、均田制時代にも屯田は均田制とは別に存在したのであるから、均田制を屯田と同視し、これを単純な土地国有制とみる考えには疑問をもつものである（本書第八章参照）。しかしながらこの点についての全面的な批判を試みるのは本章の課題ではない。ここでの問題は、まず宮崎氏らの説において重要な位置を占める占田・課田制の制度的内容を再検討することである。

西晋田制の制度的解釈にかぎっていえば、宮崎氏の説のごとく、占田と課田とを別系統のものとして分離することが正しいかどうか問題である。池田氏は、宮崎説が「史料の構文に忠実ならざるがごとく」である点を認めており、しかもそのうえで宮崎説に賛意を表している。それは池田氏が前述のように、西晋田制の現存史料の史料的価値を疑っているからであるが、私はかならずしもそうはおもわないので、占田と課田とが同一農民家族を対象として組みあわされているとみる方が、史料に即した合理的な解釈になると考える。(3) この点をあきらかにするため、本章ではまず占田と課田にかんする限られた史料の範囲内で、可能なかぎり論理的・整合的な解釈をおこなう努力をし、しかるのちこの制度のもつ歴史的意義について考えてみたい。史料がきわめて少ない場合とる方法としては、当面の対象となる事象を前後の事象と関連させ、歴史的見透しを立てることによって不明の部分をあきらかにすることが時に可能であり、私もかつて北朝の均田法規をあきらかにする場合にそのような方法をとったことがあるが(「北朝の均田法規をめぐる諸問題」、本書第四章参照)、北魏から唐まで続いた均田制と異なり、占田・課田制は前後と相対的に孤立した制度であるから、このような方法をとる場合、恣意的な解釈が入りこみやすいと考える。

西晋の田制では、たんに一般農民にたいする占田・課田の額が定められていただけでなく、官僚貴族の官品に対応した占田の額がきめられていた。また官僚貴族については、田土ばかりでなく、その労働力である「客」についても規定が存在した。この客についての規定は、官品に応じて一定数の客の課役を免除するもので、これを給客制とも蔭客制ともよんでよいと思われる。(4) 占田・課田制が西晋一代にしかおこなわれなかったのにたいし、給客制は魏の時代にはじまり、西晋ののちの東晋にまでうけつがれた。したがって給客制は占田・課田ときりはなして別個におこなうことができるものであることはたしかであるが、西晋においてはそれは占田・課田制と一体のものとして施行されたのである。いうまでもなく漢代より三国の喪乱にいたる間、豪族地主の発展と小農民の没落が進んだのであるが、魏では九品官人法などを通じて豪族の官僚貴族化がはじまり、西晋にいたると統一政治が再建されたばかりでなく、六朝時代の特徴をなす貴族制が確立したといわれている。それゆえ国家が土地制度を通じて小農民支配の再建をはかろうとすれば、同時に官僚貴族の大土地所有とその労働力についても規定する必要があったと考えられる。したがってこの時代の土地制度の研究にあたっては、小農民を対象とするものと、豪族を対象とするものと、また生産手段たる土地を対象とするものと、労働力たる耕作者を対象とするものと、これらを関連させてとらえなければならない。本章では従来占田・課田制とは別個にあつかわれてきた給客制を、占田・課田制と関連させてとりあげることによって、制度の全貌とその歴史的意義について考えてみたいのである。

（1）曾我部静雄『均田法とその税役制度』は、「均田法・班田収授法の起源を北魏の田制に置く人が往々あるが、私はそれを採らず、武帝の占田課田法こそ、その起源をなすものとするのである」（同書一六頁）という。曾我部氏は西晋の田制に均田制と同じ土地の還受を認めるわけであるが、このように還受を主張する説は、馬端臨『文献通考』一田賦門にはじまって、比較的初期の研究に多い。日本では、岡崎文夫「魏晋南北朝を通じ北支那に於ける田土問題綱要」、志田不動麿「晋代の土地所有型態と農民問題」、佐野利一「晋代の農業問題」等。中国では、萬国鼎『中国田制史』上冊、呂思勉『両晋南北朝史』、余遜「由占田課田制看西晋的土地与農民」、金家瑞「西晋的占田制」等。

（2）細部はともかく、このような観点をうけついだものに、西嶋定生「魏の屯田制――特にその廃止問題をめぐって――」、越智重明『魏晋南朝の政治と社会』「晋南朝の税制をめぐって――晋故事の税制を論じて『均政役』の解釈に及ぶ――」、米田賢次郎「漢魏の屯田と晋の占田・課田」等がある。米田氏は、占田を晋初に廃止された旧屯田地、課田を平呉の後に廃止された旧屯田地とし、そのほかに不課田があったとするかなり独特な見解を出している。

（3）この解釈にもとづく研究は多いが、細部の異同が多いので、それらについては本論の関係部分でふれることにする。さしあたり学説史を整理したものとして、越智重明「西晋の田制と税制」等が参考になる。

（4）「給客制度」という語は東晋で使用されているが（五三頁参照）、西晋の規定では課役免除の特権を内容とする「蔭」の語を用いており（四九頁参照）、通典一食貨田制はこの規定を載せ、これに注して「蔭客之制」とよんでいる。しかし本論で論ずるように客の数を制限するものでないから、「限客制」とよぶのは適当でないとおもう。

二　関係史料の性格

1　晋書食貨志の戸調之式と晋初の令

占田・課田にかんする論議が紛糾している原因は、一つには現存史料がきわめて限られており、かつその構文があいまいな点にある。そこで最初に主要な史料を提示して、若干のコメントをつけておきたい。まず晋書二六食貨志は、「平呉の後」すなわち二八〇(太康元)年に、武帝が江南の呉を滅ぼして全中国を統一したのちのこととして、つぎのような記事をのせている。段落を切ってしめすと、

A　又、戸調之式を制す。丁男の戸は歳ごとに絹三匹・綿三斤を輸す。女及び次丁男の戸を為す者は半ばを輸す。其の諸辺郡、或は三分の二、遠き者は三分の一。夷人の賨布を輸するものは、戸ごとに一匹、遠き者は或は一丈。

B　男子一人、占田七十畝、女子は三十畝。其の外、丁男は課田五十畝、丁女は二十畝、次丁男はこれに半ばす、女は則ち課さず(女則不課)。

C　男女年十六已上六十に至るを、正丁と為す。十五已下十三に至り、六十一已上六十五に至るを、次丁と為す。十二已下、六十六已上を、老・小と為し、事とせず(不事)。

D　遠夷の課田せざる者(遠夷不課田者)は、義米を輸すること戸ごとに三斛。遠き者は五斗。極めて遠き者は、算銭を輸すること人ごとに二十八文。

E　其の官品第一より第九に至るものは、各々貴賤を以て占田す。品第一なる者は五十頃を占む。第二品は四十五頃、第三品は四十頃、第四品は三十五頃、第五品は三十頃、第六品は二十五頃、第七品は二十頃、第八品は十五頃、第九品は十頃。

F　而して又、各々品の高卑を以て、其の親属を蔭せしむ。多き者は九族に及び、少き者は三世。宗室・国賓・先

賢の後、及び士人の子孫も亦かくの如し。

G　而して又、人を蔭して以て衣食客及び佃客と為すを得。品第六已上は衣食客三人を得、第七・第八品は二人、第九品及び挙輂(轝)・跡禽・前駆・由基・強弩司馬、羽林郎、殿中冗従武賁、殿中武賁、持椎斧武騎・武賁、持鈒冗従武賁、命中武賁・武騎は一人。其の応に佃客を有すべき者、官品第一・第二なる者は、佃客五十戸(十五?)を過ぎること無く、第三品は十戸、第四品は七戸、第五品は五戸、第六品は三戸、第七品は二戸、第八品・第九品は一戸。

この記事は、A戸調、B占田・課田、C正丁、次丁、老・小の年齢、D課田の対象とならない夷人の税負担、E官人の占田、F官人等の親属の課役免除、G官人の客の課役免除、という順に記されている。そして冒頭に「戸調之式を制す」とあるので、従来これらの記事の内容全部をふくめて戸調之式とよぶ研究者が多いようであるが、これは疑わしい。Bの占田・課田以下の制度は、戸調之式とは別だという曾我部静雄氏の説が正しいとおもわれる(「井田法と均田法」)。氏もいうように、晋初の泰始三(二六七)年に完成し、翌四年に発布された晋令に、戸調令という篇目があったから、戸調之式はこの戸調令に対応するものであるが、泰始令にはほかに佃令という篇目があったから(5)、占田・課田はこの佃令の範囲に属すべきもので、したがって当然戸調之式にふくまれるはずがない。

さらに私は、Aの戸調の記事さえも、戸調之式の内容かどうか疑わしいとおもう。いったい令と式との関係は、唐代においては、令で基本的な事項を定め、式で施行細則を定めたといわれている。晋代の令と式が唐代と同様であったかどうか問題であろうが、晋の律令は唐の律令の原型となったのであるから、令と式の別もほぼ同様にあったであろう。そのように考えるならば、Aの戸調の項に記された程度のことは、当然令に記載されて然るべきものである。そのことは現存の唐令の逸文をみてもあきらかである。Bの占田・課田以下の記事も、やはり式ではなく、佃令(田令)等に記載さるべき内容である。その点で、程樹徳『九朝律考』三が、AからDまでの文を「戸調令」として採用しているのは(6)、令文とみる点にかんするかぎり正しいかもしれない。ただし令文であるとしても、戸調令に属するのはA

のみで、Bは上述のように佃令、Cは戸令にでも属すべきものであろう。ともかくこのように考えてくると、上に引いた食貨志の記事全体が戸調之式の内容ではないということになり、これを「平呉の後」におくことも疑わしくなってくる。あるいは「平呉の後」にかかるのは、「戸調之式を制す」という一事だけであり、あとは晋初以来の令文をぬき書きしたのではないかともおもわれる。つまりその場合には、占田・課田等の制度は晋初よりあったことになるが、そう考えてもこれに反する史料はほとんどないようである。(7)

晋初の戸調令にたいして、戸調之式と称するものが、平呉の後かいつの時期かに発布されたことはたしかであろう。晋代における令の編纂は晋初の泰始令の場合だけであったので、晋初以来の戸調になんらかの変更があり、それが式の形式で出されたということも考えられるし、あるいは全国統一などの新しい情勢に対応して、具体的な施行規則を定める必要があったのかもしれないが、その内容はわからない。ただ前述のように、占田・課田以下の記事が戸調之式にふくまれるとは考えられないので、戸調之式のほかに佃式とでも称すべきものが出されたのかどうか疑問がわくが、そのようなことは知りようがない。

2　初学記に引く晋故事逸文と田租記事

晋書食貨志の記事には、曹操(武帝)以来戸調とならんで主要な税目であった田租の記載がない。これは西晋時代に田租がなかったのではなく、右の記事から脱落したものであることは、つぎに引く晋故事の逸文からあきらかである。この逸文は、唐初の類書の初学記二七宝器部絹の条に引かれているのを、吉田虎雄氏が発見したもので(『魏晋南北朝租税の研究』一七―一八頁)、つぎのようなものであるが、読み方に異論もあるとおもわれるので、原文を併記する。

晋故事、凡そ民丁、課田、夫ごとに五十畝、租四斛・絹三疋・綿三斤を収む。凡そ諸侯に属するものは、皆租穀を減ずること畝ごとに一斗(升の誤りか)、減ずる所を計りて以て諸侯の絹を増すこと戸ごとに一疋、其の絹を以て諸侯の秩と為す。又民の租を分かつこと戸ごとに二斛、以て諸侯の奉と為す。其の余の租及び旧調の絹戸ごとに三疋・綿三斤は、尽く公賦と為し、九品相通じて、皆官に輸入せしむること、自ら旧制の如し。

晋故事、凡民丁、課田夫五十畝、収租四斛・絹三疋・綿三斤。凡属諸侯、皆減租穀畝一斗(升?)、計所減以増諸侯絹戸一疋、以其絹為諸侯秩。又分民租戸二斛、以為諸侯奉。其余租及旧調絹二(衍)戸三疋・綿三斤、書(盡?)為公賦、九品相通、皆輸入於官、自如旧制。

晋故事は、晋初に律・令とともに編纂され、法として通用させられたものであるが、律・令が基本法であるのにたいし、一般により広い範囲の慣行や詔令の定則化したものを集めたものといわれるから、唐六典六刑部郎中員外郎条の注がこれを格の前身と考えているのももっともである。ただ守屋美都雄氏は、右の初学記に引く逸文は内容が令とえらぶところがないから、令の細則規定であろうと推測した(「晋故事について」)[8]。そうすると「故事」は式の性格をも併せもつことになる。晋書三〇刑法志によれば、晋初に編纂された故事は三〇巻とされているが、隋書三三経籍志その他には四三巻と記されているので、その後増修がおこなわれたらしい。右の晋故事を引用する初学記は唐の開元中に編纂されたものであるから、隋志に登載された四三巻本を引用した蓋然性が強いとおもうが[9]、しかし四三巻本成立の時期は不明なのであるから、ここではいずれにせよ、この晋故事の記事に出る課田と戸調が、晋書食貨志のそれと同じであることに注目しておけばよい。

この記事ははじめに一般民丁の課田・田租・戸調の簡単な叙述に続いて、そのなかからとくに諸侯に属する封戸の租・調のとり方が記されている。そこでこの記事の性格については、天野元之助氏や高志辛氏のいうように、後段の封戸の租・調の分配のしかたをはっきりさせるために、その前提として前段の簡単な文がつけられたとみるのがよいとおもう(天野「西晋の占田・課田制についての試論」、高「対〃西晋的土地和賦税制度〃的意見」)[10]。それゆえ前段には、一丁男を対象とする課田・田租と、丁男の戸を対象とする戸調の額とが、併記して例示されているにすぎない。丁女・次丁男にたいする課田・田租や、丁女・次丁男のみで構成される戸の戸調は、記されていないのである。この記事が「絹に関係あるものという観点から」記されているもののようにみる説もあるが（越智重明「晋南朝の税制をめぐって」）、それは誤解で、初学記がたまたまこの逸文を絹の項目に採用したにすぎず、晋故事の原文そのものがとくに絹に関係あるものでないことはいうまでもない。

ここに「租四斛」と記された田租の記述は晋書食貨志になかったものであるが、課田と戸調の額は食貨志のそれと同じであるから、田租も同時期のものであることはまちがいなく、晋故事と晋書食貨志の記事は相補って、この時期の田制と税制を明らかにする史料であるといえる。それではなぜ食貨志の方では田租の記述が脱落したのであろうか。その理由を考えるにも、さきにのべたように食貨志の記事を令文とみた方がよさそうである。すでに曾我部氏が指摘しているように、晋初の泰始令の戸調令・佃令・復除令といった構成のなかには田租の入る余地がないから、田租は令の本文には記載されていなかったのかもしれない（「養老令の田租の条文について」）。もしそうとすれば、食貨志が令によった場合田租を落したのは偶然でないことになる。ところで唐令では租・調・役はすべて賦役令に記されているが、日本の養老令では田租は田令の注にしめされているのみである。そこで曾我部氏は、養老令のこのような田租記事の起源は晋令にさかのぼるであろうという。日本令の編者が晋令をみることができたかどうかは問題であるが[11]、養老令のあり方は一応参考になろう。さらに曾我部氏は晋代では田租が故事に規定されていたとしているが、現在残る晋故事逸文は上にみたようなもので、そこにたまたま田租が記されていても、それは田租についての規定をしめす目的で書かれたものでないことは明瞭であるから、氏の論拠にはならない。むしろ氏が別につけ加えてのべているように、わが田令と同様、田租は晋令のなかに注記されていた場合の方がありそうであるが、これも推測にすぎるかもしれない。養老令を参考にし、晋令の編目をみれば、田租が令の本文になかった蓋然性が指摘できる、ということで満足しなければならないであろう。

3　給客制関係の諸史料

晋書食貨志の一連の制度のうち、Gの蔭客の制度は前代より引続いておこなわれたものと考えられる。すなわち晋書九三王恂伝に、

魏氏、公卿已下に租牛客戸を給す、数各々差あり。自後小人役を憚り、これと為るを楽しむもの多く、貴勢の門、ややもすれば百数あり。又太原諸部も亦、匈奴胡人を以て田客と為す、多き者は数千。武帝践位し、詔して客を募るを禁ぜしむ。

とある。これについて、司馬氏が魏の実権を握ったのち、屯田の客戸を官人に支給したものと解する説があるが（唐長孺「西晋田制試釈」[12]）、そのような事実をしめす証拠はないし、「給」という文字の用法からも、かならずしも実際の支給行為があったことをしめすものととる必要はない。南斉書一四州郡志、南兗州条にも、

時に百姓難に遭いて、此の境に流移す。流民多く大姓に庇われて、以て客と為る。元帝太興四年、詔して、流民籍を失うを以て、名を条して有司に上らしめ、給客制度を為《つく》る。

とあって、「給客制度」という語が使われている。これは東晋初期のことで、華北から江南に流れてくる流民が多く、それが大姓の支配下に入って客となり、国家がそれを掌握できない状態であったので、これら流民の名を政府に登録させて、そのかわり大姓が一定範囲の客をもつことを容認したものであろう。したがってこの場合「給客」といっても、国家から支給したわけではなく、現実に大姓のもっていた客を認めたにすぎない。魏の給客もおそらくそういったものであろう。この給客が課役を免ぜられたことは、この制度がおこなわれた結果、役を憚って貴勢の門に集まるものが多くなったといわれることでわかる。すなわち魏の給客は西晋の蔭客と同様なものであったのである。

魏の給客の記事に「数各々差あり」というのは、公卿以下官人の地位にしたがって客戸の数をわりあてたことをし

めしている。西晋の制度では食貨志のGにみるように、一品から九品まで、官品に応じて客の数をわりあてたのであるが、この官品の制度は、曹丕(文帝)が漢の禅りをうけて即位し魏王朝を開く直前、二二〇(延康元)年に制定されたものと考えられる(拙稿「九品中正制度の成立をめぐって」)。それ以前の曹操の時代には客の課役免除はなかったということが指摘されているから(唐長孺前掲論文)[13]、魏の給客制は二二〇年以後制定され、やはり西晋の制度と同じく、官品に応じて客の配分をきめたものと考えられる。

しかしこの制度は合法的な課役忌避の道を開いたので、多数の客が貴勢の門に集まる結果をまねいた。そこでさきの王恂伝によると、武帝が即位して西晋王朝が開かれたとき、いったん客を募ることを禁じたといわれる。これは晋書食貨志にのせる泰始五(二六九)年正月癸巳の勅に、

豪勢、寡弱を侵役し、私に相《たが》いに名を置くを得ず。

とあるのに相当しよう[14]。ここでは有力者が勝手に客を募集するのを禁じているのであって、給客制そのものを廃止するとはいっていない。給客制はその後東晋までおこなわれたのであるから、西晋の初めだけ中断されたとは考えにくい。私はさきに晋書食貨志の占田・課田等の記事が、晋初のものである公算が大きいといったのであるが、とりわけGの蔭客の記事は、魏の給客制をひきついで晋初に出された確実性が最も強いとおもう。

東晋の給客制の内容は、隋書二四食貨志のつぎの文によって知られる。

a　都下の人、諸王公・貴人の左右の佃客・典計・衣食客の類と為るもの多く、皆課役無し。

b　官品第一・第二は、佃客四十戸を過ぎること無く、第三品は三十五戸、第四品は三十戸、第五品は二十五戸、第六品は二十戸、第七品は十五戸、第八品は十戸、第九品は五戸。其の佃穀は皆大家と量り分けしむ。

c　其典計、官品第一・第二は三人を置き、第三・第四は二人を置き、第五・第六及び公府の参軍、殿中監、監軍長史、司馬、部曲督、関外侯、材官議郎已上は一人。皆通じて佃客の数中に在らしむ。

d　官品第六已上は、幷びに衣食客三人を得。第七・第八は二人、第九品及び轝輦・跡禽・前驅・由基・強弩司馬、羽林郎、殿中冗従武賁、殿中武賁、持椎斧武騎・武賁、持鈒冗従武賁、命中武賁・武騎は一人。

e　客は皆家籍に注せしむ。

この記事は通典五食貨賦税では南朝の斉の後におかれ、通志食貨略賦税ではaの文の頭に「斉の武帝の時に至り」という句が加えられている。しかし佃客の数こそちがえ、内容からみて西晋の制度をひきついだものであることは明瞭であり、ふつうには東晋の制度とされていて、隋書食貨志の記載のしかたもそのようにみて支障がない。浜口重国氏は、さきに引いた南斉書州郡志に、元帝の太興四(三二一)年に出たと記されている「給客制度」にあたるものであろうという(「唐の部曲・客女と前代の衣食客」)。この給客制度はさきにものべたように、大姓の下に入って国家の掌握下になかった客の「名を条して有司に上らしめ」たうえで制定されたのであり、eの「客は皆家籍に注せしむ」というのがそれに対応しているのであろうと考えると、ほぼ浜口説にしたがってよいとおもわれる。

(5) 泰始令は現在亡逸して伝わらないが、その篇目は唐六典六刑部郎中員外郎の条に記されている。その篇目のなかの「佃令」は、曾我部静雄「養老令の田租の条文について」では「田令」の誤であろうとされている。

(6) 仁井田陞『唐令拾遺』二二六、六一三、六六四頁もこれにしたがっている。なお程樹徳氏はGの蔭客制のなかの佃客の部分のみを「佃令」としてあげている。これは佃客の佃と佃令の佃の関連を考えたものであろうが、佃客は衣食客と一括されて規定されているのであって、佃客の部分のみをきりはなす根拠はまったくない。

(7) ただ晋書四六李重伝には、尚書郎李重が太中大夫恬和の奴婢制限の提案を論駁して、「王者之法、不得制人之私也、人之田宅、既無定限、則奴婢不宜偏制其数」とのべたと伝えられている。占田は限田だとするのが多数意見であるが、それにしたがえば右の記事と矛盾する。洪序「西晋李重駁恬和一事発生時間的商榷」によると、李重の論駁がおこなわれたのは大体二八五(太康六)年、すくなくとも二八四年から二八六年の間であるといわれる。そうすると占田・課田制の発布が晋初であろうと、平呉(二八〇年)の後であろうと、李重の言に矛盾する点はかわりないから、占田・課田制等の年代のきめ手にはならない。この矛盾点は、むしろ占田の意義、運営法、もしくは実効性の問題として解決すべきであろう。

(8) ただし守屋氏が初学記に引く文を『太康故事』の逸文と推定したのは、食貨志の占田・課田・戸調関係記事が平呉直後のものであるという前提に立っているので、従う必要はない。

(9) 張維華「対于〃初学記〃宝器部絹第九所引〃晋故事〃一文之考釈」は同様に四三巻本とするが、四三巻本は晋初の三〇巻本を後人が析して巻を増したものにすぎず、内容は三〇巻本に同じとしている。

(10) 晋故事逸文の性格をそのようなものとすれば、ここにのべられている諸侯の秩・奉の解釈が問題になる。これについては、藤家礼之助「西晋諸侯の秩奉――『初学記』所引『晋故事』の解釈をめぐって――」、越智重明「晋南朝の税制をめぐって――晋故事の税制を論じて『均政役』の解釈に及ぶ――」等があるが、両説の開きは大きく筆者としては断案をもてない。しかし本章の論を進めるうえでは支障がない。

(11) 藤原佐世の日本国見在書目録には隋の大業律令以後しか出ていないが、遣隋使の帰還が大業年間であるから、大業律令以前のものが亡逸したというよりは、それ以後しか入らなかったとみた方がよいのではないか。この点は青木和夫氏の教示をえた。

(12) 魏の給客と同様に客の課役を免ずる呉の復客が早くからあったことを考えても、この説は支持できない。呉の復客については、浜口重国「唐の部曲・客女と前代の衣食客」に詳細な論があるが、宿将の遺族の生活保障のために与えられた特別なもので、魏の給客のように定制化されたものとはいいがたいようである。

(13) 実は唐氏は魏志一二司馬芝伝(本章では後に引用する)によって、「魏初」に私家の客の役が免ぜられなかったとしているのであるが、これは曹操時代のことである。

(14) 越智重明『魏晋南朝の政治と社会』二三二頁では、「私相置名」の相をエラブと読んでいる。しかしこれをタガイニと読んだいみについては後述する。この勅は同時に、「諸郡国守相令長、務尽地利、禁遊食商販」とものべ、地方官に勧農をすすめて、国家の直接支配下にある農民の地著をはかっているが、募客の禁止もそれと結びついているのである。このような意図を具体化したものが、晋書食貨志の占田・課田・蔭客等の制度であろうと思う。

三　占田・課田の制度的解釈

1　占田・課田の語義

私はさきに通説のまま占田・課田制という語をもちい、前節で史料を提示する場合にも、占田・課田の語は原文のままの形で引用した。しかし平中苓次氏は、前節の晋書食貨志のＢの部分を、「男子一人は田を占めること七十畝、女子は三十畝とす、其外、丁男は田を課すること五十畝」と読み、占田・課田などという特定の土地名称は存在しなかったと主張している（「漢代の『名田』・『占田』について」）。占田の占については、食貨志のＥにも、「おのおの貴賤をもって田を占む（占田）」とのべた後に、「品第一なる者は五十頃を占む（占五十頃）」といい、あきらかに占を動詞としてもちいている。課田の課についても、Ｂの「丁男は田を課すること五十畝」の後に、「丁女は二十畝、次丁男はこれに半ばす、女は則ち課さず（女則不課）」とあり、Ｄに「遠夷の田を課さざる者（遠夷不課田者）」とあって、やはり課を動詞にもちいている。したがって占田・課田についても、それぞれ「田を占める」「田を課する」と読んで、平中説にしたがうのが実は正しいとおもう。しかしそれにしても、男子、女子にそれぞれ七〇畝、三〇畝ときめられている土地と、丁男、丁女、次丁男にそれぞれ五〇畝、二〇畝、二五畝ときめられている土地との違いはあるはずである。そこで以下の文章においては、この両種の土地を、「田を占めること」「田を課すること」あるいは「占められる田土」「課せられる田土」といういみにおいて、やはり占田・課田とよぶことにしたい。なお右の引用文にある「女は則ち課さず」については、いろいろな解釈があるが[15]、丁男、丁女、次丁男に課する田土の面積をそれぞれのべた後につづくのであるから、「次丁女には田を課さない」といういみにとるのが最も自然な読み方である。

それでは占田（田を占める）と課田（田を課する）との違いはどういう点にあるだろうか。占田の占の原義は、排他的独占的に占有（占拠）することをいみする現実支配的用語であるという平中説がやはりよいようにおもわれる[16]。ただ西晋の田制ではそこに七〇畝、三〇畝という面積が規定されているので、占田が事実上限田のいみになることは、通説のとおりだとおもう。[17] このようないみで占田という語をもちいた先駆者は、後漢末の荀悦である。荀悦はその著書漢紀八のなかで、限田制の沿革を論じて、

孝武の時、董仲舒嘗て言う、宜しく民の占田を限るべしと。哀帝の時に至って、乃ち民の占田を限り、三十頃を過ぐるを得ず。

といっているが、これは漢書に「名田」とあるのを「占田」に書きかえたものである。荀悦はつづいて、王朝初期のごとき「民人稀少」なるときをねらって限田をおこなうよう提唱し、

宜しく口数を以て田を占め、為に科限を立つべし(宜以口数占田、為立科限)。

とのべているが、これは哀帝の限田制とちがって、家口数に応じて田土面積を定めようとしたものであり、語義の上からばかりでなく、その内容からいっても、西晋の占田の先駆をなすものとみてよいであろう。

つぎに課田の課の原義は、西村元佑氏が両漢・魏晋における課の用語例を精査した結果、「割当・強制・督励・評価の意味をもつ」と指摘している(「西魏・北周の均田制度」第四節課税用語の二律背反について)。したがって課田は、田土の強制的な割当、あるいは田土の耕作を強制しあるいは督励することと推定されるわけであるが、そのようないみでの課田の用例は、西晋以前においては魏の屯田にみられる。晋書四七傅玄伝にのせる傅玄の二六八(泰始四)年の上疏に、

近くは魏の初め田を課するに(課田)、其の頃畝を多くするに務めずして、ただ其の功力を修むるに務む。故に白田の収は十余斛に至り、水田は数十斛を収む。このごろより以来、日ごとに田の頃畝の課を増す。田兵は益々甚し。功は修理《おさむ》ること能わず、畝ごとに数斛よりして、或いは以て種を償うに足らざるに至る。

とあるのがそれである。[18] これは魏初と晋初とで、屯田の耕作の督励のしかたに違いがあったこと、すなわち魏初では集約的な農法に、晋初では耕地面積の拡大に重点がおかれたことを示している。降って東晋のことであるが、晋書七

○応詹伝にその上疏をのせて、

都督には二十頃を佃《たつく》るを課すべし(可課佃二十頃)。州には十頃、郡には五頃、県には三頃。皆文武の吏、医卜に取り、百姓を撓乱するを得ず。

とあり、地方官に一定面積の田土の耕作を義務づけるよう提案している。西晋の課田は、このような官吏ではなく一般庶民を対象とするものであるが、一定面積をしめしてその耕作の責任を負わせ、田土の開墾をうながそうとした点はこれと同じである。(19)

2　占田・課田制の構造

以上に占田・課田の語の一般的な意味を論じ、その用例が西晋以前にさかのぼることをもみたのであるが、つぎにこれらの語が西晋の田制のなかでどのように規定されてもちいられており、どのような固有の役割と意義とを帯びていたかを考えてみなければならない。

前節に掲げた晋書食貨志や晋故事の文をみると、課田はとくに税役の負担と密接な関係がありそうにおもわれる。

第一に、食貨志Bの部分において、占田は「男子一人、占田七十畝、女子三十畝」というように、年齢に関係なく規定されているのにたいし、課田は「丁男」「丁女」「次丁男」にそれぞれ五〇畝、二〇畝、二五畝というように、年齢に応じた規定がなされている。丁、次丁の年齢区分のしかたは、食貨志Cの部分にしめされているが、この年齢区分が何をいみするかというと、この文の最後に、老・小は「事とせず」と規定されており、これは税役を負担しないといういみであるから、丁、次丁の区別は税役の負担に関係あると考えられる。すなわち課田はとくに税役負担と関係ある田土と考えることができる。

第二に、食貨志Eの部分に官人の田土にかんする規定があるが、それをみると占田は一般庶民ばかりでなく、官人をも対象としているのにたいし、課田は庶民ばかりを対象としているとみられる。官人に課田がないことは、官人が税役を負担しないことと関係があるのではないかとおもわれる。

第三に、食貨志Dの部分に「遠夷の田を課さざる者云々」とあって、課田の規定が適用されない異民族についての特別規定がある。[20]これは課田の適用をうけるものが田租を納めるのにたいし、そうでないものは義米もしくは算銭を納めるというのである。いずれにせよこれは税役の負担にかんする条項であるが、ここでは「田を課さざる者」とのべて、占田にはまったく言及されていない。

第四に、晋故事逸文の記載も、課田と田租・戸調を併記して、占田に言及していない。元来この晋故事の文は、前節でものべたように、諸侯に属する特別の戸の田租・戸調の負担のしかたを記したものであり、その前提として一般民の田租・戸調が記され、その田租・戸調と不可分な関係にあるものとして課田が併記されていると考えられる。

以上第一から第四まであげた諸点を通観すると、課田は税役を負担する土地であり、[21]その税役負担の前提として、一定面積の土地の耕作が法規の上で義務づけられていたものと考えられる。課という語は前述のとおり、割当・強制・督励・評価等のいみをもち、課田は田土の耕作を強制ないし督励するというのが本来のいみであったのであるが、のちの均田制時代には、課は直接に租・調もしくは力役をいみするようになった。[22]西村元佑氏は、「課」がこのように税役の用語としてもちいられるようになった根源は、西晋のいわゆる戸調式にあるとみている(前掲論文)。もしこの説が正しいとすれば、それは西晋の田制における課田の右のような役割からおこったものとみることができよう。

一方占田は、課田と対照してみれば、税役の負担とは直接関係ないとおもわれる。課田に対応するのは田租であり、占田には戸調が対応するという説もあるが、それについては後述するので、ここでは晋故事が課田と田租・戸調を併記し、占田に言及していない点をあげるにとどめる。また占田の田租についていろいろと臆測する説もあるが、[23]占田の田租にかんする史料がないのは当然であり、そのことにいみがあると私は考える。もしそのように考えるならば、占田と課田とを別種の農民の戸を対象とする別系統の土地とする説は成りたたず、この両種の土地は同一の農民の戸を対象として規定されているものとみるほかないであろう。

占田と課田とが同一の農民の戸を対象とするならば、つぎに問題になるのは、この両種の土地が同一戸内において誰を対象とし、どのような形で組みあわされているのかということである。まず占田の対象であるが、これについては食貨志に、「男子一人、占田七十畝、女子三十畝」と規定されている。この場合、「男子一人だけ」に七〇畝の占田が許されるのか、「男子一人ずつ」七〇畝の占田が許されるのかが問題になる。「一人だけ」と解すれば、戸主たる男子に七〇畝、戸主の妻である女子に三〇畝、合計一〇〇畝の土地がわりあてられることになる。「一人ずつ」と解すれば、戸内のあらゆる男女に年齢に関係なく、それぞれ七〇畝、三〇畝の土地がわりあてられることになる。

ところで七〇畝、三〇畝という数字は、いうまでもなく合計一〇〇畝となるが、この一〇〇畝は古来標準的な農民一戸の土地所有面積とされてきたものであり、西晋ではそれを参照して、七〇畝と三〇畝に分割して規定したものにちがいない。そこで古典にひきつけて解釈すれば、占田は戸主夫妻にわりあてられることになる。そして食貨志の文は、占田の規定のあとに、「其の外、丁男は課田五十畝」と続くので、課田は戸主以外の家族、すなわち周礼にいう「余夫」にわりあてるという説が成りたつことになる（岡崎文夫「魏晋南北朝を通じ北支那に於ける田土問題綱要」、曾我部静雄『均田法とその税役制度』）[24]。しかしこの説には難点がある。まず占田を戸主夫妻に限るなら、なぜそれをはじめから一〇〇畝と規定してはいけなかったのか、むしろこれを男子・女子に分けたのは、戸内の男女数が一定していないから で、戸主に限らずすべての男女にわりあてるためであったと考える方が理解がいくようにおもわれる。そしてその場合結婚しているものは、夫婦で合計一〇〇畝がわりあてられるよう考慮されていたと考えることができる。なるほど晋以前の古来の説では、一戸一〇〇畝を標準とする考えが多いが、降って北朝・隋唐の均田制にいたれば、一戸ではなく一丁男あたり一〇〇畝がわりあてられるようになっており、北朝ではそのほか婦人一人ごとに四〇畝がわりあてられている。そのような傾向をみれば、戸内の人員に応じて一〇〇畝をこえる土地をわりあてる考えが、西晋からすでにおこっていたとしても不思議ではない。

さらに占田を戸主に限ろうとする説には、占田の対象となる「男子」の語義にその理由をもとめるものがある。この説によると、漢代では「男子」の語は庶民の戸主または長男、あるいは「戸内の長」を指したというが(西村元佑「漢代の騎士」「魏晋の勧農政策と占田課田」)、しかしこれにたいしては、漢代の「男子」が、婦人にたいする男性の意味に使用される場合と、官職をもたない布衣の男性という身分を指す場合とがあって、家長とは限らないという指摘があり(西嶋定生『中国古代帝国の形成と構造』第二章第三節三〝男子〟の語義)、占田の対象を戸主以外の男子・女子に拡大しても、何ら不都合でないと考えられる。

さらに占田は戸調に関係があるので、占田の対象は戸主であると考える説もある(草野靖「占田課田制について」)[25]。この説は課田は田租に対応し、占田は戸調に対応するというのであるが、すでにのべたところをくり返せば、晋故事の逸文において課田と田租・戸調は併記されているが、占田にはふれられていないこと、課役を負担しないはずの官人にたいして、課田がないのに占田があることなどをあげることができる。もちろん丁・次丁などの個人を対象とする課田は田租とは対応しても、戸を対象とする戸調とは厳密には対応しない。しかし戸調は、丁男が戸主である場合と丁女および次丁男が戸主である場合とで額を異にしており、また後述するように、戸等によっても差があったと考えられる。このように戸調が定額でないとすると、男子・女子それぞれに定額で規定されている占田とも対応しないし、占田の対象が戸主であると断ずることもできないであろう。戸調が戸等によって差があったということは、それが戸の資産に応じてとられたことをしめしており、そのいみでは占田額が資産評価の中心をなしたであろうこと、したがって占田が戸調の決定に影響したということはいえるかとおもう。しかしそのことは占田の対象が戸主であるかどうかとはまったく関係なく、むしろ戸内の人数によって占田額に差があったと考える方が、戸等による戸調の賦課に照応するといえよう。

占田の対象が戸主に限らないとすれば、課田の対象を余夫とする説もむろん成りたたなくなるわけである。それに課役、少なくとも田租を負担する課田の対象から、戸主を除外するなどということは考えられないことである。課田の対象を余夫とする説の語法上の根拠は、「男子一人、占田七十畝、女子三十畝、其外、丁男課田五十畝云々」の「其外」にあり、これを占田をわりあてられた男女(すなわち戸主)以外の丁男・丁女・次丁男には課田がわりあてられると解するわけであろう。しかしこの語法によって、男女がそれぞれ一定額の占田を許されるほかに、丁男・丁女・次丁男には一定額の田土の耕作が義務づけられると解してもいっこう差支えない。(26)したがって占田は戸内のすべての男子・女子を対象とし、課田は戸内のすべての丁男・丁女・次丁男を対象とするというのが私の結論である。

それではそのような占田と課田との関係はどのようになるのか、占田の内に課田があるのか、占田の外に課田があるのかというのがつぎの問題である。すなわちかりに一丁男の場合を例にとれば、彼は占田七〇畝を認められているわけであるが、その七〇畝のうちの五〇畝が課田とされるのか、それとも七〇畝以外に五〇畝の課田が与えられ、計一二〇畝をもつことになるのかという問題である。(27)ところで占田は既述のように限田のいみをもつのであるから、それはその戸なり個人なりの土地所有の最高限度をしめすものであり、占田の外に課田があるとすれば、課田は必然的に国家から授与されなければならないものとなる。しかし課田の語の原義にも、西晋における課田の規定にも、それが授与されるという根拠は見当らない。まして還受がおこなわれるということは考えられない。私は課田が時に与えられることのある蓋然性を否定するものではないが、それが一律に与えられたとは考えないのである。また占田の外に課田がある場合、課田は税役を負担する田土であるが、その課田以上に大きな私有地が占田として無税のまま放置されることになる。この点からみても、占田の外に課田をおく説には無理がある。結局占田によって一定範囲内において農民の土地占有を認め、そのうちの一定額の土地を課田として耕作の責任を負わせて土地の耕墾を促進する、そしてその責任額を前提として課税する、このようなしくみをもったのが西晋の田制であったとおもう。

占田と課田との関係をこのように考えると、占田が戸主だけでなく、すべての家口にわりあてられるという考えはますます合理的となる。なぜならば、もし占田が戸主にだけ認められるにすぎないとすれば、戸内に二丁男以上をふくむ戸においては、課田は国家から授与されないかぎり、占田内に設定しようがないからである。もちろんこれは法規の上での整合性をもとめようとしてこのようにいうのであって、たとい占田がすべての家口に認められようと、現実には占田額が課田額を下まわる農民もありえたであろう。その場合、課田とそれをもとにした課税がどのようにあつかわれたかはわからない。晋書五一束晳伝には、

今天下の千城、人游食するもの多く、業を廃し空を占めて、田課の実無し(廃業占空、無田課之実)。

とある。これは西晋王朝の傾いた恵帝のときの上議であり、あるいは占田・課田制を念頭において発言しているのかもしれない。ともかく占田がなくて田課の実があがらないといっているのであって、占田が田課の前提であることをしめしている。これによってみても、占田の上に課田の義務が負わされたものであることが推定できる。

3　占田・課田制の成立過程

占田と課田とを組みあわせて、田制と税制の体系をつくりあげたのは西晋王朝であるが、占田と課田にそれぞれ類似した考え方をたどれば西晋以前にさかのぼることは、さきに占田・課田の語義を論じた際にふれたところである。後漢末の荀悦はその著漢紀八のなかで、「宜しく口数を以て田を占め、為に科限を立つべし」とのべたが、この家口数に応じて占田を許す考え方は、すでに指摘したように、前漢の限田制よりもはるかに西晋の占田制に近い。仲長統はその著の昌言損益篇(後漢書四九所引)において、「まさに限るに大家を以てし、制を過ぎること勿からしむべし。其の地の草ある者は、尽く官田といい、力農事に堪えるものは、乃ちこれを受くるを聴《ゆる》す」といい、大家の田土を制限す

る一方、未開墾地の授田を提唱した。これは占田と課田とを兼ねた考え方である。(28) また魏志一五司馬朗伝によると、曹操の臣下で丞相主簿の地位にあった司馬朗は、井田の復活を提唱したが実現されなかったという。

後漢末にこれらの提案が相ついで出たのは、「今は大乱の後を承けて、民人分散し、土業主無く」(司馬朗)、「今は田に常主無く、民に常居無く」「土広く民稀れ」(仲長統)であり、「人衆稀少」(荀悦)であったという新しい状況が生じたからである。しかしこうした状況のなかで曹操が実際におこなったのは、民屯田を設置することであった。これははじめ軍粮を得ることを直接の目的として、一九七(建安二)年に曹操の根拠地の許州におかれ、やがて各州郡にひろがった(魏志一武帝紀)。屯田の耕作者は民間から強制徴募されたものが多く、「屯田客」(魏志二三趙儼伝)、「典農部民」(魏志二八鄧艾伝)などとよばれて、「分田の術」(魏志一六任峻伝所引魏武故事)によって経営された。具体的には収穫の五割ないし六割が国家の収入となり、魏の重要な財源となったと考えられている。このようなやり方は当時の民間豪族の大土地経営と大差なく、国家がそれにならって国有地の大経営をおこなうものにほかならなかった。しかも屯田と屯田客の管理は、一般民衆にたいする州・郡・県の統治機構とはまったく別系統の、典農中郎将・典農校尉・典農都尉などの専門の田官によっておこなわれた。すなわち魏王朝は、秦漢以来の郡県制支配を貫徹せず、国家の直営地支配に大きな比重をかけたと考えられるのである。

しかしこのような屯田は、司馬氏が権力を確立するにともなって廃止された。すなわち魏志四陳留王紀によると、魏末の咸熙元(二六四)年条に、

是歳、屯田官を罷めて、以て政役を均しくす。諸典農は皆太守と為し、都尉は皆令・長と為す。

とあるが、この時は廃止が徹底しなかったとみえて、晋王朝ができるとあらためて、晋書三武帝紀、泰始二(二六六)年十二月条に、

農官を罷めて郡県と為す。

とみえている。これらは屯田が廃止されて郡県に編成され、典農官が郡県の長官に任命がえされたことを主としていっているが、「政役を均しくす」とあるところをみると、旧屯田民も郡県民と負担を同じくするようになったものと思われる。[29] 屯田が郡県に編成がえされた具体的な事例は、晋初の記録からはうかがえないが、[30] 晋書一五地理志、揚州毗陵郡の条に、

呉、会稽・無錫已西を分かって屯田と為し、典農校尉を置く。太康二年、校尉を省いて毗陵郡と為す。

とある。これは平呉ののち呉の旧屯田の地を郡に変えたものであるが、これによって晋初の場合を推測することができよう。屯田の廃止によって、魏王朝(呉・蜀においても魏と同様であったと考えられるが)の統治の二重体系は解消し、郡県制支配に一元化されたのである。

さきに屯田における耕作の督励が課田とよばれたことを指摘したが、屯田の廃止にともなって新しい課田の方式として生まれたのが占田・課田の制度であろう。そのいみでは魏の屯田と西晋の田制との間には関連があるといえる。[31] しかし旧屯田民を対象にして課田制が生まれ、旧郡県民を対象として占田制ができたわけではない。私がさきに限られた史料の構文からできるだけ論理的・整合的に理解した結果は、占田と課田とが同一農民の戸を対象とするということであった。そしていま、占田・課田制は屯田の廃止と郡県制による一元化にともなって登場した事情をあきらかにした。旧屯田民はすべて郡県民に編成されたうえ、「征役を均しくする」にいたったのであるから、両者の差別は解消したはずであり、この点から考えても、占田民と課田民との別があるわけはない。新しい田制では占田と課田とが組みあわされているわけであるが、占田制は農民の所有地に一定の限度を付して、これを自作の小農民として国家が掌握しようとするものであり、課田制はその掌握した所有地の上にこれを施行して、農耕を督励し、田租収入を確保しようとしたものである。

(15)　岡崎文夫「魏晋南北朝を通じ北支那に於ける田土問題綱要」は、次丁女には不課田を与えると解す。これは課田と不課田

(Dに遠夷不課田とある)という土地があったと考えるものである。曾我部静雄『均田法とその税役制度』は、「女には力役の負担がない」と解し、越智重明『魏晋南朝の政治と社会』一六二頁も、役にかんする規定ととり、「女則不課」は食貨志Bの末尾ではなく、Cの冒頭におくべきだとする。

(16) 草野靖「占田課田制について」も、「占田は排他的に田地を占有するの意」としている。これにたいして、鈴木俊「占田・課田と均田制」、米田賢次郎「漢魏の屯田と晋の占田・課田」、藤家礼之助「西晋の田制と税制」等は、占を「申告する」といういみにとっている。私は西晋の土地法では、実際には占田した土地は政府に申告し登録されたと考えるが、本文に引いた諸例や、晋書五一束晳伝に、「今天下千城、人多游食、廃業占空、無田課之実」などとある用法からすると、占の原義は占有ととった方がよいとおもう。

(17) 馬端臨、岡崎文夫、志田不動麿、萬国鼎ら、占田・課田にかんする初期の研究者は受田説をとるものが多かったが、玉井是博「唐時代の土地問題管見」は限田説をとっており、その後宮崎市定「晋武帝の戸調式に就て」によって限田説は有力となった。しかし注7に引いたように、晋書四六李重伝には、「人之田宅、既無定限」とあり、これは占田制施行後のことであると考えられる。したがって占田制は限田の意義を実際にはもちえなかったと考えられるが、そのことは占田制の法意や占田の語義とは別問題である。

(18) この課田の用例は、宮崎前掲論文、Yang, Lien-sheng, "Notes on the Economic History of the Chin Dynasty" 等に指摘されており、その内容のもつ意義については、西嶋定生「魏の屯田制」に論じられている。

(19) 草野前掲論文は、「課田は或る定額の田地を割り付ける、従って或る定額の田地の耕作を強制するの意」と解し、また西村元佑「課税用語の二律背反について」は、丁男・丁女・次丁男に応じた課田面積に差異があるところから、「これは労働力に応じて庶民の生産活動に一定額の責任を賦課するものとみてよい」としている。また唐長孺「西晋田制試釈」は、課田を「督課耕田之意」と解した上で、個人に責任が課せられたばかりでなく、毎郡毎県の課田すべき人口に照して、地方官に開墾すべき責任額が示されたとしている。

(20) 河原正博「西晋の戸調式に関する一考察――『遠夷不課田者』を中心として――」参照。宮崎市定氏は「遠夷不課田者」の「遠夷」を衍字とするが、そのように考える必要はないようである。いずれにせよ問題の規定が「不課田者」にかんするものであることはまちがいない。

(21)　楊聯陞(Yang, Lien-sheng)前掲論文は、課田を“Taxed land which was to required to pay the land tax”と訳しているから、同様な解釈に立っているとおもわれる。

(22)　均田制時代の課は、通説では租・調をいみするが、曾我部静雄氏は力役ないし雑徭をいみすると主張し、これをめぐって多くの論考が出された。礪波護「課と税に関する諸研究について」参照。

(23)　宮崎市定「晋武帝の戸調式に就て」、吉田虎雄『魏晋南北朝租税の研究』、越智重明『魏晋南朝の政治と社会』、藤家礼之助「西晋の田制と税制」、鈴木俊「晋の戸調式と田租」等。

(24)　周礼地官遂人条に、「辨其野之土、上地・中地・下地、以頒田里、上地夫一廛・田百畮・萊五十畮、余夫亦如之、中地夫一廛・田百畮・萊百畮、余夫亦如之、下地夫一廛・田百畮・萊二百畮、余夫亦如之」とある。余夫の語は孟子滕文公章句にも、「卿以下必有圭田、圭田五十畝、余夫二十五畝」とあるが、これは卿大夫の田土の場合であり、余夫の意味も違うのではないかとおもわれる。曾我部氏は余夫を、戸内に同居する未婚の丁男・丁女・次丁男としている。

(25)　草野氏は、課田を均田制下の露田とし、男子の占田七〇畝から丁男の課田五〇畝を減じた二〇畝、および女子の占田三〇畝から丁女の課田二〇畝を減じた一〇畝を、均田制下の桑田として、この二〇畝および一〇畝の部分が戸調に対応するとみる。そして戸調は戸対象であるから、占田の対象も戸主であるとしている。

(26)　通典一食貨田制は晋書食貨志と同文を引用しながら、外という字を脱落して、「其外丁男」を「其丁男」としている。これは冊府元亀四九五邦計部田制に引く文にも「其外丁男」とあるし、原典に近い晋書に従うべきであろうが、宮崎市定氏は通典を参照して、「其の外の丁男」と読む余夫説を批判している。しかし余夫説を退けたからといって、氏の主張するように、前条(占田の条)とはまったく関係のない別の条項に移ったということにはならないであろう。

(27)　この問題は日本よりもむしろ中国学界における西晋田制研究の論争点の一つである。占田内に課田をおく説は、唐長孺前掲論文、王天奨「西晋的土地和賦税制度」、張維華「試論曹魏屯田与西晋占田上的某些問題」、柳春藩「関于西晋田賦制度問題——対王天奨〝西晋的土地和賦税制度〟一文的意見」等。これらのうち王天奨氏が田租を戸単位の税法としているのは、柳春藩氏の批判のごとく賛成できない。占田外に課田をおく説は、萬国鼎『中国田制史』上冊、余遜「由占田課田制看西晋的土地与農民」、金家瑞「西晋的占田制」、Yang, Lien-sheng, (op. cit.) 等。日本では西村元佑・草野靖氏らの説が占田内に課田をおくが、ただしこれらの人々は先述のとおり占田の対象を戸主に限るので、戸内に丁男・丁女等が多い場合は、課田が占田内に収まらないことになる。

(28) 岡崎文夫前掲論文は、荀悦・仲長統らの論が晋の世論に影響して、占田・課田制を施く動機になったとしている。

(29) 「均政役」が具体的にはどのような税役を均しくするのかということが、従来しばしば問題にされているが、それは旧屯田民が晋の屯田廃止後も一般郡県民と負担を異にしたと考える論者にとっては、そのことが重要な問題になるからであろう。私は後に引く晋書地理志の毗陵郡の例がしめすように、旧屯田の地はそのまま一般の郡県になったのであるから、旧屯田民は一般の郡県民になったのであり、その負担も一般郡県民と同じになったと考える。その負担は前節の史料にみえた田租・戸調と若干の傜役・兵役であったと考える。そのほかに特殊な占田・課田の税を考える必要はないとおもう。

(30) 西嶋定生「魏の屯田制」は晋書一四地理志から、泰始二年新設の八つの郡をぬき出して、屯田廃止と関係があると推定している。

(31) 魏の屯田廃止と西晋の田制施行との間に関連があると最初に推定したのは、岡崎文夫「魏の屯田策」である。これをうけて宮崎市定氏の説が展開されたのである。

四　田租・戸調制の変遷

1　戸調の成立

西晋の主要な税制である田租と戸調が、田制の占田・課田制と密接な関係をもつことはすでにふれたし、その史料も提示した。しかし田租と戸調自体はそれより前、後漢末に曹操が実権を握っていた時代にはじまった。すなわち魏志一武帝紀、建安九(二〇四)年九月条の裴注に引く魏書に、曹操の令をのせて、

其れ田租畝ごとに四升を収め、戸ごとに絹二匹・綿《まわた》二斤を出さしめんのみ。

とある。曹操は二〇二(建安七)年に強敵袁紹を敗死させ、二〇四(建安九)年に袁紹の旧領冀州を平定しおえたのであるが、右の魏書は、同年曹操が冀州牧を領してその年の租賦を免じた条に引用されており、令の内容からみても、すぐ

なくとも冀州平定後にこの令が出されたものと推定されるから、右の田租・戸調の施行は二〇四年頃とみて差支えない。しかるに魏志二三趙儼伝には、二〇〇(建安五)年二月袁紹が兵をおこして南侵したとき、予州陽安郡において「戸調」の綿・絹をとったことがみえており、同一二何夔伝には、おそらく同年頃のことと思われるが、「是時、太祖始めて新科を制して州郡に下し、又租を収め、綿・絹を税す」とある。したがって田租とならんで、戸調としての綿・絹をとることは、実際には二〇四年以前から相当おこなわれていたらしい(吉田虎雄『魏晋南北朝租税の研究』、唐長孺「魏晋戸調制及其演変」)。

漢代において農民が負担する主な税は、算賦と田租とであった。これが魏晋以後、戸調と田租にかわったのである。調は漢代に臨時的に徴発されて、その物品も一定していなかったのが、曹操のときに戸ごとに絹と綿をとることになり、定制化されて算賦にかわったのである。算賦は銭納の人頭税であったから、それが戸調にかわったことは、銭納から物納へ、人頭課税から戸当課税へと変化したことを物語る。戸調が絹・綿をとったのは、穀物をとる田租と組みあわされることによって、農業と家内手工業とが結合した農民の自給自足経済を収奪の基礎とするようになったことをいみするといえるだろう。

戸調の成立が人頭課税から戸当課税への変化をいみするといったが、この点については異論もある。西晋の戸調が、晋書食貨志に、「丁男の戸は歳ごとに絹三匹・綿三斤を輸す。女及び次丁男の戸を為す者は半ばを輸す」と記されていることはすでにしめしたが、最近西村元佑氏は、右の「丁男の戸(丁男之戸)」という表現と、「女及び次丁男の戸を為す者(女及次丁男為戸者)」という表現の違いに注目し、戸調はあらゆる丁男にかかったのにたいし、丁女および次丁男には戸主である場合にのみ半額が課せられたという新説を発表した(「均田法における二系列」)。これは西村氏が、均田制においては課口を対象とする賦課・受田の系列と、不課口のみの戸(すなわち不課戸)を対象とするそれとの二系列があるという視点に立ち、それを西晋の田制にまでさかのぼらせたものである。

しかし戸調というよび名はむろんのこと、「丁男之戸」(丁男のある戸)という表現は、それこそ調が戸ごとにかかることをしめすものであって、丁身にかかる場合の言い方ではあるまい。一方、丁女および次丁男は「丁男の戸」内にもいるわけであるが、丁男がいないで丁女または次丁男が戸主である場合を厳密に規定するためには、「戸を為す者」という表現が必要とされたのであろう。丁女または次丁男が戸主である場合、丁男の戸と戸調の額が違うのは当然であり、これは課戸と不課戸との違いではない。西晋で不課なのは次丁女と老・小であり、丁男・丁女・次丁男はそれぞれ課田の義務を負い、それに対応した田租を負担したであろうことは後にも論じたいとおもう。戸調も丁男・丁女・次丁男のいる戸が負担し、次丁女・老・小など不課口のみの戸は免除されたのである。もちろん晋故事に、「田を課すること夫ごとに五十畝、租四斛・絹三疋・綿三斤を収む」とある文は、戸調の絹・綿が課田や田租と同じく丁身にかかったと解すればもっとすっきりと読めることはたしかであるが、それに続く諸侯に属する戸についてのべた部分に、田租の一部を諸侯の秩・奉にあてたのち、「其の余の租及び旧調の絹戸ごとに三疋・綿三斤は、尽く公賦と為す」とあるから、やはり調が戸を対象に課されたことはまちがいないとおもわれる。

戸調にかんしてさらに問題になるのは、それが一律定額であったか、戸等によって差をつけてとられたかという点である。さきに引いたように、曹操のときにはじまった戸調は「戸ごとに絹二匹・綿二斤を出さしめんのみ」といわれ、西晋の戸調は「歳ごとに絹三匹・綿三斤を輸す」とされたが、このような規定のしかたをみると、一見一律定額であったかのようにおもわれる。ところが五胡の時代から北魏の前期にかけて、戸調は貲・貲調・貲賦などとよばれており(本書第六章参照)、魏書四上世祖紀、太延元(四三五)年十二月甲申詔に、

若し調を発する有らば、県宰は郷邑の三老を集め、貲を計って課を定め、多きを裒らし寡きを益して、九品混通せしむ。富めるを縦って貧しきを督し、彊きを避けて弱きを侵すを得ず。

とあって、各戸の資産を計って課したらしい。その際、士大夫の官品や郷品と同じく、庶民の戸をも資産によって一

品から九品まで、後世の戸等のごとく九等級に格付けし、九品の差をつけて徴発したものと推測される。これが魏書五三李沖伝にのせる著作郎傅思益の言に、「九品差調は日を為すこと已に久し」といわれるものであろう。これは四八五(太和九)年ごろの言であるが、一方、魏書一一〇食貨志の太和八(四八四)年の条では、

　九品を以て混通せしめ(以九品混通)、戸ごとに帛《きぬ》二匹・絮《まわた》二斤・絲《きいと》一斤・粟《もみあわ》二十石を調す。

というように、戸調を定額で表示しているのである。

そこで五胡時代より前の魏・晋ではどうであったかをみると、魏志九曹洪伝裴注に引く魏略に、

　毎歳調を発するに、本県をして貲を平《さだ》めしむ。時において譙の令、洪の貲財を平むるに、公家と等し。

とあって、魏の戸調も資産をはかって決定されたようにおもわれる。もっともこれを二〇四(建安九)年に「絹二匹・綿二斤」の戸調が制定される以前のこととみる見解もあるが(越智重明『魏晋南朝の政治と社会』一一〇—一一一頁)、「九品差調」がおこなわれた北魏でも、戸調が定額で表示されているのであるから、右の魏略の記事と二〇四年の定額表示との間に矛盾があるとみる必要はかならずしもない。つぎに東晋の初めのことであるが、晋書七〇劉超伝に、

　常年の賦税は、主る者常に四もに出でて、百姓の家貲を詰《しら》べ評《はか》る。

とあり、やはり庶民の家産を調査している。これは占田・課田がおこなわれた西晋の時代を過ぎているが、なお西晋の税制をひきついでいる時期とみられる。西晋の時代には資産に応じて戸調をとったことを直接しめす記録はないが、例の晋故事に、

　其の余の租及び旧調の絹戸ごとに三疋・綿三斤は、尽く公賦と為し、九品相通じて、皆官に輸入せしむること、自ら旧制の如し。

とある。[32] ここには定額をしめしたうえで、それを「九品相通」じてとったとされているが、これは魏書食貨志が、「九品混通」によって戸調をとったとして、定額をしめしているのとかわりない。「九品相通」とか「九品混通」とかいう

語は、九品の間で融通するとかいっしょにするとかいういみで、(33)実際には差をつけてとり、平均して定額にあわせることをしめしているのであろう。逆にいえば、定額でしめされた戸調を九品の間に配分するわけであって、このような作業をおこなって実際の徴収額をきめる責任者が県の令・長であったことは、曹操から北魏までかわらなかったことが、上の魏略や魏書世祖紀からうかがわれる。(34)

２　田租の変遷

つぎに田租は戸調とちがって漢代からあったが、漢代の田租は前漢の景帝以来収穫高の三十分の一と規定されていたのにたいし、曹操はこれを「畝ごとに四升」と定めたのである。もっとも漢代でも実際には毎年収穫高を計ったわけではなく、田土を上田・中田・下田にわかち、それぞれの畝当収穫高を定めて、その三十分の一をとったというのであるから、実は畝ごとにとっていたわけである。しかしその畝当りの租額が明確でないのは、おそらく一律の規定がないからで、地域により歳の豊凶により、あるいは年代によって、租額の変動があったからであろう。(35)それを田土の等級(肥瘠)に関係なく、全国一律の租額を定め、漢代にくらべて幾分低い額におさえたのが、曹魏の田租であったのであろう。

漢代にせよ曹魏の場合にせよ、田租を徴収するためには田土の実測が必要とされたわけであるが、西晋ではこれを占田・課田の田制と結びつけて、別個の徴収方法をとるようになった。西晋の田租は既述のように晋故事の、「凡そ民丁、田を課すること夫ごとに五十畝、租四斛・絹三疋・綿三斤を収む」という文にしめされている。ここにはもっぱら丁男にたいする課田・田租・戸調が記されているのであるが、それは晋故事のこの部分が簡単化されているからで、実際には晋書食貨志にしめされているように、課田は丁男五〇畝のほか、丁女に二〇畝、次丁男に二五畝がわりあてられていたから、田租もそれに応じて、丁男・丁女・次丁男でその額を異にしていたとおもわれる。したがって吉田虎雄氏の説いたように、丁男の課田五〇畝にたいする田租四斛の割合で計算すれば、畝当八升であるから、丁女二〇畝にたいして田租一斛六斗、次丁男二五畝にたいして田租二斛であったと推定される(前掲書一八頁)。これを畝当四升の魏の田租にくらべると二倍の重さになっているようであるが、魏の田租が田土の全所有額にかかったのにたいし、西晋の場合は占田額全体にかからず、そのうちの課田額にかかったのであるから、一律に重くなったとはいえないであろう。

しかし前節末にふれたように、現実の農民の田土が法規上の占田額・課田額を満たしているとはかならずしもいえず、また課田額が国家からの授田によって保証されたとはかぎらないので、天野元之助氏も推測したように、唐代均田制下の例などから推して、実際の課税手続きは、戸内の人数と年齢によって机上で課田額が算出され、それに応じて田租が決定された公算が大きいとおもう(「西晋の占田・課田制についての試論」)[36]。もしそうとすれば、曹魏の田租が田土の実測を必要としたのにたいし、西晋では占田・課田制と組みあわされることによって、課税がより容易になったといえそうである。西晋田制の制度上の構造については前節で論じたが、その実効性については疑わしい点がたしかに多い。しかしそれが課税の前提としてもつ右のような役割については、その意義を否定するわけにいかないのではないかとおもう。ただしこれを課税技術上の観点からのみみてはならないのであって、西晋田制の基本的なねらいは、一つには占田を通じて小農民とその田土を掌握することにあったと思われるから、田土の登録はむしろ積極的に励行されたと考えるべきであろう。かくして国家に掌握された占田は、課田と田租賦課の前提としていみをもっていたのであり、それなくしては戸調をとるための資産の評価もできなかったとおもわれる。

五胡の乱によって西晋王朝が崩壊すると、占田・課田の制度は消滅するが、田租・戸調の税制はその後の時代にひきつがれた。その際の戸調の問題点についてはすでにのべたが、田租についていえば、五胡の時代にはそれが丁単位に課せられた場合と、戸調とともに戸単位に課せられるようになった場合とがある。前者は蜀に建国した成の李雄の

場合で、晋書一二一李雄載記に、

其の賦、男子(丁?)は歳ごとに穀三斛、女丁はこれに半ばす。戸調は絹数丈に過ぎず、綿は数両。

とある。[37] 前述のように、課田制と組みあわされた晋代の田租は、実際上は人頭税のごとき観を呈したから、李雄の賦はそれをひきついだものと考えることができよう。しかしより重要なのは後者、すなわち戸単位に課せられるようになった場合で、その事例は中原に建国した後趙の石勒の場合にみられるばかりでなく、その後北魏の前期にまでひきつがれた。晋書一〇四石勒載記に、

勒、幽・冀漸く平ぐるを以て、始めて州郡に下し、人戸を閲実せしめ、戸ごとに貲二匹・租二斛とす。

とあり、魏書七上高祖紀、延興三(四七三)年秋七月条に、

河南六州の民に詔して、戸ごとに絹一匹・綿一斤・租三十石を収めしむ。

とあり、同冬十月条に、

太上皇帝、親しく将として南を討つ。州郡の民に詔して、十丁ごとに一を取りて、以て行に充て、戸ごとに租五十石を収めて、以て軍粮に備う。

とあり、[38] さきに引いた魏書食貨志の太和八年条には、

戸ごとに帛二匹・絮二斤・絲一斤・粟二十石を調す。

とある。

田租が戸ごとに課せられるようになった理由は、ともすれば五胡の動乱によって田土の正確な掌握が不可能になった結果であると考えられやすいが、五胡時代の戸調は魏晋のそれをうけて、戸の資産に応じて課せられたのであるから、その基礎となる資産の評価のためには、やはり田土の登録がなされるのが原則であったと考えられる。そのことをしめすのは、中国科学院図書館蔵、新疆吐魯番出土のいわゆる「貲合文書」である。[39] これは吐魯番に建国した高昌

国の文書であるとおもわれるが、その一部(第一紙紙背)をつぎに掲げる。

斉都鹵田八畝半　常田七畝
棗七畝　石田三畝　桑二畝半
得呉並鹵田四畝半
貲合八十斛
――右孝敬里

右はおそらく「孝敬里」に属する各戸の資産を登載した最後の部分で、戸主斉都の戸の所有する各種の田土と、呉並という者から借りた鹵田とを登載して、その戸の資産をすべて斛斗に換算して八〇斛と見積ったものである。これは比較的貧しい戸の例であるとおもわれ、この文書にみられる他の戸の場合には、「貲合二百五十七斛」「貲合二百廿一斛五斗」などと記されている。このように高昌国では、田土の登録と資産の評価がなされていたわけであるが、それはこの国において「貲祖《ママ》」、すなわち貲賦(戸調)と田租とが課せられていたことと密接な関係があるとおもわれる(第六章参照)。高昌国は五胡十六国の一国の前涼によっておかれた高昌郡が独立したものであり、右の税制も五胡諸国の制度と大体同じとおもわれるので、貲合文書の形式も五胡諸国そのままではないにしても、五胡の時代における田土の登録と資産評価の存在を推定する材料にはなるであろう。

五胡の時代に田土の登録がおこなわれるのが原則であったとすれば、田租が戸単位に課せられるようになった原因を、単純に国家の田土掌握の弛緩にもとめるわけにはいかないことになる。ただすでに西晋の時代に、田租は課田制と結びつけられることによって、その徴収がかなり容易になったであろうことはさきに推測した。そこでは戸内の人員とその年齢にもとづいて、課田額と田租額が決定されたとおもわれるので、田租はすでに実際の占田額とは直接関係なくなっていたと考えられる。とすれば、占田・課田制が消滅したのちに、ふたたび所有田土額に厳密に対応する制度にもどるわけにいかず、田土額をも勘案して決定された大雑把な戸等区分によって徴する戸調に一本化していくのは、自然のなりゆきではなかったかとおもわれる。すでに西晋の時代にも、課田の対象にならないいわゆる「遠夷」の場合には、戸ごとに義米を出していたことが参照されるであろう(晋書食貨志D)。

さきに引用した北魏前期の田租の記事をみると、その額が莫大であったことに驚かされる。そのうち四七三(延興三)年の徴税は地方的・臨時的なものであったかもしれないが、すくなくとも四八四(太和八)年の場合は全国的な定制とされたものである。その「粟二十石」というのは、西晋の丁男の租額四斛の割合でいえば、戸内に五人の丁男を含まなければならない勘定になる。もちろん戸調とともに課せられるようになった田租は、戸調と同様に戸等に応じて差がつけられていたと思われるが、平均額としても粟二〇石は過大な数字である。おそらくこれは五胡の時代に、多くの丁男をふくむ大家族が実際に形成されていたことに対応するものであろうとおもわれる。すなわち魏書五三李沖伝に、

旧《も》と三長無く、惟《た》だ宗主を立てて督護す。民多く隠冒し、五十・三十家もて、方《まさ》に一戸を為す所以なり。

とあり[40]、晋書一二七慕容徳載記に、

或いは百室戸を合し、或いは千丁籍を共にす。

とある。これは戦乱と課税を避けるために、小農民が有力な戸主のもとにその保護をもとめて集まり、擬制的な大家族形態がつくられたことをしめすものである。これはあくまで擬制的なものであって、有力戸主のもとに隷属した小農民の個々の世帯においては独立の農業経営が営まれていたとおもわれる。にもかかわらずこのような家族的な形態がとられたのは課役忌避の手段として効果的であったからで、それはそもそも当時の戸調・田租がいずれも戸を単位として課せられていたからである(陳登原『中国田賦史』七〇、八二頁)。そしてそのような大家族形態がいったんあらわれると、またそれらを目標とする高額な課税があらわれることになったとおもわれるのである。

(32) 越智氏は『魏晋南朝の政治と社会』一一〇—一一一頁で、魏において一律定額の戸調が始まったと考えているわけであるが、同書一七〇頁以下では、占田・課田制下で戸の資産に応じた税制が始まったと説く。すなわち戸ごとに絹三匹・綿三斤の戸調は一律定額であるが、それは晋故事の文に「旧調」とあるもので、これにたいして九品によってとる「新調」が始まったとするのである。しかし晋故事を論理的に読めば、「旧調絹二《(衍)》戸三疋・綿三斤」と「九品相通、皆輸入於官」とは、同一の戸調について言っているとしか考えられない。この文章で「旧調」とか「旧制」とかいうのは、諸侯に租税の一部を分配する前に、民戸が政府に出していた戸調ないし税制を指すものとすべきであろう。

(33) 宋書七六王玄謨伝に、「其年玄謨、又令九品以上租、使貧富相通、境内莫不嗟怨、民間訛言、玄謨欲反」とあるのも、同様な用法であろう。

(34) 唐長孺「魏晋戸調制及其演変」は、「私はこの定額は地方官にしめして戸口を計って徴収するための標準で、其の間の貧富多少は地方官が斟酌し、毎戸の平均数がこの定額に合うようにしただけだとおもう」(『魏晋南北朝史論叢』六七頁)とのべている。

(35) 平中苓次「漢代の田租と災害による其の減免」は、平年作にもとづいて上・中・下それぞれの田土の畝当収穫高がきめられていたとするが、米田賢次郎「漢代田租査定法管見」は、郡にも等級がつけられており、また歳の豊凶によって上・中・下の別があったとしている。なお米田氏は田土の三等級制の成立を前漢中期と推定している。

(36) なお王天奨「西晋的土地和賦税制度」は、「田租を徴収する根拠となったのは、人民が実際に耕作している土地の畝数ではなく、当時の人民が耕作している土地の一般的な平均数である」という。

(37) 李雄載記の文は、賦(田租)の対象を「男子」と「女丁」としているが、通典四食貨賦税に、「蜀李雄、賦丁歳穀三斛、女丁半之」とするように、「男子」を「男丁」と改むべきであろう。

(38) この文は通典五食貨賦税には、「四年、詔州郡人、十丁取一、以充行、戸収租十五石、以備年糧」とあり、延興四年のことで、租額は一五石であったとしている。しかし北史三魏本紀、冊府元亀四八七邦計部賦税等は、魏書に同じである。

(39) 賀昌群『漢唐間封建的国有土地制与均田制』一〇六—一〇七頁。この書はのち同氏著『漢唐間封建土地所有制形式研究』に収められたが、貲合文書の図版は原本の方が多い。この文書については、池田温氏が『西域文化研究第二』の書評、および「中国古代の租佃契」(上)のなかで詳細な分析を加えている。

(40) これはいわゆる宗主制にかんする記録であるが、宗主制の形態とそのもつ意義については第三章で論ずるので、ここではふれない。

五 占田制・給客制とその意義

1 官人の占田と蔭親属

以上にのべてきたのは、主として一般農民を対象とする土地制度と税制であるが、西晋の制度においては、これとならんで官人の占田と官人の親属および客にたいする課役免除の規定が存在した。農民の土地所有と豪族の大土地所有とが併存し、厖大な官僚機構のもとに一般農民が支配されている当時の社会状況のもとでは、右のような一般農民にたいすると、両者が相まって国家の支配体制が完成していたということができよう。本節では官人にたいする制度を検討するが、官人の占田制が西晋でのみおこなわれたのにたいし、客の課役を免除する制度が、西晋以前の魏の時代からはじまり、西晋以後の東晋の時代までおこなわれたことは、第二節で史料を提示した際のべたところである。そのうち魏の制度は、「魏氏、公卿已下に租牛客戸を給す、数各々差あり」と伝えられるのみで、詳しいことはわからないが、西晋・東晋の制度では各官品にたいする田土と客の割当数があきらかなので、はじめにこれを表示しておこう。

晋代貴族の占田・給客制度

王朝	西晋			東晋		
官品＼田・客	占田	佃客	衣食客	佃客	衣食客	典計
1品	50頃	15戸	3人	40戸	3人	3人
2品	45	15	3	40	3	3
3品	40	10	3	35	3	2
4品	35	7	3	30	3	2
5品	30	5	3	25	3	1
6品	25	3	3	20	3	1
7品	20	2	2	15	2	
8品	15	1	2	10	2	
9品	10	1	1	5	1	

(典計は佃客の数の中に通算される)

西晋でおこなわれた官人の占田制が、一般農民の場合とちがって課田制をともなわず、したがって課田にともなう耕作の強制や担税の義務を負わなかったことは、一般農民と異なった官人の特権をしめしている。一方で占田数が官品に応じて差をつけられていることは、官人のあいだの身分制をしめすものであろうが、このことについては給客の場合も同様であるから、あらためて後述することにする。占田が土地の占有をいみする語でありながら、占田数が規定されることによって限田のいみをもつにいたることは、すでにのべた農民の場合とかわらないはずである。しかし官人が実際にはこの限度をこえる広大な土地をもつ場合があることは、すでに藤家礼之助氏らによって指摘されている（藤家「西晋の田制と税制」、米田賢次郎「漢魏の屯田と晋の占田・課田」[41]）。おもうに官人の既得権は、この制度にかかわらず追及されないことになっていたのではなかろうか。これよりのち南朝の宋の時代に、山沢の占有を官品に応じて制限したことがあるが、その場合「常《かつ》て功を加えて脩作せる者は、追奪せざるを聴《ゆる》す」（宋書五四羊玄保伝）といわれ、また山沢陂湖の利の独占を禁じた唐の雑律の疏にも、「已に功を施して取る者は追わず」（唐律疏議二六）とあって、いずれも既得権を認めているのが参考になる。

西晋の制度ではさらに、客の課役を免ずる規定の前に、官人の親属の課役を免除する記事がある。しかしその記事は、「各々品の高卑を以て、其の親属を蔭せしむ。多き者は九族に及び、少なき者は三世」とあって、具体的ではない。これも本来は一品から九品まで官品に応じて免役の範囲がきまっていたはずであるが、今日その規定は残っていない。しかし免除が相当広範囲の親属に及んだらしいことは想像される。官人の家族および近い親属が課役を免ぜられるのは当然であるが、これはそれとはちがうようである。このことは当時の官人、あるいはその出身母体をなす豪族の郷里における宗族結合の強さと無関係ではあるまい。郷里における宗族の結合とその集団的な居住形態は、漢以来豪族勢力の基礎をなしていたのであり、この時代の官人はそのような郷里の宗族との関係を絶っていないのである。

2　給客制の内容

両晋の制度にあらわれた占田および給客を、草野靖氏は俸禄の一形態とみて、占田を官人永業田や職田に、給客を唐代などで職事官に配当された番役人・雑役人に連なるものとしている（「宋代の主戸・客戸・佃戸」附論Ⅱ晋代の給客制。曾我部静雄「中国の中世及び宋代の客戸について」にも同様な見解がみえる）。占田を官人永業田に似たものと考えることには異論がないが、職田に対比することには賛成できない。官人永業田が私田であるのにたいし、職田は公田であるが（仁井田陞「中国・日本古代の土地私有制」）、官人の占田は庶民の占田と同じく、私有地と考えなければならないからである。同じように占田とならぶ給客も、第二節に引いた隋書食貨志aに、東晋の制度を記す前提として、「都下の人、諸王公・貴人の左右の佃客・典計・衣食客の類と為るもの多く、皆課役無し」とあり、南斉書州郡志に「流民多く大姓に庇われて、以て客と為る」とあるように、元来王公・貴人・大姓の私的な客となっていたものが、この制度によって公認されたものである。草野氏の説は、宋会要輯稿にのせる北宋時代の職田の沿革論や、冊府元亀の分類等を傍証にしているが、後世の人が後から出現した制度の系譜をどのようにたどるかはある程度自由であり、一概に否定すべきものでないかもしれない。しかし給客がのちの番役人のように、政府の側から実際に支給されたものでないことはたしかである。しかもなおこれを「給客制度」などとよぶのは、客を容認する権原があくまで国家の側にあることを表明したものであろう。(42)

元来客とよばれるものには、相当の知識人で高度の国政や家事の顧問にあずかるものから、地位の低い農業労働者や雑役にしたがうものまで、さまざまな種類があるが、給客制の対象となる客は、魏では「租牛客戸」とよばれ、両晋では「佃客」「衣食客」などとよばれる労働者たちである。租牛客戸の「租」は賃貸借をいみする語と思われるから、(43)租牛客戸は地主から牛を借りて土地を耕す客戸をいみするのかもしれない。魏の時代におこなわれた屯田の客には、国家から牛を借りて収穫の六割を国家に提供するものと、自分の牛をもって耕作し収穫の五割を提供するものがあったといわれる（西嶋定生「魏の屯田制」）。鞠清遠氏は、右のような牛力を借りる客と自弁する客との両種を連称したものとっているようであるが、あるいはその方が正しいかもしれない（「三国時代的『客』」）[44]。

両晋の制度に出る佃客は、魏の制度を伝えた晋書王恂伝に、「太原諸部も亦、匈奴胡人を以て田客と為す」とある田客と同じで、東晋の制には「其の佃穀は皆大家と量り分けしむ」とあるから、漢代で「什の五を税せらる」（漢書食貨志、董仲舒の上書）とか、「田を分かち仮を劫す」（同書、王莽の令）とかいわれたものと同様に、大家すなわち主家と小作関係にあるものとみられる。佃客が一応自己の経営をもち、家族を単位として労働し、それゆえに両晋の制度では「戸」で数えられているのにたいし、衣食客は「人」で数えられており、主家から給養をうける家内隷属民ないしそれに近いものであったと思われる。両晋の制度は課役の免除を規定したものであるから、佃客は戸全体が課役を免ぜられたのにたいし、衣食客はたとい家族もちであっても、本人だけが課役を免ぜられたものと考えられる。

衣食客の名称の由来について、浜口重国氏は主家から衣食を支給されるところからおこったとし（「唐の部曲・客女と前代の衣食客」）、草野氏は主人の身辺にあって衣食の世話をするところから出たと主張している（「唐律にみえる私賤民、奴婢・部曲に就いての一考察」）。この両説のいずれが妥当であるかを考えることは、衣食客の性格にかかわる問題のようにおもわれる。両晋の制度にあらわれる衣食客は、課役の免除に関係しているのであるから、本来なら課役を負担すべき良民であることはあきらかである。しかるに宋書一八礼志の服飾の規定を記した条には、奴婢とならんで賤民とみられる「衣食客」が登場し、これが唐代の賤民、部曲・客女と関係あるであろうことは、浜口氏によってあきらかにされたところである。もっともこれらの衣食客や部曲・客女を賤民とみることには反対する意見もあるが（本書第七章参照）、衣食客と部曲・客女との関係については否定できないであろう。唐代の部曲・客女は奴婢とちがって売買することは許されなかったが、転事と称して、旧主人が新主人に譲りわたすことができた。その際、唐律疏議二名例、十悪反逆縁坐条の問答に、

又令に云う、部曲を転易して人に事えしむるには、衣食の直を量り酬いることを聴す。

とあるように、唐令によれば「衣食の直」を新主人から旧主人に交付することができた。この「衣食の直」にはいろいろ論議があるが[45]、いずれにせよこの語が「衣食客」の名称と関係あることはたしかであろう。そして名称の由来としては、賤民衣食客であろうと良民衣食客であろうと、語源的には同じであると考えなければならないであろう。とすれば、衣食客の名は衣食を支給されるところからおこったとする浜口説の方がよいようにおもわれる。

ただ浜口氏は衣食客の労務を官吏の随身給使的なものと推測しているが、この考えは客を後世の番役人・雑役人に連なるとする草野氏の説に近い。しかし衣食客が、あきらかに農業労働者である佃客とならぶ客の一種として規定されているのをみると、私は農業をふくんだ家内雑般のしごとに使役されたものとみた方がよいとおもう。漢代には「什の五を税せられる」小作人とならんで、「傭客」などと称せられて主家の給養をうける雇傭人が存在したから、私は両晋の給客制にあらわれる良民の衣食客を、この傭客の後身にあてたいとおもう。もちろん衣食客や部曲・客女が賤民としてあらわれる場合には、その労働形態が傭客と異なってくることは当然である。

佃客と衣食客のほか、東晋の制度には典計と称するものがあらわれてくる。この典計は浜口氏によれば、「典主財計」(呉志一一呂範伝)のいみで、「大家の所有する諸処の耕地を見廻り、小作料の取り立てその他農園の財計に関する仕事を掌ったもので」あるという。すなわち主家の家産を管理し、家政を掌ったものである。宋代の有名な同伍犯法の議論では、典計は「私賤」たる「奴客」の一種としてあらわれるが(宋書四二王弘伝)、これは典計が一般に大家に使役されたもののなかから選ばれたことをしめすものであろう。それゆえ東晋の給客制では、典計は「皆通じて佃客の数中に在らしむ」といい、佃客の割当数の中にふくめて数えることになっているのであろう。ただ佃客が戸で数えられているのに、典計が人で数えられているのは矛盾するようであるが、佃客が戸全体で耕作に従事するのにたいし、典計のしごとは個人的な性格のものであるからであろう。したがって課役の免除も、典計になった個人の一身に限られたわけである。

両晋の給客制に規定されている客の数は意外に少数である。西晋の制度では給客とならんで占田数が定められているが、それらの田土は規定された数の客をもってしてはとうてい耕作しきれない。(46)東晋の制度では客の数が増加しているが、それでも西晋の占田数に対比して比較的少数であることはかわらない。それゆえ河地重造氏が主張したように、貴族らは実際には多数の客をもっており、彼らに自己の田土を耕作させているのであるが、国家はそのうちの一定数に限って公式に課役を免除する措置をとった、と解するのが自然であるとおもう(「晋の限客法にかんする若干の考察」)。制度にあらわれた数字を客の全数ととるのは非常に不自然であるが、たといそうであるとしても、国家が貴族のもつ客を掌握していなければ、一定数の客の課役を免除するという目的は達せられない。このことに関連して注目されるのが、東晋の規定eに、「客は皆家籍に注せしむ」とあることである。東晋の制度は、既述のように、王公・貴人・大姓の庇護下にあった無籍の客を、国家が掌握しなおそうとするところから出現したので、とくに彼らを家籍につけるよう言及されているのであろうが、客の課役を免除する前提として、客がなんらかの家籍につけられていたのは、西晋でも同様であったと解すべきであろう。

さてこの「家籍に注す」という語の解釈をめぐっては、(47)これが主家の戸籍であるという説と、客自身の戸籍であるという説とがある。すなわち客は主家の戸籍につけられるという説と(Yang, Lien-sheng, "Notes on the Economic History of the Chin Dynasty"(48)、越智重明「客と部曲」)、客は独立した自己の戸籍をもち、それに誰々の客であると注記されるのだという説とがあるのである(浜口重国前掲論文、河地前掲論文)。魏晋南北朝時代には、各人の戸籍にその人物にかんするさまざまなことを書きこむことがあったらしく、そのことをしばしば「籍に注す」と表現している。(49)しかしこの表現は、稀な例ではあるが、ある人物を戸籍に登載する場合にももちいられているので、(50)この語の使用例をもってしては、いずれの説が是であるかきめがたい。後世の制度でいえば、北朝から唐を経て宋初におよぶ戸籍・計帳では、奴婢・部曲のような賤民は主家の籍帳に付載されるが、良民たる客が付載された例はない。秦漢以来国家はすべての良民の戸をそれぞれ独立の戸籍に付載し、編付の民として直接支配するのが原則であったが、魏晋の給客制は、主客関係の発展に一定の譲歩をしめして、一定数の客に限って課役を免除する反面、それ以上の数の客がある場合には、これを国家の直接支配下におき、課役を納付させることを目的としたと考えられる。してみると、そのような客が自己の戸籍をもたずに、主家の戸籍につけられてしまうとは考えられず、客自身の戸籍に客たることを注記することがおこなわれたのではないかとおもう。

東晋の給客制が成立する過程をみると、すでに何度か引いた南斉書州郡志によれば、大姓の庇護をうけて客となる流民が多く、彼らが籍をもっていなかったので、「名を条して有司に上らしめ」たのであるといわれる。これは客の名を列挙して政府にさし出させたのであるが、この場合このようにして把握できた客を、大姓の籍に付載させることにしたのか、新たに客の戸籍をつくらせたのかは、かならずしも明確でない。このことをもうすこし明確にすると思われるのは、晋書四四華廙伝のつぎの文である。

初め表〔廙の父〕、賜客の鬲に在るあり。廙をして県令袁毅に因りて名を録せしむ。

これは華表の客たちが、表の郷里の平原の高唐よりすこし離れた鬲県に住んでいたので、廙をやって鬲県の県令の袁毅に報告して[51]、彼らが華表の客たることを登録させたというのであろう。客にはいろいろな種類があるが、佃客のように独立した経営をもつものは、主家の近隣に住むとはかぎらず、その籍は彼らの住む県にあったとすべきであろう。そうでなければ、華表の子廙が県令袁毅と接触したことはいみをなさないからである。県令袁毅は華表からの申し出によって、客の戸籍に華表の客たることを注記したのであろう[52]。

かくして給客制は、大姓のもつ客を国家の直接支配する編付の民たらしめたと私は理解するのであるが、しかし他面それは、官人がもつ客のなかから特定の客にかぎって課役を免除したのであるから、そのためには、客の個々の戸籍があるだけではなく、それぞれの官人がもつ客の一覧表がなければならなかったはずである。そのような名簿は当然大姓の手もとにあったはずであるが、「名を条して有司に上」ったものが、政府の側にも保存されていたのではないかとおもわれる。同様に華表が鬲県にもつ客の名簿も県令袁毅の手もとにあり、それによって戸籍への注記がおこなわれたと考えられる。すでに第二節で指摘したように、給客制が一定範囲の客の課役免除を認めた結果、半ば合法的に課役忌避の道が開かれたことは、晋書王恂伝の魏の給客制の記録によってうかがわれるが、晋初にそのことを禁じた泰始五年の勅には、それを「私に相いに名を置く」と称している。これは一方において主の、他方において客の名義を私的に設定したことをいみするのであろうが、より具体的な手続きとしては、主家の側に客の名簿がつくられ、客の戸籍に主家の名が注記されたであろうとおもわれる。

3　占田・給客制の意義

既述のように、西晋の占田制は事実上土地所有の最高限度を規定するものであったが、そのような土地所有の制限案はすでに前漢の時代に限田制として考えだされており、また王莽の施行した王田制も土地所有の制限を内包する制度であった。そこで前漢の限田制や王莽の王田制と西晋の占田制を比較してみると、第一の相違点は、小農民を対象とした規制の有無あるいは相違にあるようである。前漢末の哀帝のときに立案された限田制は、諸侯王以下吏民にいたるまで諸階層の土地所有を規制するものであったが、吏民の場合でも三〇頃以上の大土地所有を禁止するにすぎなかった。王莽の王田制にいたってはじめて小農民にたいする規制があらわれるが、それは男子家族八人未満の家の土地所有の限度を九〇〇畝と規定するものであった（本書第一章第六節参照）。西晋の占田制では官人の大土地所有の規制とならんで、小農民にたいして、男子一人の占田七〇畝、女子一人三〇畝という細かい規定があらわれる。これは秦漢以来の小農民支配（いわゆる個別人身的支配）の体制の危機が深刻になり、小農民層の分解を阻止するために、直接小農民の土地をきびしく規制する必要ができたことをしめしている。

第二に、限田制や王田制と西晋の占田制では、大土地所有の労働力にたいする規制が相違している。前漢の限田制では諸侯王以下の地位に応じて、その所有する奴婢の数が制限された。王莽の制度では、天下の土地を王田といい、奴婢を「私属」と称して、いずれも売買が禁じられた。これらの制度では、土地とならんで奴婢が規制の対象となっているのであるが、魏にいたるとはじめて租牛客戸を官人に給する制度があらわれ、西晋では官人の占田とならんで佃客・衣食客等の規制がおこなわれて、これが東晋にもうけつがれた。魏の租牛客戸や晋の佃客は、地主の所有に属する自己の保有地をもち、地代を地主に支払うものであるから、これを封建的な小農民と考えることが可能である。しかし奴婢制限から給客制への変化を、単純に奴隷制から封建制への展開と考えるわけにはいかない。漢書食貨志によると、限田制の提案者であった前漢の董仲舒は、その上疏のなかで、「豪民の田を耕して、什の五を税せらる」る農民の存在に注意しており、王莽の令においても、「豪民侵陵して、田を分かち仮を劫す。厥《そ》の名は三十にして一を税するも、実は什に五を税するなり」といわれている。これによると、豪民の土地を耕作し、収穫の半ばにも及ぶ地代を納める農民、すなわちのちの魏晋の佃客にあたる農民の存在は、限田制や王田制の当事者にも注意されていたのであるが、ただそれらの農民は限田や王田の施策の対象としてはあらわれてこなかったのである。それはすでに前章で論じたように、右の上疏や令文をよく読むと、これらの農民が豪族への地代とならんで、国家への租税・徭役をも依然納めるものとして描かれており、国家の小農民にたいする個別人身的支配の原則をゆるがすものではないと理解されていたからであるとおもわれる。

しかし他方、豪族勢力の発展にともなって、これに依付する農民が増加し、やがて彼らが豪族の勢力を恃んで、国家への税役を拒否する傾向があらわれるのも自然のいきおいであったろう。このような傾向は、漢帝国の解体が決定的となった後漢末以降一般的になったとおもわれる。魏志一二司馬芝伝には、つぎのような一節がある。

> 太祖荊州を平ぐるや、芝を以て菅(山東の県名)の長と為す。時に天下草創にして、法を奉ぜざるもの多し。郡の

主簿劉節なるもの、旧族にして豪俠、賓客千余家あり。出でては盗賊を為し、入りては吏治を乱る。これを頃《しばら》くして、芝、節の客の王同等を差して兵と為さんとす。掾史拠って白す、節の家、前後未だ嘗て繇を給さず、若し時に至って蔵匿せば、必ず負を留むることと為らん、と。芝聴かず、節に書を与えて曰く、君は大宗にして、加うるに郡に股肱たり。而るに賓客毎《つね》に役を与えず。既に衆庶怨望し、或いは流声上聞す。今同等を調して兵と為す。幸いに時に発遣せよ、と。兵已に郡に集まる。而して節、同等を蔵《かくま》う。……芝、乃ち檄を済南に馳せて、具《つぶさ》に節の罪を陳《の》ぶ。太守郝光、素より芝を敬信す。即ち節を以て同に代えて行かしむ。青州号す、芝、郡の主簿を以て兵と為す、と。

この話は済南郡の主簿の劉節というものが、「賓客千余家」をもち、国家の徭役を出さなかったが、菅県の県長となった司馬芝がその賓客のなかから王同らを兵にとろうとし、結局劉節が王同らをかくまって出さなかったのを責めて、劉節自身を兵にとったというのである。ともかくここにみえる「賓客千余家」は、本来は国家の直接支配をうける小農民たちであって、土地の豪族であり、郡の役人でもある劉節の保護をうけて、国家への課役を免れるために、その賓客となったものと考えられる。その数が千余家にもおよぶ例は、従前の漢代にはなかった数である[53]。

魏志一八李典伝にも、李典の父の乾が「賓客数千家」を郷里の乗氏城にもっていたと記されている。乾はのち衆をひきいて曹操にしたがい、乾の死後には典のひきいた「宗族・部曲三千余家」がやはり乗氏にあったといわれるから、乾の賓客のなかから李氏父子にしたがった部曲が形成されたと考えられる。この賓客・部曲がすべて農民であったとは断定できないが、宗族とともに郷里にあったところをみるとすくなくとも農民をふくむことは想像できるし、曹操が袁紹と官渡で戦ったおり、典がこの宗族・部曲をひきいて「穀帛を輸して軍に供」したというところをみると、李氏と賓客・部曲とのあいだに収取関係があったことがうかがわれる。これは三国時代に、農民を含む厖大な数の賓客が生まれていた例である。

これらの賓客が課役を納めなかった例としては、魏志一五賈逵伝裴注に引く魏略楊沛伝に、「沛を遷して長社の令と為す。時に曹洪の賓客、県界に在り。調を徴するも法の如くなるを肯んぜず」とある。また魏志一一王脩伝に、「高密の孫氏、素より豪俠、人客数々法を犯す。民相劫する者ありて、賊孫氏に入れば、吏執うる能わず」とあり、「膠東の人公沙盧、宗彊にして、自ら営塹を為《つく》り、発調に応ずるを肯んぜず」とあるのは、前者は吏の不入の例、後者は不輸の例である。西晋の時代の例としては、晋書三七高陽王睦伝に、「咸寧三(二七七)年、睦、使を遣りて募りて国内八県に徙し、逋逃の私《ひそ》かに占するもの、及び姓名を変易して復除を詐冒する者七百余戸を受《おさ》む」とあり、東晋初めのこととしては、晋書四三山遐伝に、「余姚の令と為る。時に江左初めて基をおく。法禁寛弛にして、豪族多く戸口を挾蔵して、以て私附と為す。遐、繩するに峻法を以てし、県に到るのち八旬にして、口万余を出だす」とある。前者は一王侯の場合であり、後者は永嘉の乱後の多数の豪族の場合であるから、後者の数の方がはるかに多いのであるが、いずれにせよ有力者の保護にたよって、中央政府の支配をうけず、課役を納めなかった戸口が相当あったことがしめされている。さきに地主の土地を借りて地代を支払う小農民＝佃客を、封建的な小生産者と考えることができることを示唆したが、このような小農民が地方豪族地主の保護のもとに多数集まって、中央の国家＝王朝の支配を離脱することになれば、そこには西欧や日本の封建社会にみられるような分権的な支配体制の基礎がつくられることになろう。魏・晋の時代にこのような傾向がみられたことはたしかであって、このような傾向に対応して給客制があらわれてきたということができよう。

魏・晋の時代には、このように封建的な諸関係が前代にくらべて一層発展したことは否めないが、一方漢代にすでに問題とされた奴隷制も、けっして衰えたわけではない。むしろ奴隷制はこの時代以後ますます盛んになったと主張する学者もあるのである。[54] 曹操のときの建安七子の一人に数えられる文学者の徐幹は、中論(群書治要四六所収)と名づける文章のなかで、奴婢が「海内の富民及び工・商の家」に集中し、士人の側にかえって困窮するものが出現している状態を嘆いて、庶民の奴婢蓄積を禁止するよう提唱している。徐幹によれば、士すなわち君子は心を労して人を治めるものであり、工・商・農すなわち小人は力を労して治者を養うものである。奴婢といえども「もとは帝王の良民」であるのに、これを使役して小人が力を労しないでいる状態は異常だから、奴婢の所有を治者階級に限ろうという彼の主張には、貴族的な身分意識と皇帝支配体制の解体にたいする危機感がうかがわれる。晋書四六李重伝によると、その後西晋の武帝の時代に、太中大夫の恬和という者が、前漢の限田制やこの徐幹の議を参照して、王公以下の奴婢の数を制限し、庶民の田宅売買を禁止するよう提案した。これにたいして尚書郎の李重が反論し、限田や徐幹の議は衰世の産物で、しかも実行されず、漢・魏になって奴婢・私産に制限が加えられたことはないとし、「王者の法は、人の私を制するを得ず。人の田宅、既に定限無ければ、則ち奴婢、宜しく偏えに其の数を制すべからず」と主張した。(55) 武帝の時代は門閥貴族制が確立されたとされる時代であるから、「王者の法は、人の私を制するを得ず」という議論が、大私産の所有者である貴族らの支持をえたことは想像するに難くない。

このように魏・晋の時代にも、漢代の限田制と同様に、奴婢の制限が論ぜられたが、結局実行されなかったのである。魏晋南北朝の時代に奴隷制生産がさかんであったことは、「耕はまさに奴に問うべく、織はまさに婢に問うべし」とか、「耕は則ち田奴に問え、絹は則ち織婢に問え」といった類の俗諺が流布されていたことによっても知られるのであるが、(56) これらの語は、主人の身辺に多数の奴婢がいたことをしめすものであっても、奴隷制の一般的な普及をしめす証拠にはならないとする宮川尚志氏の指摘には傾聴すべき点がある(「六朝時代の奴隷制の問題」)。私はこの時代に中国史上未曾有の奴隷制の発展があったことを否定するつもりはない。北朝の均田制における奴婢への給田は、そのような奴隷制の発展を背景としなければあらわれなかったであろう。しかもなおその奴隷制は家父長制的家内奴隷制のわくを出るものではなく、主家の家内の雑般の仕事にたずさわるとともに、その仕事の一環として主家の居宅の周囲にある直営地の耕作をもおこなったと考えられる。この直営地の規模は、魏晋南北朝のように田土の荒廃がいちじるしかった時代には、相当の大きさに達するものもあったかもしれないが、一般には大土地所有の拡大にともなって、直営地の周辺や、直営地から離れた遠隔の地に、佃客に経営を委ねる小作地が出現したと考えられる。早くから小農民の小経営が発達した中国では、大所有地の経営もこうした形をとるのがふつうであったとおもわれるのである。これが奴隷制生産様式とならんで、封建的生産様式を発展させるものであることは前述した。

それではこうしたなかで現われてくる給客制のねらいを、どのように理解すべきであろうか。一つには、何度もふれたことだが、有力地主を中心に形成されてきた小農民にたいする保護と支配の関係を無視できなくなり、一定の範囲内でこれを追認したものといえよう。秦漢以来の支配体制のもとでは、皇帝はすべての良民を直接支配するのが原則であったから、給客制が良民と良民との間の新しい支配・従属の関係を公認したことは、この原則に重大な修正を加えたことをいみする。しかし他面、給客制は新たな支配・従属関係の進展に一定の譲歩をしめしながら、それを通して国家権力の滲透を図っているのである。むしろ給客制の真のねらいはこの点にあったといえるだろう。例の南斉書州郡志にみえる東晋の制度では、「流民籍を失うを以て、名を条して有司に上らしめ、給客制度を為る《つく》」といわれていて、国家が流民や客戸を捕捉し、それを戸籍につけてかれらを掌握しようとしたところからはじまっている。それゆえ「客は皆家籍に注す」とされて、国家はその家籍を通じてあらゆる地主の客を支配することができるようになっているのである。西晋の制度では、給客制は土地制度と結びつけられており、しかもそれは大土地所有ばかりでなく、小農民にたいする占田・課田制をも包括した制度として制定されている。さきに西晋の占田・課田制の場合、漢の限田制や王莽の王田制にくらべて、小農民にたいする規制がきびしくなっている点を指摘したが、西晋王朝はこれによって小農民とその土地所有を直接支配下に維持するとともに、他方で官人の大土地所有とその支配下の農民にも規制を加えようとしたのである。官人支配下の農民が家籍を通じて国家に把握されたことは、東晋の場合と同様であったろう。したがって漢帝国崩壊後のこの時代に、奴隷制や封建制の発展があったことはたしかであるが、そのような新しい状況に対応しながら、伝統的な皇帝の人民とその土地にたいする直接支配の体制、すなわち個別人身的支配の体制を再建し維持しようとしたところに、占田制と給客制の意義があったといえよう。

しかしさらに注意すべきは、魏では「公卿已下」に客戸を給したといい、両晋では官品に応じて土地あるいは客の数がきめられていて、いずれも対象を官人に限定し、しかもその地位に応じて差等をつけていることである。庶民が大土地を占有することや客をもつことは認められておらず、西晋の場合にはすべてひとしく占田・課田の対象とされている。このような制度のあり方は、士・庶の差別を厳重にするとともに、士人層内部の階層的秩序を重視する貴族制的意識を反映していると考えられる。したがってこの制度は、単に皇帝専制の体制を再建するものではなく、魏・晋の際に形成されたとされる門閥貴族制の産物でもあるわけである。九品官制は二二〇年、九品官人法によって制定されたのであるが、魏の給客制もこれにもとづいて施行されたと私はさきに推測した。九品官人法では豪族の郷里社会における地位によって郷品が定まり、その郷品にもとづいて官品が定まることになっている。給客制と占田制がこの官品に対応することによって、豪族の社会的地位と政治的地位と経済的地位とが対応するようになるわけである。九品官人法によって促進された貴族制の形成は、西晋の時代に完成するといわれるが、西晋王朝の建設者である司馬氏は、これら貴族の支持によって政権を獲得した。貴族は皇帝を頂点とする官人機構のなかで高位高官を独占するものであるから、時に皇帝権力を制約することがあっても、根本的には皇帝専制の体制と矛盾するものではない。西晋王朝はこのような貴族の支持があればこそ、安定した政権を築き、集権力を強化して、一時的にもせよ全中国を統一することができたのである。ここに皇帝専制の基礎をなす小農民への占田・課田制と、貴族制的な官人占田と給客の制が相ならんであらわれた理由がある。

菊池英夫氏は、東晋の給客制において西晋と同様な官人の占田規定があったであろうといい、それはさらに南朝諸王朝にうけつがれたであろうと推測し、隋・唐の官人永業田はこれらを継承したものと主張している（「南朝田制に関する一考察」)。西晋の官人占田制と隋・唐の官人永業田が類似した形式と性格をもつことは考えられるが、しかし今日知られる東晋や南朝の記録にはそのような規定は見あたらないのであるから、官人の田土にかんする西晋の制度と隋・唐の制度とが、氏のいうような形で直接つながるかどうかははっきりしない。北朝でおこなわれた本来の均田制には、官人占田制も給客制もうけつがれなかった。均田制は有力者のもとに隷属していた客をも、一般の農民と同じく、均田農民として把握しようとしたし、晋制でふれなかった奴婢についても、奴婢の受田を通じて大土地所有を認めるとともに、これを国家の統制下におこうとしたと考えられる(第四章参照)。したがって均田制は、晋制にくらべて、個別人身的支配を一層徹底しているといえるのであるが、このような方向を漢帝国崩壊後の状況のなかで決定したのは、魏・晋の占田・課田・給客の制度であったということができよう。

(41) ただしこれらの論者が唱える占=申告説に賛成できないことは注16でのべた。

(42) 菊池英夫「南朝田制に関する一考察——唐田令体系との関連において——」は、当時の文献で給復を「復」あるいは「給」と省略するので、給客はそのまま復客、蔭客の意味であるという。ただ「給」という字のそもそものいみは、やはり支給するということであろう。

(43) 「租」の語には、むろん前節であつかったような田租のいみもあるが、この場合はそれにあたらないであろう。賃貸借をいみする「租」も、一般には土地・家屋・碾磑などの賃貸借の場合にもちいられ、家畜などには使用されないようであるが(仁井田陞『中国法制史』三二九頁)、当面の「租牛」は賃貸借を指すと解するほかないとおもう。

(44) ただし浜口重国「唐の部曲・客女と前代の衣食客」は、当時「客戸」と称する使用例はまだなかったとして、「給公卿已下租牛客、戸数各有差」と読んでいる。また楊聯陞氏は、"The Wei dynasty granted [the privilege of] renting [government] cattle and [protecting] household as 'guests'" (*Studies in Chinese Institutional History*, p. 128, n. 51) と英訳しており、「租牛・客戸」と読んで、政府から牛を借りる権利と客戸をもつ権利とを認められたと解している。

(45) 浜口前掲論文は、「衣食の直」を「部曲客女が旧主家において仰給した衣食の費」としており、仁井田陞『支那身分法史』八九九頁では、「尚『衣食之直』とある点は、部曲が、主人に衣食若くは、衣食の費を給与されて生活したものであることを示してゐる」といい、滋賀秀三「訳註唐律疏議」(三)は、「それまで部曲を養うに要した費用の代償」すなわち「養育費の代償」と説明している。これにたいし、宮崎市定「部曲から佃戸へ――唐宋間社会変革の一面――」(上)は、その「養育費」を、四歳以上「十五歳までの養育費」であるという。

(46)　佐野利一「晋代の農業問題」は、不足の労働力は奴隷によって補われたと考えている。

(47)　沈家本「部曲考」は、文献通考一一戸口考奴婢条から、隋書食貨志と同文の東晋の給客制の記事を引用して、「其客皆注客籍」としているが、浜口氏もいうように、家字と客字とは混同しやすく、しかも通行本の通考にはやはり「家籍」とある。それに客戸のための特別な籍が設けられたのは、唐の玄宗の開元年間の宇文融の括戸以後ではないかと思われる。

(48)　楊聯陞氏は、"The k'o were required to register under the household of their master"(*op. cit.*, p. 129)と明言している。

(49)　魏志一一管寧伝裴注所引魏略に、隠者焦先の伝をのせて、「武陽(焦先と同郡の侯武陽)語県、此狂癡耳、遂注其籍、給廩日五升」とあり、魏書五八楊椿伝に、「椿前為太僕卿日、招引細人、盗種牧田三百四十頃、依律処刑五歳、尚書邢巒、拠正始別格奏、椿罪応除名為庶人、注籍盗門、同籍合門不仕」とあり、南史五斉本紀、廃帝東昏侯条に、「又東境役苦、百姓多注籍詐病」とあり、隋書二五刑法志に北斉の法をのべて、「盗及殺人而亡者、即懸名注籍、甄其一房、配駅戸、宗室則不注盜、及不入奚官、不加害刑」とあり、北周の法についても、「為盗者、注其籍、唯皇宗則否」とある。

(50)　魏書六八高聡伝に、「聡有妓十余人、有子無子、皆注籍為妾、以悦其情」とあるのは、一〇余人の妾が主人の高聡の籍に登録されたことを示す。

(51)　袁毅が鬲県の令であったことは、晋書四四鄭黙伝に、「是時鬲令袁毅、坐交通貨賂、大興刑獄」とあることによってあきらかである。

(52)　私は旧稿「均田制と租庸調制の展開」において、客を主家の戸籍につくものとし、その結果五胡時代の課役忌避の形態が、「五十・三十家、方為一戸」とか「千丁共籍」とかいわれる大家族形態をとるにいたったものと考えた。しかし前節でのべたように、このような課役忌避の形態は戸調の税制に関係あるのであるから、これと同様な形態をとったのでは、客を捕捉し戸調をふくむ課税を実行しようとする給客制の目的は達成されない。本文で論証したように、客は独立の戸籍をもつとみた方がよいので、旧説は訂正することにする。

(53)　漢代の例では、後漢書五四馬援伝に、「遂亡命北地、遇赦、因留牧畜、賓客多帰附者、遂役属数百家……転游隴・漢間、嘗

謂賓客曰、丈夫為志、窮当益堅、老当益壮、因処田牧、至有牛馬羊数千頭・穀数万斛」とあるのが最も大規模なものであるが、これらの賓客は牧畜と農耕に使役されたものと思われる。水経注二河水の「又東過天水北界」の条には、「又日苑川水地、為竜馬之沃土、故馬援請与田戸中分、以自給也」とあって、馬援の賓客のなかに、地主たる馬援と収穫を中分した「田戸」があったことが知られる。

(54) 浜口重国「中国史上の古代社会問題に関する覚書」は、春秋戦国以後の一般農民を君主の農奴とし、これを中国的な中世社会と主張したものであるが、そのもとで中唐までは副次的なウクラードとしての私有奴隷制の発展があり、奴隷の数量は前漢よりも後漢、後漢よりも魏晋南北朝と、年代を下るにつれて増加したとしている。また仁井田陞「中国社会の『封建』とフューダリズム」、前田直典「東アジヤに於ける古代の終末」等は、南北朝ないし唐代までを奴隷制生産様式の優位な時代としている。

(55) 「人の田宅、既に定限無し」という議論は、占田制と矛盾するようであるが、これについては注7で論及した。

(56) 魏書六五邢巒伝に、「且俗諺云、耕則問田奴、絹則問織婢」とあり、宋書七七沈慶之伝に、「治国譬如治家、耕当問奴、織当訪婢」とあり、隋書六二柳彧伝に、「古人有云、耕当問奴、織当問婢、此言各有所能也」とあり、蜀志一五楊戯伝裴注に引く襄陽記に、「請為明公、以作家譬之、今有人、使奴執耕稼、婢典炊爨云々」とある。

第三章　北魏における均田制の成立

一　問題の所在

均田制は前章までにのべてきたような、中国古来の土地制度史の展開を前提として生まれてくるのではあるが、しかしその展開のなかから自然に生まれたわけではない。中国古来の土地制度史上に位置づけられる諸々の制度、例えば前漢の限田制、王莽の王田制、西晋の占田・課田制などは、それらが井田制をモデルとし、専制国家の人民支配を支える制度として考えだされた点は共通であっても、それぞれの制度がそれぞれの歴史段階に対応する所産であったことは、前章の冒頭で指摘したことである。均田制が出現した事情についても、田村実造氏や宇都宮清吉氏が強調するような、胡族の征服国家としての北魏王朝固有の歴史的条件をぬきにしては語れないであろう(田村「均田法の系譜」、宇都宮「中国古代中世史把握のための一視角」)。とくに均田制の先駆といわれる徙民政策と計口受田制は、初期北魏国家が中国およびそれに近接する地方を征服していく過程で、一方では征服地における抵抗勢力を破摧し、他方では大量の労働人口を確保して国都近傍の地を充実する必要から生まれたと考えられる。この政策によって強化された国家権力を前提としないでは、均田制は実現しなかったであろう。ただこの国家形成の過程については、部族制を克服して専制国家が形成される点を重視する河地重造氏らの説にたいし(「北魏王朝の成立とその性格について」)、部族制の遺制が自由な戦士団として生きのこった点を強調する谷川道雄氏の説があり(「初期拓跋国家における王権」「北魏の統一過程とその構造」)、このような視角の相違は、均田制が成立する過程においても問題になるであろう。

もっとも徙民政策や、計口受田制に類する国土開発政策自体は、北魏以前からおこなわれている。秦漢帝国の成立に際して、山林藪沢の開墾と徙民による公田の開設や初県の設置が重要な役割をはたしたことは、近年の研究がしめしており（増淵龍夫「先秦時代の山林藪沢と秦の公田」、西嶋定生『中国古代帝国の形成と構造』第五章）、曹魏の屯田制は、のちの均田制にまでつながるものと主張されている（宮崎市定「晋武帝の戸調式に就て」）。これらの開墾地がそれぞれの王朝の権力の基盤となり、均田制にさきだつ中国の王朝権力を強化する役割をはたしたことは否定できない。しかしそれらがただちに、中国王朝の全人民にたいする直接的な支配をみちびき出したかというと疑問がある。例えば秦漢の公田は君主の私有地にほかならず、それに対立する私田の存在を前提とするものであり、私田の発展は豪族的大土地所有制を生みだしているのであって、曹魏の屯田も、このような豪族勢力に対抗して、国家自身が豪族的経営をなすものであったといわれるのである（宮崎「中国史上の荘園」）。その点においては北魏の徙民政策も同様であって、征服地の勢力をうつして国都近傍の一部の地方を充実する反面に、権力の充分滲透しない地方を他方に残さざるをえない政策であったのである。均田制はこうした状況にたいし、全国的範囲にわたる公私の田をふくんであらわれてくるのであって、それによって国家権力が豪族社会の内部に滲透し、直接的人民支配を実現しえたところに成立したと考えられる。

それゆえ均田制の成立にかんしてつぎに考えなければならないのは、伝統的な豪族社会との関係である。この点にかんして従来の研究は、漢以来の豪族対策、なかんずく限田政策の伝統を問題にしているが（鈴木俊「唐代均田法施行の意義について」）、そこでは豪族の大土地所有者としての発展と、それにもとづく国家権力と豪族勢力との対立が強調されている。たしかに均田制の実施に際して、北魏の征服国家が伝統的な門閥社会に打撃をあたえた側面を無視できないであろう。けれども豪族勢力はそれによって没落したわけではなく、支配階級としての地位を均田制下でももちつづけるのであって、そこでは豪族と国家とはむしろ一体となって農民に臨んでいるようにおもわれる。この点に関連して最近の秦漢史研究においては、秦漢帝国の支配が地方共同体の支配者としての豪族勢力に依存しているという見解があることに注目したい（増淵龍夫「中国古代国家の構造」）。もしこの説が正しいとすれば、漢帝国崩壊後均田制が成立してくる過程においても、豪族と共同体と国家との関係がどのように展開したかが問われなければならないである。ろう。

この点については谷川道雄氏が、均田制を、当時の豪族が抱く「士大夫的理念」の政策化・体制化であるとしている。士大夫は共同体の指導者であり、その理念においては、大土地所有は共同体の農民を救済するものとして、農民の小土地所有と矛盾するものではなかったが、当時これと相反して、営利追求を専らとする非士大夫的な大土地所有が発展してきたので、均田制はこれに対抗するものとして施行されたのだという（「均田制の理念と大土地所有」。なお「北朝貴族の生活倫理」を参照）(1)。谷川氏のこの論は、私の旧稿への批判をもこめて書かれたものであり、私も氏の示唆によって本章では旧稿を大幅に改めた部分もあるが、しかし私は氏のように大土地所有を士大夫的なものと非士大夫的なものとに二分して、これによって均田制と大土地所有との関係という問題を解決しようとする態度には賛成できない。豪族と共同体との関係については、私も谷川氏に近いイメージをもっているし、この豪族と共同体との関係に反して大土地所有制が発展してくることも事実である。ただ私はこれを豪族社会総体の矛盾としてとらえるべきだとおもうのである。第一章でもふれたように、均田制が士大夫の抱懐する理念にもとづいたものであることはたしかであるが、士大夫が伝統的に抱く理念は、もともと現実との矛盾のなかで形成されたものであり、均田制はそれ自体のなかに矛盾を内包したものとして成立してくると考えられる。本章では前述の計口受田制の展開を前提として、右のような豪族社会の矛盾のなかで均田制が成立してくる過程を考察することとし、均田制の理念と、現実との関係から生まれてくる諸問題については、次章でふれることになろう。

（1）　谷川氏はこれよりさき鮮卑社会の自由な共同体の影響を問題にしたわけであるが、とくに均田制との関係についてはふれていない。鮮卑社会の共同体的な土地所有と均田制との関係にふれたものに、李亜農『周族的氏族制与拓跋族的前封建制』、唐長孺「均田制度的産生及其破壊」があり、それらを批判して、中原社会における階級矛盾が均田制を生みだした点を強調するものに、王治来「均田制的産生及其実質」、譚恵中「関于北魏均田制的実質」がある。

二　徙民政策と計口受田制

1　北魏建国以前の徙民政策の役割

北魏を建てた鮮卑拓跋氏の徙民の記録は、河地重造・古賀昭岑両氏によって詳細な表がつくられているが(河地「北魏王朝の成立とその性格について」、古賀「北魏における徙民と計口受田について」)、それをみてもわかるとおり、かなりの数にのぼる。その初期のものは、北魏の建国以前、拓跋氏が中国北辺外にあって遊牧的部族連合国家を形成していた時代にさかのぼるので、最初にこれら初期徙民の役割について考察しておきたい。

徙民の最初の記録は、魏書一序紀に、

是歳、穆帝始めて幷州に出で、雑胡を遷して、北のかた雲中・五原・朔方に徙す。

とあるものである。「是歳」というのは、序紀によれば、昭帝禄官が立った年、二九五年ごろにあたり、そのとき猗《い》㐌《い》・猗《い》盧《ろ》の兄弟とともに国を三部にわかって、穆帝猗盧が西部を治め、定襄の盛楽故城(内蒙古和林格爾付近)にいたのであり、雲中・五原・朔方はその領域にあたる。もっとも猗盧がこのとき幷州に出兵したという記事は他にみあたらず、猗㐌とともにしばしばこの方面に出兵するようになるのは、一般には匈奴の劉淵が自立してから、幷州刺史司馬騰の請いによるものといわれ、それは三〇四(晋の永安元)年以後のことであるから(魏書二三衛操伝所引大邗城南頌功徳碑)、序紀の右の年次には誤があるかもしれない。ともかく猗盧が徙したのは、匈奴とともにこの地方に移り住んで漢人と雑居し、その影響でいくぶん文明化した胡族であったろう。ちょうど中国内に潜入した五胡の諸族がようやく活動をはじめようとしていた時期であり、辺外にあった拓跋族も、まずこのような胡族をとおして、中国の農耕社会とその人口に関心をしめしはじめたとみてよいであろう。その場合これらの人口を最初に直接掌握したのはおそらく君長たる猗盧であり、そのことが君長の権力をして部族連合の軍事指導者たる地位を脱せしめ、王権を確立するのに役立っていくのではないかとおもわれる。北方の晋人が政治顧問として、君長の左右に多くなるのもこの時期である（魏書二三衛操・莫含伝）。

ついで猗盧が全拓跋部を統一したとき、中国は完全な内乱状態におちいっていた。猗盧は晋の并州刺史劉琨をたすけて、その仲介で晋朝から大単于・代公（ついで代王）に封ぜられ、代郡の封地をえたが、このあたらしい封地が旧来の領土とかけはなれていたので、そのあいだによこたわる陘北（陘嶺以北）の地をさらに要求した。劉琨は馬邑・陰館・楼煩・繁畤・崞五県の民を南方に徙してその地を猗盧にあたえ、猗盧は一〇万家をここに徙したという[2]。序紀はこのことをのべたあとに、

六年、盛楽に城《きず》いて以て北都と為し、故《もと》の平城を脩めて以て南都と為す。帝、平城の西山に登り、地勢を観望し、乃ち更に南のかた百里、灅《るい》水の陽《きた》の黄瓜堆に於て、新平城を築く。晋人これを小平城と謂う。長子六脩をしてこれに鎮して、南部を統領せしむ。

と記している。猗盧が代公（ついで代王）に封ぜられたということは、かれの拓跋部支配が中国の王朝から正式に承認され、それによって王権の権威がたかめられたといういみをもつが、それ以上に重要なのは、これを機に中国北辺の農耕地帯を一部獲得したという点である。このあたらしくくわえられた領土は、右のように南部と称せられる特別な地域を形成した。

魏書一一三官氏志に、

其の諸方雑人の来附する者は、総べてこれを烏丸と謂い、各々多少を以て酋・庶長と称し、分かちて南・北部と為す。復《ま》た二部大人を置いて、以てこれを統摂せしむ。

とある。これはのちの什翼犍（昭成帝）のときにつくられ、拓跋珪（太祖道武帝）の時期までつたえられた官制であるが、この諸方雑人からなる南北二部は、唐長孺・谷川道雄氏らの指摘のように、部族制度の拓跋族社会においては、まさしく王権の直属部分をなしたとみられる（唐「拓跋国家的建立及其封建化」、谷川「初期拓跋国家における王権」）。そのうち南部の起源は、上記のように猗盧の時代にさかのぼるわけであるが、この農耕地をふくむ南部は、王権の発展のうえでとくに重要な地位をしめたとおもわれる。猗盧の末年、猗盧と長子六脩との争いから内乱がはじまるが、魏書はこれを「旧人」と「新人」との抗争として描いており、これが遊牧部族制と、王権の強化をめざす新勢力との争いであることは、すでに多くの研究が指摘している（とくに谷川前掲論文参照）。内乱を克服した什翼犍は、いったん都城を南部の灅源川に定めようとしたが成功しなかった。このとき計画の中止を決定した皇太后の理由は、「国は上世より遷徙を業と為す」（魏書一三平文皇后王氏伝）ということであり、ここでも遊牧的保守勢力と、南部を基盤として集権化をはかろうとする王権との対立があったことがうかがわれる。

猗盧ののち内乱によって中断されていた徙民の記録は、什翼犍の時期から拓跋珪の初期にかけて数回あらわれる。(3)そのうち徙住地のあきらかなものは、魏書二三劉庫仁伝に、

庫仁、西のかた庫狄部を征し、大いに畜産を獲、其の部落を徙して、これを桑乾川に置く。

とあるものと、魏書二三莫題伝に、

太祖、題と将軍王建等の三軍をして、慕容宝の広寧太守劉亢泥を討ちてこれを斬り、亢泥部落を平城に徙さしむ。

とあるものである。前者は前秦の苻堅によって什翼犍政権が崩壊したのち、もと南部大人で什翼犍の女婿だった劉庫仁が黄河以東を管理していた時期、後者は拓跋珪の時代の三九六（皇始元）年のことであり（魏書二太祖紀参照）、これら桑乾川や平城の地はいずれも南部に属する。南部は前記のように王権の直属地であり、農耕を主とした地域であるから、さきの猗盧の時代の一〇万家といわれる徙民といい、この時期の徙民といい、非農業人口もなかったとはいえな

いけれども、南部の農耕地帯を開発するためにおくられたものが多かったのではないか。官氏志の「諸方雑人」とはこうした徙民をもふくむものと考えてよいであろうが、ともかくこれらの徙民・雑人が王領地を充実させ、王権を強化する役割をはたしたことはまちがいない。この時期までには征服戦争にともなって、従臣・将士への賜与や一部生口の授与もはじまってはいるが、[4] 南部の農耕地にせよ徙民にせよ、王権のえたものは圧倒的に多かったであろう。拓跋珪による皇帝権力の創出、部族制の解体は、こうした基礎のうえに遂行されたと考えられる。そしてかれが平城に都をさだめたことは、そのような王権強化の基礎をなした南部の地に国家の中心をうつして、中国の征服国家としての一歩をふみだしたことをいみするとおもわれる。

2　北魏王朝初期の徙民政策と計口受田民の性格

華北の征服戦争は太祖拓跋珪・太宗拓跋嗣・世祖拓跋燾《とう》の三代にわたってすすめられ、それにともなって大量の被征服民が徙民として、ひきつづきかつての南部の地、あたらしい国都近傍の地にうつされた。これらの徙民のうち比較的詳細な記録をのこしているのは、拓跋珪がはじめて後燕王朝の中心部を占領したときの徙民である。魏書二太祖紀、天興元(三九八)年条に、

〔春正月〕辛酉、車駕、中山より発し、望都堯山に至る。山東六州の民吏及び徒何・高麗・雑夷三十六万、百工伎巧十万余口を徙して、以て京師に充つ。……二月、車駕、中山より繁時宮に幸し、更めて屯衛を選ぶ。詔して、内徙の新民に耕牛を給し、計口受田せしむ(口を計って田を受けしむ)。

とあるが、これによると後燕征服ののち、拓跋珪がその首都中山(河北省定県)から凱旋するにともなって、同時に徙民がおくられたものであるらしい。そのことは魏書二四崔玄伯伝に、

車駕京師に還るに及び、恒嶺に次す。太祖親しく山頂に登り、新民を撫慰す。適々玄伯の老母を扶けて嶺に登る

に遇う。太祖これを嘉し、賜うに牛・米を以てす。因って詔して、諸々の徙人の自ら進む能わざる者には、給するに車・牛を以てす。

とあることによって傍証される。当然軍の監視のもとに、たいへんな労苦をともないながら、大量の人民が強制的に移送されたのである。こうした徙民の方法がふつうであったことは、その後の涼州からの徙民を記して、「車駕東に還り、涼州の民三万余家を京師に徙す」(魏書四上世祖紀太延五年十月辛酉条)といい、そのほかの多くの徙民の記事に、「其の民を徙して還る」とか「若干家を徙して還る」などと表現されていることによって推測される。後燕の徙民の数については、右の四十六万余口のほか、十万余(魏書一一〇食貨志)とも、七万余家(同三三張済伝)とも伝えられて一定しないが、いずれにせよ大規模なものにちがいない。徙民の種族や職業がさまざまなものをふくんでいたことも、上の記事でうかがわれる。

ただ右の場合、徙民の一ばんの中心は農民であったとおもわれるが、かれらは人口数に応じて田土をあたえられた。いわゆる計口受田である。計口受田の例としては、このほか魏書三太宗紀、永興五(四一三)年条にも、

〔秋七月〕奚斤等、越勤倍泥部落を跋那山の西に破り、[(5)] 馬五万匹・牛二十万頭を獲、二万余家を大寧に徙して、計口受田せしむ。……〔八月〕癸丑、奚斤等班師す。……辛未、征還の将士に牛馬・奴婢を賜うこと各々差有り。新民を大寧川に置き、農器を給して、計口受田せしむ。

とある。この記事には重複があるが、前記のように徙民が征討軍の帰還とともにおくられるものとすれば、新民が大寧で計口受田されたのは、奚斤帰還後の八月とすべきであろう。七月の記事は敵を破った戦果を記したもので、のちの受田のことまで書きこんだのである。大寧は水経注一三㶟水条に、㶟水(現桑乾河)の支流于延水(現洋河)に面して、太和年間大寧郡がおかれていた地点があり、またその東に大寧県故城があるから、その付近であろう(唐長孺前掲論文)。さきの後燕の徙民は、拓跋珪が帰還の途次繁時宮にいたったとき受田されたというのであるから、繁時の付近に定着

させられたものとみてよいであろう。北魏では国初平城の都に司州をおいたというが、その所属は雁門郡以外あきらかでない。(6) しかし平城の周囲の畿内の地には、別に八国ないし八部がおかれて拓跋族を定着させたといわれており(後述)、この八国とならんで、代郡・上谷・広寧・雁門の四郡がとくに重視されているようであるから、(7) この四郡が司州に属したのではないかとおもわれる。さきの大寧は右のうちの広寧郡に、繁時は雁門郡に属したかとおもわれる。(8) 徙民は漠然と京師にうつすという記載が多いが、その徙住地は大体この四郡の範囲とみてよいのではないか。(9)

右の二つの例にみられるように、計口受田民は土地をあてがわれるばかりでなく、農具や耕牛の支給もうけており、いっさいの生産手段を国家に依存しなければならなかったから、その自立性の低さは想像できる。しかしそのことからただちに収奪率の高さや身分の低さを予測するのは危険である。まず収奪率については、従来前燕の慕容皝がおこなった政策が参照されている(河地前掲論文)。晋書一〇九慕容皝載記に、

牧牛を以て貧家に給し、宛中に田せしめ、公其の八を収め、二分私に入らしむ。牛有りて地無き者も、亦宛中に田し、公其の七を収め、三分私に入らしむ。

とある。国家が七、八割を収めるというのは非常に高い収奪率であるが、これは実行されたのではなく、記室参軍封裕の批判をうけたのである。その論点は多岐にわたっていて、全体としては谷川氏の分析があるが(「慕容国家における君権と部族制」)、そのうち当面必要な点は、(1)当時前燕の都には無田の者が十分の四もいる状態であるから、苑囿はすべて開放して民に与えてしまうべきこと、(2)魏晋の屯田でも官は五、六割を収めたにすぎないから、右の租は高すぎること、この二点であろう。その結果慕容皝がおこなったのは、

皝乃ち令して曰く、……苑囿は悉くこれを罷めて以て百姓の田業無き者に給す可し。貧者の全く資産無く自ら存する能わざるものには、各々牧牛一頭を賜え。私に余力ありて、官牛を取り、官田を墾《たがや》すを楽《この》む者の若《ごと》きは、其れ魏晋の旧法に依れ。

ということであった。これはほとんど封裕の批判にしたがったのであり、多少非現実的な感じがするが、文章でみるかぎり、苑囿・牧牛を与えられる民と、屯田の方式によって官田を耕作する民と、二通りの民が考えられていて、両者を混同するわけにいかない。これを参照したのでは、北魏の計口受田民がいずれに属するかきめがたいのではないかとおもう。(10)

つぎに計口受田民が営戸とよぶ特殊な身分であるという説があるが(岡崎文夫「魏晋南北朝を通じ北支那に於ける田土問題綱要」、河地前掲論文)、これは正しくない。営戸とは軍営に属する戸のいみであり(浜口重国「北朝の史料に見えた雑戸・雑営戸・営戸について」『唐王朝の賤人制度』三三一頁、唐長孺「晋代北境各族『変乱』的性質及五胡政権在中国的統治」)、軍事体制の五胡諸国では、郡県の管轄をうけず、軍営に直属して、その自給自足体制を支えるための戸が多かったといわれる(谷川前掲論文)。しかし北魏の営戸にかんする史料は多くない。

〔太平真君五年〕六月、北部の民、立義将軍衡陽公莫孤を殺し、五千余落を率いて北に走る。漠南に追撃し、其の渠帥を殺し、余は冀・相・定三州に徙居せしめて、営戸と為す(魏書四下世祖紀)。

〔延興元年〕冬十月丁亥、沃野・統万二鎮の勅勒叛す。太尉隴西王源賀に詔し、追撃して枹罕に至りてこれを滅ぼす。斬首すること三万余級、其の遺迸を冀・定・相三州に徙して、営戸と為す(同七上高祖紀)。

〔延興二年三月庚午〕連川の勅勒叛を謀る。青・徐・斉・兗四州に徙配して、営戸と為す(同右)。

これらは営戸のなりたちをしめすものであり、いずれも叛乱・謀叛が原因で営戸に配されている。つぎに魏書八世宗紀、景明二(五〇一)年九月乙卯条に、

寿春の営戸を免じて、揚州の民と為す。

とあるのは、寿春鎮が揚州にきりかえられたときのことであるというが(谷川前掲論文)、「免」という語の使用は、営戸が一般の民になるには解放される必要があったことをしめし、営戸の身分が一般民より一段と低かったことをしめしている。計口受田民は「内徙の新民」の語がしめすように、民であって特殊な身分でなかったことは、唐長孺氏の指摘のとおりであろう(「均田制度的産生及其破壊」)。

とすればつぎの問題は、計口受田民が州郡の管理をうけたのか、それとも魏の屯田民のごとき特殊な管理機構に属したのか、という点である。この点について参考になるのは、有名な平斉戸の例である。平斉戸というのは、南朝の宋の側にたって北魏に抗戦した山東歴城方面の民で、北魏では四六九(皇興三)年これを北方に徙して平斉郡をたて、平斉郡の下には歴城の民をもって帰安県、梁鄒の民をもって懐寧県をおき、歴城の守将崔道固を平斉郡太守に、升城の守将房崇吉を帰安県令に、梁鄒の守将劉休賓を懐寧県令とした。平斉郡がおかれたのは、はじめ平城の西北の北新城の地で、のち平城の西南陰館県の西に移されたという(塚本善隆「北魏の僧祇戸・仏図戸」)。従来この平斉郡の設置は、最末期の徙民による特殊な例とみなされており、私も旧稿でこれにしたがったが、谷川氏は、太武帝初期に匈奴の休屠郁原等を討って、その余党千余家を涿鹿地方に徙して平源郡を設置した事例を指摘した(「均田制の理念と大土地所有」注3)。[11] したがって徙民による郡県の設置を徙民末期の現象とする説は修正されなければならないが、このように一集団の徙民をもって一個の郡県を設置するという現象は、かならずしも一般的なものではなかったろう。しかしこのように徙民による郡県の設置があった以上、その他の多くの徙民も、前にのべた国都周辺の四郡等の管理をうけたことは想像してよいであろう。[12] ただし右の平斉郡や平源郡の徙民が計口受田されたという証拠はない。むしろ平斉戸については、「飢寒十数年……戮力傭丐を事として以て存立するを得」(魏書七〇傅永伝)たとか、「家貧しく学を好み、昼は耕やし夜は誦し、傭書して以て父母を養」(同六七崔光伝)ったとか、「家貧しく傭書して自ら給」(同四三房景伯伝)したとか、「昼は則ち傭書して以て自ら資給」(同五五劉芳伝)したとか、「傭写書を以て業と為」(同九一蔣少游伝)したとか伝えられていて、計口受田されたようにはおもわれない。したがって一般に徙民が郡県の管理下におかれても、そのうちの計口受田民は国有地の耕作者として、一般郡県民とは異なった負担を国家に負ったという蓋然性はのこる。しかしその点をあきらかにする史料は存在しない。(13)

上に徙民ないし計口受田民が、一般郡県民とは異なった特殊な身分ではないことをのべたが、しかしそのことは、北魏国家の徙民にたいする恣意的なあつかいを否定するものではない。徙民のなかからは、隷戸・僮隷・奴婢などとして賜与の対象にされたり(第四章注20・21参照)、城民・兵戸などのともすれば賤視される境遇におとされるものもあった(魏書五二劉昞伝、同六八高聡伝、同九一蔣少游伝)。さきの平斉郡はその後廃止されて、平斉戸の一部は年に六〇斛もの穀を僧曹に納入する僧祇戸にされたといわれる。(14) 他方徙民のなかの一部指導層は、下記のように客礼をもって遇せられ、北魏王朝の官僚として高い地位を占めるものも出たのである。このような恣意的なあつかいは、徙民が征服国家の権力の前にまったく無力であったことをしめすものであるが、しかしかれらの身分は一般の郡県民と異なるわけではなかったのである。とすれば、計口受田民をのちの均田農民の原型とみなすことは一応妥当であろうとおもうが、しかし計口受田民が、つぎにのべるような、均田農民とは異なった条件のもとで存在したことも注意されなければならない。

3　徙民政策と計口受田制の背景

旧後燕治下の徙民にかんしては、別に魏書二太祖紀、天興元年十有二月条に、

六州二十二郡の守宰・豪傑・吏民二千家を代都に徙す。

という記録がある。すでにさきの四十六万余口におよぶ一般徙民のなかに「山東六州の民吏」の語があり、崔玄伯のような宰相級の人物をふくんでいたのであるから、あるいはこれはさきの徙民の一部であるかもしれない。ともかく

被征服民のうちから、特別に指導的な階層をきりはなしているのである。西魏・北周の建設者宇文泰の祖の陵は、後燕の駙馬都尉であったが、このとき「例に随って」武川にうつったと伝えられる（周書一文帝紀）。武川は北辺六鎮の一であるから、いったん代都にうつってから、さらに北辺におくられたのかもしれない。また後燕の宰相の子であった楊珍は、上客とされて「田宅を給せられ、奴婢・馬牛羊を賜い、遂に富室と成」ったといわれる（魏書五八楊椿伝）。奴婢・家畜とともに与えられた田宅が、一般民への計口受田と異なることはいうまでもない。

　豪族徙民の意義については、晋書一一六姚弋仲載記に、五胡の乱時、羌族の酋長姚弋仲が後趙の石虎（季龍）に説いたつぎのような語がのっている。

　明公、兵十万を握り、功一時に高し。正に是れ権を行ない策を立つるの日なり。隴上豪多く、秦風猛勁にして、道隆《さか》んにして後に服し、道洿《けが》れれば先ず叛す。宜しく隴上の豪強を徙し、其の心腹を虚《から》にして、以て畿甸を実《み》たすべし。[15]

これは漢代でいう強幹弱枝政策であって、征服地の豪族勢力を破摧し、その背叛をふせぐとともに、国都の地方を充実させることが、徙民の目的と考えられていたことがわかる。五胡の諸政権のもとでこのようないみの徙民が頻繁におこなわれたことは、この時代の記録をみればあきらかである。たとえば簡単な記録では、「河西の豪右万余戸を長安に徙す」（晋書一一七姚興載記）などとあるが、この万余戸はむろんすべてが豪族であったわけではなく、豪族の支配をうけた一般人民をふくむのであって、このように豪族が地方秩序の維持者として多数の人民を掌握していたのが、この時代の社会の特徴であった。こうした豪族勢力については後節で論ずるが、この時期の頻繁な徙民政策の実施は、当時の中原の豪族社会に対応した形態であったのである。

　強制移住させられた豪族は、従前の人民をある程度保持したものもあれば、上記のようにきりはなされたものもあろうが、いずれにせよ本拠をはなれて本来の勢力は弱体化し、征服国家の権力のもとに服さざるをえなかったであろう。もっとも国家はかれらの勢力をまったく無視したわけではなく、むしろかれらを官僚として採用し、それに期待しなければならない面があった。晋書一〇六石季龍載記に、

　鎮遠王擢表す。雍・秦二州の望族、東徙より已来、遂に戍役の例に在り。既に衣冠華冑なれば、宜しく優免を蒙るべしと。これに従う。これより皇甫・胡・梁・韋・杜・牛・辛等十有七姓、其の兵貫を蠲《のぞ》くこと、一に旧族に同じくし、才に随って銓叙す。

とあるが、これはさきに石虎によって東徙させられた豪族らが、いったん徭役の対象たる庶民の列におちながら、結局は特権を恢復した事情をしめしている。北魏が豪族の採用に努力したことは同様であり、こうして国家貴族が形成されていくのであるが、しかしその過程は順調にすすんだのではない。魏書二四崔玄伯伝に、

　太宗、郡国の豪右、大いに民の蠹《と》と為るを以て、乃ち優詔してこれを徴す。民多く本を恋うも、而も長吏逼り遣る。是に於て、軽薄の少年、因って相扇動し、所在に聚結し、西河・建興、盗賊並び起る。守宰これを討つも禁ずる能わず。

とある。これは北魏の豪族徙民による地方の動揺をしめしたものであるが、北魏前期における頻繁な反乱の主要な原因はこうした点にあったとみてよいだろう。国都を中心とする限定された地域に権力の基盤をおこうとする徙民政策は、こうした地方の動揺を根本的に解決できず、またのちにもふれるように、地方分権的な豪族的秩序を破摧しきるものでもなかった。そのいみでふたたび、徙民政策は豪族社会に規定された存在であったということができる。

　徙民政策を規定するものとして、つぎに征服者側の拓跋社会の農業をみよう。拓跋珪が代王の位についたとき(三八六年)、「衆を息ませて、農を課」(魏書太祖紀)したというのが、拓跋国家における農業奨励の最初の記録である。ついで三九四(登国九)年、東平公元儀に命じて五原に屯田させ、さらに河東にも田を開いたという(太祖紀)。五原の屯田については、魏書一五衛王儀伝に、

命じて屯田を河北に督せしむ。五原より梱陽塞外に至る。農稼を分かち、大いに人心を得。

と記されている。唐長孺氏はこれを漢魏以来の旧制にしたがって屯田民と穀物を分けたものと解しているが（「拓跋国家的建立及其封建化」）、あるいは一般の拓跋部民に収穫を分かったのかもしれない。とすればこれによって人心を得たということは、拓跋社会にとって農業生産物の分与が重要ないみをもつにいたったことをしめすものとおもわれる。しかしその場合にも、一般の拓跋部民はなお大部分遊牧生活をおくっていたとおもわれるから、屯田の比重は大きいわけである。この段階の農業生産は、このほかに南部の王領地のそれがあることが推測される。これらはいずれにせよ国家の干与によっておこなわれた農業経営であるが、とくに後者が王権の重要な基盤であることはさきに論証した。このような事情のもとでは、王権の成長に比して、拓跋部族制内部の分解はかなり未熟であったと考えられる。

拓跋珪が帝位についたのち部族制を解体したことは有名であるが、(16) その結果、旧部族員たちは八部あるいは八国に再編されて、平城の都の周辺に定着させられたらしい。魏書一一〇食貨志に、

天興の初め、京邑を制定す。東は代郡に至り、西は善無に及び、南は陰館に極まり、北は参合に尽きるを、畿内の田と為す。其の外、四方四維に、八部帥を置いて以てこれを監し、農耕を勧め課し、収入を量り校《かぞ》えて、以て殿最と為す。(17)

とあるのは、北魏国家が部族制を解体することによって、遊牧民を定着させ、農耕に移行させることを意図したことをしめしている。しかしその過程はそう急速には進まなかったであろう。平城の都を中心とする地域には、前述のように司州管下の四郡がおかれていたのであるが、八部あるいは八国は地域的にはこれと重なっておかれ、北魏の旧部族員のみを管理したとおもわれる。すなわちそこには旧来からの農耕民を管理する州・郡・県と、部族制を解体してまもない遊牧民を管理する八部あるいは八国とが併存する、二元的な統治体制が存在したとおもわれるのである。このような二元的な体制は、部族制を解体したとはいうものの、拓跋族の農耕への移行がまだ不充分な段階の過渡的な

措置とみるべきであろう。八部はのちに六部に再編されたとおもわれるが、魏書三太宗紀、泰常六(四二一)年三月乙亥条に、

六部の民に制す、羊百口に満つれば、戎馬一匹を輸《いた》せ。

とあるのは、全体として六部の民に牧畜がなおさかんであったことをうかがわせる。世祖太武帝のころの婁提は、「家僮千数、牛馬谷を以て量る」(北斉書一五婁昭伝)といわれるほどの家畜の所有者であり、この時代臣下に賜与されるもののなかにも奴婢とともに家畜が多い。したがって北魏初期における拓跋族の農業生産をあまりたかく評価することはできないとおもわれるが、もしそうであるとすれば、皇帝権力としては、国有地をあてがった徙民および計口受田民にたいする依存をふかめざるをえないとおもわれる。このような生産に依存することによって、一方における拓跋部族制とその遺制の残存にかかわらず、かなり早熟的な王権・皇帝権を生みだしているのが、初期の段階の北魏国家ではなかったかとおもわれるのである。(18)

(2) 晋書五孝懐帝紀は、永嘉五(三一一)年十一月条に劉琨が五県の民を徙したことを記し、翌六年八月条に猗盧を代公に封じたとする。しかし通鑑八七永嘉四年十月条は序紀と同じく封代を前とし、同条考異に琨の「上太傅府牋」を引いて永嘉四年を正しいとする。また同考異所引琨の「与丞相牋」に三万余家を徙したとあり、序紀の十万家と伝を異にする。

(3) 什翼犍の時期の徙民の例は河地氏の表にはないが、魏書序紀昭成帝三十年冬十月条に、「帝征衛辰……衛辰与宗族西走、収其部落而還」とある。

(4) 個人への生口授与の事例は、やはり河地氏が表を作成しているが、この段階では国王の少数近臣に限られている。

(5) 越勤は官氏志に「〔北方〕越勤氏、後改為越氏」とあるもので、もと跋那山にいたが、この山はいまの陝西省楡林県東北にあったという。姚薇元『北朝胡姓考』二二四頁参照。

(6) 魏書一〇六地形志上、恒州の条に、「天興中、置司州、治代都平城、太和中改」とあり、鴈門郡の条に、「天興中、属司州、太和十八年属〔肆州〕」とある。太和十七年の洛陽遷都の結果、司州は洛陽に移された。同志中洛州の条に、「太和十七年、改

為司州」とある。

(7) 魏書官氏志に、「[天賜]四年五月、増置侍官、侍直左右、出内詔命、取八国良家、代郡・上谷・広寧・雁門四郡民中、年長有器望者、充之」とある。

(8) 水経注灅水条には、大寧県故城の南に広寧がある。また晋書一四地理志によると、繁時県は雁門郡に属し、魏書地形志によると、魏末天平二年繁時郡がおかれたという。

(9) 徙民の多くは国都の周辺に移されたのであるが、それ以外の地への徙民もないわけではない。魏書四上世祖紀、延和元年九月乙卯条に、「車駕西還、徙営丘・成周・遼東・楽浪・帯方・玄菟六郡民三万家于幽州、開倉以賑之」とあるのは、慕容玄支配下の遼東の民を内地に移したものである。同書四下世祖紀、太平真君六年十一月辛未条に、「南略淮泗以北、徙青・徐之民、以実河北」などとあるのは、南朝との国境地帯の民を内地に移したものである。これらは敵対勢力を破摧するためにおこなわれたのであるから、国都周辺への徙民と目的の一半を同じくしている。しかし世祖紀、延和三年春正月丙辰条に、「楊難当克漢中、送雍州流民七千家于長安」とあるのは、元来長安地方から流出した民を帰郷させたのであるから、一般の徙民とは別である。

(10) この慕容皝の政策は、封裕の批判からもあきらかなように、直接徙民を対象としたものではなく、国都の人々が増加して貧民が生じた状態を解消しようとしたものであるから、北魏でいえば、むしろ徙民政策が終ったのちの後述する恭宗の土地政策にあたるものというべきであろう。

(11) 晋書地理志、幽州広甯郡の条に涿鹿県が属しているから、平源郡は、前述の国都周辺の四郡の一つ、広寧郡の範囲内におかれたかとおもわれる。

(12) 私は旧稿において、計口受田制の地位を魏の屯田制に比定した。それは一つには、国家による全般的な郡県制支配が貫徹せず、一部地域の住民に基礎をおく制度である点に類似があるからで、その点については現在も考えが変らない。ただ計口受田民が屯田方式の管理をうけたかどうかについては、そのような点を考えてみたいが明証がないとした。この点については谷川氏の批判をうけたので、本文のように改める。ただし計口受田民が特殊な低い身分でなかったことは、旧稿以来あきらかにしている。

(13) 古賀登「北魏の俸禄制施行について」は、後述する四八四(太和八)年以前の税制とされる一戸粟二十石・帛二匹・絮二斤・絲一斤を、計口受田民を対象に制定されたものとしている。一つの考え方ではあるが確証はない。

(14) 魏書一一四釈老志に、「曇曜奏、平斉戸及諸民、有能歳輸穀六十斛入僧曹者、即為僧祇戸、粟為僧祇粟、至於倹歳、賑給飢民」とあり、塚本善隆「北魏の僧祇戸・仏図戸」は、平斉郡の廃止と平斉戸から僧祇戸への移行を関係づけている。これにたいし谷川道雄「北魏末の内乱と城民」は、魏書四三房景先伝に、「太和中、例得還郷」とあるのを引いて、帰郷するものが一般的であったという。ただ平斉戸の一部が僧祇戸にされたことは否定できないであろう。

(15) このときの徙民については、晋書一〇三劉曜載記に、「季龍執其偽太子熙・南陽王劉胤幷将相諸王等及其諸卿校公侯已下三千余人、皆殺之、徙其台省文武・関東流人・秦雍大族九千余人于襄国、又坑其王公等及五郡屠各五千余人于洛陽」とある。このような坑殺がともなったところに徙民の目的がしめされている。徙民の目的については、なお晋書八六張軌伝にも、「初寔平麹儒、徙元悪六百余家、治中令狐瀏曰、夫除悪人、猶農夫之去草、令絶其本、勿使能滋、今宜悉徙以絶後患、寔不納、儒党果叛」とあり、同様な見解が表明されている。

(16) 魏書官氏志に、「登国初(三八六年)、太祖散諸部落、始同為編民」とあるが、唐長孺氏が北史八〇外戚賀訥伝によって後燕征服後と断定しているのが正しい(「拓跋国家的建立及其封建化」)。田村実造氏も同様な推測をしている(「代国時代のタクバツ政権」)。この段階での部族制の解体は、早熟的に強化された王権によって、上から強行されたものである。

(17) 畿内の範囲について唐長孺氏は、「代郡は今の蔚県、善無は今の右玉県、陰館は今の代県の西北、参合は今の陽高県」としている(前掲論文)。代郡は平城であるという説もあり(楊守敬)、私はこの公算も大きいとおもうが、この説では食貨志の叙述と矛盾する。また食貨志では「其外四方四維」とあって、八部が畿内の外にあったように記されているが、官氏志に「其八部大夫、於皇城四方四維面、置一人、以擬八座、謂之八国」とあり、皇城の周囲にあるとするのにしたがうべきであろう。太祖紀、天賜三年六月条に、「発八部五百里内男丁、築灅南宮門闕……広苑囿、規立外城……」とあるのも傍証になる。

(18) 本稿執筆後発表された古賀昭岑「北魏における徙民と計口受田について」は、北魏初期の徙民がかならずしも計口受田されたわけではなく、むしろ遊牧民が多かったことを論じている。拙稿は均田制の前提をのべる目的で計口受田民をとくに重視したのであるが、徙民が農民とはかぎらず、すべてが計口受田されたわけでないこともたしかである。徙民の目的の一つは敵対勢力を打破することにあり、拓跋族をはじめ遊牧生活の比重がまだ大きかったことも事実であるが、それゆえにこそ計口受田された一部の農民の重要性も大きかったのであり、それらを中心的な基盤として王権が早熟的に強化されたと考えるのである。と同時に、遊牧民の農業化政策が推進されたことも本文で指摘したとおりである。

三　農業政策の転換と地方政治の強化

1　農業政策の転換

私は前節において、徙民政策を生みだす一つの条件として、拓跋社会における農業生産の未熟なことをあげた。と同時に、農業への転化がすでにはじまっている点をも指摘した。かれらの間の土地所有制がどのように発展したかを、具体的にたどることはむずかしい。征服戦にともなって、相当の労働力がかれらの間に分配されたことは明瞭である。たとえば前に引いたように、太宗の時代に越勤倍泥部落を討って二万余家を大寧に徙して計口受田したとき、「征還の将士に牛馬・奴婢を賜うこと各々差有り」と記されている。しかしこの場合にも牛馬と奴婢が併記されており、既に指摘したように家畜の賜与は多いのであって、これらがかならずしも農業労働に使用されるとはかぎらない。実は魏書本紀をみればわかることであるが、初期には生口の分配は比較的少なく、三代目の世祖太武帝以降にわかに増加する傾向にある。その例は枚挙に遑ないが、さきの平斉戸の徙民の場合、「自余は悉く奴婢と為して百官に分賜す」(魏書五〇慕容白曜伝)といわれたのはその一例である。太武帝が張掖から都へうつそうとした徙民数百家を、途中で諸将が奪って分配してしまったという話さえある(魏書三〇周観伝)。

こうした生口獲得への強い要求の背後には、おそらく大土地所有制の発展があったにちがいない。太武帝の監国であった恭宗拓跋晃について、魏書四八高允伝に、

恭宗の季年、頗る左右を親しみ近づけ、田園を営み立てて、以て其の利を取る。允諫めて曰く、……私田を営み立て、雞犬を畜え養い、乃ち市鄽に酤《さけう》を販り、民と利を争うに至る。議声流布して、追掩すべからず。

とあり、南斉書五七魏虜伝にも、「婢使千余人、綾錦を織り、酤酒を販売し、猪羊を養い、牛馬を牧し、菜を種えて利

を逐う」とあるのは、農業・牧畜・手工業を兼ね、営利を目的とする大規模な荘園の存在をうかがわせる。なおさきにもふれたように、投降して任官した漢人豪族らも、田宅・奴婢を賜与されたのである。臣下に分配された生口には一般に奴婢と僮隷（隷戸）の二種類があり、さらに王侯には一定数の臣吏が与えられたのであるが、魏書二一上咸陽王禧伝には、

　貨賄を昧《むさぼ》り求め、奴婢千数あり、田業・塩鉄、遠近に徧く、臣吏・僮隷、相継いで経営す。

とあって、かれらが大所有地の労働力として用いられたり、経営を担当したことが想像される（次章参照）。征服戦争の進行は、以上のようにして部族制時代とは異なった新貴族をつくりだした。それはもちろん皇帝権力の指導のもとにおこなわれ、全体として皇帝権力を強化するものではあったが、反面大土地や私的隷属民の所有者としての貴族らの相対的自立性をもたらし、帝権の貫徹に矛盾する要素を生みだすにいたったことは否めない。

　太武帝の時代は以上のような情況である一方、高允伝に、

　是の時、禁封の良田多く、又京師に遊食する者衆し。……遂に田禁を除き、悉く以て民に授く。

とあり、魏書二八古弼伝に、

　上谷の民上書して言う、苑囿度を過ぎ、民に田業無し、太半を減じて、以て貧人に賜わらんことを乞うと。……弼具状して以て聞ゆ。……皆其の奏する所を可とし、以て百姓に丐《あた》う。

とあるように、無田の貧民も生じており、それらを救済するために、苑田の開放が何度かおこなわれたらしい。太武帝の監国恭宗が畿内でおこなった土地政策は、そうしたものの一つであろう。[19] 魏書四下世祖紀にのせる恭宗の令に、

　其れ有司に制す。畿内の民に課するに、牛無き家をして、人・牛力を以て相《たが》いに貿《か》えて、墾殖鋤耨せしめよ。其れ牛有る家と牛無き家と、一人ごとに田二十二畝に種《たねま》き、償うに私鋤功七畝を以てせよ。是くの如くして差を為し、小・老の牛無き家は田七畝に種き、小・老なる者は償うに鋤功二畝を以てするに至れ。皆五口〔以〕下の貧家

を以て率と為し、各々家別の口数と、勧種する所の頃畝を列《なら》べて、明らかに簿目を立てよ。種く所の者は、地首に於て姓名を標題して、以て播殖の功を辨ぜよ。

とある。この文章は難解で、異伝もあるが、[20] 畿内の貧民を対象として、おそらく国有地の開墾をおこなわせたもので、その際牛のない家は牛のある家から牛を借り、その代償として牛のある家に一定の労働力を提供させようとしたものであろう。各人ごとの耕作面積が規定され、家族数に応じて一定面積を帳簿に記入し、耕作地には姓名をかかげて成績をしめすというのであるから、強制的性格をもつことはあきらかである。

このような口数に応じたわりあてや強制的性格が、計口受田制の方式を一般人民に適用したものであろうという西村元佑氏の指摘は興味ぶかい（「北魏均田攷」）[21]。さらに田村実造氏のように、これから計口受田制のやりかたを逆推する方法もあるわけだが（「均田法の系譜」）、徙民政策の段階とは異なった条件のもとであらわれてきたこの制度については、計口受田制とは異なった側面に注意すべきだとおもう。この制度が貧民を対象とし、民間の私牛を利用しようとしているのは、人民のあいだにおける一定の階層分化を前提とするものであり、労働力の提供を通じて、有牛者と無牛者とのあいだに隷属関係をつくりだすおそれもあろう。しかしそのような隷属を「封建剝削」とするのはゆきすぎであり（唐長孺「拓跋国家的建立及其封建化」）、むしろ人力と牛力との交換は、農民のあいだに存する共同体規制をしめすものとみるべきであろう。たしかに牛耕がきわめて重視されるようになった当時の農業社会において、有牛者の支配的地位は否定できないとおもわれるが、しかし有牛者にせよ無牛者にせよ、いずれも国家の直接支配をうけたのであって、国家はかれらの間の共同体規制を利用することによって、強制的な土地開墾政策を推進しようとしているのである。

右の政策が充分の成果をあげたことは、政策の内容を記した上記の文のあとに、「墾田大いに増闢を為す」と記されていることによってあきらかである。畿内におこなわれたこの政策が、その後一般の州郡にもひろく適用されるにいたったことは、これも西村氏らによって指摘されたことである。そのことをしめすのは、魏書七上高祖紀、延興三(四七三)年二月癸丑詔に、

牧守令長、勤しみて百姓を率い、時を失わしむる無かれ。同部の内にて、貧富相《たが》いに通ぜしめ、家に兼牛有らば、無き者に通借せしめよ。

とあるのと、同書、太和元(四七七)年三月丙午詔に、

其れ在所に勅して、田農を督課せしむ。牛有る者は勤を常歳に加え、牛無き者は庸を余年に倍せよ。一夫の制は田を治むること四十畝、中男は二十畝とす。人をして余力有り、地をして遺利有らしむる無かれ。

とある文である。後者の「牛無き者は庸(傭)を余年に倍せよ」というのは、牛を借りたかわりに労働力を提供する関係があったことをうかがわせる。[22] このような人力と牛力との換工は、さきの畿内の墾田政策にはじまって、のちの均田制下にもうけつがれた。北斉河清三年令(隋書二四食貨志)に、

人の人力有りて牛無く、或いは牛有りて力無き者、須らく相いに便ならしめて、皆納種するを得べく、地をして遺利無く、人をして遊手無からしめよ。

とあるのはそれである。[23] この「地をして遺利無く、人をして遊手無からしめよ」というのは、さきの「人をして余力有り、地をして遺利有らしむる無かれ」というのとまったく同じであり、後述する均田制発布の詔にも、当時の状況をのべて、「地をして遺利有り、民をして余財無からしむるに致る」とあって、均田制にいたる政策の趣旨が、国家にとって土地と労働力の全面的な活用にあったことをしめしているのである。[24] そのために共同体的慣行がとりあげられたのであるが、この段階では一般州郡にいたるまで、土地・労働力を充分把握しているとはいいがたい点があったとおもう。「一夫の制は田を治むること四十畝」とあるのは、北魏の均田制の露田の面積と同じである点注目すべきであるが、まだ額がしめされているだけであって、還受のような具体的な土地規制のしかたはしめされていないのである。

2　地方政治と俸禄制制定

ところで右の四七三(延興三)年、四七七(太和元)年の詔は、これよりはやくからおこなわれている地方政治刷新のための努力、とりわけ勧農政策の一部としてみるべきものである。政府はしばしば中央から使節を派遣して地方官を査察し、民情を観察させ、あるいは直接地方官によびかける等の措置をとっている。例えば魏書食貨志に、

> 高宗の時、牧守の官、頗る貨利を為す。太安の初め(四五五年)、使者二十余輩を遣りて、天下を循行し、風俗を観て、民の疾苦する所を視しむ。使者に詔して、諸州郡の田畝を墾殖せるさま、飲食・衣服、閭里の虚実、盗賊の劫掠、貧富・彊劣を察してこれを罰せしむ。此れより牧守、頗る前の弊を改め、民以て業に安んず。

とある。国初の徙民政策の段階では、国都の周辺を充実することに重点がおかれたのであるが、征服戦争が終了して華北全域が北魏の支配下に収められるようになると、それらの広汎な地域の民政に関心が払われるようになったのである。

右にも地方官が「頗る貨利を為す」とあるが、地方官に直接よびかけた詔には、地方官の不法を非難するものが多い。つぎに若干の例をあげると、

> 牧守令宰、朕を助けて、恩徳を宣揚し、民の隠《やまい》を勤しみ恤れむ能わず。乃ち其の産を侵奪し、加うるに残虐を以てするに至る。治を為す所以に非ざるなり(魏書四下世祖紀、太平真君四年六月庚寅詔)。

> 牧守、民に莅《のぞ》みて、百姓を侵食して、以て家業を営む。王賦充《み》たず(同五高宗紀、太安五年九月戊辰詔)。

> 刺史は民を牧し、万里の表為るに、頃《このごろ》より毎《つね》に調を発するに因って、民に仮貸を逼り、大商富賈、時利を射《もと》めん

ことを要《もと》め、旬日の間に、十倍を増贏す。上下通同し、分ちて以て屋を潤おす。故に編戸の家は、凍餒に困《くる》しみ、豪富の門は、日ごとに兼積有り。政を為すの弊、此れに過ぎるは莫し(同高宗紀、和平二年春正月乙酉詔)。

諸州の刺史・牧民の官、頃より以来、遂に各々怠り慢け、姦を縦《ほしいまま》にし賂を納れ、公に背いて私に縁り、賊盗をして並びに興り、侵劫茲《ます》々甚しからしむるに致る。姦宄の声、屢々朕が聴に聞ゆ(同七上高祖紀、太和二年十一月庚戌詔)。

などとある。このうち前二者は、地方官が直接人民の財産を強奪して私産をふやすことをいい、後二者はかれらが地方の富家・商人等と結託して混乱をひきおこしている様を指摘しているようである。実は地方官のこのような不法には理由があるのであって、そのことを解決することなしには、地方政治の刷新、ひいては地方州郡民の充分な把握は不可能であったと考えられる。

地方官の不法が絶えなかった直接の原因としては、これまで北魏では官吏に俸禄を支給していなかったということがあげられる。五胡の乱の時代にどの程度俸禄制が励行されたか疑問がわくが、[25]すくなくとも北魏の前期においては、一部の例外を除いて俸禄は支給されなかったらしい。統一的な俸禄制が制定されるのは実に四八四(太和八)年になってからである。[26]そのことをのべた魏書七上高祖紀、同年六月丁卯詔のなかに、

始めて俸禄を班《わか》ち、諸々の商人を罷めて、以て民事を簡にす。戸ごとに調三匹・穀二斛九斗を増して、以て官司の禄と為す。

とあるが、これによると、それまでは「諸々の商人」を利用して、俸禄にかかわる費用を捻出していたと考えられる。この商人がどのようなものであるかはあきらかでないが、「商人を罷めて」とあるところをみると、官司に専属の商人がいたのかもしれない。前記の和平二(四六一)年正月詔を参照すると、人民への直接的な強制貸しつけ(いわゆる出

挙)と、商人による公金の運用とがおこなわれており、「調を発するに因って」とあるから、戸調の徴収と同時に、貸しつけ金にたいする高利が吸いあげられていたと考えられる。また徴収された租税の一部が商人の資金として流用されたことも考えられる。後述のように、当時戸調のほかに一定額の「調外の費」と称するものが徴収され、それが州庫に入れられていたといわれるから、この調外の費が元本にあてられたとする説があるが(韓国磐『北朝経済試探』八五―八六頁、松永雅生「北魏の官吏俸禄制実施と均田制」その１)、商人の資金はそれだけにとどまらなかったであろう。

魏書二四崔寛伝によると、

陝城鎮西(衍)将に拝せらる。崤は地嶮しく、民に寇劫するもの多し。寛は性滑稽にして、豪右・宿盗の魁帥を誘接し、与《とも》に相交結し、衿を傾けて待遇し、微細にも逆らわず。是を以て能く民庶心に忻《よろこ》び、其の意気に感ぜざる莫きを得。時に官に禄力無く、唯給を民に取る。寛善く撫納し、礼遺を招致し、大いに受取有るも、而もこれを与うる者恨む無し。又弘農は漆蠟竹木の饒を出し、路、南と通じ、販貿来往す。家産豊富にして、百姓これを楽しむ。諸鎮の中にて、号して能政と為す。

とあって、崔寛は自ら商業をおこなって家産を富ませたほか、俸禄のかわりに人民から直接費用を徴収したらしい。この徴収が右の一定額の調外の費にとどまらなかったであろうことは、「大いに受取有るも、而もこれを与うる者恨む無し」とあることで想像される。寛が民の恨みをうけず能政と称せられたのは、彼がよく「豪右・宿盗の魁帥」等といわれる地方の実力者と接していたからであって[27]、そうでない場合は、さきの太平真君四年や太安五年の詔のように、その搾取を非難されることになったのであろう。だから北魏前期の地方政治は、地方の富商や豪族との妥協・結託によっておこなわれたのであって、そこからまた太和二年の詔のように、地方官が賄賂をうけるという非難も出てくるのだとおもわれる。

四八四(太和八)年になって俸禄が支給されるわけであるが、その財源は、魏書食貨志に、太和八年、始めて古に準じて百官の禄を班つこと、品第を以て各々差有り。是れより先、天下の戸、九品を以て混通し、戸ごとに帛二匹・絮二斤・絲一斤・粟二十石を調す。又帛一匹二丈を入れて、これを州庫に委ねて、以て調外の費に供す。是に至りて、戸ごとに帛三匹・粟二石九斗を増して、以て官司の禄と為す。後、調外の帛を増して二匹に満たしむ。

とあるように、従来の九品混通の戸調のうえに加徴したのである。従来の税収入としては、戸調と州費をまかなうための調外の費とがあったわけであるが、その戸調額をすえおいたうえに、俸禄の原資をあらたに増徴し、さらに調外の費(調外の帛)をも増額して存続させたのである。さきに官人の費用を生みだすため各官司に専属の商人がおかれ、その商人の運用する資金に調外の費があてられたとする説があることをのべたが、いま俸禄制を施いた以上、調外の費は官人個人の取り分とは別のいわゆる公廨の費用とされたものであろう。前に引いた太和八年六月丁卯詔のつづきに、

預調を均しくして二匹の賦と為し、即ち商用を兼ねしむ。

とあるのは、右の食貨志の文の「後、調外の帛を増して二匹に満たしむ」とあるのに相当するであろうが、俸禄制施行をのべた太和八年の詔中にのべられているところからすれば、食貨志の「後」とあるのは疑わしく、通典五食貨賦税にのる同文に「復《また》」とあるのが正しい(古賀登「北魏の俸禄制施行について」)。すなわち俸禄制制定と同時に調外の帛を増額したのである。そして「諸々の商人を罷む」と称した同じ詔の中で、あらたに「商用を兼ねしむ」といっているのであるから、官司の商業行為そのものを禁じたのではなく、のちの公廨銭のごとき、公廨の費用を捻出するための運用は認められたものとおもわれる。[28] 官人個人の収入を不法な収奪や公金の流用によって生みだすことが禁じられたのであろう。

それにしてもこれはたいへんな重税である。従来からの戸調が帛二匹・絮二斤・絲一斤・粟二十石で、これすら粟

二十石の量がしめすように相当の負担であるのに、これに官司の禄が帛三匹・粟二石九斗、調外の帛が二匹加わるから、総計で帛七匹・絮二斤・絲一斤・粟二十二石九斗となる。魏書四四薛虎子伝によると、そのころ徐州刺史であった薛虎子は、丁男を一人しかふくまない微小の戸でも年に「七縑」を出す勘定となり、実際にはこれを完納できないで没落する状態であるといっている。元来俸禄制の制定が北魏の地方支配強化の過程でなされたとすれば、こうした状態を放置するわけにいかず、ひきつづいて税制の根本的な改革が要求され、さらにそれを可能にするところの土地・人民の再編成が日程にのぼらなければならなかったであろう。魏書五四高閭伝によると、おそらく四八六(太和十)―四八八(太和十二)年の頃とおもわれるが、淮南王他が俸禄制を廃止しようと提案したことがあった。[29] これにたいする高閭の反対論の中に、

　庶民は其の賦を均しくして、以て上を奉ずるの心を展《の》べ、君王は其の材を聚めて、以て事業の用に供す。君は其の俸を班って、恵を垂るること則ち厚く、臣は其の禄を受けて、恩を感ずること則ち深し。……鄰党を置立し、俸禄を班宣するは、事設けられ令行なわれて、今に於て已に久し。

とある。また同じく高閭が四九〇(太和十四)年に上表した文中には、

　蒸民の姦宄を懼れ、鄰党を置いて以てこれを穆《しず》め、庶民の勤劇を究め、俸禄を班って以てこれを優《あつ》くし、労逸の均しくし難きを知り、民土を分って以てこれを斉《ととの》う。

とあり、これらをみると制度施行後まもない時期に、俸禄制と均田制と三長制(および同時に発布されたいわば均賦制)が、あきらかに一体のものとして把握されていたことが知られるのである。

(19) 通鑑は高允伝の記事を宋元嘉十六(四三九)年に、古弼伝の記事を元嘉二十一(四四四)年にかかげ、後者につづけて恭宗の政策をのせている。しかし両者の間に直接のつながりがあるかどうか確証がない。

(20) 本文に引く魏書世祖紀所掲のものと、通典一食貨田制、冊府元亀四九五邦計部田制所掲のものとでは異同が多い。とくに

「其有牛家与無牛家一人種田二十二畝、償以私鋤功七畝」の部分は、通典・冊府元亀とも「種田二十畝」「償以耘鋤功」となっており、冊府元亀では「一人」が「一牛」となっている。したがって制度の中心部分をなすこの部分の解釈は多様でありえようが、私は一応魏書にしたがって、有牛者も無牛者も各人二十二畝の田を耕し、無牛者は牛を借りた代償としてそのうちの七畝を手伝い、老・小の場合は七畝のうちの二畝を手伝うものと解しておく。

(21)　西村氏はその後旧稿を改めて、「北魏の均田制度」を書き、恭宗の政策を計口受田の遺意をうけつつも、異質の基盤にたち、均田制成立の前段階をなすものとし、その内容が、斉民要術に記された二牛六人の耕種方法にもとづくという新見解をのべた。最近の古賀登「均田法と犂共同体」は、やはり同じ根拠から、この土地政策を五家一隣(丁男五人ないし六人)・耕牛二頭・耕犂一丁で組まれた犂共同体を基礎としてなされたと主張している。

(22)　漢書二四上食貨志の有名な代田法の記事に「教民相与庸輓犂」とあり、顔師古は「庸、功也、言換功共作也、義亦与庸賃同」と注している。

(23)　周書二三蘇綽伝に収める北周の六条詔書の「其三、尽地利」のなかにも、「然単劣之戸及無牛之家、勧令有無相通、使得兼済」とある。

(24)　これらの言はもとはといえば、漢書食貨志の鼂錯の言に「地有遺利、民有余力」とあって、民の「末技遊食」を禁じ、これを「地著」させて農に勤めさせることを説いた部分に出るのである。こうした思想の最も理想的な実現形態はいうまでもなく周の井田法とされるのであって、北魏ではついにこれに範をとった均田制を実現するにいたるのである。

(25)　以下に引く太和八年の俸禄制制定の詔に、「自中原喪乱、茲制中絶」といい、俸禄支給の中絶を五胡の乱時代以来のことのようにいっているが、古賀登「北魏の俸禄制施行について」は、五胡の時代にも俸禄制度があったことをあきらかにしている。

(26)　魏書二四張白沢伝によると、かれが顕祖のときすでに俸禄の支給を提唱しており、太和八年以前に一部地方官等に俸禄が支給されていた形跡がある。福島繁次郎「北魏孝文帝の考課と俸禄制(第一期)」「北魏孝文帝中期以後の考課」、古賀前掲論文等参照。

(27)　魏書四〇陸馛伝には、かれが興安の初め(四五二年)相州刺史となったとき、「為政清平、抑彊扶弱、州中有徳宿老名望重者、以友礼待之、詢之政事、責以方略、如此者十人、号曰十善」といい、「又簡取諸県彊門百余人、以為仮子、誘接殷勤、賜以衣服、令各帰家、為耳目於外、於是発姧摘伏、事無不験、百姓以為神明、無敢劫盗者」とある。

(28) 北朝に公廨銭なるものがあったことは、隋書食貨志に、「先是京官及諸州、並給公廨銭、廻易生利、以給公用、至〔開皇〕十四年六月、工部尚書安平郡公蘇孝慈等、以為、所在官司、因循往昔、以公廨銭物、出挙興生、唯利是求、煩擾百姓、敗損風俗、莫斯之甚、於是奏、皆給地以営農、廻易取利、一皆禁止、十七年十一月詔、在京及在外諸司公廨、在市廻易、及諸処興生、並聴之、唯禁出挙収利云」とあることによって知られる。太和八年の帛二匹がこの公廨銭の直接の起源であるかどうかは明確でない。古賀前掲論文は、「あずかった」調(預調)を救貧ないし物価調節のために随時放出したものとしているが、これも推測にすぎない。公廨銭は隋の開皇十四(五九四)年にいったん廃止されて公廨田が設けられたが、同十七年に復活し、出挙は禁じられたが、商業による利潤は認められた。

(29) 淮南王他が俸禄廃止を求め、高閭がこれを反論したことは、通鑑では一三六斉武帝永明二年(四八四年、太和八年)九月条にのせるが、高閭伝には四八六(太和十)年二月に施行された三長制を指すとおもわれる「鄰党」の語が見え、俸禄制とともに「事設令行、於今已久」とあり、また魏書一六淮南王他伝によると、彼は四八八(太和十二)年に死んでいるので、右の論議の年次は四八六—四八八年の間とおもわれる。つぎに引く四九〇年の高閭の上表は、高閭伝に「十四年秋」と明記されているのであるが、松本善海「北魏における均田・三長両制の制定をめぐる諸問題」一四八頁には、太和十一(四八七)年七月早々のものとすべきだとされている。

四　均田・三長制の出現と豪族社会

1　均田制と三長制と豪族勢力

前節の末に俸禄制と均田制と三長制が、これらの制度の施行後まもない時期に、一体のものとして把握されているといったのであるが、これらが施行される過程をみると、四八四(太和八)年六月に俸禄制を発布し、十月から実施し、四八五(太和九)年十月に均田制を発布し、四八六(太和十)年二月に三長制を施行し、戸籍を定め、同時に新しい租調の制を施行するというように、年次を異にしておこなわれている。俸禄制の財源が旧来の租調に加徴することによってえられたことは上述したが、均田制は土地の還受を趣旨とするものであるから、五か月後の三長制をまってはじめて実効あるものとなったであろう。すなわち三長制によって、五家が隣、五隣が里、五里が党に組織され、それぞれの長によって戸籍がつくられ農民家族と土地が把握されて、はじめて土地の還受と新しい租調の徴収が可能となったはずである。このように均田制と三長制とは密接な関係があったと考えると、両者が年次を異にして発布されたのはなぜかという疑問もわくが、実は三長制の提案とそれをめぐる論議は、均田制発布以前におこなわれたということがあきらかにされている（古賀登「北魏三長攷」、西村元佑「北魏の均田制度」）。その論拠は、魏書五三李沖伝の、李沖が三長制を提案したのにたいする太尉元丕の反対論のなかに、

方今有事の月、民戸を校比するは、新旧未だ分かれざれば、民必ず労怨せん。請う、今秋を過ぎ、冬閑月に至りて、徐ろに乃ち使を遣わせば、事に於て宜しきと為さん。

とあり、これにたいする李沖の反論に、

若し調時に因らざれば、百姓は徒らに長を立て戸を校するの勤を知るのみにて、未だ徭を均しくし賦を省くの益を見ず、心に必ず怨を生ぜん。宜しく課調の月に及んで、賦税の均しきを知らしむべし。既に其の事を識り、又其の利を得て、民の欲に因れば、これを為すこと行ない易からん。

とあるのによれば、論議がおこなわれたのは冬閑期の十月以前、四八五（太和九）年の夏から秋にかけての時期と考えられる点にある。

それでは三長制が提案された目的は何か。李沖伝は李沖の提案について、

旧《も》と三長無く、惟《た》だ宗主を立てて督護す。民多く隠冒し、五十・三十家もて、方《まさ》に一戸を為す所以なり。沖以《おも》えらく、三正の民を治むるは、由来する所遠しと。是に於て三長の制を創りてこれを上る。

と説明し、食貨志は同様のことを、

魏の初め、三長を立てず。故に民多く蔭附す。蔭附する者は皆官役無けれど、豪彊の徴斂は、公賦に倍す。

とのべたのち、三長制の創設に及んでいる。宗主等の詳細については後に論ずるが、五十家・三十家という多くの家々がここで宗主とよんでいる豪族の支配下に入り、官役を納めない状態が三長制以前にあったので、これら豪族支配下の家々を国家が直接手中に収め、それを既述のような隣・里・党に組織しようとしたのが三長制であった。さきの俸禄制は、政治をおこなう側の官吏の規律を正すために施行されたのであるが、政治の対象となる地方民衆の社会には手をつけないでおかれた。三長制はこの地方の民衆を支配している豪族の勢力を弱めて、国家のより直接的な人民支配を徹底しようとしたのである。さらに李沖伝によって反対論者の著作郎傅思益の言をみると、

　九品差調は、日を為すこと已に久し。一旦法を改めなば、恐らくは擾乱を成さん。

とあり、三長制と同時に旧来の九品差調の戸調の制度を改めて、李沖のいう「傜を均しくし賦を省く」新しい税法に改めようとしたことが知られる。その税法が、食貨志に「其の民の調は、一夫一婦ごとに、帛一匹・粟二石云々」とある夫婦単位の定額均等税で、これによって三長制の掌握しようとしたものが、夫婦を中心として構成されている小農民の家々であったことが知られるのである。

　以上の李沖の提案や反対論者らの言をみても、均田制にかんする言及がない。したがって三長制や新税制とともに、均田制が予定されていたかどうか疑わしい。均田制は、魏書五三李安世伝によれば、李安世の上疏によっておこなわれたといわれるが、周知のとおり李安世の上疏の内容には、これを均田制以前のものとすべきか、三長制施行後のものとすべきか疑わしい点があって、その問題はいまだに決着をみていない。[30] いずれにせよ、三長制と均田制とははじめ別個に発想された公算が大きいとおもう。しかし三長制が実際に施行されるのは、均田制が発布された後であるから、食貨志にのせる三長制施行の詔には、冒頭に、

　夫れ土に任じて貢を錯《おさ》むるは、有無を通ずる所以にして、井乗もて賦を定むるは、労逸を均しくする所以なり。云々

とあって、井田すなわち均田制との関係が明確に意識されていた。

均田制は四八五(太和九)年十月丁未の詔によって発布されたが、その要旨は魏書七上高祖紀につぎのようにみえる。

朕、乾を承け位に在ること十有五年、毎《つね》に先王の典を覧て、百氏を経綸し、儲畜既に積みて、黎元永く安らかなりき。爰《ここ》に季葉に曁《およ》び、斯の道陵替し、富強なる者は山沢を幷兼し、貧弱なる者は望みを一廛《てん》(宅地)にすら絶ち、地に遺利有りて、民に余財無く、或いは畝畔に争って以て身を亡ぼし、或いは飢饉に困って以て業を棄てしむるに致る。而して天下の太平にして、百姓の豊足ならんことを欲するも、安んぞ得べけんや。今、使者を遣りて、州郡を循行し、牧守と、天下の田を均給し、還受は生死を以て断と為さしむ。農桑を勧め課して、民を富ますの本を興さん。

問題の李安世の上疏のなかには、井田制を模範として、農民の労働力に対応した土地の配分をはかれといういみの提案がみられるが、「均給」とか「還受」とかいう具体的な方策はしめされておらず、この詔勅ではじめてそれが明示されたのである。これよりさき三長制が論議された際には均田制についてふれられなかったが、それまで豪族の支配下にあった小農民を把握するためには、田土の均給や還受によって小農民の土地所有を保証する必要があったろう。ただこのような方策をおこなうためにも三長制が必要なのであって、右の詔に「今、使者を遣りて、州郡を循行し」とあるが、使者の派遣は実際には三長制施行後におこなわれたとおもわれる。魏書四二堯暄伝に、

時に始めて三長を立つ。暄、東道十三州使と為り、戸籍を更比す。

とあり、北史八〇閭毗伝に、

太和中、初めて三長を立つ。荘を以て定戸籍大使と為す。

とある。ほかに均田制発布時に使者を派遣したという記録はない。[31]

三長制の提案者において豪族勢力が問題とされたように、均田制発布の詔においても、富強者の山沢独占と貧弱者

の転落が均田制をおこなう主たる原因とされている。魏書李安世伝も、李安世の上疏をのせるに際して、「時に民困しみ飢えて流散し、豪右多く占奪するもの有り」と説明をくわえている。ところが詔中の「富強なる者は山沢を幷兼し」という語と、「地に遺利有り」という語とのあいだに矛盾があるとし、均田制は土地があまっている情勢のもとでおこなわれたので、豪族の兼併をおさえるためではなかったと主張する説がある（清水泰次「北魏均田考」）。しかし「地に遺利有り」というのは、無主の土地がいくらでもありあまっているといういみではかならずしもなく、それが豪族に独占されていれば、国家の側からみてやはり遺利があるのである。秦漢以来、国家は土地と人民とを全面的に掌握して、これを支配の基礎におこうとし、国家の土地政策・勧農政策はそのような立場からなされてきた。これに反する状態が地に遺利ありとか、人に余力あり、遊手ありなどといわれるのである。

　もちろん当時戦乱や飢饉によって放棄された土地は多かったのであるが、それらの土地はとかく豪族によって占領されてしまう場合が多かった。豪族たちが既墾・未墾・荒廃地の別なく占領してしまう状態を、「富強なる者は山沢を幷兼し」と称しているのである。北魏の権力が強化されて平和が恢復すると、郷里にもどってくる民衆も多くなり、土地の帰属をめぐる争いが頻発した。すこし長いが李安世の上疏を引用しよう。

（一）臣聞く、地を量り野を画するは、経国の大式にして、邑地相参ぜしむるは、治を致すの本なり。井税の興る、其の来るや日久しく、田萊の数、これを制するに限を以てす。蓋し土をして功を曠《むな》しくせず、民をして游力罔《な》く、雄擅の家は、膏腴の美を独りじめせず、単陋の夫も、亦頃畝の分有らしめんと欲す。彼の貧微を恤み、玆の貪欲を抑え、富約の均しからざるを同じくし、斉民を編戸に一にせんとする所以なり。（二）竊《ひそ》かに見るに、州郡の民、或いは年倹なるに因りて流移し、田宅を棄売し、異郷に漂居し、事数世に渉る。三長既に立ち、始めて旧墟に返るに、盧井は荒毀し、桑楡は改植せらる。事已に遠きを歴て、仮冒を生じ易く、彊宗豪族は、其の侵凌を肆にす。遠くは魏晋の家を認め、近くは親旧の験を引くも、又年載稍く久しくして、郷老も惑わされ、群証多しと雖も、拠を取るべき莫し。各々親知に附するも、互いに長短有り。両証徒らに具わるのみにして、聴く者猶お疑い、争訟遷延して、紀《とし》を連ぬるも判せず。良疇委《す》てて開かれず、柔桑枯れて採られず、僥倖の徒興り、繁多の獄作《おこ》る。家豊かにして歳ごとに儲あり、人給せられて資用いられんと欲するも、其れ得べけんや。

これは上疏の前半部であるが、(一)では井田による土地の配分が、「土をして功を曠しくせず、民をして游力な[し]からしめ(すなわち地に遺利なく、民に余力なからしめ)、編戸の貧富を均しくするゆえんであることを論じ、(二)では当時の現実がそれに反して、豪族の土地占奪を生じており、土地をめぐる訴訟が頻発しているが、なかなか解決しがたい状態であることをのべている。そこで上疏の後半では、井田制にならった土地の均分をはかるとともに、この訴訟をどのように解決し、土地の帰属を決定するかが提案されることになるのであるが、ここには明確に、均田制が豪族勢力を問題にせざるをえない実情がしめされている。

2　豪族社会の伝統的構造

北魏が華北全域を支配下に入れて均田制・三長制を施こうとすると、それまで地方民衆を支配していた豪族勢力を問題とせざるをえなくなったわけであるが、それでは当時の豪族勢力はどのような形態をもっていたか。三長制の提案をめぐって記録されている前記の魏書李沖伝や食貨志の記事をみると、三長制以前には宗主を立てて人民の督護に任じていたこと、そのため宗主の庇護をうけようとするものが多く、五十・三十の家々が一戸を形成する状態であったこと、豪族らがかれらから公賦に倍する収奪をおこなっていたこと等が記されている。これらは断片ながら、当時の豪族勢力の形態を知る手がかりになるとおもわれるので、これらの点をもうすこし立ちいって考えてみたい。

まず「宗主を立てて督護す[32]」の宗主とはどのようなものか。これについては北史三三李霊伝に、

悦の祖弟顕甫、豪俠にして名を知らる。諸李数千家を殷州の西山に集め、李魚川を開くこと、方五六十里。これ

に居りて、顕甫、其の宗主と為る。

とある。これによれば、李顕甫は諸李数千家の宗主になったというのであるから、宗主とは宗族の統率者を指すものとおもわれる。通典三食貨郷党に引く関東風俗伝に、当時の中原の諸豪族を指して、「諸々の此の如き輩、一宗万室ならんとするに近く、煙火連接し、屋を比《なら》べて居る」とあるように、宗族が一地方に聚居するのが、当時の豪族の一般的な形態であったのである。宗主はその族長であり、これと同じようないみでは、宗首・宗長等の語も用いられているようである(33)。

右の李魚川の諸李数千家と宗主との関係が具体的にどのようなものであったかは、李顕甫の子の元忠の場合にうかがわれる。北史三三李元忠伝に、

（一）家素と富み、郷に在って多く出貸して利を求むる有り。元忠、契を焚いて責《さい》を免ず。郷人甚だこれを敬う。

……

（二）葛栄起つに及び、元忠、宗党を率い、塁を作って以て自ら保つ。大いなる槲の樹の下に坐し、前後命に違う者を斬ること、凡そ三百人。賊至れば、元忠輒ちこれを却《しりぞ》く。

とある。ここに郷人とあるのは、宗族の下もしくは周辺に存在する同郷の人々を指すもので、当時の豪族勢力はしばしば宗族・郷人、宗族・郷党（すなわち宗党）等の語でしめされているのである。（一）は李家と郷人らとのあいだが債務関係で結ばれていたが、元忠はその契約書を焚いて債権を破棄した話であり、（二）は北魏末の乱時に、元忠が宗族・郷党をひきいて自営団をつくった話である。（一）と同様な話が一族の李士謙についてもある。隋書七七李士謙伝に、

其の後、粟数千石を出して、以て郷人に貸す。年穀登《みの》らざるに値《あ》い、債家以て償う無し。皆来りて謝を致すに、士謙曰く、吾が家の余粟は、本《もと》振贍を図る、豈利を求めんやと。是に於て悉く債家を召し、為に酒食を設け、これに対《むか》って契を燔《や》いて、曰く、債了《おわ》る、幸いに念と為す勿かれと。……佗《た》の年又大いに飢え、多く死する者有り。

士謙、家資を罄竭《つく》して、これが糜粥《かゆ》を為《つく》り、頼りて以て活を全くする者、万を将《もっ》て計る。骸骨を収め埋めて、見わるる所は遺す無し。春に至り、又粮・種を出して、貧乏に分給す。

とある。この場合は凶年に債権を破棄したばかりでなく、資産をつくして郷人の救済にあたり、翌春には食粮・種子を貧人に分けあたえたという。

このような話が単なる美談としてすごされないのは、そこに豪族社会の伝統的な特色の一端がうかがわれるようにおもえるからである。さかのぼって漢代の豪族樊氏の例と比較してみよう。樊氏は南陽の著姓で、三世同居の大家族を営み、「世々農稼を善くし、貨殖を好」んだといわれる。多数の奴隷と田土をもち、養魚・牧畜をもかねて、多角的でかつ自給自足的な経営を大規模におこなっていた。周辺の農民らは樊氏と債務関係によって結ばれていたが、前漢の末の樊重は死に際して契約書を焚いて債権を破棄したという。彼は村落の灌漑施設をつくり、三老として官僚制の末端につらなり、その子の樊宏は王莽の乱時、「宗家親属と、営壍を作りて守り、老弱これに帰する者千余家」であったという(後漢書六二樊宏伝)。これは豪族社会の一層詳細な見とり図であり、さまざまな問題をひきだすことができるのであるが、ここではまず村落の生産や自治・自衛の面で、豪族の役割が非常に大きなものであったろうということを指摘したい。樊重が債権を破棄した話は、さきの李元忠や李士謙の場合と同様に美談として伝わっているのであるが、[34]それらの伝をみると、「郷に在って多く出貸して利を求むる有り」とか、「粟数千石を出して、以て郷人に貸す」とか、「貨殖を好む」とか記されていて、美談がいくつも伝わる背景には、豪族と小農民とのあいだに一般的に債務関係が存在したということがうかがわれる。後漢末の豪族であった崔寔の四民月令のなかには、宗族にたいする救済が義務としてのべられていると同時に、周辺の小農民を対象として、農作物を収穫期に買い入れ、端境期に売り出す商業行為が記されている(西嶋定生「秦漢時代の農学」、多田狷介「漢代の地方商業について」)。このような性質の商業行為は、かならずや豪族の利貸しと小農民の債務による隷属をともない、はては債務奴隷制を間断なく再生産することになったであろう。ここに中国古代において豪族のもとに奴隷制が頑強に存続した理由がある。しかしそれは家内奴隷制の域を出るものではなく、右の商業行為にしても利貸しにしても、また前章までに言及した小作制的な農業経営にしても、いずれも小農民経営を前提にして成りたっていたのであって、したがって豪族のあいだには、小農民経営を基礎とする郷村秩序を維持するためのさまざまな配慮が生みだされていた。それが樊氏のはたした多方面の役割にしめされているのであって、とくに債権の破棄や飢饉時の救済は、四民月令にみられるような豪族経営の構造からすれば、重要な意義をもっていたと考えられる。(35)

このような豪族のもつ役割のなかで、地域防衛のうえではたす指導性は、漢帝国崩壊後の混乱、とりわけ永嘉の乱時に強化されたので、それに関連する史料が多い。そのなかでこの時期の自衛集団の構造をもっともよくしめすものをつぎにあげよう。まず後漢末右北平(河北)の田疇の集団について、魏志一一田疇伝に、

(一)疇……宗族ほか附従数百人を率い挙りて、(36)……遂に徐無山中に入り、深険平敞の地に営みて居り、躬ずから耕して以て父母を養う。百姓これに帰し、数年の間に、五千余家に至る。(二)疇、其の父老に謂いて曰く、諸君、疇の不肖を以てせず、遠く来りて相い就き、衆、都邑を成す。而れども相い統一する無し。恐らくは久しく安んずるの道に非ず。願わくは其の賢長なる者を推し択びて、以てこれが主と為さんと。皆曰く善しと。同《とも》に僉《みな》疇を推す。……(三)疇乃ち約束を為《つく》り、殺傷・犯盗・諍訟の法を相《えら》ぶ。法重き者は死に至し、其の次は罪に抵す、二十余条あり。又婚姻嫁娶の礼を制為し、学校講授の業を興挙して、其の衆に班行す。衆皆これを便とす。

とあり、つぎに西晋末陽翟(河南)の庾袞の集団について、晋書八八庾袞伝に、

(一)袞乃ち其の同族及び庶姓を率いて、禹山に保つ。……(二)袞曰く、……古人言える有り、千人聚りて一人を以て主と為さざれば、散ぜずんば則ち乱せんと。将にこれを若何《いかん》とすると。衆曰く、善し、今日の主は、君に非ずして誰ぞと。……(三)乃ちこれに誓いて曰く、険を恃《たの》む無かれ、乱を怙《たの》む無かれ、鄰を暴する無かれ、屋を抽《やぶ》

る無かれ、人の植える所を樵採する無かれ、非徳を謀る無かれ、非義を犯す無かれ。力を戮《あわ》せ心を一にして、同《とも》に危難を恤《すく》わんと。衆咸《みな》これに従う。是に於て険阨を峻しくし、蹊径を杜《ふさ》ぎ、壁塢を修め、藩障を樹つ。……(二)邑をして其の長を推し、里をして其の賢を推さしめて、身ずからこれを率ゆ。

とある。これらは山険に防壁を築いて自衛する集団で、その長はしばしば塢主とよばれ(那波利貞「塢主攷」)、一般に村とよばれるあたらしい集落を形成する場合が多いものと考えられる(宮川尚志「六朝時代の村について」、宮崎市定「中国における村制の成立」)。(一)その集団の中核は「宗族ほか附従」「同族及び庶姓」をひきいた伝統的豪族であり、たとい他郷から帰付した民衆も多いとしても、それらは父老にひきいられた旧来の郷里における関係をもちこんでいる。(二)注目すべきは、これら集団の長が父老の推戴をうけるという形式をとって成立しており、(二)さらにその父老らも、庾袞伝によれば、邑里の推戴をえているとおもわれることである。(三)このようにして成立した長が、約束あるいは誓を制定することによって、はじめて集団の強固な秩序が形成されているのである。ここに豪族的秩序の共同体的性格が反映していることは、すでに増淵龍夫氏が指摘している。[37]

この時期の自衛集団が豪族を中心として成立し、しかもその長が衆によって擁立されたことをしめす史料はほかにも多いのであるが、たとえば高平(山東)の郄鑒は平生「州中の士」に恩義をあたえたので、永嘉の乱時かれらの財政的援助をえたが、それを「宗族及び郷曲」に施したので、人々はかれを推して主とし、千余家をあげて魯の嶧山にこもったという(晋書六七郄鑒伝)。また范陽(河北)の祖逖は穀帛を散じて貧人を救ったので、「郷党・宗族」はこれを重んじ、永嘉の乱に数百家とともに淮南に避難したとき、人々はかれを推して「行主」としたという(晋書六二祖逖伝)。北魏のとき博陵(河北)の崔挺は、四季おりおり「郷人父老」に書をおくって慰問していたので、「州閭」はこれに親付し、魏末の乱がおこるとその子の孝演は、宗属をひきいて郡城を守ったという(魏書五七崔挺伝)。これらはあきらかに宗族・郷党にたいするさきにものべたような平時の配慮が、戦時の擁立につながっていることをしめすものである。さきの宗主は字義からいえば宗族の首長を指すのであるが、その宗主にひきいられた宗族のもとには、父老をいただいた郷党の人々が多数存在したのであり、これら宗族・郷党の維持のために、平時・戦時をとわず豪族のはたした役割は大きいのである。

3　豪族社会の変容と均田・三長制——いわゆる宗主制の矛盾——

さて宗主が以上の史料でもあきらかなように、漢以来の伝統的な豪族社会の指導者であり、均田制施行後もその機能をはたしていたとすれば、三長制の提案者が問題にしたのは宗主のいかなる点であったのか。それについてはまず「宗主を立てて督護す」といわれている点があげられるが、これは北魏王朝がなんらかの形で、その人民支配を宗主に負っていたことをあらわしている。この点にかんして北魏王朝の人民支配が漢代などとちがう点をあげればつぎのとおりであろう。漢代では郡県の属吏は土着のものから任ぜられたが、郡県の長官・次官である郡の太守・丞、県の令長・丞・尉等は、逆に本籍地への任用を廻避された（浜口重国「漢代に於ける地方官の任用と本籍地との関係」）。これにたいし六朝時代には属吏の任用はむろんのこと、州郡県の長官や将軍府の府佐等にもその地方の豪族が任命されることが多く、とくに北魏ではそのことがいちじるしかった。[38]たとえば趙郡の門閥李曾が趙郡太守となり（魏書五三李孝伯伝）、同郡平棘の李系は平棘県令となり（同書三六李順伝）、三輔の冠族といわれた韋閬が咸陽・武都の太守を歴任し（同書四五韋閬伝）、上谷郡の豪族張度が上谷太守となったごとくである（同書二四張度伝）。このように豪族を長官に任命した例は、とりわけ新しく帰付した民衆や流民集団の場合に多かったようである（同書四九崔鑒伝、同書六〇韓麒麟伝）。河南に流入した秦・雍の流民集団をひきいた寇讃を南雍州刺史に任じた例（同書四二寇讃伝）、五胡諸政権のもとで代々部落を領していた河東汾陰の大豪族薛辯を東雍州刺史に任じた例（北史三六薛辯伝）、南燕から投帰した張氏が、張幸・張準之・張彝の三代にわたって東青州刺史を世襲した例（魏書六四張彝伝）等は、そうした新付の豪族の場合である。

「宗主を立てて督護す」という語が具体的には以上のような場合を指すことは、余遜氏も論じているとおりであろう(39)(「読魏書李沖伝論宗主制」)。

余遜氏ものべるように、北魏王朝の支配が宗主に依存した前提には、永嘉の乱以来の豪族自衛団の広汎な成立がある。これらの豪族自衛団について、私はさきに、漢代以来の宗族・郷党にたいする豪族の指導的な役割によって形成される場合が多いことを指摘した。しかし漢帝国の支配も、地方豪族が属吏に任命された例にしめされるように、右のような豪族の社会的規制力に依存する度合が強かったといわれるのであるから(増淵龍夫「中国古代国家の構造」)、北魏王朝の支配が単に豪族自衛の形勢をうけついだというだけであったならば、漢帝国とのちがいは、一方で国家権力が弱体化し、他方で豪族の自立性が高まったという、いわば程度の差にすぎないことになり、三長制もしくは均田制というような新しい組織がなぜ必要になるのか、理解に苦しむことになろう。この点をあきらかにするためには、伝統的な豪族体制のなかにも動揺と変化がおこっていることに注意する必要がある。

さきにあげた豪族自衛団としての塢主たちは、たしかに伝統的な共同体とそのなかでの豪族の指導性をひきついでいるが、一面郷里をはなれた要害の地にあらたな政治的社会を結成するにいたったのであるから、その民衆のなかには他郷から帰付した流民や亡命者がふくまれていたとおもわれる。はじめに宗主制の例としてあげた李魚川の李氏についていえば、李元忠の宗人愍は、「姦俠を招致して以て徒侶と為」したとか、元忠の族叔景遺は、「亡命を結聚して共に劫盗を為し、郷里毎《つね》にこれに患《くる》」しんだとかいわれ(北斉書二二李元忠伝)、元忠が宗党をひきいて自衛団をつくったときには、既述のとおり、その命令にしたがわなかったもの三〇〇人を斬ったといわれている(前掲北史同伝)。永嘉の乱時には集団をなして移動する大量の流民群も生まれたから、むしろ流民を主体とする自衛団も生まれ、その指導者は「流人塢主」などとよばれた(晋書六二祖逖伝)。かかる流民集団の指導者のなかには、宗族・郷党を結集する豪族とは異なった型のものも生まれてきている。たとえば長広郡(山東)の蘇峻は、父が安楽の相で自分もはやく孝廉にあげられたのであるから、豪族でないとはいいきれないが、「もと単家を以て、衆を擾攘の際に聚めた」といわれ、その衆は「百姓の流亡して、所在に屯聚」していたものを糾合したものとされている(晋書一〇〇蘇峻伝)。河内の懐(河南)の人といわれる郭黙にいたっては、「少くして微賤」といわれ(同書六三郭黙伝)、「世々屠沽を以て業と為」したが、豪族陸允に目をかけられてその娘を妻とした(太平御覧三八六人事部健所引前趙録)。その結果人々に認められたのであろうか、はじめ軍人となり、ついで塢主となったが、「流人」をあつめ、「漁舟を以て東帰の行旅を抄《かす》め、積年にして遂に巨富を致」したという。このように掠奪に依存した塢主としては、沛(江蘇)の人周堅(一名撫)・周黙が、「天下の乱に因って、各々塢主と為り、寇抄を以て事と為」したという例もある(晋書八一劉遐伝)。さきに引いた李安世伝には、郷村の破壊状況と、郷里に帰還した流民と豪族とのあいだにはげしい対立が生じていた状態がしめされている。このように旧来の社会秩序がゆらいできている場合、国家としてはただちに安定した支配を確立できず、かえって民間諸集団の指導者に依存せざるをえないことになろう。「宗主を立てて督護す」るという形態は、そうした状態のもとで生まれたと考えられる。

　宗主督護の状態が、もし右のように伝統的な豪族体制の動揺と内部対立をはらんで生まれてきたものとすれば、そのような不安定な状態は、国家との緊張関係をも高めることになりはしないかと想像される。そう思って三長制提案者の言をみると、国家にとって直接問題だとされているのは、宗主を立てて人民の督護に任じた結果、「民多く隠冒す」とか、「民多く蔭附す、蔭附する者は皆官役無し」とかいう現象を生みだしたということ、すなわち国家への税役忌避がさかんになったということである。そしてその税役忌避の形態として、「五十・三十家もて、方に一戸を為す」という形がとられたことが指摘されているのである。これと同様な形態は、晋書一二七慕容徳載記にも、

　或いは百室戸を合し、或いは千丁籍を共にす(或百室合戸[40]、或千丁共籍)。

と記されており、当時相当普遍的な形態であったと想像される。これは北魏に滅ぼされた南燕の例であるが、その南

燕から降った張氏の場合にはもうすこし具体的な様子がうかがえる。魏書六四張彝伝によると、彝の曾祖張幸は南燕の東牟太守から北魏に降って青州刺史になったが、その後河東の流民を招いて東青州を立て、その子孫が東青州刺史を世襲した。この東青州の人口ははじめ一〇〇〇余家であったが、「後相依合」し、その結果東青州は廃止されて冀州に合併されたといわれる。このことは魏書五一韓均伝の方では、「新附の民、咸《みな》優復を受く、然れば旧人の姧逃せる者、多く往いて投ず」とあって、東青州は全体として負担が軽かったらしく、ここに逃げこむ人々が多かったので廃止されたのだとされている。ともかくこれは宗主督護の一例であり、「民多く隠冒」した一例である。その場合「相依合(相《たが》いに依り合す)」したというのは、一種の「合戸」がおこなわれたのであり、その結果戸数が少なくなって合併されたというのが、張彝伝の趣旨であろう。のちに孝文帝が「天下の民戸を比校」したとき(41)、冀州では「析別するに数万戸あり」という状態で、当時最大の州となったといわれる。

以上のように「五十・三十家もて、方に一戸を為す」とか、「百室合戸」とか、「相依合」とかいわれる場合、ただ農民の家々が相集まったというのではなくて、その中心には豪族がいて、集まってくる小農民を保護し、その実力によって税役の忌避を可能にさせているのである。他方において小農民らは自立性を失って豪族に従属するのであるから、「豪彊の徴斂は、公賦に倍す」という状態が生まれてくる。ここには国家と農民とのあいだの従来の支配と収取の関係とは別個の、新しい支配＝収取関係があらわれたことがしめされている。伝統的な宗主の形態においては、宗族・郷党の改済が義務とされて、農民の自立性を保障する動きをしていたのであり、国家の農民にたいするいわゆる個別人身的支配もそれによって支えられていたのであるから、小農民にたいする個別的な支配の体制を恢復しようとする均田制・三長制は、宗主制全体に対立するものではなく、宗主制の一定の変質のなかから形成されてきた右の新しい支配＝収取関係こそが、均田制・三長制に対立するものであったと考えなければならない。伝統的な宗族の秩序においては、豪族の宗族・郷党にたいする配慮があり、それにたいする郷党の側からの支持があったわけであるが、このような状態は新しい支配＝収取関係の発展とともに当然崩れだした。たとえば宮廷で三長制の可否をめぐって論議がおこなわれた際、三長制に反対したもののなかに中書令の鄭羲がいる。この鄭氏は滎陽開封の人で、その兄弟たちは「並びに豪門を恃み、多く無礼を行う。郷党の内、これを疾むこと讎の若《ごと》し」(魏書五六鄭羲伝)といわれ[42]、郷党の支持と反対の現象がしめされている。鄭氏は国家の側からも、「鄭氏豪横にして、号して治め難しと為す」(同書八八宋世景伝)といわれた[43]。このような伝統的秩序の崩壊現象にたいして、均田制は土地の還受をとおして国家の手による小農民の創設・維持をくわだてたものであり、三長制はそれら小農民を国家が直接組織して、郷村秩序を再建しようとしたものにほかならなかったのである。

「豪彊の徴斂は、公賦に倍す」という状態は、すでに漢代の董仲舒が「豪民の田を耕して、什の五を税せらる」とのべ、王莽が「豪民侵陵して、田を分かち仮を劫す。厥《そ》の名は三十にして、実は什に五を税するなり」といった状態と同様である。しかし漢代の論議では、これらは国家の小農民支配の体制に反するものとはされておらず、課役忌避の問題としても論じられていなかったが、魏・晋になってこのような状態が進み、小農民の没落にともなって国家への課役納付が減少すると、給客制があらわれるにいたったことは前章までにのべたごとくである。五胡の乱を経てこうした状態はふたたび進行したわけであるが、それが専制国家の支配を崩壊させていくというわけにはいかず、均田制・三長制によって国家の直接的な農民支配が再建されることになった。これについては、この項のはじめにのべたように、宗族・郷党にたいする伝統的な豪族支配の体制が根本的に変化してしまったわけではないことを指摘しておく必要もあろう。そうしたなかでしだいに進行した新しい収取関係は、この段階においては「五十・三十家もて、方に一戸を為す」とか「百室合戸」とかいう形態をとった。これは課役忌避の形態ではあるにしても、国家の編籍をうけいれるものにはちがいなく、したがってこのような擬制的大家族制に対応して、国家の側が既述のような重い田租額を加重していくことをも可能にしたのである。そしてこのような重税を改めるために均田制・三長制が施かれたとき、右の新収取関係はある程度解体せざるをえない性格をもっていたと考えられる。

(30)　魏書李安世伝は周知のとおり、李安世の上疏のあとに「後均田之制起於此矣」とつけくわえているが、上疏のなかに「三長既立」(ただし冊府元亀では「子孫既立」となっている)の語があるため、均田制と三長制の前後関係と年次をめぐって多くの議論をひきおこした。これらの所論はいまでは松本善海「北魏における均田・三長両制の制定をめぐる諸問題」によって批判しつくされた観があり、均田制が太和九年、三長制が太和十年に発布されたことは誤ないとおもわれる。問題は李安世上疏の年次であるが、呂思勉『両晋南北朝史』一〇五九頁、西村元佑「北魏均田攷」は、これを太和九年の均田制発布とは関係なく、三長制施行後のものとし、松本氏は上疏を二つの部分にわけて、一半を均田制発布に関係づけ、一半を西村氏らのように三長制施行後のものと推論している。松本説は西村説のわりきり方に疑問がのこるところから生まれたのであろうが、上疏は(一)古の井田制の趣旨をのべた部分、(二)現状をのべた部分(以上後に本文に引用)、(三)対策をのべた部分から成り、一応形式が整っていて、これを二分して、松本説のように(一)をいきなり(三)の冒頭に結びつけると、あまり抽象的な議論になりすぎるようにおもわれる。また「三長既立」の語をふくむ(二)の部分の内容は、均田制施行の詔の「富強者幷兼山沢」や「或争畝畔以亡身」の語に一致し、(三)の「宜更均量」も均田制発布後の提案としては不自然である。したがって西村・松本両氏の説にも疑問を呈する余地があるとおもわれたが、最近、佐々木栄一「李安世の上奏と均田制の成立――上奏年次の追求を通して――」は、上疏の年次が太和八―十三年の間であることを明確にしたうえ、上疏内容の一貫性や、訴訟が遷延して「紀を連ぬるも判せず」という状態を、三長制施行後とみると太和十三年では早すぎることなどから、これを均田制以前のものとし、「三長既立」の語に伝写の誤があるとみている。この説も均田制以前とする点はなお推定によっており、「三長既立」の語が入った積極的理由を説明するものではないから、なお議論の余地があるようにおもわれる。

(31)　ただし魏書七上高祖紀、延興三(四七三)年九月辛丑条に、「詔、遣使者十人、循行州郡、検括戸口、其有仍隠不出者、州郡県・戸主、並論如律」とあるように、均田制以前にも使者を派遣して戸口を登録することはおこなわれた。このような施策がくりかえされた結果、三長制・均田制があらわれたのであって、三長制については、同書七下高祖紀、太和十年二月甲戌条に、「初立党・里・隣三長、定民戸籍」とあるように、三長制とともに戸籍の確定があげられている。それゆえ使節の名称も、北史閭毗伝では「定戸籍大使」とよばれているのである。

(32)「立宗主督護」は「宗主・督護を立つ」とも読める。督護については、北魏に先立つ五胡時代に、「時天下漸乱、続去県還家、糾合亡命、得数百人、王浚仮続綏集将軍・楽陵太守、屯厭次、以続子入為督護」(晋書六三邵続伝)、「征西将軍梁王肜、以為牙門、伐氐斉万年有殊功、封東明亭侯、還為本郡督護」(同書六三李矩伝)などとあり、いずれも郡に督護という官職があったことをしめしているが、北魏でも、「除君為別駕……従景明三年至四年、督護新平・安定二郡事」(八瓊室金石補正一四皇甫驎墓誌銘)、「兗州城局参〔軍〕・督護高平郡事」(同書一六呉高黎墓誌銘)等の例がある。厳耕望氏は、州府の佐吏(史?)が郡県の官を帯びたときに、督とか督護の語を用いるのではないかと推測している(『中国地方行政制度史』上編四、八五六頁)。そうすると官職としての督護と後述するようないみの宗主をならべるのはおかしいし、督護は元来動詞なのであるから、「宗主を立てて督護す」と読むのが正しいであろう。

(33) 魏書四〇陸琇伝に、「馛有以爵伝琇之意、琇年九歳、馛謂之曰、汝祖東平王、有十二子、我為嫡長、承襲家業、今已年老、属汝幼沖、詎堪為陸氏宗首乎、琇対曰、苟非闘力、何患童稚、馛奇之、遂立琇為世子」とあり、隋書三三経籍志に、「及周太祖入関、諸姓子孫有功者、並令為其宗長、仍撰譜録、紀其所承、又以関内諸州為其本望」とある。なお清水泰次「北魏均田考」、古賀登「北魏三長攷」は、宗主を拓跋社会の制度と解するが、これは西村元佑「北魏の均田制度」が批判しているとおり、うけいれられない。ただ西村氏が宗主を「偽濫の大戸の戸主」とするのは、あまりに李沖伝の記事にひきずられたもので感心しない。李沖伝や食貨志の文は、断片的な事象を知識人の脳裡で総合した全体像であるから、語句の連関を厳密に踏襲するのはかえって危険であり、個々の語句のいみするところをそれぞれ深めて考察した上で、あらためて我々の立場から当時の豪族像を再構成することが必要であろう。

(34) 宋書四二王弘伝に、「珣〔弘の父〕頗好積聚財物、布在民間、珣薨、弘悉燔焼券書、一不収責、余旧業悉以委付諸弟」とあり、北斉書一一蘭陵武王長恭伝にも、「有千金責券、臨死日、尽燔之」とあるなど、契約書を焼いて債権を破棄した話は多い。

(35) 魏書八〇樊子鵠伝に、「後出除散騎常侍本将軍殷州刺史、属歳旱倹、子鵠恐民流亡、乃勒有粟之家、分貸貧者、并遣人牛易力、多種二麦、州内以此獲安」とある。有粟の家が貧者に分貸するということが豪族によっておこなわれていたとすれば、さきに共同体的関係をしめすものとした人力・牛力の交換も、豪族と一般農民との間でおこなわれる場合が多かったと考えられる。そしてかかる豪族と小農民とからなる郷村秩序の存在こそが、右の樊子鵠の施策を可能にしたのではないかとおもわれる。また既述の地方官司の費用を捻出するための商業や出挙も、当時の郷村における豪族の商業や利貸しを前提にして可能になったといえるであろう。

(36) 「率挙宗族他附従数百人」は、「宗族・他附を率挙し、数百人を従えて」とも読めるが、晋書三三石崇伝に、「有司簿閲崇水碓三十余区・倉頭八百余人、他珍宝・貨賄・田宅称是」とある例などに照らして、本文のように読むのが正しいとおもう。

(37) 増淵龍夫氏は「戦国秦漢時代における集団の『約』について」において、魏志田疇伝を詳細に分析し、田疇と父老とのあいだに任侠的心情的結びつきがあることを指摘し、「中国古代国家の構造」のなかで、右の論文にもとづいて、共同体的性格を指摘した。これについては氏も引用している、谷川道雄「一東洋史研究者における現実と学問」の批判が影響しているとおもわれる。

(38) 本章執筆後、窪添慶文「魏晋南北朝における地方官の本籍地任用について」が発表された。これは六朝期における本籍地任用をきわめて詳細に跡づけたものであるが、その場合氏も地方豪族との関係を重視している。

(39) 注32に一部をしめしたように、この時代には督護の名を冠した官職があったが、それは常置の官ではなく、州府の佐史などが郡県の長官などを兼帯した場合に、「郡県の事を督護する」というような形で用いられた。したがって督護のこのような用法からも、「宗主を立てて督護す」という語を、「宗主に郡県等の地方官の任を帯びさせた」といういみにとって誤ないとおもわれる。

(40) 唐律疏議一二戸婚律に、「諸相冒合戸者、徒二年」とあり、これも課役忌避の目的で戸を合する例であるが、疏議によると、文武職事官五品もしくは国公以上の同居の期親となればはじめて課役が免ぜられるのであるから、その機会はごく限られている。均田制以前に合戸が盛行するのは、前章でふれたように、当時の租・調がすべて戸単位に課せられたことと関係があり、かなり大規模な戸籍の偽造・改竄がおこなわれたと想像される。

(41) 張彝伝に「高祖比校天下民戸」とあるのは、三長制施行のとき(四八六年)を指すと考えられやすく、松本善海氏も私の旧稿でもそのような見解をとったが、韓均伝に「又以五州民戸殷多、編籍不実、以均忠直不阿、詔均検括、出十余万戸」とあるのが、同じことをのべているのだとすると、韓均はその後定州刺史に転じて、延興五(四七五)年に死んだのであるから、この場合の「比校天下民戸」は高祖の初期、延興年間だということになる。注31にのべたように、延興三年にも戸口の検括がおこなわれた記録があるから、あるいはこの時であるかもしれない。

(42) 郷党の支持を失った例として、西晋時代の陳国陽夏(河南)の大豪族何氏があげられる。西晋の時代には大豪族の覇権が確立し貴族社会が形成されて、貴族間に奢侈を競う風潮が生まれた。何曾・何劭父子は武帝の重臣で、その奢侈は王者に過ぐといわれ、曾は食費日に万銭、劭は二万銭を費したという。その子孫には驕傲なものが多く、「郷閭これを疾むこと讎の如し」などともいわれ、永嘉の乱時郷党の支持をえて自衛をはかった豪族らとは対照的に、永嘉の末に何氏はまったく滅亡しさったといわれる(晋書三三何曾伝)。

(43)　以上にのべてきたような当時の豪族の不安定な状態は、さきに国家との緊張関係を高めはしないかとのべたように、国家にたいする反復常ならない態度を生みだした。北魏の前半期にはとくにこのような状態がみられる。魏書五三李安世伝には、「初広平人李波、宗族彊盛、残掠生民、前刺史薛道摽、親往討之、波率其宗族拒戦、大破摽軍、遂為逋逃之藪、公私成患、百姓為之語曰、李波小妹、字雍谷、褰裙逐馬如巻蓬、左射右射必畳雙、婦女尚如此、男子那可逢、安世設方略、誘波及諸子姪三十余人、斬于鄴市、境内粛然」とあり、また同書四二薛胤伝に、「除立忠将軍河北太守、郡帯山河、路多盗賊、有韓・馬両姓、各二千余家、恃彊憑険、最為狡害、劫掠道路、侵暴郷閭、胤至郡之日、即収其姦魁二十余人、一時戮之、於是群盗慴気、郡中清粛」とある。

五　均田制の確立過程

均田制を施行するという詔勅は四八五(太和九)年十月に発布されたが、それが実効あるものとなるためには翌年二月の三長制施行をまたなければならなかったことは前述した。均田制の詔には「今、使者を遣りて、州郡を循行し」とあるが、実際に使者が派遣されたのは三長制施行の際であった。魏書七下高祖紀、太和十年二月甲戌条に、

　初めて党・里・隣三長を立て、民の戸籍を定む。

とあり、使者の名が「定戸籍大使」(前掲北史閭毗伝)などといわれているように、三長の設置とともに戸籍が作成されているのは、合戸を解体して小農民家族をあらたに把握することをめざしたのである。そして同年十一月条に、

　議して州郡県の官に戸に依りて俸を給することを定む。

とあるのは、戸籍作成の作業が一段落したところで、新しい戸口把握にもとづいて、地方官の俸禄を定めなおそうと

したものであろう。均田制・三長制による土地・人民の再編成は、既述のように四八四年の俸禄制班布にきっかけがあるわけであるが、均田制・三長制を経て、俸禄制も完成したということができよう。三長制によって小農民家族が把握されるとともに、夫婦を単位とする新しい租調の制も施かれるわけであるが、その内容は魏書食貨志に記されている(第四章参照)。その文の末尾に、

大率十匹、為工調、二匹為調外費、三匹為内外百官俸、此外雑調。

とあるが、この文は理解しがたい点があり、通典五食貨賦税に、

大率《おおむね》十匹中五匹を公調と為し、二匹を調外の費と為し、三匹を内外百官の俸と為す。

とあるのが正しいであろう。公調・調外の費・百官の俸禄という分類は、従前の戸調時代のそれをひきついだものであるが、これによって税収の十分の五が中央の費用に、十分の二が地方官庁の費用に、十分の三が官人の俸禄に予定されていたことが知られる。

しかし新戸籍の作成がそう簡単でなかったことは、翌太和十一年秋七月己丑詔に、

今年、穀登《みの》らず。民の関を出でて食に就くを聴す。使者を遣りて籍を造り、分遣・去留せしめ、所在に倉を開いて賑恤せしむ。

とあり、同年九月庚戌詔に、

去る夏、歳旱にして民飢うるを以て、須らく遣りて食に就くべからしむ。旧籍雑乱にして、分簡すべきこと難し。故に局《きょく》に依って民を割き、[44]戸を閲《み》て籍を造り、去留実を得、賑貸平然たらしめんと欲す。

とあることによって判明する。

三長制は新戸籍によって把握された小家族の家々をつみかさねて、「五家に一隣長を立て、五隣に一里長を立て、五里に一党長を立」(食貨志)てるものであるが、このような組織は、当時豪族らを中心としてつくられていた自然村た

る「村」とは一応別個に、国家によってあらためて他律的に編成されたものと考えてよいであろう。北史三一高祐伝には、西兗州刺史であったかれが管内に学校を設けたことを記して、

　乃ち県に講学を立て、党に教学を立て、村に小学を立つ。

とあるが、もしこの記事が正しいとすれば(45)、人民の集落は党と村の二本立てになっていたことをしめすのである。唐代でも里と村とが一応別個な組織をなしていたことが参照されよう。魏書一九中任城王澄伝に、尚書令であったかれが「国を利し民を済うに宜しく振挙すべき所の者十か条」を上奏したなかに、

　九に曰く、三長は姦を禁ず、隔越して相領するを得ず。戸満たざる者は、近きに随って并合せしめん。

とあるのも、三長制の人為的・強制的組織をおもわせる。もちろん党・里・隣と村とは別個の組織でありながら、重なりあっていたことは当然で、三長には「郷人の彊謹なる者を取」り、「孤独・癃老・篤疾・貧窮にして自ら存する能わざる者は、三長の内にて迭《かわるがわ》るこれを養食《やしな》え」(食貨志)と規定されているのは、民間の共同体機能が生かされていることをおもわせる。ただしこの文ものちの通典五食貨賦税の項では、「孤独・病老・篤貧にして自ら存する能わざる者も亦一人役に従わざれ」となっており、唐代では周知のとおりこの種の人々への給田がなされているのであって、なるべく国家が直接に個々の農民の維持をはかろうとするところに、政策の本旨があったとすべきであろう。

三長制と新戸籍の作成によって把握された土地と人民の上に均田制が施行されることになる。したがって均田制を施行するには、現実の土地所有関係を確認することからはじめなければならなかったわけであるが、そのことがかなり困難であったことは、さきの李安世の上疏がしめしている。すなわち当時は「彊宗豪族」と一般農民とのあいだに土地の所有権をめぐる争いが頻発している状態であったからで、これにたいし李安世は、

　争う所の田は、宜しく年を限りて断じ、事久しく明らかにし難きものは、悉く今の主に属せしむべし。(46)

という解決策をしめした。この文の「年を限りて断ず」という部分についてはさまざまな解釈があるが、この提案が

均田制を施行するために土地所有者を決定する緊急の必要からおこなわれたものと考えると、一定の年限の間に訴訟を処理して、所有権の帰属について決断を下すことをいみし、繋争が長い間にわたって解決しがたいものは、すべて現在の占有者のものとするよう提案しているものと解したい。もちろん仁井田陞氏の主張する出訴の受理もこの期間にかぎっておこなわれるので、訴え出るものがなければ、現在の占有者が土地所有者として推定されることになるとおもわれる。この案によれば、均田制以前に土地を占有していたものが、均田制下でもひきつづいて土地所有者として登録され、その上に均田法規が適用されることになる場合が多かったであろう。

もっとも池田温氏は、西魏の大統十三(五四七)年のものと目される敦煌出土のいわゆる計帳様文書(スタイン漢文文書六一三号)の分析から、この地方ではいったん旧来の土地所有関係を清算したのち、計画的地割を遂行したうえで土地の分給がおこなわれたことを推定した(「均田制——六世紀中葉における均田制をめぐって——」)。この文書は、初期均田制が一部においてかなり厳密に施行されたことをしめす貴重な史料ではあるが、西魏によって征服されてまもない辺境の軍事的要地という特殊性をも考慮すべきであろう。しかも池田氏も指摘するように、この文書においても労働力に富む戸に土地の支給率が高く、労働力に乏しい貧戸ほど支給率が低くて、もと土地をもたなかったと推測される一老婆の戸のごときは、土地の支給さえうけていないのである。したがってこの文書においても旧来の土地占有関係が反映しなかったとはいえないのであって、(47)いわんや一般の地方では、李安世の提案のごとく、旧来の関係がひきつがれたとみるのが穏当であろう。

さてこのように土地所有関係が確定された上に均田法規が適用されることになるのであるが、北魏の均田法規については、今日我々は魏書食貨志のなかに十五条の条文を見出すことができるのである。ところがこの十五条の条文について、松本善海氏は均田制が発布された四八五(太和九)年当時のものであろうといい(「北魏における均田・三長両制の制定をめぐる諸問題」)、西村元佑氏は四八五年発布当時のものに、四九〇(太和十四)年に修正が加えられたものであろ

うとしている(「北魏の均田制度」)。しかしこの法規の第五条に、

　諸《およ》そ、応《まさ》に還すべきの田には、桑・楡・棗・果を種えることを得ず。種える者は、令に違うを以て論じ、地は還す分に入る。

とあり、還受の対象になる土地(具体的には露田と麻田)に桑・楡・棗その他の果樹を植えることを禁じたうえで、これに違反した場合は「違令」の罪に問われると規定されているところをみると、これらの条文は令文とみなければならないであろう。令文とすれば、均田制発布後はじめて令が編纂されるのは、太和十六(四九二)年をおいてほかにないのであるから、この十五条の条文は太和十六年令である公算が大きいとおもう。

松本氏は食貨志にのる新しい租調の記録、氏のいわゆる均賦法規をもって太和十六年令の条文とし、それと均田法規十五条との形式の違いを指摘するが、均賦法規が太和十六年令でなければならない絶対の証拠はない。ただ通典二食貨田制に引く関東風俗伝に、

　魏令、職分公田、貴賤を問わず、一人一頃、以て芻秣に供す。

とある「魏令」との関係が問題になる。松本氏はこれを太和十六年令とする。しかし北魏で太和十六年令以後律令の改正がなかったわけではなく、通典三八職官秩品の条に引く「後魏百官」の官品表は、四九八(太和二十二)年に改正された「職令」であるといわれる。また魏書八世宗紀によると、五〇四(正始元)年十二月己卯に、「群臣に詔して、律令を議定」せしめたといわれるが、その結果はあきらかでない。ともかく関東風俗伝の「魏令」を、太和十六年令ではなく、その後に付加されたとみることも可能であろう。松本氏は、氏が四八五(太和九)年均田制発布当時のものとみた均田法規十五条の名称を、「丘井之式」ではなかったかと推測している。それは魏書七下高祖紀、太和十四年十二月壬午詔に、

　丘井之式に依準し、使を遣りて、州郡に条制を宣行し、隠口漏丁は、即ち実に附くを聴す。

とあり、丘井之式にしたがって隠口漏丁を検括せよとのべているからである。西村氏はこの松本説を多少誤解してうけとって、丘井之式すなわち現存均田法規を四九〇(太和十四)年のものとみているようであり、そのなかに四八五年発布当時のものと、その後増補された部分が混在していると考えているのである。しかし氏が増補部分の例としてあげる第十一条の「地狭きの処」の規定は、はたしてそのようにとらなければならない必然性があるか疑問である。詳しくは次章で論ずるが、この法規の第三条には桑田が余分にある場合でも、それを露田の分にあててはいけないという規定がある。これは桑田が世襲されるものであり、露田が国家から与えられるものであるという、両者の区別を明確にしているのである。これにたいして第十一条は、土地が不足の場合国家から与えようがないので、世襲された桑田を露田にあててもよいとしており、これは第三条に対応する特別規定であるとみられる。この前の第十条には、「土広く民稀れの処」の規定があり、全体として現存均田法規は一つのまとまりをもっているように私にはおもわれる。

いったい均田制は四八五年十月の詔で発布されるのだが、それがただちに実行できなかったこと、土地所有者の確認や戸籍の作成に手間どったであろうことは前述した。さきに引いた魏書高祖紀によれば、三長制施行の翌年、四八七(太和十一)年の夏から秋にかけて、国都の地域に旱魃による飢饉があったとき、戸籍の作成はまだ完成していなかったのである。このとき斉州刺史の韓麒麟は上奏して、「今、京師の民庶、田せざる者多く、遊食の口、三分して二に居る」といい、「天下の男女に制して、計口受田せしめよ」と提案している。その同じ上奏のなかで韓麒麟は、「往年、戸貫を校比し、租賦軽少なり」(以上魏書六〇韓麒麟伝)といっているから、新しい租調の制に移行してはいたようであるが、均田制による土地の還受はおこなわれていなかったのであろう。また翌四八八(太和十二)年[48]、秘書丞の李彪が、「別に農官を立て、州郡の戸の十分の一を取りて、以て屯人と為し、……一夫の田は、歳ごとに六十斛を責《もと》めん」(同書六二李彪伝)と上奏しているのも、前年の飢饉にかんがみた対策であるから、もって傍証となろう。前述の四九〇(太和十四)年、丘井之式によって使者を派遣し、隠口漏丁を付籍させたというのも、戸口の把握がまだ充分でなかった

ことをしめしている。しかし他方では、魏書三三公孫邃伝に、

　高祖、文明太后と、王公以下を引見す。高祖曰く、比年、畿内及び京城三部を百姓に方割す。頗る益有りや否やと。邃対えて曰く、先には人民離散し、主司猥《みだ》りに多く、督察に至りては、実に斉整し難し。方割より以来、衆賦辨じ易く、実に大益有りと。

とある。衆賦が辨じやすくなったというのであるから、これは恭宗の時のような国有地の経営ではなく、自営農を対象とした土地の分割がおこなわれたことをしめすものであろう。この問答がおこなわれたのは、文明太后が生きている四九〇年九月以前でなければならない。してみると四八八年から九〇年の間に、畿内・京城において土地の分割がおこなわれたのであろう。

　四八五(太和九)年十月の均田制発布の詔には、「還受は生死を以て断と為す」とある。これにたいしさきに太和十六年令と推定した現存均田法規では、受田期間は十五歳から七十歳までである。もちろん発布の詔はその大略をのべたものであるともいえようが、「生死を以て断と為す」というような具体的な言いかえまでしたと考えてよいであろうか。それゆえ私は四八五年の段階では、現存均田法規のような詳細な規定は存在せず、しだいに実施の体制が整うにいたって、法規も整備されて令文となるにいたったものと考えたい。したがって太和十六年令の編纂は、均田制を基礎とする新しい支配体制が一応定着するにいたったことをしめすものと考える。太和十六年令の均田法規が「地令」とよばれたであろうことは、松本氏の推測のとおりであろう。魏書四一源思礼(源懐)伝に、

　諸鎮の水田、請う、地令に依りて、細民に分給し、貧しきを先にし富めるを後にせん。

とある。これは孝文帝のつぎの世宗宣武帝の頃のようであるが、さらにこれより後の粛宗孝明帝の熙平中(五一六—五一七)に、任城王澄が「墾田授受の制八か条」を奏したといわれる(魏書一九中任城王澄伝、同五七崔孝芬伝)。これはさきの地令を補足したものかとおもわれるが、田土の授受がおこなわれたことはたしかであろう。北魏が分裂したのち、

西魏の敦煌地方で均田制による土地の分給がおこなわれたことは、さきにのべたとおりである。

(44)　松永雅生「北魏の官吏俸禄制実施と均田制」(その1)注4では、「局」(扃)は実は「㝵」(但し上記論文では誤って扃と印刷されている)であり、㝵は「糾」で糾察官の意となるから、糾察官を遣わして民戸を分離させたのであろうと解している。いずれにせよ「割民」とあるのは、合戸を解体させることを意味するものであろう。

(45)　魏書五七高祐伝には、「乃県立講学、党立小学」とあって、村は記されていないが、北史の伝と比較すると、「党立」のあとに「教学村立」の四字が脱落している蓋然性がある。三長制が一般に教学をも担当したことは、魏書七下高祖紀、太和十一年冬十月甲戌詔に、「可下諸州党里之内、推賢而長者、教其里人父慈・子孝・兄友・弟順・夫和・妻柔、不率長教者、具以名聞」とあるのによって知られる。

(46)　この点について、西村元佑「北魏の均田制度」では、「現在所有権上の争いの起っているものは、両者の所有年限の長短によって所属を定め、所有期限さえ不明なものは、現在の耕作者の所有とする」と解し、仁井田陞「中国・日本古代の土地私有制」では、法定期間の占有の継続によって所有権を獲得する不動産物権取得時効制度と解したが、仁井田「中国法史における占有とその保護」では、旧説をあらためて、『宜限年断』とは出訴期間の制度を意味するもののようである」といい、「その占有によって表現されている権利は、反証によって否定されぬ限りは消滅することはなく、相対的に保護されるのである。『事久難明、悉属今主』といわれるわけである」としている。原文に則してみると、「宜限年断」は、政府の側から一定の年限を定めると解するのがよく、繋争者それぞれの土地所有年限と解する西村説には難点があろう。他方出訴期間説は、この提案がすでに繋争中の「所争之田」をどう処理するかを論じたものであるし、そのような文脈のなかで解さないと「事久難明」の意味も不明確になるから、不充分だとおもう。そこで筆者はこれを出訴期間というよりは、均田制施行を前提とした訴訟処理の期間、裁判期間と解したいのである。

(47)　佐々木栄一「いわゆる計帳様文書をめぐって——麻田の班給を中心として——」は、西魏の敦煌において、均田制の発足時における旧所有地を麻田に充当したとする仮説を出しているが、証拠不充分で、この文書にかぎっては、現在のところ池田説の方が納得がいく。なお次章注26を参照。

(48)　李彪伝にのせる李彪の上言は、食貨志に「十二年、詔羣臣、求安民之術、有司上言」として出ている。

第二篇　均田制の展開

第四章　均田法体系の変遷と実態

一　問題の所在

北魏から隋唐にわたっておこなわれた均田制の諸規定については、疑問の点がおおく、旧来多くの研究がなされたにもかかわらず、なお未解決の点や意見の対立する点がすくなくない。このような問題点が生ずるのは、法規の原文が散逸して完全には伝わらないためであるから、現存の諸資料のなかからその原文が復旧できるならば問題はない。唐代の諸法規については、仁井田陞氏の努力によって『唐令拾遺』が著わされ、今日われわれはほぼその全貌に接することができるのであるが、史料の限定された北朝にそのことを望むのはほとんど不可能である。(1)

それではこの問題を解決するためにどのような方法が考えられるかといえば、まず法の実施状況をしめす資料をもとめることである。この点においても、唐代では敦煌等から発見された戸籍類を利用することによって、かつてかなりの成果をあげることができたし（鈴木俊「唐の均田法と唐令との関係に就いて」、仁井田陞「敦煌等発見唐宋戸籍の研究」『唐宋法律文書の研究』等）、私も本章でなお若干の点を補足したい。戸籍は国家の戸口把握や田土班給などの現状をしめすばかりでなく、その記載様式から令の一般的な規定をも推測しうるのである。しかし北朝については、戦後山本達郎氏によってはじめて研究・紹介された大英博物館蔵スタイン探検隊将来漢文文書六一三号、すなわち西魏の大統十三（五四七）年のものとおもわれる敦煌地方のいわゆる「計帳様文書」があるだけである（山本「敦煌発見計帳様文書残簡」）。(2)この文書は唐代の戸籍とちがって、税役関係の記録をもふくみ、それなりに利用価値のたかいものであり、私も本章および次章の一部でこれを参照したいとはおもうが、むろんこれによって明らかにされる範囲はかぎられている。

そこでつぎに考えられるのは、諸法規の全体的な構成とその変遷とをなるべく体系的に理解することである。個別的には解決しがたい問題も、このような全体の構成や変遷に則して考えることによって、あきらかにされることがすくなくないであろう。なによりも均田法規を体系的に理解すること自体が、均田制の歴史的な性格を考えるにあたっても、まず必要なことでなければなるまい。それゆえ本章では、まず均田法規を体系的に理解することに主眼点をおき、そのなかで個々の疑問点を解決していくとともに、均田制の意図したものが何であったかを考えてみたい。ここで均田法規を体系的に理解するということは、くりかえしになるが、法規の変化をもふくめて考えているのである。それによって北朝の初期均田制と、隋唐の後期均田制との相違にとくに注意したいとおもう。ただ北朝の法規のうち比較的まとまって残っているのは北魏の法規だけであり、北斉の法規のごときは北魏から隋唐の法規への過渡期に属するとおもわれるので、本章の構成としては、はじめに北魏の法規を考察したのち、その変遷をたどって、その意味するところを考えることにしたい。

均田法規が初期と後期とで変化したということは、何らかの形での法と現実とのかかわりあいを反映しているとおもう。一時戦後の中国では、唐の均田法規が具文であるという説が提出され(鄧広銘「唐代租庸調法的研究」)、それをめぐって論争がおこなわれたが、(3)法の形式性を強調して、法のもつ意義をまったく無視してしまうのは正しくない。周知のとおり、わが国では戦前より、田土還受の実行性を否定する鈴木俊氏らの説があり(「敦煌発見唐代戸籍と均田制」、および「唐代均田法施行の意義について」)。(4)これが右の中国での論争にも影響しているのであるが、鈴木氏自身は均田制のもつ意義を否定していない(前掲論文、すくなくとも唐代の吐魯番で田土の還受がかなり厳密に実施されていたことがあきらかとなった(西嶋定生「吐魯番出土文書より見たる均田制の施行状態」、西村元佑「唐代均田制度における班田の実態」)。しかも戦後に竜谷大学所蔵の大谷探検隊将来文書が研究された結果は、北朝においては史料的な制約があって、そのような論議がおこなわれがたい点があるが、私見では、むろん全国一律に施行されたとはおもわないけれども、すくなくとも部分的に還受が実施されたことはあきらかであり、(5) またそのような際には田令が参照されたとおもわれる。(6) しかし鈴木氏も表明しているように、還受だけが均田制の実効性をしめす指標ではない。戸籍その他の土地関係文書は、令の規定によって記載されており、それにもとづいて国家の戸口・田土の把握と税役の収取がおこなわれたのであるから、令にみられる均田法規は、それ自体国家の人民支配の原則的なあり方をしめすものであり、けっして無意義であったわけではない。そのいみで私は、法の規定とそのいみするところを、それ自体としてあきらかにすることがまず必要であると考える。しかしながら法の規定は、いうまでもなくそのまま現実ではない。均田制の具体的な施行状況が、法の個々の規定とかならずしも一致しないことは、上記の吐魯番での田土還受の場合にもしめされている。法そのものは矛盾なき整合的なものとして構成されているのであるが、現実は矛盾的存在である。法と現実とのギャップから、ただちに法の虚構性をみちびきだすのではなく、法に体現された支配体制と現実との矛盾をあきらかにすることが必要であろうとおもう。そのいみで本章では、法の体系を問題にするばかりでなく、現実の状況とのかかわりにも注意するようにしたい。

均田制は広汎な小農民にたいして、労働力に応じた土地の配分をめざすものであるが、しかしこのような制度が生まれてくる前提には、土地所有の不均衡があるのであるから、均田制はさまざまな段階の大土地所有をふくむ制度として成立した。とくにこのような土地所有の階層制が、官人身分に対応して整備されるところに、後期の唐代均田制の特徴があるとされている（池田温「唐代均田制をめぐって」）。それではこのような大土地所有ないし土地所有の階層制と、小農民のあいだの土地の比較的均分をめざす均田制とのあいだには、どのような関係が存するのであろうか。菊池英夫氏は、官人にわりあてられる官人永業田や職田の制こそが、まず唐朝創業とともに施行されたこと、官人永業規定は北朝系の均田制とは別に、南朝を通じて西晋の占田制をうけついだこと、これらは百姓給田に優先して規定どおり充足されたであろうこと、そのいみでは官品に応じた田土統制こそ、田令の中核をなすものであったと主張している(「唐令復原研究序説」)。均田制の具体的な実施状況が、敦煌や吐魯番などの辺境で部分的にしかあきらかにならない以上、このような見解が出るのもやむをえないが、しかし右の主張の諸点にはたして実証的根拠があるか疑問である。晋・南朝の田制と官人永業田との関連については第二章で言及したが、その他の点については本章でふれることにしたい。西嶋定生氏は菊池氏と反対に、令の規定に比較的忠実に均田制が実施された点を強調するのであるが、それとともに田土の狭小な吐魯番の農民が、職田・公廨田・屯田・寺田などを耕作することによって生活を補完しえたとしている(西嶋前掲論文)。ここでは公田を主とする大土地所有と小土地所有とが、矛盾なく組みあわされたメカニズムが指摘されているのであるが、このような理解のしかたにも疑問がないわけではない。私も後期均田制が、身分階層制的な構造(品級構造)を特徴としてもつことを認めるのであるが、それがもつ問題性については、本章ばかりでなく、第六章までの間に随時ふれていきたい。

(1)　以下行論中で引用する北朝の均田法規は、例外的な逸文を除いて、北魏のものは魏書一一〇食貨志に、北斉(河清三年令)・北周・隋のものは隋書二四食貨志に収載されている。そのうち北魏の法だけは比較的原形が保たれているようであり、それが太和十六年令の文であろうことは前章で論じた。通典一および同書二食貨田制、冊府元亀四九五邦計部田制等にも同文がのっており、冊府元亀は通典に拠ったらしいが、多少の字句の相違があり相参照しうる。これらはとくに必要がなければ出典を注記しない。唐令はおおむね『唐令拾遺』を参照したが、原典に言及する場合もある。

(2)　この文書は各戸ごとの家口・租調・田土を載せた部分(山本氏のいうA種文書)と、総計三三戸からなる集団の課口不課口・租調力役・受田の状況等を集計した部分(山本氏のいうB種文書)とからなり、山本氏はこれを計帳であろうと推測した。この文書の性格についてはその後、曾我部静雄「その後の課役の解釈問題」「北魏・東魏・北斉・隋時代の課口と不課口」「西涼及び両魏の戸籍と我が古代戸籍との関係」「均田法の園宅地」、仁井田陞「敦煌発見の中国の計帳と日本の計帳」、西村元佑「西魏時代の敦煌計帳戸籍に関する二、三の問題」等があらわれ、仁井田氏が計帳説に賛成したのにたいし、曾我部氏は北魏の系統を引く戸籍とし、西村氏はAを戸籍、Bを計帳とした。たしかにA種文書は唐初の大足元(七〇一)年籍や、日本の下総国葛飾郡大嶋郷・筑前国嶋郡川辺里・豊前国上三毛郡塔里・同郡加自久也里・同国仲津郡丁里等の戸籍と比べると、戸籍とまったく同形式の文書とみられるが、B種文書をいずれとみるかは判断しがたいので、本書では便宜上「いわゆる計帳様文書」として引用しておく。つぎにA・B両文書の前後関係について、池田温「中国古代籍帳集録」は、山本氏とは反対に、B種文書を前に、A種文書を後に配列している。これはB種文書が前は欠けているが後は欠けていないとおもわれること、A種文書は戸等順に配列されているとみられるが、そうすると現存文書中の劉文成の戸が纛寇将軍の地位をもつ上戸であって、筆頭におかれたかもしれないこと、この二点から、現存B種文書の末尾がA種文書の筆頭に接続する公算があるとおもわれるので、池田氏の配列に魅力がある。ただし曾我部説のように、B種文書をもふくめて戸籍と考えると、下総国大嶋郷の戸籍が、各戸ごとの記録のあとに、里ごとの課口・不課口の集計を付載しているのが参考になり、配列の順位も山本説にしたがった方がよくなる。もっともこの戸籍には田土や租調役の記載がないので、西魏文書と同視してよいかどうかなお問題がある。そこでいまは、これも山本氏以来の慣用であるA種文書・B種文書の呼称を用いることにする。

(3)　鄧広銘説を批判した論文としては、岑仲勉「租庸調与均田有無関係」、韓国磐「唐代的均田制与租庸調」、胡如雷「唐代均田制研究」等があり、これらの論争の論点をまとめたものとして、陳質「関于唐代均田制与租庸調法問題的討論」がある。ひきあいに出された鈴木俊氏は、「唐令の上から見た均田租庸調制の関係について」を書き、鄧説とその批判説との両者に異論を出している。

(4)　鈴木氏は両論文において、均田制の限田的な意義を認めている。また「敦煌発見唐代戸籍と均田制」では、農民を土地に緊縛し、租庸調・府兵を徴発するのが目的で、土地の収授は第二義的な意義しかもたないという。

(5)　北魏・西魏については前章の最後の節で論じたが、とくに魏書三三公孫邃伝に、「高祖曰、比年方割畿内及京城三部於百姓、頗有益否、邃対曰、先者人民離散、主司猥多、至於督察、実難斉整、自方割以来、衆賦易辦、実有大益」とあるのは、初期の均田制実施をしめすものとおもわれる。西魏のいわゆる計帳様文書では、敦煌地方で土地の再配分がおこなわれた公算が大きい。東魏初期の例としては、北斉書一八高隆之伝に、「時初給民田、貴勢皆占良美、貧弱咸受瘠薄、隆之啓高祖、悉更反易、乃得均平」とあって、あきらかに田土の支給が実施されたことをしめしている。また通典二食貨田制に引く関東風俗伝に、「斉氏全無斟酌、雖有当年権格、時蹔施行、争地文案、有三十年不了者、此由授受無法者也」とあるのも、ともかく授受が問題となっていることをしめしている。

(6)　魏書四一源思礼伝に、北辺の六鎮および諸州について、「諸鎮水田、請依地令、分給細民、先貧後富」とある。田令というのは隋・唐の名称であり、北魏では地令と称したであろうことは前章でふれた。

二　初期均田制における田土の分類

1　田土の分類とその基準

今日に伝えられる北魏の均田法規——前章で論じたように令文である公算が大きい——によると、北魏で農民にわりあてられる田土は、露田・桑田・麻田・園宅地等である。

露田については、「諸《およ》そ、民の年《とし》課に及べば、則ち田を受け、老いて免ぜられ、及び身没すれば、則ち田を還《かえ》す」とされていて、一定の年齢において還受されるものであることがしめされている。すなわちのちの唐の口分田にあたる。これにたいして桑田については、「諸そ、桑田は還受の限りに在らず」とか、「諸そ、桑田は皆世業と為し、身終るも還さず」とかいわれていて、世業(世襲の不動産)として子孫に伝えられ、還受の対象にならないものとされている。すなわち唐の永業田にあたる。桑田はまた、「桑五十樹・棗五株・楡三根を蒔《う》えることを課す」とされていて、一定数の桑その他の樹木を植える義務が課されていた。桑田の名称はここからおこったのである。これにたいして露田については、通典に「樹を栽《う》えざる者、これを露田と謂う」と説明されている。つまり樹木を植えないから「はだかの田」という名称がついたのであるが(曾我部静雄『均田法とその税役制度』七三頁)、これはもっぱら穀物を植えるための土地であることをいみしている。

露田と桑田とのあいだのこの二つの相違点はたがいに関連している。露田のように毎年つくりかえられる作物を植える土地は還受の対象になり、桑田のように樹木が長年にわたって植えられる土地は還受されないのである。そこで、「諸そ、応《まさ》に還すべきの田には、桑・楡・棗・果を種えることを得ず。種える者は、令に違うを以て論じ、地は還す分に入る」と規定されていて、還受の対象となる土地(露田および次掲の麻田をいう)に桑その他の樹木を植えて、不還受の桑田とまぎらわしくなることを防いでいた。以上のように還受・不還受の別が作物に関連しているという点は、つぎの麻田の扱いによって一層はっきりする。

麻田については、「諸そ、麻布の土にては、男夫課に及べば、別に麻田を給す……皆還受の法に従う」とあるが、ここに「別に」とあるため、麻布を産する地方では、露田・桑田のほかに、麻田がよけいに支給されるとする説がおこなわれている(鈴木俊「麻田考」)。しかし前におかれた桑田の条には、「非桑の土にては、夫ごとに一畝を給し、法に依りて楡・棗を蒔えることを課す」とある。これは絹を産しない地方では、桑を植えてもしようがないのであるから、桑田全部を与える必要がなく、楡三根・棗五株を植えるだけの一畝の地を支給するとされているのである。したがって「別に」というのは、この一畝の地のほかに麻田を与えるといういみに解しなければならない。敦煌発見の西魏のいわゆる計帳様文書は、北魏の分裂後につくられたものであるが、その内容には北魏の法をひきついだ部分がある。この文書によると、各戸にわりあてられている土地は正田(露田)と麻田と園宅地とであり、桑田は存在しない。以上によって、露田が共通に給せられるほか、絹産地では桑田が、麻産地では上記の一畝の地と麻田が給せられることが判明した。そうすると奇妙なことは、絹産地の田土が世業であり、麻産地の田土が還受されるという点である。このような不つりあいは、還受・不還受の別が作物の性質に由来するとしないかぎり解しようがない。

均田制下の田土の還受・不還受の別を重視して、露田・麻田・口分田と桑田・永業田とのあいだに、土地所有権上のちがいがあるようにみる説がある。すなわち前者は国有地であるが、後者は私有地であるとする説である(7)。しかし上に北魏の田土を検討した結果では、むしろ田土の第一次的な区別は作物の種類によったのであり、それによって還受・不還受の別がきまったのであるから、両種の田土のあいだに土地所有権上のちがいはなかったとみるべきであろう。第八章でふれるように、露田・口分田も一定の条件のもとでは処分が許されていたし、他方桑田・永業田も給田(受田)であることにはかわりなく、そこには、一定の植物の栽培が義務づけられ、それも三年以内に植え終るよう強制されていたし、無制限な処分が許されていたわけではなかった。両種の田土の別が第一次的には作物の種類によって設けられたということは何をいみするであろうか。すでに引いた給田の規定に、「民の年課に及べば」(露田の条)とか「男夫課に及べば」(麻田の条)などとあるように、均田制下の田土は課すなわち租・調の反対給付であったと考えられるから、[8] 露田・口分田は租としての穀物を出すための、桑田・麻田・永業田は調としての絹あるいは麻布を出すための土地として設けられたとみるべきであろう。むろんこのような租調と給田の体系は、当時の農民の現実の存在形態をぬきにしては考えられないのであって、その体系の基礎には農業と家内手工業を一体とした自然経済的な経営単位が存在したといってよいであろう。

　最後に園宅地については、のちの唐の開元二十五年令に、「応《まさ》に園宅地を給すべき者、良口は三口以下に一畝を給し、三口ごとに一畝を加う。賤口は五口(以下)に一畝を給し、五口ごとに一畝を加う。並びに永業・口分の限りに入らず」とされて、永業田・口分田とは別だとされている。北魏の法規では、「諸そ、民の新居を有《も》つ者は、三口ごとに地一畝を給して、以て居室を為《つく》らしむ。奴婢は五口ごとに一畝を給す。男女十五以上は、其の地の分に因って、口ごとに菜を五分畝の一に種えることを課す」とあって、とくに地目の名は記されていない。しかしこれによって、後世の園宅地は元来居室をつくるための宅地と、野菜を植えるための園地とからなっていたことがわかる。ただこの場合、良口三口、奴婢五口ごとに一畝の地を宅地とし、そのほかに各人五分の一畝の園地がわりあてられたとする説があるが(清水泰次「北魏均田考」、曾我部静雄「均田法の園宅地」)[9]、それは多分に疑わしい。右に「其の地の分に因って」とあるのは、園地も一畝のなかにふくまれることをいみするであろうし、西魏のいわゆる計帳様文書では、戸内の人数に関係なく、各戸一畝の「居住薗宅」が配分されているが、それがまた単に「薗」とも称されていて、宅地と園地の分化がなかったことがしめされている。

　園宅地はローマ人のいわゆるヘレディウム heredium にあたり、ふつうには土地の私的所有が最初に確立した部分であり、したがって最も強力な所有権のもとにある土地と考えられている。その点でこの土地が、租・調の反対給付として設定された露田・桑田・麻田、あるいは口分田・永業田等と区別されるのは当然であり、還受の対象にならないこともいうまでもない。しかし他方法規上では、家口数に応じて支給される原則がつらぬいており、北魏では一定面積の野菜栽培の義務が課せられていた。また実際にも、西魏時代の敦煌地方では、上述のように、一戸一畝の居住園宅の割当が規則正しく実行されていた。してみると、園宅地についても、露田・桑田・麻田、あるいは口分田・永業田等との所有権上の相違を考えてよいかどうか疑問がある。(10)

2　露田（正田・倍田）と桑田との関係

つぎにはこれらの田土がどのように配分されたかを問題にするわけであるが、はじめに北魏の均田法規のなかから露田にかんする規定をみよう。

諸そ、男夫は十五以上にて、露田四十畝を受く。婦人は二十畝。奴婢は良に依る。丁牛一頭は、田三十畝を受け、四牛に限る。授くる所の田は率《おおむ》ねこれを倍にし、三易の田はこれを再《また》倍にして、以て耕休及び還受の盈縮に供す。

これによると露田は男夫に四〇畝、婦人に二〇畝わりあてられるとされているが、これは実際に耕作する面積で、当時は休耕農法がおこなわれていたから、さらに同面積の土地が休耕地として追加されて、一般に男夫に八〇畝、婦人に四〇畝が支給された。土地が瘠せていて三年に一度しか耕作されない所では、男夫に一二〇畝、婦人に六〇畝が支給される場合もあった。これらの場合、最初の四〇畝、二〇畝を正田とよび、他を倍田とよぶことは、北魏の法規の別の条文から推測される。

倍田の役割としては、右に「以て耕休及び還受の盈縮に供す」とされていて、休耕地にあてるほかにもう一つの目的があった。この「還受の盈縮に供す」とはどういうことであろうか。これはつぎの桑田の条文と関係あると考えられる。

諸そ、桑田は還受の限りに在らず。但だ通じて倍田の分に入る。分に於て盈《あま》ると雖も、以て露田の数に充つるを得ず。足らざる者は、露田を以て倍に充つ。

これは桑田というものが父祖の代から伝えられてくるものである以上、その面積は一定していない。それが相当多い場合には、本来の桑田にあてるほか、倍田の分にあてることができる。しかし倍田の分をこえてなお余っていても、露田(正田)の男夫四〇畝、婦人二〇畝の分にあてることはできない。継承された桑田が少ない場合には、露田の条に「授くる所の田は率ねこれを倍にす」とあるように、倍田は国家から露田として与えられるというのである。[11] これによると、国家から与えられる露田の額は、世襲される桑田との関連で変化する。その調節をするために倍田が設けられたと考えられるのである。

しかしそれとともに注意すべきは、この倍田を設けることによって、すくなくとも露田の正田分と桑田との区別が厳重に保たれたことである。さきに露田に樹木を植えることを禁じて桑田との混同を防いでいることをのべたが、ここでも両者の区別が考慮されていることが知られる。このことは逆にいえば、露田の正田分はすくなくとも国家が保障しなければならなかったことをしめしている。すくなくともそういう精神で北魏の法はつくられている。

これにたいして桑田は父祖から伝えられるのが原則であったから、桑田にかんする規定は、まず第一に、右に引いた「諸そ、桑田は還受の限りに在らず。云々」という条文を掲げ、しかるのちに、つぎの条文を掲げているのである。

諸そ、初めて田を受くる者は、男夫一人に田二十畝を給す。……非桑の土にては、夫ごとに一畝を給す。……奴は各々良に依る。

これはまず世襲した桑田をどの地目にあてるかを規定したのち、桑田のないものがあれば国家から給田することをしめしたのである。この二番目の条文を読むと、二〇畝という面積は、初めて受田する場合にかぎり、その後は桑田の

面積について何の規制もないようにみえる。しかしさらにあとの条文に、

諸そ、桑田は皆世業と為し、身終るも還さず。恒に見口に従い、盈有《あまり》る者は受くること無く還すこと無く、足らざる者は受種すること法の如し。盈る者は其の盈るを売るを得。足らざる者は足らざる所を買うを得。其の分を売るを得ず。亦足る所を過ぎて買うを得ず。

とあるところをみると、一人二〇畝の基準と家口数にてらして過不足が計られていることが知られる。そして桑田を余分にもつものは余分な分を売ることができるし、足らないものはその分を買うことができたのである。この売買の規定は、国家の田土統制を弛めて農民の間の階層分化を進めるものではなく、逆に国家の意図する均分の方向へみちびく役割をはたすよう、設けられているとみることができる。してみると、桑田については受田の規定があるものの、露田とちがって、国家はむしろ農民相互の売買によって、土地所有の不均等が調整されるように期待したと考えられる。

以上のように、北魏では露田のうちの正田分はすくなくとも国家が支給するたてまえになっていたが、しかし人々が多く土地が足りない地域では、こうした給田の実施が困難であることは当然予想されることであった。唐代ではこのような地域を狭郷とよび、一般の寛郷と区別されて、一定の地域が指定されることになっていたが、北魏にはそのような狭郷の規定はない。土地の足りないところではどこでも、つぎの規定によって、適当な給田の基準をきめることができるようになっていたとおもわれる。

諸そ、地狭きの処、丁に進み田を受くべくして、而も還るを楽しまざる者有らば、則ち其の家の桑田を以て正田の分と為す。又足らざれば、倍田を給せず。又足らざれば、家内にて人別に分を減ず。無桑の郷も、此れに準じて法と為す。

この文章についてはさまざまな解釈があるが、[12]私見では、「其の家の桑田を以て正田の分と為す」というのは、さきに

桑田は倍田の分に通算するけれども、露田の正田分にあててはいけないとあった一般原則を修正したものである。しかしこのくらいの修正で足りない場合には、つぎに倍田を与えないことにする。それでも足りなければ、一家内で各人の割当額をそれぞれ減らすことにする、という規定であろうとおもわれる。これは無桑の郷、すなわち麻布の土においても通用する規定とされている。

このような規定が現に実行された例を、われわれは北魏分裂後の西魏の敦煌でみることができる。すなわちいわゆる計帳様文書によると、丁男一人に麻田一〇畝・正田二〇畝、丁妻一人に麻田五畝・正田一〇畝の割合で土地をわりあてている（山本達郎「敦煌発見計帳様文書残簡」）。これは麻田については、北魏の規定に、

諸そ、麻布の土にては、男夫課に及べば、別に麻田十畝を給す。婦人は五畝。奴婢は良に依る。

とあるとおりであるが、露田については倍田を給せず、正田を男夫四〇畝・婦人二〇畝の半額に減らしているのである。これは「家内にて人別に分を減ず」に相当する。ただしこれは基準であって、実際には、麻田はほぼ充足しているものの、正田は未足の場合が少なくない。しかし右の基準にもとづいて、文書には応受田額が書きこまれているのである。唐代の戸籍類をみると、応受・未受田額の記載は田令の規定額によって書かれている。例えば唐代の吐魯番では丁男一人約一〇畝という独特の基準で還受がおこなわれたと推定されるが、戸籍は唐田令の狭郷の規定額、丁男一人六〇畝（永業二〇畝、口分四〇畝）の基準で記載されているのである。西魏のいわゆる計帳様文書のうち、とくに各戸ごとの家口・税役・田土を記載したA種文書は、その形式が唐の戸籍につらなるとおもわれるので、そこに記載された応受田額は、やはり田令ないしそれに準ずる規定によって書かれたと考えられる。そうするとこの文書の基準額は、さきの北魏の田令の「地狭きの処」の規定に根拠があると考えざるをえない(13)。このように北魏の均田法規には、のちの唐令などにくらべると、その地域の状況に応じて実行しやすいような配慮が加えられていた点も注意しなければならない。

(7)　玉井是博「唐時代の土地問題管見」、李亜農『周族的氏族制与拓跋族的前封建制』、唐長孺「均田制度的産生及其破壊」、王治来「均田制的産生及其実質」、蒙黙・孫達人「関于中国封建土地所有制的形式問題」等。李・唐両氏が均田制の後進的・共同体的性格を強調するのを王氏は批判しているのであるが、所有権の点ではかわらない。

(8)　課が通説によれば租・調をいみすることは、第二章注22および第五章第四節第2項を参照。ここで指摘した田土と租調の対応関係も、通説が正しい証拠の一つである。

(9)　曾我部氏は西魏のいわゆる計帳様文書(曾我部氏はこれを戸籍とみる)に、「一畝薗、二分未足」とある点を証拠とするが、「二分未足」の語は、麻田・正田をふくめた全田土の支給率を、足・三分未足・二分未足・一分未足・無田に分類したもので、「一畝薗」の記載部分とは直接関係ない。この語の解釈は、池田温「均田制——六世紀中葉における均田制をめぐって——」が正しい。

(10)　池田前掲論文は、西魏のいわゆる計帳様文書にみられる田土が、いったん旧来の所有関係を清算されたうえで、計画的区割りにもとづいて再配分されたものと考えている。その際、麻田・正田とともに、居住園宅も各戸均等に割当てられたものとおもわれる。ただし唐代の戸籍には、居住園宅は登載されていないものもあって、法規上の支給の原則はまもられていない。

(11)　西村元佑「北魏の均田制度——均田制成立期の問題——」は、この桑田の条について別な解釈をし、「但だ通じて倍田の分に入る」を、桑田の保有限度を倍田分までとしたものとし、その場合には倍田が全面的に桑田となって、休耕地にあつべき倍田が不足するから、「露田を以て倍に充つ」、すなわち露田の一部をとって倍田を補充するものとしている。しかし「分に於て盈ると雖も」とあるように、桑田を倍田分以上もつことは認められており、この条文に桑田の保有限度が規定されているとは受けとれない。また「足らざる者は、露田を以て倍に充つ」の氏の解釈は、唐長孺「北魏均田制中的幾個問題」によったものであるが、この場合「足らざる者」を倍田不足者ととっている。しかし前に桑田を余分にもつ場合の規定がある以上、後には桑田の足らない場合の規定がくるのが当然であり、文章上からいっても、「足らざる者」に新たな主語がつかないかぎり、「桑田」が主語となるべきである。

(12)　宮崎市定「晋武帝の戸調式に就て」は、「有進丁受田、而不楽遷者」の「有進丁受田」を「有進丁無田」と改め、有資格者ができたが土地のない場合、「どの土地から先ず彼に与えるかの順序を定めたものである」とし、「『其家の桑田』とは詳しくは桑田の余剰分で之が第一、次には桑田の倍田分、次には官給の倍田分、という順序で、進丁の為に正田分を造ってやる」と解し、したがって「不給倍田」では通じないから、「不」の字を削ってつぎに続け、「倍田を給しても又足らねば」と読んでいる。しかしこれはだいぶ無理をした解釈である。吉田虎雄『魏晋南北朝租税の研究』一〇〇―一〇一頁は、「又不足、不給倍田」の「又不足」を衍文であろうとみるが、これは「其の家の桑田を以て正田の分と為して、倍田を給せず」と続けて読むのであろう。松本善海氏の訳注「北魏の均田法」もそれに従い、「又不足」はその後に出る同じ文の混入であろうという。このような解釈も可能であるが、清水泰次「北魏均田考」のように文字どおり読んで、「土地が少ない処では、丁年に達し田を受けようとする者があつても、規則通りに正田さえ与へられない。却つて其家の永業田を以つて暫らく正田の分として置かれる。つぎに倍田を与へない。それでもなほ足らない場合には家内の人の受くべき分まで減らす」と解するのが、最も自然である。

(13)　最近、曾我部静雄「いわゆる均田法における永業田について」も同様な説を出しているが、池田温「均田制――六世紀中葉における均田制をめぐって――」注57は、北魏の「地狭之処」の条文が、「進丁受田に際し田地の余裕のない場合該戸内の各人の受田分をさいて進丁分に充当することを規定したにとどまり、狭郷における応受田額基準の一般的半減を定めたものでないことは明白である」として、この条文によって西魏文書の受田を解しようとした私の旧稿(「北朝の均田法規をめぐる諸問題」)を批判した。私ももとよりこの条文に「半減」の規定があるとはいっていないが、「家内人別減分」をどう解するかが一番の問題のようである。池田説は、ある戸に進丁があった場合、その戸内の各人の持分を減らして進丁分にまわすということのようであるが、もしそれが個別的におこなわれれば、各人の已受田が老・死にいたる前に変更されるということになり、また戸ごとに各人の持分は相違することになる。これを防ぐには、すくなくとも地域ごとに一定の基準があらかじめ設けられていなければならない。それが土地の国家的な統制をめざす均田制の最低の条件であろうとおもう。このように考えれば、西魏文書にあらわれる給田が、北魏の該条文によったものと断定して差支えないとおもわれる。

三　初期均田制における給田の対象（1）

——男夫・婦人＝小農民的土地所有——

1　男夫と年齢区分

前節において北魏の均田制の田土の種類とその配分のしかたについて大体をのべたのであるが、これを表示すれば、表1のごとくである。

表1　北魏の給田の制

給田対象＼田土名称	露田 正田	露田 倍田	桑田	麻田	園宅地
男夫	40畝	40畝	20畝	10畝	3人に1畝
婦人	20	20		5	
奴婢	良人に同じ				5人に1畝
丁牛	30	30			

これらの各種田土を通じて配分の対象とされているのは、男夫・婦人・奴婢・丁牛であるが、そのうちの「男夫」が、西晋の占田・課田制や唐の均田制の丁男にあたることはいうまでもない。西魏のいわゆる計帳様文書も丁男と称している。ただこの男夫＝丁男の年齢が何歳から何歳までであるか、またこの男夫以外の年齢区分がどうなっているかは、戸令に規定さるべきことであって、現存の均田法規(田令)には明記されていない。しかしこの点を推測するための材料はある。まずすでに引いた露田の条に、「男夫は十五以上にて……受く」とあるから、男夫の年齢が十五歳からであることはあきらかである。つぎに不課戸への給田を規定した左のような条文がある。

諸そ、戸を挙げて老・小・癃残にして田を授けらるること無き者有らば、年十一已上及び癃なる者は、各々授くるに半夫の田を以てす。年七十を踰ゆる者は、受くる所を還さず。寡婦の志を守る者は、課を免ずと雖も、亦婦田を授く。

すなわち戸内に丁男がなく、老・小・癃残もしくは寡婦などから構成されている戸の場合には、その戸主にたいして一定の田土が支給される。(14)戸主が十一歳以上か癃残の場合には半夫の田、すなわち露田二〇畝(倍田をふくめれば四〇畝)、麻田五畝が支給され(世襲を原則とする桑田については判然しない)、七十歳を過ぎてもそれまでもっていた田土、すなわち男夫と同額の田土をもちつづける。寡婦の場合にも婦人の田土をもちつづけるというのである。これによると一般には七十歳で田を還すとおもわれるので、男夫の年齢の上限は七十歳であり、七十一歳からは老になると考えられる。

それでは右の不課戸の条に、「年十一已上」とあるのは何をいみするであろうか。鈴木俊氏はこれを中男と解しているが(「均田制についての二、三の疑問」)、私も同様にこれが中になる年齢をしめすものとおもう。右の条文の冒頭には「戸を挙げて老・小・癃残にして……」とあって、中には言及していないし、北魏の均田制下で中男ないし中女があったことを直接しめす史料はない。しかし均田制以前の四七七(太和元)年三月丙午の勧農の詔には、「一夫の制は田を治むること四十畝、中男は二十畝とす」(魏書七上高祖紀)とあって、夫と中男の別がすでにあったことがしめされている。北魏ののちの西魏の計帳様文書では、黄・小・中・丁・老の区別があり、十歳以上を中としている。これらのことから、北魏の均田制下でも、十一歳以上が中、十歳以下が小とされていたのではないかとおもう。黄の存在とその年齢についてはわからない。以上によって北魏では、十歳以下が小、十一歳から十四歳までが中、十五歳から七十歳までが夫あるいは丁、七十一歳以上が老であったと想像される。

2　婦人への給田とその意義

男夫とならんで田土配分の対象になるのは婦人である。この「婦人」とは何なのか、既婚女性をいみするのか、それとも成年女子一般をいみするのかが問題である。この点について従来明確な説を出しているのは玉井是博氏であって、氏はこれを女子一般と解し、北魏以来婦人に独立の給田を規定したのは北方民族の民族性によるもので、唐になって女子の給田を規定しなかったのは、婦人を男子に従属させる家族主義的婦人観の現われと考えたのである(「唐時代の土地問題管見」)。この民族性による説明については志田不動麿氏の批判があるが(「晋代の土地所有型態と農民問題」)、婦人の語のいみについては近年まで問題にされたことがない。吉田虎雄・鈴木俊両氏がこれを既婚婦人と解していることは明瞭であるが、おそらく自明のことと考えたのであろう、とくに理由を提示していない(吉田『魏晋南北朝租税の研究』八三頁、鈴木「麻田考」「隋の均田制度について」)。一方曾我部静雄氏はやはり女子ということばでこれをいいかえている(『均田法とその税役制度』七三頁以下)。ところが近年日本史家の虎尾俊哉氏がこの問題をとりあげ、つぎの四つの理由をあげて、これを既婚女性であると結論した(『班田収授法の研究』一九三頁以下)。第一は、婦という文字の語義・用例から既婚女性とする方が自然であること。第二は、この解釈の方が井田制から均田制にいたる沿革を理解しやすいこと。第三は、西魏のいわゆる計帳様文書のなかに、二十七歳の未婚の女性が「中女」とされていること。第四は、未婚女性は租調を負担しないので、給田もされないと考えられること。さて私も結論的には虎尾氏の説に賛成であるが、その理由づけには同意できない点もあるので、以下に私の史料を補足して説明を加えたいとおもう。

まず婦人という語の一般的な語義・用例から、既婚女性であるという結論を出すのは無理なようである。例えば唐律疏議二名例、応議請減条には、「男夫の盗を犯し、及び婦人の姦を犯す者、また減ずると贖するとを得ず」とあって、男夫と婦人の語がもちいられているが、これに対応する日本律では、婦人に当る部分が妻妾となっていて、一見婦人を既婚女性と解する方が正しいようにおもわれる。しかし日本律の男女関係にかんする部分は、日中の家族制度の相違によって改められた場合が多く、これによって唐律を理解するのは危険である。右の場合も、日本の方が結婚前の男女関係がゆるやかであったことを反映しているのかもしれない。このように考えるのは、唐律疏議一七賊盗、縁坐非同居条の疏に、「婦人とは、室に在ると出嫁・入道せるとを限らず」と明記されているからである。それゆえ滋賀秀三氏は、律疏の男夫・男子、婦人・婦女の語を、それぞれ男性一般、女性一般を指すものと解しているが(「訳註唐律疏議」二一、五五頁)、反対すべき理由がない。

つぎに中国の土地制度の沿革からみても、給田の対象になる婦人が既婚女性でなければならないという結論はでない。なるほど古典に伝えられる井田制は夫家を単位とし、とくに女子にたいする給田をおこなっていない。これは玉井氏のいわゆる家族主義的観念によるといっていいかもしれないが、玉井氏はこれが北方民族によって中断されたとし、虎尾氏はこの一夫一婦の夫家を単位とする考えが南北朝の均田制にもちこされたという。しかし均田制の前後には、晋や南朝の漢人王朝のもとで、女子にたいする給田や賦課がおこなわれているのである。西晋の占田・課田の制を伝える晋書二六食貨志には、

男子一人ごとに、田を占むること七十畝、女子は三十畝。其の外《ほか》、丁男には田を課すること五十畝、丁女には二十畝、次丁男はこれに半ばし、〔次丁〕女には則ち課さず。男女年十六已上、六十に至るを正丁と為す。十五已下十三に至り、六十一已上六十五に至るを次丁と為す。十二已下、六十六已上を老・小と為し、事とせず。

とあり、東晋・南朝の税制を記した隋書二四食貨志の記事には、

其の課、丁男は調布・絹各々二丈、絲三両・綿八両、禄絹八尺・禄綿三両二分、租米五石、禄米二石。丁女は並びにこれに半ばす。

(a)男女年十六已上、六十に至るを丁と為す。(b)男は年十六にてまた半ばを課し、年十八にて正課し、六十六にて課を免ず。(c)女は嫁せる者を以て丁と為す。室に在る者の若《ごと》きは、年二十なれば乃ち丁と為す。

とある。この隋書の記事には混入もあって年次を確定することが難しいが、[15](c)に明記されているように、南朝のある時期では二十歳になれば未婚の女子でも丁となり、したがって税役を課せられたのである。おそらく前記両記事の丁女は、同様なあつかいをうけたと推測してよいのではなかろうか。ただしこれらでは女子、丁女とよんで、婦、婦人とはいっていない。

以上によって、婦人の語の一般的な語義・用例や、土地制度の沿革からは、北魏の「婦人」を既婚女性としなけれ

ばならない理由はみあたらないことがあきらかになった。そこで北魏以下の北朝の史料のなかから、婦人の語にこの時代特有の用法があるかどうかを確定しなければならない。この点で明確な解答をしめすのは、虎尾氏も指摘する西魏の計帳様文書の記載である。この文書では婦人という語は使われず、受田の対象は、B種文書の集計記事では「丁女」「老女」、A種文書の各戸の記載では「丁妻」「老妻」と記されている。これにたいして、成年に達しても未婚の場合は「中女」と記された。その例はA種文書に属する第九枚目第九行のつぎの記載である。

　息女ミ親辛丑生年兩拾柒　中女　出嫁受昌郡民泣陵申安

この女性は出嫁したのであるから、不課であり、受田もないのは当然であるが、まだ除籍されておらず、出嫁以前の記載をひきついでいる。ところでこの文書全体では「中男」「中女」はふつう十歳から十七歳までであり、むろん受田はないのであるから、この女性のように二十七歳で「中女」とされているのは、一般に女性が未婚のうちはいつまでも中女であり、受田のなかったことをしめすといってよい。出嫁先で入籍してはじめて「丁妻」とされ、田土の配分をうけたと考えられる。このような「丁妻」「中女」の記載のしかたは、唐の戸籍でも同様である。例えば天宝六載籍などは未婚の成年女子が多いので有名であるが、それらはいずれも中女とされている。唐では女性にたいする給田は、戸主や寡妻妾の場合を除いてなくなったのであるが、右のような記載の形式は北朝からうけつがれたのであろう。

　均田制下の田土が租調に対応することは前節で指摘したが、租調の制度自体は第五章で詳説する。ここでは給田の規定と比較するために、北魏の租調の規定をみると、

　其の民の調は、一夫一婦ごとに、帛一匹・粟二石。民の年十五以上にして未だ娶らざる者は、四人もて一夫一婦の調を出だす。云々

とあって、賦課の対象を「一夫一婦」と「未だ娶らざる者」とにわけており、未婚あるいは独身の女性には租調がかからない。したがって給田と賦課が対応するのであれば、給田の対象たる「婦人」は結婚している女性に限られる。

このことは北魏の均田法規自体のなかのつぎの規定によって確められる。すなわちさきに引いた不課戸の条に、

寡婦の志を守る者は、課を免ずと雖も、亦婦田を授く。

とある規定である。課すなわち租調は独身の女性にはかからないのであるから、寡婦は独身となることによって当然課が免ぜられることになる。その場合婦田がもし女子一般に与えられるものであるなら、寡婦となってもそれまでもっていた婦田をもちつづければよいのであり、ことさら右のような規定を設ける必要はなかったはずである。このような規定が設けられたのは、寡婦にたいして特別に、独身者には与えられない婦田を与えるためであって、このことは婦田が一般には、結婚している女性にのみ与えられるものであることをしめしている。さきにみた西魏の計帳様文書の「丁妻」「中女」の用い方は、このような北魏の制をうけついだものにちがいない。

給田の対象たる婦人がこのように既婚女性に限るということは、玉井氏のいうように家族主義的観念が北朝で中断したというようなものではなく、まさにその逆で、女性は男夫に付属してのみ給田が認められたことをしめしている。北魏・北斉では男夫と婦人は一応別々に給田の対象とされているが、北周の法では、

室有る者は田百四十畝、丁たる者は田百畝。

と男性本位の規定になっている。賦課の対象を「一夫一婦」と「未だ娶らざる者」にわけるのも同様な規定であるが、この一夫一婦のことを北斉では「牀」とよび、隋の法規ではこれを「丁男一牀」と称していて、女性は一貫して独立性を認められていないのである。なおこのような地位にある婦人に与えられるのは露田と麻田であって、桑田はわりあてられていない。それは桑田が世襲される土地であるため、婦人は家産分割もしくは相続にあずかる権利のないものとして除外されているのである。(16) このように均田制が対象としたものは家父長制的な農民家族である。それも男夫・婦人＝夫婦を中心とした小農民家族である。田土の授受をとおしてそのような小農民家族を創出し、それを支配の基礎におこうとするのが、均田制の主な目的であったとおもわれる。

このような均田制の目的を端的にしめすのは前にも引いた租調の規定であって、それは一夫一婦(牀)を一体として賦課されている。それにたいして給田規定の方は、北魏や北斉では男夫と婦人が別々に給田の対象とされているが、それは技術的な理由があって、租調と同様な規定ができなかったのである。すなわち右にのべた露田・麻田と桑田のちがいのように、均田制下の田土には還受・不還受の別があり、耕作上の強制もちがうし、給田対象も異なっているので、田種別・給田対象別に規定する必要があったと考えられる。その証拠に、北周のように「室有る者は田百四十畝、丁たる者は田百畝」と規定されたのでは、田土のちがいがまったくわからなくなってしまう。さらに租調額と給田額とを比較してみると、租調は夫婦を基本単位として、未だ娶らざる者、奴婢、丁牛への賦課額がはるかに少ないのにたいし、給田額は単丁、奴婢等への割当が比較的多い。これは田土の配分に際して、小農民を中心として把握するというさきの目的とは別個の原理が働いているからであろうとおもわれる。均田制施行前の四七七(太和元)年三月の勧農の詔に、「人をして余力有り、地をして遺利有らしむる無かれ」(魏書七上高祖紀)とあるが、労働力と土地とを全面的に国家の掌握下におき、それらの労働力をあますところなく土地の耕墾に投入し、生産力の恢復をはかるのが、初期均田制のもう一つの重要な目的であったとおもわれる。給田額が比較的多いのはそうした目的にそうものであったろう。

(14)　私は旧稿「北朝の均田法規をめぐる諸問題」において、この法規を解釈して、戸主にかぎらずすべての老・小・癃残・寡婦らに授田されるものとしたが、西村元佑「均田法における二系列」、善峰憲雄「北魏均田制寡婦受田考」はこれを批判して、授田は戸主にかぎっておこなわれるものとした。批判説の根拠は、西魏のいわゆる計帳様文書の記載にあるが、北魏の条文自体からみても、不課戸内のすべての老・小・癃残に授田があるとするのは、一般の課戸内の老・小・癃残に授田がないことと比較して、均衡を失しているとおもわれる。したがって私の旧説よりも、戸主にかぎって授田がおこなわれたとする批判説の方が正しいとおもう。ただ西魏の文書はかならずしも北魏の規定に従っているわけではなく、老男にたいしても半夫の田が支給されているにすぎない。この文書では寡婦も戸主の場合にのみ給田されているが、北魏の条文によると、寡婦だけは老・小・瘻残とちがって、戸主にかぎらず給田されたとみる余地がのこっているとおもう。あるいは曾我部静雄「日中の律令における寡妻妾及び妻妾に対する授田とその義務免除」の二にのべるように、後世の節婦にたいする旌賞の規定にあたるのかもしれない。

(15)　この記事は三二一(太興四)年に発布されたとおもわれる東晋の給客制につづいて掲げられているが、ここに引用した税制の年次については、曾我部静雄『均田法とその税役制度』は宋の元嘉年間(四二四—四五三年)以後のものとし(同書三四、六四頁)、古賀登「南朝租調攷」は梁の武帝の五〇二(天監元)年以後とし、越智重明『魏晋南朝の政治と社会』は同じく武帝の五三八(大同四)年以後としている(同書四六二頁)。ただし年齢区分の記事の方は一貫性のある文ではなく、(a)は古賀・越智両氏とも晋(ないし宋の元嘉頃まで)制の混入したものとし、(c)は古賀氏が梁武の頃とするのにたいし、越智氏は年次を確定していない。

(16)　曾我部前掲書七六頁には、「桑田は世襲的に永代使用を認められたもので、中国では男子のみ原則として戸を継承するものであり、戸を成し得るものであるから、かく男子のみに授与されるのであらう」とあるが、桑田は戸主にのみ継承されるのではないから、家産分割もしくは相続にあずかる権利の問題として理解すべきであろう。

四　初期均田制における給田の対象(2)
——奴婢・耕牛＝大土地所有と墾田政策——

1　奴婢への給田

均田制は広汎な小農民にたいして、労働力に応じた土地の配分をめざしたのであるが、このような制度が生まれてくる前提には土地所有の不均衡があったのであり、均田制はそのような社会の変革をめざすものではなかったから、さまざまな階層の大土地所有をふくむ制度として成立した。初期の均田制においては、既述のように奴婢・耕牛への給田がおこなわれたが、北魏の法規には、「奴婢・牛は、有無に随って以て還受す」とあり、また「奴婢・牛を売買する者は、皆明年正月に至って、乃ち還受するを得」とあって、奴婢・耕牛は主人の所有・売買の対象であったから、奴婢・耕牛へ支給された田土は、奴婢・耕牛の所有者の手に帰したのである。この奴婢・耕牛への給田が大土地所有を拡大する根拠となったことは、通典二に引く北斉時代の関東風俗伝に、

広占とは、令に依れば、奴婢の田を請うこと、亦良人と相似るなり。無田の良口を以て、有地の奴・牛に比《なぞら》う。宋世良、天保中に書を献じて、富家の〔奴〕牛の地を以て、先ず貧人に給せんことを請う。其の時朝列、其の理に合えるを称す。(17)

とあることによっても知られる。ここではさらにその土地所有の拡大が、均田制の基礎をなす小農民経済との矛盾をもあらわにしていることが指摘されている。

北斉の時代にはこのような事情から、給田の対象となる奴婢の数を制限する措置をとることになるのであるが、しかし北魏の時代には、奴婢所有者にたいして、無制限に、奴婢の頭数に応じて、それぞれ良人と同額の田土を支給することになっていた。このことは単に大土地所有の無制限な公認としてのみうけとるべきではなく、奴婢給田による大土地所有の公認には、国家が地主支配下の奴婢労働力を全面的に掌握して、それに応じた土地の耕作を強制するという一面があることに注意すべきである。先述のように、あらゆる労働力を動員して土地の耕墾に投入しようとするところに、初期均田制の一つの目的があったのであるから、北魏における無制限な奴婢給田は、このような初期均田制の目的が優先していたことをしめすものであろう。

奴婢への給田は、北魏の露田・麻田の条に「奴婢は良に依る」とあるように、良人の場合に準じておこなわれるはずであったが、前節で論じたように、良人の場合「婦人」というのは既婚女性をいみした。それではこれに対応する婢の場合はどうか、一応検討しておく必要があるとおもわれる。このことを考える材料は、やはり西魏のいわゆる計帳様文書のなかにある。A種文書に属する第十六枚目第三行に、

婢来花己未生年究　賞年十八進丁

とあるのがそれであるが、ここでおかしいのは、上に年九といいながら下に実年十八とある点で、この点について山本達郎氏は、実際の年齢は九歳であるのを、丁としてあつかう必要上、この時代の丁の最低年齢をとって実年十八と書きこんだものと解している。この文書が丁卯の年に作成されたものであることを考えると、己未生とすれば九歳というのが事実で、山本氏の解釈が正しいとおもわれる。そうとすればこの九歳の婢が未婚であるのはたしかであり、それが丁とされて田土を受け租調を納めているのであるから、婢の場合には結婚しているかどうかが基準ではなく、男性と同じ年齢で丁とされるのが原則であったと推定してよいとおもう。このことはおそらく奴婢の本質が労役に駆使されることにあり、主家から婚姻を許されるとはかぎらなかったという事情によるものとおもわれる。

前掲のように奴婢への給田は、北魏の露田・麻田の条に「奴婢は良人に依る」と記されている。しかるに北魏の桑田の条のみは、「奴は各々良に依る」(奴各依良)とあるので、かつて宮崎市定氏はこれに疑問をもち、「奴隷は売買されるものなのに、永業の桑田を受けたらば、他に転売された時に支障を来す。恐らく『奴各』は『奴客』の誤で、奴隷の戸をなすもの、即ち部曲の如きものであろう。然らざればこの四字全体を衍文と見る外ない」といい(「晋武帝の戸調式に就て」)、最近ではこの考えを露田にも推しおよぼして、「北魏の制では奴客は良民と同じように、露田四十畝、倍田四十畝、合せて八十畝を給せられる。奴客は奴隷と佃客を併せ称したものであろうか」とものべている(「中国史上の荘園」)。永業の桑田を奴隷にわりあてることにたいする宮崎氏のさきの疑問はもっともな点もあるが、最近の説のように問題を展開されては、もとの疑問とは関係なくなってしまう。最近の説は均田制のもとで奴隷とならんで佃客への給田があったと主張するもので、この時代を中世とし、部曲・佃客が主要な生産者であったとする氏の持論に都合よくつくられている。しかし露田については上記のように「奴婢は良に依る」と明記されていて、佃客への給田がないことは疑問の余地がない。「奴婢は良に依る」とは、露田の場合、奴は男夫と同じく四〇畝、婢は婦人と同じく二〇畝を受けることをいみする。これに対比して桑田の「奴は各々良に依る」をみれば、奴は男夫と同じく二〇畝を得るが、婦人には給田がないので、婢にも給田がないと解してすむことである（松本善海訳注「北魏の均田法」）。もちろんこの奴の受けた桑田は主人の財産であるが、世襲財産である桑田が、奴の死亡や売却によってどのように処分されたか、残念ながら不明である。

大土地所有の佃客による経営が、均田制以前にある程度の発展をしめしたことはまちがいない。地主の佃客にたいする支配の進展は、専制王朝の小農民にたいする直接支配の体制を脅かすものであったので、魏・晋の諸王朝は給客制度をつくって、主客関係の進展に一定の枠をはめ、王朝権力の強化を策した（本書第二章参照）。北魏においても、均田制とともに三長制が施かれるまでは、地主＝佃客関係が存在したことは、魏書食貨志に、「魏の初め三長を立てず。故に民多く蔭附す。蔭附する者は皆官役無けれど、豪彊の徴斂は、公賦に倍す」とあることによってうかがわれる。三長制は、豪族地主の佃客となってその支配に服していた小農民を、国家が直接把握して組織する制度であって（第三章参照）、均田制はこれにもとづいておこなわれたから、均田制のもとでは地主＝佃客関係は制度上否定されるにいたったのである。(18) もちろん佃客使用の大土地経営は、当時の社会の生産諸関係のなかでは支配的な地位を占めるにいたらなかったのであるが、それにしてもいったん形成された生産様式が制度や法の施行によって消滅してしまうわけはなく、均田制を実施する国家権力が弱体化すれば、それが復活する可能性は当然存在した。通典七食貨丁中には、隋初のこととしてつぎのような記事がある。

> 其の時、西魏の喪乱・周斉の分拠を承《う》け、暴君慢吏ありて、賦重く役勤《くる》し。人命《たみ》に堪えずして、多く豪室に依る。禁網隳《すた》れ紊《みだ》れて、姦偽尤も滋《しげ》し。高熲は流冗の病《へい》を覩《み》て、輸籍の法を建つ。是に於て其の名を定め、其の数を軽くし、人をして、浮客と為らば彊家のために大半の賦を収め、編甿と為らば公上を奉じて軽減の征を蒙《う》くるを知らしむ。

ここで浮客とよばれているのは、均田制による土地への緊縛（地著）を離脱した浮浪人口であるが、かれらは豪室・強家に依付して佃客となる場合が多いとみられている。これにたいして国家がおこなったのは、かれらをふたたび戸籍につけて独立の編戸とすることであり、浮客・佃客の存在を認めることではなかった。この方針は唐代にもうけつがれて、玄宗のとき宇文融の括戸政策によって修正されるまで続くのである（中川学「唐代における括戸実行方式の変化について」）。このような文脈からみるとき、宇文融が客戸を一般の均田農民すなわち主戸（土戸）と区別してあつかったことは、結局均田制の斉民的な支配体制の崩壊に一歩を進めることになったのである。[19]

北魏の前期には、佃客のほかに僮隷・隷戸などとよばれる特殊な隷属民があった。その由来のあきらかなものをみると、皇帝から功臣に賜与されたものがほとんどで、[20]おそらくは北魏の征服戦争の過程で掠奪された被征服人口の一部が賜与の対象になったのではないかとおもわれる。[21]かれらがどのような労働をおこなったかをしめす史料はほとんどないが、ただ魏書二一上咸陽王禧伝に、

貨賄を味《むさぼ》り求め、奴婢千数あり、田業・塩鉄、遠近に偏く、臣吏・僮隷、相継いで経営す。

とあって、僮隷が田業・塩鉄の経営を担当していることがしめされている。ところで僮隷とならんで記されている臣吏は、魏書一一三官氏志の四〇四（天賜元）年十二月の条に、「詔して始めて王・公・侯・子の国に臣吏を賜う。大郡王に二百人、次郡王・上郡公に百人、次郡公に五十人、侯に二十五人、子に十二人。皆典師を立て、職は家丞に比《なぞら》え、群隷を総統せしむ」とあって、王侯の家に奉仕する家臣もしくは家兵として国家から支給されたものであるらしい（唐長孺「拓跋国家的建立及其封建化」）。してみると僮隷も、臣吏のような制度的なものではないが、王侯官吏の家に奉仕して家内の雑務に使用されたものであり、その雑務の一つとして田業等の経営にたずさわることがあっても、奴婢のような直接生産者とは区別すべきものとおもわれる。

結局初期均田制において、大土地所有の直接生産者として公認されたのは奴婢だけである。漢代以来奴婢は宮廷・王侯百官をはじめ一般豪族の家内奴隷として相当大量に使用され、地主手作地（直営地）の農業労働に従事するものも

多かった。大土地所有の発展とともに、地主手作地の周囲には佃客制が展開したが、均田制はこの佃客を独立の均田農民として佃客制を解体させ、地主手作地における奴隷制だけをひきついだのである。このことを可能にしたのは、当時における奴隷制の発展という現実であったろう。北魏の初期には、征服戦争によって被征服民が奴婢とされて分配されることが、さきの僮隷とならんできわめて多かったし、またそのような乱世を背景に、困窮して身を売る庶民も多かった。均田制時代になっても、南朝などとの戦争で、掠奪されて奴婢とされるものが引続いて増加した。一方荒蕪地の出現によって、粗放な奴隷制経営でも、土地の拡大によって生産をあげることが容易であった。例をあげれば、さきの咸陽王禧の「奴婢千数」は、かれが各地にもつ多数の「田業・塩鉄」の直接生産者であった。周書三五裴侠伝に、「良田十頃を賜ら。奴隷・耕牛・糧粟、備足せざる莫し」とあるのも、奴隷が田土の耕作者であったことをしめしているが、同時代の顔氏家訓下止足篇によると、良田一〇頃にみあう労働力は奴婢二〇人であり、これがほぼ当時の田土と奴婢労働力の比率をしめしていると考えられる。(22)

2　耕牛への給田

初期の均田制では奴婢とともに耕牛にも田土を与えたが、その規定が魏書食貨志の北魏の法には、

丁牛一頭、受田三十畝、限四牛。

とあり、隋書食貨志の北斉の河清三年令には、

丁牛一頭、受田六十畝、限止四年。

とあるので、「四牛」と「四年」といずれが正しいか問題であるが、今日のところ賛否相半ばする状態で、決定的な論断は存在しない。(23)決定的な論断をなすだけの史料が不足しているのである。なるほど現存の史料からいうと、北魏の法には異説がないのに、北斉の法には異説があるようにみえる。すなわち曾我部静雄氏が指摘するように、隋書食貨

志や通鑑一六九胡注に引く五代志には「限止四年」となっているが、通典・冊府元亀・文献通考等には「限止四牛」となっているのである。しかしこれは通典がおそらくは隋書から河清三年令を転載するに際し、魏書との異同を考えて、「四牛」説の立場から改めたものであり、冊府元亀・文献通考はその通典を転載したものにすぎない。一方隋書の志類は、隋書と同時期に編纂された五代志をそのまま採用したものであり、通鑑胡注が五代志として引くものは、隋書食貨志の文章にほかならないとおもわれる。したがってこの問題にかんする根本史料は、やはりさきに引いた魏書食貨志と隋書食貨志の二つしかないのである。[24]

それではこの二つの根本史料のいずれが正しいかをしめす傍証はないであろうか。前に引いた関東風俗伝をみると、「無田の良口を以て、有地の奴・牛に比う」といい、「富家の〔奴〕牛の地を以て、先ず貧人に給せんことを請う」とあって、大土地所有において牛への給田が、奴婢への給田とならんで、重要な地位を占めていたようにおもわれる。牛への給田がもし四頭にかぎられていたとすれば、それはなんら土地所有拡大の根拠にはならないし、その土地を貧人に支給せよという提案もいみをなさないのではないかとおもう。前にのべたところによると、良田一〇頃にたいする奴婢労働力は二〇人であった。これは良田であるから休耕はおこなわれなかったとして、奴・婢二人にたいする給田をみると、露田六〇畝、桑田を加えても八〇畝にすぎず、耕牛への給田がなければその労働力を生かしきれないということも考えられる。

南北朝の時代は耕牛の使用が農業生産上きわめて重要になった時代であるが、当時の農村では耕牛をもつのは農民の一部にすぎなかったので(西魏のいわゆる計帳様文書によると、敦煌の一部落三三戸中に六頭の牛があった)、北朝の政府は農民の間で牛力と人力とを交換することを奨励し、牛力利用の普及によって農業生産力を高めようとした。このことは具体的には前章でのべたのであるが、このように耕牛を重視して給田を規定しながら、それをわずか四頭に制限するのは非常に不自然である。不自然といえば、清水泰次・松本善海氏らが指摘したように、「四牛を限る」という表現自体、漢文の語法上からおちつかない。四牛説に立つ宮崎市定氏は、丁牛という以上さらに四年という年限を付するのはおかしいというが、清水氏がいうように、人間の場合何歳から何歳までと年齢を区切って丁の期間をきめているのにたいし、牛の場合には四年という年限をきって受田期間を定めたということが考えられる。当時の牛の使役に耐えうる期間を四年位とみてもおかしくないのではなかろうか。(25)

(17)　この部分の原文は、「以富家牛地」となっているが、西村元佑「北斉均田制度の一問題点」は、前文とのかかり具合から「以富家奴牛地」と改むべきであるとしている。

(18)　このことは田土の賃貸借そのものが否定されたことをいみしない。後述するごとく、剰田は余力のある農民に貸し出されたし、職分公田も賃借した農民によって耕作されたようである。しかしこれら国有地の賃貸借の対象には、独立の均田農民が想定されていた。

(19)　礪波護「唐の律令体制と宇文融の括戸」は、唐代における均田制の実効性や意義を認めず、括戸政策を直接推進したのは府兵制の矛盾であったという。氏のように吐魯番における土地の還受をも否定するのは誤であるとおもうが、むろん還受が法の額面どおり全国的に実行されたとはおもわれない。しかし府兵にせよ租庸調にせよ、その収奪を可能にした前提には国家の土地にたいする支配があり、それを運用するのは均田法規であって、その適用を通じて農民は土地に緊縛され、土地の処分その他の規制をうけて、比較的均等規模の小生産者、すなわち「斉民」として存続せしめられていたと考えられる。私が問題にする均田制はこのような体制であって、したがってその体制を解体させていく客戸の出現や大土地所有の発展を、均田制の崩壊現象としてとらえることは差支えないとおもう。

(20)　魏書三〇王建伝に、「従征伐諸国、破二十余部、以功賜奴婢数十口・雑畜数千、従征衛辰破之、賜僮隷五千戸《十？》」とあり、同書三〇安同伝に、「太祖班賜功臣、同以使功居多、賜以妻妾及隷戸三十・馬二匹・羊五十口、加広武将軍」とあるのをはじめ、同書二四許謙伝に「賜僮隷三十戸」、同書二九奚斤伝に「賜僮隷七十戸」、同書三四王洛児伝に「賜僮隷五十戸」、同書三三李先伝に「賜隷戸二十二」、同書八三上姚黄眉伝に「賜隷戸二百」、同書三四陳建伝に「賜戸二十」などとある。

(21)　隋書二五刑法志に、「魏虜西涼之人、没入名為隷戸」とある。この文の後半は隷戸をのちの雑戸の起源としているが、この点が正しいかどうかは疑問であるし(本書第七章参照)、西涼征服のおりにのみ隷戸が生じたのではない。個々の僮隷・隷戸の賜与の記事などからも、その起源は、北魏前期の征服戦争で俘虜となったものを諸将に分配した場合が大部分であるとおもわれる。

(22)　魏書一二孝静帝紀には、「斉天保元年五月己未、封帝為中山王……封王諸子為県公、邑各一千戸、奉絹三万匹、銭一千万、粟二万石、奴婢三百人、水碾一具、田百頃、園一所」とあるが、北斉書四文宣帝紀では、同じ記事を「奴婢二百人……田百頃」としており、また北斉書三二陸法和伝には、「賜法和銭百万・物千段・甲第一区・田一百頃・奴婢二百人、生資什物称是」とあるので、魏書の「奴婢三百人」は誤であろう。田土一〇〇頃にたいして奴婢二〇〇人、一〇〇頃にたいして二〇〇人が適当な比率であると考えられる。

(23)　四年説は、清水泰次「北魏均田考」、松本善海「北魏における均田・三長両制の制定をめぐる諸問題」「北魏の均田法(訳注)」、四牛説は、宮崎市定「晋武帝の戸調式に就て」、吉田虎雄『魏晋南北朝租税の研究』一一四頁、曾我部静雄『均田法とその税役制度』一〇二頁等。

(24)　通典の記事は先行する成書の文章を綴ったものであり、河清三年令の部分がその文章構成からみて隋書食貨志によったことはほぼ確実である。なお冊府元亀はもとの正史等よりも通典に拠ったとおもわれる部分が多い。

(25)　松本善海氏は、現在の日本の所得税法で農耕用の牛は満二歳で成熟し、使用可能年数を六年としていることを指摘している。同氏訳注「北魏の均田法」を参照。

五　田土分類の変化
——永業田・口分田の成立と実態——

1　桑田・露田から永業田・口分田へ

北魏の均田制の露田・桑田・麻田のあいだには、すでにのべたように、本来作物の性質によって還受・不還受の別がきめられていたのであるが、しかし絹産地の桑田が不還受とされ、麻産地の麻田が還受されることになった結果、地域によって土地にたいする権利に差が生ずることになったのは、北魏の制度の最も不合理な点であった。そこで露田と桑田の区別は北魏以後の王朝にもうけつがれたが、桑田と麻田の区別はその後消滅することになった。このことは北斉の河清三(五六四)年令に、「又毎丁、永業二十畝を給して桑田と為す」とのべたのち、

土の桑に宜しからざる者は、麻田を給すること、桑田の法の如くす。

とあることによってしめされている。これによって麻田も永業田となり、丁男にのみ二〇畝が給せられ、婦人への割当は廃止されたとおもわれる。西魏のいわゆる計帳様文書では、北魏と同様丁男に一〇畝、丁妻に五畝の麻田が給せられているが、(26) 西魏をついだ北周では、

室有る者は田百四十畝、丁たる者は田百畝。

と一括して規定されているため、その内訳は不明である。しかし一四〇畝、一〇〇畝という面積は露田と桑田とをあわせた額であって、北魏・西魏と同じ麻田をあわせたのでは、このような合計額にならない。これは標準となる桑田の地域のみを記したのか、あるいは北斉と同じく麻田も永業になったのか、いずれかであるが、これに対応する賦税の項には、「其の賦の法、室有る者は歳ごとに絹一疋・綿八両・粟五斛に過ぎず。丁たる者は之れに半ばとす。其の非桑の土は、室有る者は布一疋・麻十斤、丁たる者は又これに半ばとす」と記されているので、前記の田土には麻田をもふくみ、ここでも麻田が永業となっている蓋然性は強いとおもう。

ついで隋になると、

其の丁男・中男の永業・露田は、皆後斉の制に遵《したが》う。

とあって、露田の名はそのままだが、桑田と麻田の名はなくなって、一括して永業田(実は世業田)と称されるようになった。もっともさきに引いた北魏の法に、「諸そ、桑田は皆世業と為す」とあり、前記の北斉の河清三年令にも、「毎丁、永業二十畝を給して桑田と為す」とあるから、世業(永業)の名はすでに北魏以来もちいられているのであるが、田土の名称は桑田・麻田であったのであるから、世業田(永業田)が正式の名称になったのは、やはり隋からであろう。

むろんこれをうけた唐の田令では、

　世業の田は、身死すれば則ち戸を承くる者に便ちこれを授く（武徳令）。

　諸そ、永業田は皆子孫に伝え、収授の限りに在らず（開元二十五年令）。

と規定されている。この永業田に三年以内に桑・楡・棗などを植える義務も、北魏以来歴代伝えられているのである。

右の隋の記録によると、「永業・露田」とあって、まだ永業田にたいして口分田とはよばれていない。もっとも口分の語も早くからあらわれてはいる。通典二に引く関東風俗伝に、

　糾賞とは、令に依るに、口分の外、買い匿すものあるを知れば、相《たが》いに糾《つ》げ列《つら》ぬるを聴《ゆる》し、還《ま》た此の地を以てこれを賞するなり。

とあるが、この「令」が関東風俗伝の他の個所に引くように「魏令」であるならば、北魏時代よりもちいられていることになる。同じく関東風俗伝に、

　亦た懶惰の人、田地を存すと雖も、肯て力を肆《ほしいまま》にせず、外に在りて浮遊すれば、三正其の口田を売って、以て租課に供す。

とあるように、北斉の時代には「口田」の語も用いられていた。あるいはこの「口田」は「口分田」の分の字が落ちたのかもしれないが、いずれにせよそのいみは、各個人に割り当てられた田土ということで、露田ばかりでなく、桑田・麻田をもふくむ語であったかもしれない[27]。口分田の名が永業田とならぶ正式の地目の名として登場するのは、上記の「露田」の記録がある以上、すくなくとも隋初の開皇令でないことはたしかであるが、隋の大業令からか、それとも唐代に入ってからかはあきらかでない。唐初の武徳令を伝える文には、

　授くる所の田、十分の二を世業と為し、八を口分と為す。

とあり、唐初に口分田と称したことは確認できる。

2　永業田と口分田の関係——法と実態——

以上に、北魏における露田・桑田・麻田という作物に由来する田土の名称が、口分田・永業田という直接還受・不還受の別を表明する名称に変化した過程をあきらかにした。それでは口分田と永業田との関係はどうなのか。還受・不還受という両者の別は維持されたであろうか。北魏では露田に正田と倍田の別をおくことによって、桑田が余分にあった場合これを倍田にあてても、正田にあてることをせず、正田と桑田との区別を明確にしてきた。ところがこの倍田も、北斉のときに廃止された。北斉の河清三年令に、

一夫は露田八十畝を受く。婦は四十畝。

と規定されている。北魏のときから露田は倍田をふくめて一般に男夫八〇畝、婦人四〇畝を給せられたのであるから、実際には面積にかわりないし、休耕農法がおこなわれるところでは、やはり半分が休耕地にまわされたことにかわりなかろう。しかし桑田の余分な分を吸収する倍田の役割はなくなったので、それにかわって登場したのが、今日唐の開元二十五年令(通典二食貨田制等所引)によって知られるつぎの規定であろうとおもう。

先に永業ある者は、通じて口分の数に充つ。(28)

これは継承された永業田に余分がある場合、北魏では正田の数中に通算されなかったのにたいし、ここではその戸の受くべき口分田の総数の中に数えることができるようになったことをしめしている。それでは口分田の数中に通算された田土は、地目としては依然永業田なのか、それとも口分田に変更されるのであろうか。この点について、口分田になるとする鈴木俊氏と、永業田のままであるとする仁井田陞氏とのあいだに、かつて意見の対立が生じたことがあった(鈴木「敦煌発見唐代戸籍と均田制」、仁井田『唐宋法律文書の研究』第十五章戸籍)。鈴木氏の説は後述する敦煌戸籍の実情をみて出されたものとおもわれるが、私は法の本来の意図と実際の施行状態とは厳に区別すべきものと考えるの

で、仁井田氏の説くごとく、地目としては永業田のまま口分田の数中に通算するのが、この法の本来いみするところであるとおもう。

鈴木・仁井田両氏は、右の法が適用された例として、敦煌発見の天宝六載(七四七年)籍のなかの、戸主程什住・程仁貞兄弟の戸籍(フランス国立図書館蔵ペリオ漢文文書三三五四号)の例をあげている。この戸籍の内容を表示すれば、表2のとおりである。程什住戸の応受田額の内訳は、

50畝(老男戸主永業20畝+口分30畝)+100畝(丁男永業20畝+口分80畝)+5畝(良口13人の居住園宅)=155畝

である。已受田はこのうちの永業田四〇畝を満たしており、そのほかに口分田一五畝、勲田九畝をもつが、この勲田は程兄弟の父行寛が上柱国として受けたのを、兄弟で分割相続したものであり、口分田に充当通算されたのであろうという。つぎに程仁貞戸の応受田額の内訳は、

50畝(老男戸主永業20畝+口分30畝)+3畝(良口8人の居住園宅)=53畝

である。しかしこの戸のもつ永業田はわずかに一七畝、口分田をもたない。しかし父から継承した勲田一四畝をもっており、このうち三畝が永業田の不足分、のこりの一一畝が口分田に通算されているのであろうという。ここにあげられた例は、通常の戸内永業田ではなく、官人永業田の一種の勲田であり、この種の田土は戸内永業田や口分田とは別個に支給されるものであるから、継承も特別におこなわれたのではないかと考えられないでもないが、これらの戸の応受・已受・未受の計算をみると、勲田も一般の田土額に通算されたとみるのが妥当なようである。[29] そうとすると、この場合勲田は通算されても勲田にかわりないのであるから、一般の戸内永業田の場合も同様であるのが本来の法意であったと推定される。したがって通算の規定をも

表2　唐天宝6載敦煌戸籍，程氏兄弟籍内訳

戸主	家口数	老男戸主	丁男	応受田	已受田	永業田	口分田	勲田	園宅地	未受田
程什住	13	1	1	155	64	40	15	9		91
程仁貞	8	1		53	31	17		14		22

(田土単位：畝)

ってしても、永業・口分の別は保たれるはずであったと考えられる。

しかし敦煌戸籍にみえる均田制の実際の施行状況はかならずしもそうでない。この点をあきらかにしたのは鈴木氏である。すなわち敦煌の戸籍によると、ほとんどの戸が応受田額をみたしていない実情であるが、それらの土地はまず永業田として登録されており、永業田の応受額をみたしてなお余りある場合にかぎって、その余りある部分が口分田として登録されている。已受田額が永業田の応受額にもみたない場合は、それらはすべて永業田として登録されている。これは農民が所有する田土を戸籍に登録するに際し、それを田令の条文に照らして、永業田を基礎として永業・口分にわりふったにすぎず、したがって永業・口分の別は戸籍記載上の形式にすぎない、というのが鈴木氏の説であった(前掲論文)。私はこの記載形式が、始原的には農民の旧所有地の上に均田制をはじめて施行する際にもちいられた形式を踏襲したものと考えるが、いったん均田法規が適用されれば、口分田の還受や永業田の継承による影響があらわれ、永業田が不足しながら口分田がある場合、永業田が規定より余分になる場合などが出てよいはずなのに、現存敦煌戸籍ではつねに現口数に照応して戸内永業田と口分田との境界が調節されていて、両者の実際上の区別はないようにおもわれるのである。

鈴木氏はさらに進んで、右の論拠から、敦煌においては田土の還受が実行されなかったと推定したが、しかしこの点については、近年吐魯番における還受の実施が判明して、疑問視されるにいたった。すなわちかつて大谷探検隊が吐魯番からもちかえった文書のなかに、還受の実施を直接しめすいわゆる退田文書・給田文書などがあることが発見され、その研究によって、吐魯番では七四一(開元二十九)年の時点で、田土の還受が相当厳密に実施されていたことがあきらかとなったのである。同時にこの吐魯番の均田制では、還受の基準が令の規定とちがって、丁男一人一〇畝ほどの少額と考えられること、また還受される田土がいずれも永業田と記載されていることもあきらかとなった(西嶋定生「吐魯番出土文書より見たる均田制の施行状態」、西村元佑「唐代均田制度における班田の実態」)。このような吐魯番均田制の特殊性は、一見敦煌とまったくちがうようにみえるが、われわれは両者のあいだの共通性をみのがしてはならないとおもう。吐魯番において、本来不還受であるべき永業田が還受されているとすれば、それは実質上口分田と異ならない点が指摘されている（池田温『西域文化研究第二』書評）。とすれば、田土の名称が官文書記載上の形式にすぎない点は、敦煌も吐魯番も同様である。ただ吐魯番では田土があまりに狭小で、令制上の永業田額（丁男一人当り二〇畝）をみたす戸さえ存在せず、そのためにすべての田土が永業田と記載されることになったのにたいし、敦煌では田土がこれより多かったため、永業田額をこえて、文書記載上口分田にわりふられる田土もあったというにすぎない。もしこの推測が正しいとすれば、文書記載の形式性を理由に、敦煌において田土の還受を否定する論拠は消滅したといわなければならない。

もちろんこのことは、ただちに敦煌において還受がおこなわれたことをいみするわけではないが、しかし最近の研究によると、敦煌戸籍の地段の四至にあらわれる人名を通じて、地段の移動が推定されており、すくなくとも部分的には還受の実施を認めることができるようにおもわれる（西嶋前掲論文、山本達郎「敦煌地方における均田制末期の田土の四至記載に関する考察」）。還受のしくみが全体としてどうなっていたかは今後の解明にまたなければならないが、上記の文書形式がしめすように、永業と口分の実質上の区別は明確でないし、後述するように、農民間の階層差の存在は否定できないし（もちろんその反面、均田法規の適用によって階層分化が一定程度抑制されたであろう点は評価しなければならない）、吐魯番の場合のように、その地独特の還受の基準さえ設定されたのであるから、田令の規定するところとかなり異なった形をとったであろうことは推測される。(30) 均田制の施行は、一般に地域の実情に応じて、さまざまな変差をともなって実現したと考えるべきであろう。

（26）　西魏のいわゆる計帳様文書の麻田について、山本達郎「敦煌発見計帳様文書残簡」、佐々木栄一「いわゆる計帳様文書をめぐって――麻田の班給を中心として――」、曾我部静雄「いわゆる均田法における永業田について」は、これを永業田であろうと推測した。山本氏のあげる理由の一つは、この文書では麻田を前に正田を後に記しているが、唐の戸籍では永業田を前に記しているから、麻田も永業であろうということである。しかし北魏時代の麻産地では麻田・正田ともに還受されたわけであるから、北魏のあとをついだ西魏の時代にあっては、田土記載の前後関係は還受・不還受を判断する根拠にならない。曾我部氏は、桑田を与えず麻田を与えられる地方では、調に麻布・麻糸を出すようになり、麻田は桑田の性質をもつようになるから、麻田は桑田と同じ永業田に変化するというが、北魏でも麻産地では、楡・棗を植える一畝の地以外には桑田は与えられず、調には麻布を出していたが、麻田は還受されたのである。つぎに山本・佐々木両氏とも、麻田は農民の旧所有地を充当したものと考え、永業田とみた方が自然であるとしている。しかしこの文書の田土の配分に旧所有関係がどのように反映したかはかならずしも明瞭でない。各人ごとの麻田・正田が整然と区画されてそれぞれ一か所にまとめられていること、とくに麻田はいずれも一〇畝・五畝という額にわけられて、正田以上に整っているのをみると、これをそのまま旧所有地とみるのは難しい。むしろ池田温「均田制――六世紀中葉における均田制をめぐって――」のように、新しい地割にもとづいて再配分がなされたと考える方が妥当におもわれる。私は本章の第二節でのべたように、この文書の田土の割当は、北魏の「地狭之処」の規定によっておこなわれたと考えるから(この点は、注13にのべたように曾我部氏も同様な考えであるが)、麻田も北魏と同様還受の田であると考える。とくに麻田が桑田とちがって婦人にも与えられているのは、これが世業でない証拠だとおもう。

(27)　唐律疏議一二戸婚律の売口分田条に、「疏議曰、口分田、謂計口受之、非永業及居住園宅」とある。しかしこれは唐代の説明であり、「計口受之」という原義からは、桑田・麻田をも含む蓋然性がある。

(28)　通典二には、「先永業者、通充口分之数」とあり、一方白氏六帖事類集二三給授田の項に、「先有永業者、則通其衆口分数也」とある。ここでは『唐令拾遺』六一〇頁にしたがって、「先有永業者、通充口分之数」と読んだ。

(29)　これら天宝六載籍の程什住・程仁貞の戸では、勲田は通算の規定にしたがっているが、一般の永業田はかえってその規定にしたがっていないと考えられる。西嶋定生「吐魯番出土文書より見たる均田制の施行状態」は、これらの戸について、父行寛が死亡したとき、この兄弟はすでに四十歳をすぎていたから、すでにかれら自身の永業田をもち、さらに父の永業田をうけついだとすれば、かれらの永業田が二〇畝と一七畝であるはずはないし、またそれが口分田として通算されたとしても、両戸の口分田の状態はそれに該当しないとのべている(『中国経済史研究』五九九頁)。西嶋氏はここで後述の吐魯番の場合と同様、永業田の還公もあったことを予想している。

(30)　西嶋氏は永業田の還受の根拠を令にもとめ、唐戸令応分条の注に、「其父祖永業田及賜田亦均分、口分田即准丁中老小法、若田少者、亦依此法為分」とある「田少」を狭郷の規定と解し、狭郷では口分田ばかりでなく永業田も丁中老小の法によったのであり、これによって永業田も口分田と同様にあつかわれたとする。しかしこの解釈は仁井田陞「吐魯番発見の唐代土地法関係文書」も疑問としているように問題がある。仁井田氏は「田少」を口分田の少ない場合と解しているが、西嶋氏は、口分田が「その多寡にかかわらず丁中老小の法の対象とされることは当然であって、これが僅少であるからといって、その処理法を特記しなければならない理由はないであろう」(前掲書五九八頁)という。しかし丁中老小はそれぞれ給田額がきまっているのであるから、田の少ない場合を但し書きする必要がなかったわけではない。その場合丁中老小の法によって、不足分は未受田とされることになろう。狭郷では口分田を半減し、永業田は寛郷と同様の額を与えるという規定が、別に田令にあったのであり、戸令応分条は、永業田・口分田を継承する場合にかぎって適用される規定である。私は令の原則を理解し、それと現実とのずれをあきらかにしたうえで、均田制の意義を考えたいとおもう。

六　給田対象の変化(1)

――婦人・奴婢への給田廃止＝墾田政策の転換――

1　奴婢受田制限と墾田永業規定

北魏の均田制において田土授受の対象とされたのは、男夫・婦人・奴婢・丁牛であったが、このうち男夫(丁男)を除いては、すべて唐代までに授受の対象から外された。耕牛については不明な点が多く、その廃止の過程もあきらかでない。奴婢は北魏では無制限に田土を与えられたが、北斉にいたって給田の対象となる奴婢の数を、奴婢所有者の地位に応じて制限するようになった。河清三年令に、

奴婢の田を受ける者、親王は三百人に止まり、嗣王は二百人に止まり、第二品嗣王已下及び庶姓王は一百五十人

に止まり、正三品已上及び皇宗は一百人に止まり、七品已上は八十人に限止《かぎ》り、八品已下庶人に至るまでは六十人に限止《かぎ》る。奴婢の限外にして田を給せざる者は皆〔租調を〕輸せず。(31)

とある。この措置の背景として考えられることは、すでにさきに関東風俗伝を引いて指摘したように、奴婢への無制限な給田が大土地所有拡大への口実となり、小農民経済との矛盾を激化させていたことにある。その結果同書によれば、北斉の天保中(五五〇―五五九年)、宋世良が上書して、「富家の〔奴〕牛の地を以て、先ず貧人に給せんことを請う」たといわれるから、当時の支配層にこの問題は充分意識されていたのであり、それが河清三(五六四)年令の措置を生みだしたと考えられる。

しかしこのことは大土地所有の拡大を阻止するものではかならずしもなかった。河清三年令には、右の奴婢受田の条のすぐ前に、

職事及び百姓の田を墾《ひら》かんことを請う者は、名づけて永業田と為す。(32)

という一条がある。北魏における奴婢への給田は、小農民への給田とならんで、国家があらゆる労働力を動員して、五胡の動乱以来荒廃した土地を再開発し、生産力を恢復する目的をもっていたとおもわれるが、いまや開墾の対象はあらたな未開墾地にむかい、しかもその担い手が国家から官人や民間の大土地所有者にかわったことをしめすのが、右の一条であろうとおもう。北魏の法には、給田の対象に入らない余剰の田土について、

諸そ、土広く民稀れの処は、力の及ぶ所に随って、官が民に借して種蒔せしむ。後に来居する者有らば、法に依って封授せよ。

とあり、余力のある民に一時貸与して耕作させることになっていたが、北斉にいたって、開墾地を永業田、すなわち永代私有地とする道が開かれたのである。関東風俗伝に、

河渚山沢の耕墾す可きもの有らば、肥饒の処は、悉く是れ豪勢が、或いは借り或いは請うて(或借或請)、編戸の

　　人は一甕だも得ず。

とある「或借」は北魏以来の余剰田土の貸借をいみし、「或請」は北斉ではじまった墾田申請を指し、この両手段があいまって有力者の未墾地独占が進みつつある状態がここにしめされている。私はかつてこの後者の墾田申請を日本の墾田永代私有令に比定し（「北朝の均田法規をめぐる諸問題」）、西村元佑氏も同様な考えを発表している（「北斉均田制度の一問題点」）。ここに墾田政策の転換がみられることはたしかであるが、しかもこのような私的開墾をふくみこんで後期均田制は展開するのであり、ここに日本とはちがった中国の均田制の一特徴があるようにおもわれる。(33)

　西村氏は奴婢受田制限と墾田永業規定が同時に制定されたのは、奴婢労働力を既墾地から未墾地へふりむけるためであったと解している。これは国家的政策の整合的な解釈であり、奴婢労働力が新たな未墾地の開墾に動員されたこともたしかであろう。しかし氏も一面で指摘しているように、このような政策がうちだされる背景には、富豪による土地拡大と細民の没落があったのであるから、新たな土地開墾にはこうした没落農民の労働力が使役されたことも考えられる。さらにその後の時代をも見とおせば、私的大土地所有の発展の反面に、奴婢による奴隷労働が衰退していく大勢は動かしがたい。このことは均田農民のなかから新たな労働力を求めざるをえなくさせ（浮客・客戸の出現）、後期均田制の矛盾を拡大していくのであるが、ここでは奴婢の動向についてみると、北周において何度か奴隷解放がおこなわれているのが注目される。(34) そして周書六武帝紀、建徳六（五七七）年十一月詔に、

　　永熙三（五三四）年七月（宇文泰が長安に入り、西魏建国の基が築かれた月）より已来、去年十月已前に、東土（東魏北斉の旧領土）の民の抄略されて化内に在りて奴婢と為れる者、及び江陵（南朝の旧領土）を平ぐるの後、良人の没せられて奴婢と為りし者、並びに宜しく放免し、在る所にて籍に附け、一に民伍に同じくすべし。若し旧《も》との主人、猶お須らく共に居るべくんば、留めて部曲及び客女と為すを聴《ゆる》す。

とあって、解放にともなって部曲・客女という新身分が生まれていること、しかしなお解放が徹底しないで、部曲・

客女は奴婢の上位に位する賎人身分としておかれたことが注意されるのである。隋初の開皇令の内容を伝えた租調の記事に、「単丁及び僕隷、各々これに半ばす」(租調の額を良人夫婦の半分とする)という僕隷の語は、部曲・客女と奴婢の両方を指した言葉にちがいない。部曲・客女にはむろん奴婢と同じく給田があったわけであるが、それが煬帝のときになってまったく廃止されてしまうのである。

2　婦人・奴婢・部曲への給田廃止と田土不足の問題

煬帝のときの右の措置は、隋書食貨志に、

煬帝即位す。是の時戸口益々多く、府庫盈《み》ち溢る。乃ち婦人及び奴婢・部曲の課を除き、男子は二十二を以て丁と成す。

と記された記事を通して知ることができる。ここには課、すなわち租調を除くとあるけれども、課と給田との対応からみて、志田不動麿氏や鈴木俊氏は、同時に給田も廃止されたとみている(志田「北朝の均田制度」、鈴木「隋の均田制度について」)。隋では五八三(開皇三)年に成丁の年齢を十八歳から二十一歳にまでひきあげた後も、十八歳以上の中男に給田しつづけた例があるから即断はできないが、隋のあとの唐代をみると、中男の場合とちがって、婦人や奴婢・部曲には給田がされていない。この給田の廃止が隋代のことであって、唐まで降るものでないことは、隋書食貨志の、

其の丁男・中男の永業・露田は、皆後斉の制に遵《したが》う。

とある記事から推測される。この記事は隋初の開皇二(五八二)年令の内容を伝えた文のなかに引用されているのであるが、北斉の制では中男に給田されなかったのであるから、鈴木氏は前記の五八三年に成丁の年齢を引きあげた後の記事とみている。私はこの鈴木氏の論法を一歩進めて、右の記事に婦人や奴婢・部曲の田土への言及がない点も説明できるとおもう。右の記事のあとには租調の記事があって、そこには租調の対象として「丁男一牀」「単丁」「僕隷」

が出てくるのであるから、隋初に婦人や奴婢・部曲への給田がなかったわけはない。とすると、右の田土の記事にそれがないのは、婦人・奴婢・部曲への給田が廃止された後の状態を記しているからであろう。隋代にそのようなことがおこなわれたとすれば、それは煬帝が課を廃止した時期をおいてないであろう。

その年次について、資治通鑑一八〇は、煬帝即位直後の六〇四(仁寿四)年十月としているが、これは食貨志の叙述の順序にしたがって、十一月の洛陽行幸の前に掲げたのであろう。志田氏は隋書煬帝紀、大業五(六〇九)年正月条に、「詔天下均田」とあるのに関係づけている。私は府庫の充溢を理由として課を除くという論理から、異常な手段で帝位を手にした煬帝が、即位の後に善政を誇示したものとみて、やはり即位の初期におきたい。煬帝の徭役が苛酷になった後には、成丁年齢の引きあげなど考えられないであろう。課の廃止と給田の廃止とがまったく同時であったとはいいきれないとおもうが、六〇六(大業二)年から翌年にかけて大業律令が編纂されているから、それまでには給田の廃止もおこなわれ、賦課と給田との均衡もはかられていたのではなかろうか。

北朝では、田土の名称がかわったが、受田面積は、露田が一夫八〇畝、婦人四〇畝、永業田二〇畝、夫婦で計一四〇畝であり、奴婢もまた同じであった点、一貫してかわらなかった。それがいま夫婦一四〇畝のうち、婦人分四〇畝が除かれて、丁男のみ口分田八〇畝、永業田二〇畝、計一〇〇畝となり、奴婢・部曲への給田が全廃されたのであるから、全体としてみれば大規模な削減である。ところが前記の記事では、人口が増加し財政が豊かになったから、一部の課税を廃止するというのであるから、もし賦課と給田の廃止が同時であるとすれば、この論理にはごまかしがあるとしなければならぬ。そこで志田氏は、婦人・奴婢・部曲への給田と賦課の廃止の真の理由は、人口の増加に耕地がおいつけず、規定の給田が困難になったことにあるという。[35] 隋書食貨志の五九二(開皇十二)年の記事には、

時に天下の戸口歳ごとに増し、京輔及び三河は、地少くして人衆く、衣食給せられず。議する者は咸《みな》徙して寛郷に就かしめんと欲す。其の年冬、帝、諸州の考使に命じてこれを議せしめ、又尚書をして其の事を以て四方の貢

士に策問せしむるも、竟に長算無し。帝乃ち使を発して四もに出でしめ、天下の田を均しくせしむるに、其の狭郷は、毎丁纔かに二十畝に至る。老・小又少し。

とあるから、たしかに志田氏の指摘したような状態があったのである。初期均田制の目的は、「人をして余力有り、地をして遺利有らしむるなかれ」というにあり、荒廃地の開墾に民力を集中したのであるから、状況の変化はいちじるしい。さきに指摘したような墾田政策の転換を生みだす条件は、一般民衆の田土の側からも推察できるのである。ただしこのような田土の不足は絶対的なものではなく、単に人口との比例で説明できるものではない。新しい耕地の開拓は、北斉以来大土地所有者の独占のもとで進行し、隋ではこれをうけて、後述するように官人永業田を未墾地を対象として設定した。耕地不足の原因は、このような未墾地・新開地の独占にあると考えられる。

とすれば、給田対象の縮小は問題を根本的に解決するものではなかったであろう。唐代でも相変らず耕地の不足が指摘されている。唐の太宗のとき京畿の受田に毎丁三〇畝の地があったことは有名である。冊府元亀一一三帝王部巡幸、貞観十八(六四四)年の条に、

二月己酉、霊口に幸するに、村落偪側《ふくそく》す。其の受田を問うに、丁ごとに三十畝。遂に夜分にして寝ね、其の給せられざるを憂う。雍州に詔して、尤も田少き者を録し、並びに復を給し、これを寛郷に移す。

とある。唐では全国を寛郷と狭郷とに分け、寛郷では丁男一人に永業田二〇畝、口分田八〇畝、計一〇〇畝を与えるが、狭郷では永業田二〇畝、口分田四〇畝、計六〇畝を与えることになっていた。これは狭郷では口分田が半額になるのであるから、露田が正田と倍田とからなっていた北魏の遺制をついだもので、土地の足りない地方で倍田を給しない制度を固定化したものであろう。さきに隋代の「狭郷」で丁男一人の土地が二〇畝にすぎなかったといわれているから、狭郷の制度は隋の制をひきついだものとおもわれるが、実際にはこのように規定額の支給が困難だった場合も多かったであろう。さきの京畿の場合も、既述の吐魯番の場合も狭郷である。敦煌は寛郷であったが、ここでも大

部分の戸の已受田は寛郷の基準に達していなかった。したがって田令に規定された額が支給される場合は、非常に少なかったとおもわれる。[36]農民の田土が戸籍に登録され、寛郷・狭郷それぞれの規定額にてらして、応受田・已受田・未受田の別が記録されることは、班給目標額をしめすという意義はもったであろう。唐代には農民上層部の土地所有が拡大する傾向もあったから、それは占田限度額としての意義をもつ場合もあったろう。[37]均田制は田土の国家的な統制をもくろむものであったから、統一的な基準を設けることはどうしても必要であったとおもう。しかしそれが現実の田土額からあまりにかけはなれて、吐魯番のごとく独自の基準を別に設けるにいたっては、田令の規定額の意味は失われるといわなければならない。吐魯番では一方で田令の手続きにしたがって還受が実行されたのであるが、しかも他方ではかくのごとき田令とのギャップをみるのである。

(31)　ここに引用した部分は、河清三年令を引用した隋書食貨志の文脈からみると、在京百官にかんする部分であるようであるが、この文のあとに「其方百里外及州人。……奴婢依良人、限数与在京百官同」とあるので、在京百官以外でも制限数が同じであることが知られる。

(32)　この文の「名為永業田」という部分は通典二によった。この部分は殿版隋書に「名為受田」とあり、百衲本(元大徳刊本)隋書に「名為永田」とあって、この違いは志田不動麿「北朝の均田制度」ですでに問題とされており、近年では、「受田」説による曾我部静雄「北斉の均田法」と、「永業田」説をとる西嶋定生「北斉河清三年田令について」とのあいだに論争を生んだ問題の部分である。私が西嶋説を是とするのは、第一に諸刊本の異同と相互関係についての西嶋氏の説明に納得がいくこと、第二にこの規定が後述する関東風俗伝の河渚山沢の開墾と関係づけられることによる。さらに私は、このように解した方が、隋・唐の官人永業田や剰田墾闢申請の沿革に連なるとおもうのであるが、この点は後に論ずる。なお「名為永業田」の「名」という動詞は、漢代の「名田」と同様な用法であって、某人の名義に帰属させるといういみであろう。

(33)　未墾地・山沢の大土地所有者による開墾は、均田法の体系のなかにふくまれているのであって、均田制以前や南朝の場合と同じでない。吉田孝「公地公民について」は、日本史研究者の立場から、日本の土地法と対比して、中国均田制のこのような特質を指摘している。

(34)　周書五武帝紀、保定五(五六五)年六月辛未詔に、「江陵人、年六十五以上為官奴婢者、已令放免、其公私奴婢、有年至七十以外者、所在官司、宜贖為庶人」とあり、同書六武帝紀、建徳六(五七七)年二月癸丑詔に、「自偽武平三(五七二)年以来、河南諸州之民、偽斉被掠為奴婢者、不問官私、並宜放免」とある。

(35)　志田氏は「晋代の土地所有型態と農民問題」において、人口と耕地の比率から受田適齢の変動がおこったとしている。たしかに北魏では十五歳から七十歳までであったものが、北斉で十八歳から六十五歳、北周で十八歳から六十四歳、隋以後十八歳から五十九歳までと短縮している。ただし隋の五八三(開皇三)年以後成丁の年齢を二十一歳とし、煬帝のとき二十二歳とし、また唐初に二十一歳としたが、十八歳以上に給田しつづけたから、これらは受田年齢の変動に関係しない。

(36)　現在知られる敦煌の戸籍で、已受田額のわかるものは六二戸ほどあるが、そのうち比較的まとまっている天宝六載(七四七年)籍一六戸の一戸当り平均面積は六〇畝、大暦四(七六九)年籍一五戸では六七畝である(詳細は、池田温「敦煌発見唐大暦四年手実残巻について」参照)。口分田・永業田の已受田額が規定の応受田額をこえている例外的な戸は、大暦四年籍の索思礼・令狐進堯・李大娘の三戸であるが、応受勲田額をも数えれば、索思礼・令狐進堯の戸は已受田額がそれを下まわる。李大娘の戸は寡婦戸主の戸で、応受田額は五一畝であるべきであるが、実際には「買田」をふくめて五九畝をもち、「合應受田伍拾玖畝並已受」と記されている。これは戸籍の田土記載が已受田額にしたがっていて、規定応受額が限田的役割をもはたしていない例である。

(37)　班給限度額・占田限度額という語は、吉田前掲論文から得た。吉田氏や、西村元佑「均田法における受田と賦課に関する一考察」は、北魏の露田が班給目標額(西村氏は耕作割当額という)をしめしたのに、北斉の露田からは占田限度額に転じたという。そういう傾向はあるとおもうが、田令のたてまえは規定額を支給することにあったのであるから、つねに両方の意義をもちえたとおもう。ただ鈴木俊「唐代均田法施行の意義について」の説くごとく、後期均田制については、その限田的意義を強調するのがふつうである。

七　給田対象の変化（2）

――不課口への給田拡大＝人身支配の強化――

1　人身支配の強化と不課口給田の拡大

婦人への給田廃止については、もうひとつ考うべきことがある。隋書食貨志の北斉初期、文宣帝のころの記事に、

　旧制にては、未だ娶らざる者は半牀の租調を輸す。陽翟一郡、戸数万に至るも、籍に妻無きもの多し。有司これを劾するも、帝以て生事と為す。是れに由って姦欺尤も甚しく、戸口・租調十に六七を亡《うしな》う。

とある。これは給田が夫婦一牀で一四〇畝、独身の男性で一〇〇畝であるのにたいし、租調は独身者が夫婦の半分ですむ。このように独身者の租調がわりやすであるため、結婚しても無届けのものがふえて、戸籍上の独身者が多くなり、租調の納入が減少したというのである。武仙卿氏や韓国磐氏は、この点に婦人への給田廃止の原因をもとめている（武仙卿『南北朝経済史』邦訳八八頁、韓国磐『隋唐的均田制度』五一頁）。しかし婦人とともに奴婢・部曲への給田廃止や男子の丁年引きあげが同時におこなわれており、府庫が充実したから課を除くと宣言しているのであるから、右の点を正して租調の納入を正常化することに直接の目的があったとはおもわれない。しかし婦人への給田と賦課を廃して、丁男を単位として一本化したことが、結果としては人身の把握を容易にし、戸籍の偽造・脱漏による課役忌避を困難にしたことは否めない。

婦人への給田が廃止された反面、唐代では老小・廃疾・寡婦等の税負担能力のない戸口（いわゆる不課戸・不課口）への給田が拡大された。北魏では一般に労働力および担税力のあるものに給田し、戸内にそのようなものがまったく欠けている場合にかぎって、十一歳以上の中男および癃残者が戸主の場合は、半夫の田、すなわち露田二〇畝（倍田をふくめれば四〇畝）を、七十歳以上の老男が戸主の場合には、男夫と同じ露田四〇畝（倍田をふくめれば八〇畝）を与え、

そのほか寡婦にも婦田すなわち露田二〇畝(倍田をふくめれば四〇畝)を給した。西魏のいわゆる計帳様文書をみると、基本的にはこれをうけつぎながら多少の修正を加え、小男戸主にも田土を給する半面(鈴木俊「均田制についての二、三の疑問」「均田制における老人と女子とについて」)、老男戸主への給田をも他と同じく半夫の田としている(西村元佑「均田法における二系列」)。隋代については、前節に引いた隋書食貨志の五九二(開皇十二)年の記事に、「其の狭郷は、毎丁纔かに二十畝に至る。老・小又少し」とあるから、老・小にも給田があったことが知られるが、この老・小の内容が何なのか、「小」が小男戸主であることはほぼまちがいないが、「老」が老男戸主を指すのか一般の老男をもふくむのかは問題があるので、つぎの唐代の給田を論ずる際に言及したい。

2　不課口給田規定の疑問点——戸主および老男への給田——

唐代の不課口への給田については、法規の内容に若干疑問の点があるので、はじめに『唐令拾遺』によって原文の一部を提示しておく。

〔武徳令〕諸丁男中男給田一頃、篤疾廃疾給四十畝、寡妻妾三十畝、若為戸者加二十畝、

〔開元七年令〕諸給田之制有差、丁男中男以一頃、(中男年十八已上者亦依丁男給)、老男篤疾廃疾以四十畝、寡妻妾以三十畝、若為戸者則減丁之半、

〔開元二十五年令〕諸丁男給永業田二十畝・口分田八十畝、其中男年十八以上亦依丁男給、老男篤疾廃疾各給口分田四十畝、寡妻妾各給口分田三十畝、……黄小中丁男女及老男篤疾廃疾寡妻妾当戸者、各給永業田二十畝・口分田二十畝[三]、

右の開元二十五年令の文は令の原形を伝えたものであるが、武徳令については疑問があり[38]、開元七年令はあきらかに取意文である。ただし開元二十五年令についても、丁男(および中男十八歳以上)以外の戸主(当戸者)への給田は、

唐開元25年令以前の不課口の給田を示す戸籍内容

家口内訳	応受田	已受田	永業田	口分田	園宅地	未受田	文書所属
不明	151畝	37畝	20畝	16畝	1畝	114畝	ペリオ漢文文書3877
小男戸主？中女	51	26	20	6		25	〃
老男戸主，丁男，妻	161	28	20	7	1	133	〃
小男戸主，寡婦	51	4畝40歩	4		0畝40歩	46畝200歩	東京国立博物館蔵
老男戸主，妻，小男	36	8.40	8		0.40	27.200	〃
寡婦戸主	36	4.40	4		0.40	36.200	書道博物館蔵
老男戸主，妻，黄男，中女2，黄女	52	11	11			41	ペリオ漢文文書3877

かつて仁井田陞氏によって、当時知られた敦煌戸籍（主として天宝六載籍）にもとづいて、永業田二〇畝・口分田三〇畝の誤であることがあきらかにされた（『唐宋法律文書の研究』七六八頁）。武徳令もしくは開元七年令にみえる老男・篤疾・廃疾等への給田四〇畝、寡妻妾への給田三〇畝は、開元二十五年令によって、いずれも口分田であることが推定されるが、その点も敦煌戸籍によってほぼ確認できる（仁井田前掲書七六〇頁）。しかし老男への給田は、今日残る武徳令には記されておらず、それがいつから始まったかは未解決のままに残されている。また武徳令・開元七年令の戸主（為戸者）への給田の内容をいかに解するかも問題である。

さて表3に掲げるのは、近年紹介された戸籍のなかから当面の問題に関係あるものを選んだのであるが、(39) ここに記された応受田額はそれぞれの時期の規定給田額をしめすと考えられるので、その点を検討したい。まず⑦の開元十年籍には、開元七年令が適用されているはずであるが、この戸の応受田額の内訳は、

50畝（老男戸主分）＋2畝（良口6人分の居住園宅）＝52畝

である。この戸は一一畝の永業田をもっているから、老男戸主分には永業田がふくまれるとみると、五〇畝の内訳は（永業20畝＋口分30畝）と考えられる。これによって、開元七年令の丁男（および中男十八歳以上）以外が戸主の場合の、「若し戸を為す者は、則ち丁の半ばを減ず」という規定は、永業田二〇畝、口分田三〇畝、計五〇畝を支給するということで、開元二十五年令とまったく同じと考えられる（表4参照）。

表3

	地域	年次	戸主	家口数
①	敦煌	開元4年	不明	不明
②	〃	〃	小男？	2人？
③	〃	〃	余善意	3
④	吐魯番	〃	王孝順	2
⑤	〃	〃	索住洛	3
⑥	〃	〃	陰波記	1
⑦	敦煌	開元10年	趙玄義	6

表4　唐開元7年・25年令による給田制

給田対象＼田土名称	口分田	永業田	園宅地
ⓐ丁男・中男18以上	80畝	20畝	
老男・篤疾・廃疾	40		良口3人に1畝
寡妻妾	30		
ⓐ以外の戸主	30	20	
工商	40	10	賤口5人に1畝
僧道	男30 女20		
雑戸	80	20	
官戸	40	20	

そこでさかのぼって、開元七年令以前の状態をしめしていると考えられる開元四年籍を検討する。まず吐魯番の戸籍をとりあげると、ここは狭郷であるから、口分田はすべて寛郷の半額として計算すれば、④—⑥の三戸の応受田額はつぎのとおりとなる。

④　35畝(小男戸主永業20畝＋口分15畝)＋15畝(寡婦口分)＋1畝(居住園宅)＝51畝

⑤　35畝(老男戸主永業20畝＋口分15畝)＋1畝(居住園宅)＝36畝

⑥　35畝(寡婦戸主永業20畝＋口分15畝)＋1畝(居住園宅)＝36畝

ここには老男戸主、小男戸主、寡婦戸主などがそろい、それらがいずれも永業二〇畝、口分一五畝とされているから、これを寛郷の基準になおせば、永業二〇畝、口分三〇畝であり、やはり開元七年令、二十五年令の丁男以外の戸主の場合と同様であることがわかる。つぎに②の敦煌戸籍は、おそらく一行目の戸主の記載が欠落しており、二行目以後の「母」「姉」「姑」の三人の記載が残っているのであるが、「母」「姉」はすでに死亡し、戸主と「姑」一人の計二人が現存している。母と姉は死亡してまもないとおもわれ、母は三十六歳、姉は十六歳と記されているから、戸主は十五歳以下の小男であろうと推測される[40]。この戸が永業田二〇畝を已受田としてもっていることを考慮すると、この戸

の応受田額は、

50 畝(小男戸主永業 20 畝＋口分 30 畝)＋1 畝(居住園宅)＝51 畝

となり、やはり吐魯番と同様、開元七年令、二十五年令の戸主規定がすでに適用されている。

しかし同じ敦煌の開元四年籍でも、③の老男戸主余善意の戸には、別個の戸主規定が適用されているのではないかと考えられる。この戸の受田資格者は、老男戸主とその孫の二十一歳の丁男であるが、その応受田額は一六一畝なので、その内訳はつぎのようになる。

60 畝(老男戸主分)＋100 畝(丁男永業 20 畝＋口分 80 畝)＋1 畝(居住園宅)＝161 畝

土肥義和氏は老男戸主分は五〇畝(永業 20 畝＋口分 30 畝)で、応受田額は一五一畝の誤写ではないかというが(「唐令よりみたる現存唐代戸籍の基礎的研究」注44)、もしそうとすればこの戸の応受永業田額は四〇畝となるはずであるが、已受田では二〇畝を永業田にあてたのみで、残余を口分田にあてている。このことは鈴木氏があきらかにした敦煌戸籍の記載様式からいうと、この戸の応受永業田額が二〇畝であることをしめしている。とすれば、老男戸主分六〇畝は誤でなく、しかもそのすべてが口分田ということになる。そこでこの六〇畝の内容を考えてみると、開元七年令以後に規定されている一般老男への給田四〇畝が、すでにこの時点でおこなわれており、それに武徳令と同様の、「若し戸を為す者には二十畝を加う」という規定が適用されて、戸主分として二〇畝が加算されて、計六〇畝となっているのではないかとおもう。

この武徳令と同様の規定は、①の戸主・家口不明の戸にも適用されている蓋然性がある。この戸の応受田額一五一畝は、

50 畝(内容不明)＋100 畝(丁男永業 20 畝＋口分 80 畝)＋1 畝(居住園宅)＝151 畝

とおもわれるので、問題はこの五〇畝をいかに考えるかである。これを開元七年令以後の戸主規定によって(永業 20

畝十口分30畝）と考えることは、前の余善意の戸と同じく、已受永業田が二〇畝で、残余が口分田にあてられていることから不可能であり、五〇畝はすべて口分田と考えなければならない。そうすると考えられるケースは、（寡婦口分30畝＋戸主加算分20畝）ということになろう。武徳令の戸主加算分を永業とする説もあるが（曾我部静雄『均田法とその税役制度』一三〇頁）、以上の例によると口分田であったらしい。同じ開元四年籍のなかに、開元七年令以後の戸主規定と、武徳令以来の戸主規定とが併存しているのを、どう解したらよいか。後者の規定があらわれている敦煌籍は草稿であり、誤も多いし訂正されている点も多い。おそらくこの時点では、のちの開元七年令と同じ戸主給田法がおこなわれることになっていたが、それはまだ始まったばかりなので、草稿の方には武徳令以来の給田法が残っているのではなかろうか。すなわちこの頃が新旧給田法の交替した時期であり、新しい戸主給田法が田令に規定されるようになるのは、開元七年令からであると考えられる。

右の③余善意の戸の検討によって、開元四年の時点で、一般老男への給田四〇畝がおこなわれていることを推測した。しかもこの給田は、戸主給田との関係でいえば、武徳令以来の給田法とともに出てくると考えられるので、この時点よりさらにさかのぼる蓋然性がある。新唐書五一食貨志は、武徳令の給田の文のなかに、「老及篤疾廃疾者、人四十畝」として老を加えているが、これは新唐書の性格からみて（鈴木俊「新唐書食貨志の史料的考察」参照）、開元令によって補足したものかもしれず、傍証のないかぎり信用するわけにいかない。

鈴木俊氏は前掲の隋書の「老・小又少し」の記事から、隋代にすでに老男への給田があったとしたが、これはそれより前の西魏の計帳様文書に、一般老男への給田があるという論を前提にしたものである（「均田制についての二、三の疑問」「均田制における老人と女子とについて」）。しかし西魏の老男（隆老）への給田は、西村元佑氏のいうように老男戸主とした方がよいようにおもう（西村前掲論文）。老男戸主や小男戸主なら、西魏以来あるのである。そこであらためて別な史料をみると、隋書六六郎茂伝に、

表5　天宝6載籍（ペリオ漢文文書2592，3354，スタイン漢文文書3907，4583，貞松堂蔵西陲秘籍叢残所収文書）戸口内訳

老男	中男	小男	黄男	計	丁妻	老男妻	寡妻妾	中女	小女	黄女	計
6	5	16	7	56	19	5	15	54	29	11	133
	3	6		11			2				2
2				3							
		4	7	12	7	1	1		4	11	24
4	2	10	7	42	19	5	13	54	29	11	131

（集計戸数20戸）

又奏して、身、王事に死する者の子は退田せず、品官年老ゆるも地を減ぜざること、皆茂より発す。

とある。これは隋の文帝のときのことであるが、王事に死んだ者の子の田にかんする規定は唐令にも伝えられている。[41]品官の老男にたいする給田は現存の唐令ではわからないが、ここに「地を減ぜず」とあるのをみると、一般の丁男が老男になった場合は地を減じた、すなわち老男への給田があった、ともうけとれる。それが同じ文帝の治世の「老・小又少し」に反映しているのかもしれないが、確認は困難である。

3　不課口給田の意義と実態

以上のように、北魏・西魏では全戸老・小・癃残・寡婦などの場合にかぎって、おおむねその戸主にのみ給田したのにたいし、唐では戸内に働き手の丁男・中男のあるなしにかかわらず、すべての老男・篤疾・廃疾・寡妻妾に給田し、そのほか小男・黄男・女性等をふくむあらゆる不課口の戸主にたいし特別の給田をおこなうにいたった。このような不課口への給田について、唐長孺氏や韓国磐氏は共同体的特質のあらわれである点を強調し（唐「均田制度的産生及其破壊」、韓『北朝経済試探』一〇四頁、『隋唐的均田制度』五九頁）、玉井是博氏は社会政策的目的に出るものとしている（「唐時代の土地問題管見」）。魏書食貨志に伝える北朝の租調の法には、

民の年八十已上のものには、一子が役に従わざるを聴す。孤独・癃老・篤疾・貧窮にして自ら存する能わざる者は、三長の内にて迭《かわるがわ》るこれを養食《やしな》え。[42]

	丁男
在籍者	22
死	2
没　落	1
漏　附	1
現存者	19

とあり、孤児・病傷者・貧者等で自活の不可能なものは、党・里・隣内部で相互扶助をおこなう規定が存在した。このようなことは唐代にもうけつがれて、宋刑統一二戸婚律、脱漏増減戸口条に引く開元二十五年の戸令には、

諸そ、鰥寡《かんか》・孤独・貧窮・老疾にして自ら存する能わざる者は、近親をして収養せしむ。若し近親無ければ、郷里に付して安恤せしむ。

とある(『唐令拾遺』二五六頁)。たしかにこのような法令のもとには共同体内の自律的な救済機能があったであろうが、均田制は国家の政策としておこなわれたのであって、そこでは本来ならば共同体の機能であるべきものが、国家の政策に転化している点に特徴がある。そしてこのような政策的な面は、唐代にいたって一層強化されているのである。しかしそのことを玉井氏のように国家社会主義とよぶのはむろん適当でない。均田制は国家が個々の小農民を直接把握し支配しようとするところに生まれるのであるが、そのことは国家が共同体機能を代行し、農民全般の生産と生活を保障する基盤の上にのみ成りたつものである。労働力や担税力に応じた給田と、老弱・貧窮者にたいする給田とは相補うべきものである。制度の上で、農民の人身支配が強化された唐代において、同時に社会的な救済策が推進されたのも当然であると考えられる。

ところが実際には両者のバランスが崩れて、人身的支配による収奪が老弱・貧窮者を犠牲にしておこなわれることも考えられるし、このような支配にたいする抵抗が民衆の側からおこることも予想される。そこで敦煌出土の籍帳によって、ここでも実際の状況をみておきたい。西魏のいわゆる計帳様文書をみると、不課戸への給田があきらかに優先しており、初期均田制における配慮がうかがわれる(西村元佑「西魏・北周の均田制度」)。ここには西魏の敦煌征服後施行された均田制の初期の状況がしめされていて、令とのギャップも比較的少ないのである。唐代敦煌戸籍にみえる給田においても、老小寡などの要保護戸の受田を多くするよう配慮されているという説があるが、確証はない(43)。むし

表6　大暦4年手実（スタイン漢文文書514）戸口内訳

黄男	廃疾	計	丁妻	老男妻	寡妻妾	老女	中女	小女	黄女	計	奴婢
0	3	50	4	5	18	1	19	8	0	55	4
	2	22	1？	1	5	1	8	5		21？	1
		6		2	5		8	2		17	
		3									
	1	4			1					1	
0	1	22	3	2	8	0	3	1	0	17	3

（集計戸数22戸）

ろ田土の已受額・已受率は戸によってまちまちであり、時代が降るほど階層差が拡大する傾向が指摘されている（池田温「敦煌発見唐大暦四年手実残巻について」）。

敦煌戸籍のうち比較的多数まとまって残っているのは、天宝六載（七四七年）籍と大暦四（七六九）年手実（これは手実と称されるが内容からみて戸籍である）であるが、前者では男口よりも女口が、それも年配の女性がいちじるしく多く、後者では集団的な逃亡や死亡が多いのが特徴である（表5、表6参照）。天宝籍に女口が多い理由として[44]、課役が丁男にのみかかるようになった結果、男子を女子と偽って登録したのであろうとする説が、かつて仁井田陞・鈴木俊氏によって唱えられ、近年は日野開三郎氏によっても主張されている（仁井田『唐宋法律文書の研究』七五一頁、鈴木「唐代の戸籍と税制との関係に就いて」、日野「玄宗時代を中心として見たる唐代北支禾田地域の八・九両等戸に就いて」。もっとも鈴木氏は近年「均田制についての二、三の疑問」「均田制における老人と女子とについて」を書き旧説を撤回している）。これにたいし池田温氏は、新生児の付籍数はさほど違わないから、性別を偽った申告は少なかったであろうといい、男子の場合中男・小男の脱漏が多いのにたいし、女性は「漏附」されるものが多く、しかもその大半は妻であるが、他方で出嫁の記録が見あたらないから、女には実在しなくても戸籍に名を留めておかれる傾向があったとし、ここに男女数の開く原因をもとめた（前掲論文）。しかし表5のしめすように、妻の漏附数は八人、これをふくめた現在数は二四人であるのにたいし、中女とされるものは五四人もあり、このうち二十三歳以上の丁男の年齢にあたるものだけでも四三人にのぼる。こ

	丁男	老男	中男	小男
在籍者	18	12	8	9
死	4	4	5	7
逃　走		4	1	1
漏　附	1		1	1
逃還附	2		1	
現存者	14	4	2	1

のアンバランスを、出嫁後実在しないのに在籍しているということだけで説明するのは不充分だとおもう。しかし性別の虚偽があることも積極的に証明できない。むしろこの戸籍二〇戸のうちに、妻妾を二人、三人ともつ農民が九人(うち一人死亡)もいるのは、実際に女性があまっていることをしめすのではないかとおもう。他方中女のうちの一一人は、二十二歳以下の中男の年齢に相当するが、これと小女の二九人を、中男二人、小男一〇人の現在数とくらべると、ここにもアンバランスがある。この場合の中女・小女の数が実在でないとはいえない。中男・小男の方が、「死」という不自然な原因によって少なくされているのである。そこで私は、古賀登氏と同じく、実際に未婚の女性が多く、男性が中男・小男のうちに脱籍しているのが実情ではないかとおもう。ただ古賀説のように、商業都市敦煌の特殊性によって、隊商貿易に従事するため離村するものが多いのか(「敦煌戸籍の一男十女について」)、仏教都市敦煌の特殊性によって、僧となって出家するものが多いのか、あるいは直接に近い将来の課役忌避をねらって籍を抹消するのか、その点は証明のしようがない。しかしいずれにせよ、「死」という名目で非常手段がとられるのが一般だとすれば、国家の課役にたいする抵抗があったことはいえるのではないかとおもう。

戸籍よりの離脱が中男・小男に集中しているのは、丁男が国家の強力な把握のもとにあるからである。もちろん中男・小男時代における離脱は、丁男の人口をも減少させるであろう。しかし現在の丁男だけは把握しておくことに造籍者の関心があるという池田氏の指摘は、そのとおりであろう。そしてこの傾向は、大暦四年手実において最も露骨な形であらわれる。表6にみられるように、そこでは老男・中男・小男・寡妻妾・中女・小女等は、「死」や「逃走」のままにまかされており、新生者の登録はまったくなされていない。にもかかわらず丁男のみは把握されていて、課役の収取にのみ関心があったことがしめされている。これは均田制における墾田政策が転換したのち、小農民の生産や生活への顧慮も失われて、人身収奪の面のみが強化された結果であって、ここにいたって均田制の積極的意義は失われたといってよい。これは辺境の一例ではあるが、あと一〇年ほどで両税法が施かれ、中国全土にわたる唐朝支配の再編がおこなわれるのである。

(38)『唐令拾遺』田令に武徳令として復原されたもののうち、ここに引用した令以外は、新唐書食貨志を引写した文献通考の誤解によって武徳令とされたものであること、ここに引用した武徳令は取意文であろうことを、池田温「唐代均田制をめぐって」が指摘している。池田氏は唐代均田制時代を通じて土地法体系の基本は変らないと指摘するが、以下に言及する戸主給田等、細部の変更はむろんある。

(39)ここに引用したペリオ漢文文書三八七七号は、敦煌県の開元四年・十年戸籍の草稿で、土肥義和「唐令よりみたる現存唐代戸籍の基礎的研究」に紹介・研究されており、東京国立博物館と書道博物館に蔵する開元四年籍は、本来同巻をなしていたもので、西州柳中県の戸籍であり、池田温氏によって『西域文化研究第二』の書評中に紹介された。その後池田温「中国古代籍帳集録」に収録されている。

(40)この戸籍の前半部を提示しておく。

（前　欠）
母　王　年参拾陸歳　寡開元二年帳後死
姉　思　言年壹拾陸歳　中女開元二年帳後死
姑　客　娘年　貳拾　歳　中女
　　　　廿畝永業
　　貳拾陸畝已受　六畝口分
合應受田伍拾壹畝
　　廿五畝未受

（後　略）

(41)『唐令拾遺』田令一九（開元二十五年令）に、「諸因王事、没落外蕃不還、有親属同居者、其身分之地、六年乃追、身還之日、随便先給、即身死王事者、子孫雖未成丁、身分地勿追、其因戦傷、入篤疾廃疾者、亦不追減、聴終其身」とある。なお新唐書五五食貨志に、「流内九品以上、口分田、終其身、六十以上、停私乃収」とあるのは、品官の老男にかんする規定のようであるが、「停私乃収」の意味がよくわからない。

(42)魏書食貨志の「三長内迭養食之」の語は、通典五食貨賦税においては「亦一人不従役」となっている。隋書食貨志の北周の制にも、「其人有年八十者、一子不従役、百年者、家不従役、廃疾非人不養者、一人不従役」とあり、この制度は唐にもひきつがれて、『唐令拾遺』戸令によると、「諸年八十及篤疾、給侍一人、九十、二人、百歳、五人（六典には三人、通典には五人とある）、皆尽子孫、聴取近親、皆先軽色、無近親外取白丁者、人取家内中男者並聴」（「人」の語は、通典七食貨丁中によったものであるが、日本戸令給侍条には、「若欲取同家中男者並聴」とあり、この方が正しいであろう）とある。しかしこれとは別に、本論で引用するように、唐令には、近親・郷里内での扶養も認められているので、北魏の場合どちらが正しいとは即断できない。

(43)西村元佑「均田法における受田と賦課に関する一考察」は、唐代においても老小寡などの要保護戸の口分田受田率が概して高いとし、敦煌戸籍にもとづいて、丁中戸の口分田受田率が平均二五・四三％なのにたいし、老小戸は五一・八％、中女・寡婦戸は四一％という数字をあげている。しかし唐代の老男戸主などの戸には、北魏・西魏とちがって、戸内に丁男をふくむ場合もあるので、これらを除外して私が氏の表にもとづいて計算したところでは、二一・三八％にすぎない。勲田や買田が口分田に通算されるとみて、これらを加えると三六・〇九％となる（計算の根拠としたのは、張奴奴・徐庭芝・程仁貞・令狐仙尚・卑徳意・張可曾・宋二娘・令狐娘子・李大娘の戸である。徐庭芝の応受口分田は三〇畝、口分田受田率一一・一％と訂正すべきである。令狐進堯は老男戸主だが上柱国で、勲田を除けば一〇〇％以上の受田率をもつ特殊な戸なので除外した）。氏の表にない開元四年・十年籍（ペリオ漢文文書三八七七号）の該当戸（小男戸主と思われる毋王戸と趙玄義・汜尚元の戸）を前者に加えると、二〇・六七％に落ちる。このように数字が動くのは、事例が少ないからでもあり、数値の妥当性を疑わせる。また西村氏は口分田受田率のみを問題としているが、既述の敦煌戸籍の記載様式からいうと、永業田と口分田とを分離して受田率をはかる意味があるか疑わしい。総受田率をはかれば、丁中戸に比して老小寡戸の受田率は上昇するであろう。農業経営規模には限界があるから、応受田額の少ない不課戸において受田率が高くなる方が自然であるともいえる。

(44)　天宝六載籍以前では、開元十年籍の趙玄義の戸に三十五歳と三十一歳の中女がみられるが、他の戸と比較すると例外であろう。しかし天宝三載籍(ペリオチベット文書一六三号)の張奴奴の戸に三十九歳の中女がみえるのは、六載籍と同傾向かもしれない。天宝三載籍は神沙郷、六載籍は龍勒郷と効穀郷で場所は同じでない。

八　官人への給田(1)

――官人永業田＝均田制の品級構造――

1　官人永業田の由来と性格

さきに前期均田制においては、奴婢・耕牛への給田をとおして大土地所有が認められたが、奴婢への給田は北斉で制限され、隋の煬帝のときに廃止されたことをのべた。耕牛への給田は、これよりさきの隋の開皇令の内容を伝える記事にみえないので、北斉までは存在したが、隋代には存在しなかったとおもわれる。この一方で、北斉では田土を開墾することを申請して、これを永業田として保有することができるようになり、新たな形の大土地所有が発生したこともさきに指摘した。

この北斉の永業田は庶民をもふくめて、申請者にかぎって認められたのであるが、隋代になると、官人身分に照応して永業田を支給する制度があらわれた。隋初の開皇令の内容を伝える隋書食貨志の記事に、

諸王より已下、都督に至るまで、皆永業田を給すること、各々差有り。多き者は一百頃に至り、少き者は四十畝に至る。

とある。この諸王というのは、いうまでもなく正一品の王以下を指し、都督というのは、上柱国以下十一等にわかれる散実官の最下位にあたる。都督の官品は隋書二八百官志や、通典三九職官秩品の項に伝える開皇の官品令にみあた

らないが、その上の帥都督が従六品であるから、宮崎市定氏にしたがって正七品とするのが正しいのであろうか（『九品官人法の研究』五〇三頁）。散実官は唐の勲官にあたり、唐では親王以下、勲官の武騎尉（従七品）にいたるまで、一〇〇頃から六〇畝までの永業田を支給したが、これは右の隋の制度をひきついだことがあきらかである。(45)

唐の制度は隋の場合よりも内容がはっきりわかっており、その給田対象・給田額は表7のとおりである。ただ問題なのは、六典三戸部郎中員外郎条、通典二食貨田制等に伝える開元七年令・二十五年令が、職事官・散官については従五品までしか給田をしめしていないことで、『唐令拾遺』もこれにしたがっている（同書六一七頁）。六品以下への給田は、新唐書五五食貨志にしか記されていない（菊池英夫「唐令復原研究序説」注21）。新唐書の記事は雑多な史料をつぎあわせたもので、そのままでは信用しがたい点が多いが、当面の記事を新志が武徳元年におくのも疑わしい点である。後述するように、武徳元年のこの記事に一括して記されている諸制度のうち、職田は開元二十五年令によって記されている。しかしだからといって、六品以下の記事をまったくの捏造とするわけにもいかないであろう。新志の五品以上や勲官への給田額および「散官五品以上の給は職事官に同じ」という記事は、開元七年・二十五年令に一致する。開元七年・二十五年令には、

諸そ、五品以上に給する所の永業田は、皆狭郷にて受くるを得ず、寛郷に於て隔越して無主の

表7　唐の官人永業田

官品	爵	有爵者・職事官の田	散官の田	勲官	勲田
	親王	100頃			
正一品		60	60頃		
従一品	郡王	50	50		
正二品	国公	40	40	上柱国	30頃
従二品	郡公	30	30	柱国	25
正三品	県公	25	25	上護軍	20
従三品		20	20	護軍	15
正四品	侯	14	14	上軽車都尉	10
従四品	伯	11	11	軽車都尉	7
正五品	子	8	8	上騎都尉	6
従五品	男	5	5	騎都尉	4
正六品		2.5		驍騎尉	80畝
従六品				飛騎尉	
正七品				雲騎尉	60
従七品				武騎尉	
八品		2			
九品					

荒地を射《もと》めて充つるを任《ゆる》す。(即《も》し蔭・賜田を買って充つる者は、狭郷と雖も亦聴《ゆる》す。) 其の六品以下の永業は、即ち本郷にて還公の田を取りて充つるを聴す。寛郷に於て取るを願う者も亦聴す。

という規定があるから、すくなくとも職事官には六品以下への給田が元来あったとみるべきではなかろうか。ただ五品以上と六品以下とでは、給田額にも差があり、扱いも異にされていたから、開元七年・二十五年令にあったのが、何らかの理由で原史料から脱落したのか、あるいは開元七年令以前にあったのが、開元七年令以後停廃されたのか、いずれかであろう。

官人永業田の起源について、さきに私は北斉の墾田永業規定をうけついで制度化したものと考えたが(「北朝の均田法規をめぐる諸問題」)、西魏のいわゆる計帳様文書に、蘯寇将軍という官をもつ戸主劉文成の戸があることを考慮しないでいた。この劉文成の戸の受田資格者は、劉文成自身と妻の二人であり、応受田は麻田と正田をあわせて四六畝のはずであるのが、六六畝と記されている。この差二〇畝を、山本達郎氏は蘯寇将軍の地位にたいして割当てられた勲田ないし職分田であろうと推測した。しかし不思議なことに、集計記事のB種文書の方にはこの二〇畝分は計上されていない。もちろん劉文成の戸がこの集計記事の対象に入っていたかどうかは問題があるが(池田温「均田制——六世紀中葉における均田制をめぐって——」注54)、B種文書には五組の台資夫妻がのっているにもかかわらず、この種の田土の記載はいっさいないから、劉文成戸の「六」は「四」の誤記か計算違いであるかもしれない。もし誤でないとすれば、この文書で台資は雑任役と関係あるとおもわれるので(次章参照)、蘯寇将軍は散号と考えられるから、二〇畝分は職事官に与えられる職分田ではなく、のちの官人永業田に類似した田土とみた方がよいであろう。(46) 西魏・北周ではこの種の田土の発展があったのかもしれないが、西魏・北周系の給田制は現存史料ではほとんどわからない。私がさきに官人永業田の起源を北斉の墾田永業規定にもとめたのは、五品以上の官人永業田が無主の荒地において与えられることになっていたからである。これが狭郷で与えられないのは、厖大な官人への給田が小農民の土地所有を圧迫するからであるが、寛郷においてもふつうの既耕地ではなく、無主の荒地が与えられたのは、荒地の開墾が期待されたからである。その点では、官人永業田の系譜のいかんにかかわらず、それが北斉の墾田永業規定の精神をうけついでいることはたしかだとおもう。

しかし北斉の墾田永業規定と官人永業田の違いは、後者が官人身分に応じた土地所有の秩序をつくりだした点にある。官人永業田の対象は、実際に国政を執行する官僚たちにとどまらない。官職をもつもの、すなわち職事官は官人の一部にすぎず、そのほかに広汎な有爵者や散官・勲官が存在し、それらがすべて官品によってしめされる身分階層制(品級)をもつのが[47]、近代官僚制と異なった官人制の特徴である。この官人身分は、処罰をうけて除名でもされないかぎり、引退後も身分としてのこり、さらに蔭によって子孫に伝えられる。このような官人の性格に応じて、官人永業田は設けられているのである。一般の官僚は職事官・散官のいずれかの地位をもち、王族とともに爵位をもつことがあるが、勲官は元来戦功のあるものに与えられる趣旨であったのが、唐代には一般人民のかなり広汎な部分にも濫授された。したがって官人制の範囲は、常識的ないみでの官僚制の範囲をはるかにこえるものであり、このような官人制をとおして、国家の身分的な支配秩序は人民のなかにまで貫徹したのである。後期の均田制は、官人永業田の設置をとおして、このような身分秩序に応じた土地所有体系をうちたてたわけである[48]。

2　官人永業田制の実施状況

しかしながら官人永業田の制度が施行された状態は、ほとんど間接的にしか知ることができない。旧唐書一八五上賈敦頤伝に、

永徽五(六五四)年、洛州刺史に累遷す。時に豪富の室、皆籍外に占田す。敦頤都《す》べて括して三千余頃を獲《え》、以て貧乏に給す。

表8　勲田をもつ戸籍例

家口内訳	応受田	已受田	永業田	口分田	勲田	買田	園宅地	勲田をえた理由
戸主老男，弟上柱国子，妻4，小男1，中女4，小女1，黄女1	155畝	64畝	40畝	15畝	9畝			父上柱国の勲田を継承
戸主老男，妻2，中女5	53	31	17		14			〃
戸主白丁，寡1，中男1 中女5，小女3	234	57	40	7	10			祖父？勲田の継承
戸主武騎尉，小男2，黄男1，中女2	162	43	20	18？	5			戸主武騎尉の勲田
戸主老男上柱国，男上柱国，妻2，小男1，奴2，婢1	6153	243	40	167	19	14畝	3畝	戸主か男上柱国の勲田

とあり、新唐書一九七同伝では、この「籍外の占田」を「占田の類、制を踰ゆ」と記している。この籍外の占田ないし制限外の占田については、唐律疏議一三戸婚、占田過限条に罰則があり、その疏に、

王者の法を制するに、農田は百畝。其の官人の永業は品に準ず。老小寡妻に及びては、受田各々等級あり。寛閑の郷に非ざれば、限外に更に占むるを得ず。

とあって、一般農民の場合はむろん一丁男あたり一〇〇畝、官人の場合には官人永業田の規定が、その土地所有の限度とされており、賈敦頤はこれにしたがって、限外の田土を没収したものとおもわれる。また冊府元亀四九五邦計部田制所収、天宝十一載(七五二年)十一月乙丑詔には、

其れ王公百官勲蔭等の家の応《まさ》に庄田を置くものは、式令より踰ゆるを得ず。

とあって、王公以下の庄田(荘園)は、式・令に規定された範囲内にとどめるようにといわれており、この場合も、中田薫・加藤繁両氏が想像したように、王公・百官等が荘園をおく場合には、まず官人永業田の規定が適用されたであろうとおもわれる(中田「日本庄園の系統」、「加藤「唐の荘園の性質及び其の由来に就いて」)。ただし令や式には、官人永業田の規定のほかにも、荘園拡大の口実になる規定が存在した。さきの唐律の占田過限条にも、「寛閑の郷に非ざれば」という条件がついており、「寛閑の処に於てする者の若《ごと》きは坐せず」という例外規定があった。その疏には、

口を計って受足する以外に、仍《な》お剰田有らば、務めて墾闢に従い、地利を尽くさんことを庶《こいねが》う。故に占むる所多しと雖も、律、罪に与《あずか》らしめず。仍《よ》って須《すべか》らく申牒立

案すべし。申請せずして占むる者は、応に言上すべくして言上せざるの罪に従う。

と説明されている。これは剰田ある場合には、申請の手続きを経て占有することが許されたことをしめしている。これは借荒と称して、「公私の荒廃の地」を年限をかぎって借りることが許されていた(49)。また牧地を置く場合にも、相当広い土地を請求することができたようである。これらは今日令・式が失われて詳細を知りえないが、これらを名目に、実際には農民の熟田を侵奪するなどして、荘園を拡大していく様子が、さきの天宝十一載詔にはしめされているのである。

	年　次	戸　主	家口数
①	天宝6載	程什住	13
②	〃	程仁貞	8
③	〃	卑二郎	11
④	〃	卑徳意	6?
⑤	大暦4年	索思礼	8

以上にのべたところは、主として高官の永業田にあたるであろうが、官人永業田のうちの勲田は、一般民衆の一部にも与えられたので、それらは敦煌の戸籍を通じて多少の実施状況が知られる。敦煌の戸籍や差科簿によると、民衆の相当広汎な部分が勲官をえるなり、あるいは勲官であった父祖の蔭をえるなりしている。これによってかれらは、課役免除や刑法上の特権を入手しているわけであるが、勲田を授与される例は少ないようである。現存戸籍のうちで勲田をもつものは、表8にあげた五戸にすぎない。天宝六載籍全二〇戸のうち、自身勲官をもつなり、父の蔭をえているものは九戸一〇人におよぶが、それらのうちあきらかに勲田をもつのは、④の卑徳意の戸のみである。この戸の応受田は、

160畝(戸主丁男永業20畝+口分80畝+武騎尉勲田60畝)+2畝(良口6人の居住園宅)=162畝

であるが、勲田は五畝をもつにすぎない。天宝六載籍にはほかに父祖から継承した勲田をもつ戸が三戸あり、そのうち①程什住、②程仁貞兄弟の戸は、第五節にのべたように、父の勲田を分割したものであるが、父(上柱国)の応受勲田三〇頃にたいして、両戸がもつ勲田は合計二三畝にすぎない。大暦四年手実全二二戸のうちには、勲官ないし勲官の蔭をもつものが八戸一二人在籍しているが、勲田は⑤の索思礼の戸がもつのみである。この戸の応受田は厖大なも

ので、

3050畝(戸主老男永業20畝＋口分30畝＋上柱国勲田3000畝)＋3100畝(丁男永業20畝＋口分80畝＋上柱国勲田3000畝)＋3畝(良口5人の居住園宅2畝＋賤口3人の居住園宅1畝)＝6153畝

であるが、已受勲田は一九畝にすぎない。敦煌戸籍においては、既述のように、実際上永業・口分の別がなく、已受田をまず永業田にあて、なお余分があれば口分田にあてたのであるが、表8の五戸も、永業・口分にかんしてはその法則にしたがっている。しかし勲田と買田とは別になっており、これらの勲田が少額ながらも、特別に授与されたものであることをしめしている。しかしくりかえすが、このような少額の勲田すらも与えられていない勲官の方が多いのである。西村元佑氏は、敦煌県録事司の勲田の田籍らしい文書(大谷文書二八三五号紙背)によって、則天武后のころ、敦煌県の勲田の総額は七六頃一九畝、そのうち敦煌郷の勲田の総額は九頃九七畝であったとしている(「唐代敦煌差科簿を通じてみた均田制時代の徭役制度」)。上柱国一人の応受勲田額が三〇頃であることをおもえば、勲田の授与にあずかる機会が非常に少なく、しかもその額が少額であったことが、この集計額によってもあきらかである。

(45)　通典二食貨田制は、隋の官人永業田を、「多者至百頃、少者至三十頃」としている。曾我部静雄『均田法とその税役制度』一二〇頁および注1には、通典が正しいとされているが、本文にのべたように、都督は唐の勲官の最下位にあたるのであるから、唐の最下位六〇畝を参照すれば、隋の場合四〇畝の方が正しいと考えられる。

(46)　劉文成の戸の田土支給状況は「二分未足」とされており、これは二〇畝の田土の未受分を考慮しているとみた方が納得いくので、応受田総計六六畝は誤であるとはいいきれない。本文にのべたようにこれを官人永業田の一種とみることも可能であるが、あるいは牛の記載もれということも考えられる。この文書では牛一頭の応受田はちょうど二〇畝である。そしてこの文書の集計記事(B種文書)によると、二分未足戸には牛二頭があり、一頭は已受、一頭は未受である。したがってこの一頭未受の分が、劉文成の戸から落ちている公算もある。

(47)　侯外廬「関于封建主義生産関係的一些普遍原理」は、中国における土地所有制の品級構造を、封建社会の普遍的な階層制によって理解しようとしている。品級構造とか品級地主制とかいう概念は、旧中国社会の理解にとって有効であるとおもうが、これは本来官人制的な身分階層制であって、これをただちに封建的階層制とすることには賛成できない。

(48) 初期均田制の時代にも、北魏の孝文帝はいわゆる姓族分定をおこなって、皇帝権力の下に胡・漢両民族社会の身分秩序を統一しようとした。しかしその際、征服国家としての北魏は、伝統的な漢人門閥社会の序列をほぼ容認したといわれる(宮川尚志「北朝における貴族制度」)。このような門閥尊重的な態度と、初期均田制の労働力に応じた土地配分との間にずれがあったことは否めない。均田制は北斉・隋において変化し、民衆にたいする人身的支配の面が強化されたが、一方門閥社会の再編はむしろ西魏・北周において進み、隋・唐の皇帝権力に寄生する官人貴族制を生みだした。後期均田制における身分制的な土地所有体系は、こうした背景のもとに生まれたが、政治史的過程は本書の範囲外に属する。

(49) 五品以上の官人永業田にあてる「無主荒地」と、限外の占田を許される「剰田」と、借荒の対象となる「公私荒廃地」とはそれぞれ概念がちがう。とくに無主の荒地はまったくの未開墾地であるが、公私荒廃地はいったん熟田となったのち荒廃したもので、所有主の明確な土地である。これについては、本書第八章参照。曾我部前掲書第五章第四節は、この点の明確な区別をしていないが、これら一般の熟田以外の地が荘園発展の根拠になったことは、氏の主張のとおりである。

九　官人への給田(2)

——職田(付、公廨田)＝均田制の品級構造——

1　職田・公廨田の沿革

官人に支給される田土には、官人永業田のほかに職田(職分田)があるが、両者はまったく性質のちがう田土である。官人永業田が官人身分に与えられ、蔭によって世襲されるのにたいし、職田は官職に与えられるもので、在職期間中だけ保持される。官人永業田は私田とされ、その処分(売買および貼賃)が自由であるが[50]、職田は公田のままで、したがってその経営の方法も官によって規定され、そこからあがる収入が官人の所得となる、いわば給与の一種である。しかし官人永業田は均田制の展開の過程で生まれたが、職田は均田制の初期、というよりは均田制以前からあった。しかしこれも整備されたのは後期均田制においてであり、その点では後期均田制の品級構造をしめすものとして、官人永業田の整備と軌を一にしている。

さて北魏の職分田にかんする伝えは二つある。その一は魏書食貨志に引く均田法規の一条に、

諸そ、宰民の官、各々地に随って公田を給す。刺史は十五頃、太守は十頃、治中・別駕は各々八頃、県令・郡丞は六頃。更代には相付し、売る者は坐すること律の如し。

とあるものであり、通典はこれを引いて「職分田此に起る」と注している。たしかに「公田を給す」といい、「更代には相付す」といい、後世の職分田にあたるものであることは誤ないであろう。その二は通典に引く関東風俗伝に、

魏令、職分公田、貴賤を問わず、一人一頃、以て芻秣に供す。

とあるもので、「職分公田」と明記しているが、内容は前のものとはまったく違っている。

前の食貨志の文は地方官にかんする田土のみであるから、このほかに京官に公田を支給する定めもあり、たまたま現存均田法規からその条文が脱落したのだと考えられないでもないが、通典三五職官、職田公廨田の条に、

後魏孝文太和五(四八一)年、州刺史・郡太守、幷びに官の節級ごとに、公田を給す。(51)

とあるから、地方官に公田を給する制度は、四八五(太和九)年の均田制にさきだって施行され、それが均田法規のなかにとりいれられたとみられる。(52) 均田制が成立してくる過程では、直接民衆に接する地方官の政治をとくに重視したから(第三章参照)、地方官にのみ公田が支給されたということは充分ありうることである。地方官の公田がこのように均田制以前までさかのぼるのにたいし、一人一頃の「職分公田」は、北斉の関東風俗伝の伝えによると、「宣(孝)武出猟より以来(53)、始めて以て永賜し、売買を聴さるるを得たり」とあって、北魏末まで存在した。しかし地方官に与えられた相当の面積の田土が廃止されて、わずか一頃の田土にかえられたということはありそうもないし、旧来の田土のうえに一頃の田土が付加されるというのも奇妙であるから、地方官にかんするかぎり、両種の田土は両立しないと考え

た方がよいのではないか。

とすれば一人一頃の「職分公田」は、主として京官を対象とすると考えられる。京官を対象とする田土の制が成立するとすれば、洛陽遷都の時期の公算が最も大きいであろう。孝文帝の遷都とともに、百官の家々の移動がなされたことはいうまでもないが、そのほか多数の北辺の住民が移住を強制され、河南洛陽の住民とされて、禁軍の羽林・虎賁にあてられた。[54] 魏書八世宗紀、正始元(五〇四)年十二月丙子条に、

苑牧・公田を以て、代遷の戸に分賜す。

とあり、同紀、延昌二(五一三)年閏二月辛丑条に、

苑牧の地を以て、代遷の民の田無き者に賜う。

とあるのは、かれらに土地が与えられたことをしめすものである。[55] 右の場合はどのような種類の田土であったか明瞭でないが、百官から羽林・虎賁にいたるまで、土地を支給する必要があったことは、後述する東魏・北斉の場合と同様であろう。関東風俗伝に、一人一頃の職分公田が孝武帝出奔以来永賜されるようになったといわれるのは、この公田が皇帝の身辺に近い京官に与えられていたことを示唆している。松本善海氏は、魏書食貨志に引く均田法規を四八五(太和九)年均田制発布当時のものとし、関東風俗伝に引く「魏令」を太和十六(四九二)年令であると考えたが(「北魏における均田・三長両制の制定をめぐる諸問題」)、私は前章で、食貨志の法規を太和十六年令であろうと推測し、関東風俗伝の「魏令」は、それより後のものとみることができるとした。北魏で太和十六年令以後律令が改正されなかったわけでないことは、これも前章でのべたので、一人一頃の職分公田を規定した「魏令」を、太和十六年令より後、四九三―四九四(太和十七―十八)年の洛陽遷都後のものと考えて差支えないとおもう。

この職分公田は、関東風俗伝によると、北魏の分裂のときに官人への賜田とされてしまったというのであるが、[56] 東魏・北斉にいたると、あらためて京官の職田の制がつくられた。北斉の河清三年令に、

京城の四面諸坊の外、三十里内を公田と為す。公田を受くる者は、三県の代遷戸の執事官一品已下、羽林・武賁に逮ぶまで、各々差有り。其の外の畿郡は、華人の官の第一品已下、羽林・武賁已上、各々差有り。

とあるのがそれである。現存の河清三年令はこれにつづいて、職事・百姓の墾田および在京百官の奴婢受田(既述)について規定し、ついで「其の方百里の外及び州の人」についての一般的受田規定を記している。このような規定は、東魏のはじめ高歓が洛陽の官民四〇万戸をひきいて鄴に遷った際、旧住民を西方一〇〇里の外にうつして、かわって新居の官民に土地を与えたため生まれたと考えられる(宮川尚志「六朝時代の都市」、西嶋定生「北斉河清三年田令について」)。すなわち鄴都の周囲三〇里内の地を公田として、代遷戸すなわち鮮卑の官人へ与え、三〇里外一〇〇里までの地を華人の官人へ与えたのであり、一〇〇里外の地および地方の州郡の民に、一般の規定にしたがって給田をおこなったのである(曾我部静雄「北斉の均田法」、西嶋前掲論文補論)。右の公田は、執事官を対象としているから職分公田にあたり、「一品已下……各々差有り」といわれているから、北魏と異なり、官品にしたがって差をつけて支給されたことがわかるが、その額は不明である。

隋代の制度は、隋書食貨志の記事に、

京官に又職分田を給す。一品なる者は田五頃を給し、毎品五十畝を以て差と為し、五品に至れば則ち田三頃と為す。六品は二頃五十畝にして、其の下毎品五十畝を以て差と為し、九品に至りて一頃と為す。外官も亦各々職分田有り。又公廨田を給して、以て公用に供す。

とあり、ここにいたって京官・外官に給する職分田の制度が整備されたことがわかる。この記事は一般に開皇二(五八二)年令の内容を伝えたと考えられる部分にのっているのであるが、この部分にも後の内容が混在していることは鈴木俊氏がのべており(「隋の均田制度について」)、私も前に言及した。右の記事も職分田とならんで公廨田に言及しているが、公廨田はすくなくともまだ五八二年には制定されていない。隋書食貨志の他の部分に、

> 是れより先、京官及び諸州、並びに公廨銭を給し、廻易して利を生ましめ、以て公用に給す。十四年六月に至りて、工部尚書安平郡公蘇孝慈等以為《おもえ》らく、所在の官司、往昔に因循し、公廨銭物を以て、出挙〔利貸〕・興生〔商業〕し、唯利を是れ求め、百姓を煩擾し、風俗を敗損すること、斯れより甚しきこと莫《な》しと。是に於て奏して、皆地を給して以て農を営ましめ、廻易して利を取ることは、一に皆禁止す。

とあり、また隋書二高祖紀、開皇十四(五九四)年六月丁卯条に、

> 省・府・州・県に詔して、皆公廨田を給し、治生《しょうばい》して人と利を争うを得ざらしむ。

とあるから、公廨田は五九四年にいたって創始されたのである。ところで隋書四六蘇孝慈伝に、

> 是れより先、百寮の供費足らざるを以て、台省府寺に、咸《みな》廨銭を置き、息を収めて給を取る。孝慈以為《おもえ》らく、官民利を争うは、興化の道に非ずと。上表してこれを罷めんことを請い、公卿以下に職田を給すること、各々差有らんと請う。上並びに嘉納す。

とある記事が、右の食貨志の記事に照して、公廨田創設にかんするものであることはまちがいない。しかし結果としては公廨田が設置されたにせよ、提案者の側では職田の設置を提案したのだとすれば、職田もまだこの時点では成立していなかったかとおもわれる。ただし職田は均田制の初期からともかく存在し、北斉の時代には相当な発展をしめしたとおもわれるので、隋初に職田がまったくなかったとは考えがたい。あるいは右の蘇孝慈伝は、記録者の誤であるかもしれない。

右の食貨志によると、公廨銭物の運用は「往昔に因循し」ておこなわれていたという。北魏の前期には民間商人と結託し、あるいはこれを利用して各官司ないし官人の費用を捻出することがおこなわれたが、四八四(太和八)年官人に俸禄を支給してこれをやめるとともに、官司に元本をおいてこれを運用するようにしたらしい(吉田虎雄『魏晋南北朝租税の研究』七七頁以下、韓国磐『北朝経済試探』八五頁注3)。隋代にいたってこれが問題とされ、はじめて公廨田を

おくことになったわけである。もっとも公廨銭そのものは、上の食貨志の続きに、

　十七年十一月、在京及び在外諸司に詔して、公廨の市に在りて廻易し、及び諸処に興生するは、並びにこれを聴す。唯出挙して利を収むるを禁ず。

とあって、まもなく復活し、唐代にもさかんにおこなわれた。また公廨田も唐にうけつがれて、中央では司農寺の二六頃、地方では大都督府の四〇頃を最高とし、最低一頃にいたるまでの田土が諸官司に支給されていたのである。職田が官職をもつ官人個人に与えられるのにたいし、公廨田は官司に付置されるもので(57)、両者の相違ははっきりしているが(58)、ただ両者ともに公田であり、経営のしかたも後述するように同様であった。

　職田の沿革については、唐代でも若干問題がある。唐会要九二内外官職田、冊府元亀五〇五邦計部俸禄の項には、武徳元(六一八)年十二月に内外官に職分田を給したことがみえ、新唐書五五食貨志にも同様な記事がある。しかしここに記された職田が開元二十五年令のものであることは、すでに浜口重国氏が指摘している(「唐の地税に就いて」注17)。それにこ

表9　隋・唐(開元25年令)の職田

官品	隋京官	唐京官	唐諸州及都護府親王府官人	唐鎮戍関津岳瀆及在外監官
一品	5頃	12頃		
二品	4.5	10	12頃	
三品	4	9	10	
四品	3.5	7	8	
五品	3	6	7	5頃
六品	2.5	4	5	3.5
七品	2	3.5	4	3
八品	1.5	2.5	3	2
九品	1	2	2.5	1.5

上府折衝都尉・三衛中郎将	6頃
中府　〃　・親王府典軍	5.5
下府　〃　・郎将	5
上府果毅都尉・親王府副典軍	4
中府　〃	3.5
下府　〃　・上府長史・別将・千牛備身・備身左右・太子千牛備身	3
中府長史・別将	2.5
上府兵曹	2
中・下府兵曹	1.5
軍校尉	1.2
軍旅帥	1.0
軍隊正・副	0.8

の年は唐朝創業の年で、さしあたり官人の給与を定めておくことが必要であったのだから、右の冊府元亀の記事の冒頭に、「武徳元年十二月、隋制に因って、文武の官に禄を給す」とあるように、職田制も隋制にそのまましたがったとみるのが穏当であろう。唐の職田制の全容がわかるのは、通典二食貨田制等に伝えられる開元二十五年令であるが、そのうち外官の職田は六典三に伝えられる開元七年令と同様であるから、内官も開元七年令と同じであったろうと推測される。しかし開元七年令以前の制度はまったくわからないのである。表9の隋と唐開元令の職田を比較すると、田額に大きな開きがある。(59) 唐代に職田の興廃がはげしかったことはわかっており、京官の職田についていえば、六三六(貞観十)年頃いったん廃止され、六四四(貞観十八)年に復活し、七二二(開元十)年にまた廃止され、七三〇(開元十八)年に復活するという状態であったから(大崎正次「唐代京官職田攷」)、したがって田額にも変化がなかったとはいえない。しかし田額の変化にかんする記録は、唐会要の前項に、

景龍四(七一〇)年三月、勅旨を天下に頒行す。凡そ文武官員の五品以下に属するものには、各々田五畝を加え、五品以上には各々田四畝を加う。

とあるもののみである。これには官人永業田か職田かの明記がないが、いずれにせよわずか四、五畝の増加というのは意味がなく、記録に誤があるのではないかとおもわれる。しかもこの年は、まもなく韋后の中宗殺害があり、つづいて平王隆基(玄宗)の韋后政権にたいするクーデタがあるのであるから、右の勅旨の実行性は疑わしい。したがって唐初に隋制をひきついだ職田制が、六二四(武徳七)年の武徳令ですでに大はばに改められたのか、その後開元七年令までに改められたのか、不明であるというほかかない。

2　職田経営の問題点

職田・公廨田の経営については、通典三五職官、職田公廨田の唐の条に、まず公廨田についてのべ、ついで職田に

およんで、

其の田も亦民に借して佃植せしめ、秋冬に至りて数を受くるのみ。

と注している。(60) 現在の通典には公廨田について同様な記事はないが、「其の田も亦」という表現から推して、職田・公廨田ともに民に貸し出して耕作させ、租(地子)を出させることになっていたとおもわれる。このような経営が唐代にはじまるものでないことは、魏書食貨志に、

孝昌二(五二六)年……公田を借賃する者、畝ごとに一斗。

とあることによって推測される。この職田を耕作する民(佃民、佃人)は、令の構造からいえば均田農民をおいてほかにない。通典二食貨田制の項に引く開元二十五年令とおもわれる文には、

並びに情願を取りて、抑配するを得ず。

と規定されて、希望者を募ることになっていたが、実際には地方官が管下の農民に強制的にわりあてることがおこなわれ、一般の小作とは異なった徭役労働的な性格をもっていたと考えられる(谷川道雄「唐代の職田制とその克服」)。もちろんその租は、七三一(開元十九)年以後、毎畝二斗から六斗の間に定められ、その余は農民の取分になったわけであるが、農民はむしろ租の輸送の労費に苦しんだようである。唐会要九二内外官職田の条、天宝十二載(七五三年)十月勅に、

両京百官の職田は、承前、佃民自ら送るも、道路或は遠く、労費頗る多し。今より已後、其の職田の城を去る五十里内の者は、旧に依りて佃民をして自ら送りて城に入らしめ、自余は十月内を限り、便ち所管の州県に於て、脚価を并せて貯納せしめん。其の脚価は五十里外、毎斗各々二文を徴し、一百里外、三文を過ぎず。並びに百官をして本司に差して請受せしめよ。

とある。しかし上元元(七六〇)年十月勅には、ふたたび、

京官の職田は、式に準じて、並びに佃民をして輸送して京に至らしめよ。

とある。

そもそも職田は、官人永業田が無主の荒地をあてられるのとは逆に、治所の近傍に与えられるのを原則とした。京官の職田については、「京城を去る百里内にて給す」といい、外官の職田は、「皆領所の州県の界内にて給す」と定められている。このことは職田が、農民の田土の密集している地域におかれることをいみする。とりわけ長安の近傍は狭郷で極端に田土の不足している地域であったから、職田の存在そのものが農民の田土を圧迫することになった。そのうえ上述のような強制的割当や地租運搬の労苦が、一層農民を窮乏させる原因になったとおもわれる。職田、とりわけ京官の職田の改廃がくり返されたのは、このような問題があったからである。冊府元亀五〇五邦計部俸禄に収める貞観十(六三六)年正月詔には、

有司に詔して、内外の職田を収め、公廨田園を除く外、並びに官収し、先ず逃還の貧下の戸及び丁田を欠く戸に給せしむ。其の職田は、正倉の粟、畝ごとに率ね二升を以て、これに給す。

とあり、また唐会要九二内外官職田、開元二十九(七四一)年三月勅には、

京畿は地狭く、民戸殷繁にして、丁を計って田を給するも、尚猶足らず。兼ねて百官の苗子に充てるは、固より周済し難し。其れ諸司の官の分かれて都に在らしむる者は、宜しく所司をして具さに額を作定し、応受の職田を計って、並びに都畿に於て給付し、其の応退の地は、採訪使と本州の長官に委ねて、貧下の百姓に給すべし。

とある。前者では職田をいったん廃止して帰還した逃戸と欠田の戸に与え、官人には直接租粟のなかから給付をおこなおうとしており、後者では京官の職田を東都洛陽にふりかえて与え、そこから生みだされる畿内の余剰田土を貧民への給田にまわそうとしているのであるが、均田制の実行と職田制の両立しがたい点がよくしめされている。

大土地所有は均田制のあらわれてくる過程からいって、必然的にそれに内包されているものであるが、それは同時

に均田制のもつ矛盾なのでもあって、均田制自体はそれを解決する能力をもたない。したがって初期均田制のように田土の余剰がある時期ならばともかく、しだいに田土の不足が問題になってくると、矛盾の激化は避けられないのであって、後期均田制の階層制的な土地保有制度は、けっして整合的な秩序ではないのである。職田制はこの問題に直面して改廃をくり返すだけであったし、官人永業田もその下層の勲田においては、ごく一部の給田がおこなわれたにすぎなかった。しかし上級官人の永業田は荘園発展の一根拠となったと考えられ、やがてその荘園は均田農民の没落から生ずる労働力の増加によって拡大していき、均田制を止揚していくのである。

(50) 開元二十五年令に、「諸田不得貼賃及質、違者財没不追、地還本主、若従遠役外任、無人守業者、聴貼賃及質、其官人永業田及賜田、欲売及貼賃者、皆不在禁限」(『唐令拾遺』六三四頁)とある。均田制下における田土の処分については、第八章参照。

(51) この原文には、「後魏孝文太和五年、州刺史・郡太守、幷官節級、給公田」とあり、一応本文のように読んだが、「幷官節級」の意味は判然としない。

(52) もちろん職田の系譜をたずねれば、孟子の「公卿以下、必有圭田」という圭田にはじまる。比較的近い晋代についても、通典職田公廨田の条に、「晋、公卿猶各有菜田及田騶多少之級、然粗挙其制、而史不備書」とある。晋代の制度については、晋書二六食貨志にも、「詔書、王公以国為家、京城不宜復有田宅、今未暇作諸国邸、当使城中有往来処、近郊有芻藁之田、今可限之、国王・公・侯、京城得有一宅之処(通典一には「有宅一処」とする)、近郊田、大国田十五頃、次国十頃、小国七頃、城内無宅、城外有者、皆聴留之」とある。これは「魏令、職分公田、不問貴賤、一人一頃、以供芻秣」といわれる田土の性格と通ずる点がある。しかし職分公田の名は、北魏ではじめてあらわれる。

(53) 吉田虎雄『魏晋南北朝租税の研究』一二三頁注4は、「宣武」を「孝武」の誤としているが、従うべきであろう。孝武帝は北魏最後の皇帝で、宇文泰をたよって長安に出奔したものである。

(54) 魏書七下高祖紀、太和十九年六月丙辰条に、「詔遷洛之民、死葬河南、不得還北、於是代人南遷者、悉為河南洛陽人」とあり、太和十九年八月乙巳条に、「詔、選天下武勇之士十五万人、為羽林・虎賁、以充宿衛」とあり、同二十年冬十月戊戌条

に、「以代遷之士、皆為羽林・虎賁」とある。

(55) 遷都直後にかれらに土地が与えられたことを直接しめす記録はない。しかし魏書一九中任城王澄伝に、「今代遷之衆……始就洛邑……又東作方興、正是子来百堵之日、農夫肆力之秋」とあり、同書六五李平伝に、「代民至洛……事農者、未積二年之儲」とあるところから、唐長孺「均田制度的産生及其破壊」は、当然国家から土地が支給されたとしている。

(56) 唐長孺前掲論文三六二―三六三頁、韓国磐『隋唐的均田制度』二一頁は、これをもって官人永業田の起源としている。しかし官人永業田の起源は別な面からたどれるし、職田の永賜は政治の混乱のなかでおこったもので、職田の制はその後復活したが、官人永業田がこれから制度化された証拠はない。

(57) 奥村郁三「唐代公廨の法と制度」は、公廨を官とも私とも異なる財産権の主体であり、一つの機関であるとしている。たしかに廏庫律疏等をみると、官ないし官物と、公廨ないし公廨物は区別して用いられているようである。この区別は日本の場合一層はっきりしている(宮原武夫「公廨稲出挙制の成立」)。おそらく唐においても、公廨は諸官司の一部をなす倉庫的な機関ないしその管掌する財物であり、一般の官物とちがって、その財物は当該官司ないしその官司に勤務する官人の諸費用に供せられるものであったとおもわれる。

(58) ただし日本では職分田のことを公廨田ともよんでおり、両者の区別がないというのが、中田薫「唐令と日本令との比較研究」以来の通説である。

(59) ペリオ漢文文書二五〇四号は、天宝年間の職官表であるが(那波利貞「唐鈔本唐令の一遺文」、金毓黻「敦煌写本唐天宝官品令攷釈」)、そのなかの職田の表では、二品一五頃、三品一二頃、四品九頃、五品七頃、六品五頃、七品四頃、八品三頃、九品両頃五〇畝となっており、五―九品は開元二十五年令の外官と同じであるが、一―四品はそれより田額が大きい。開元二十五年以後に改訂があったのかもしれない。

(60) この文が開元二十五年令の原注なのか、通典の編者の注なのかは断言できない。『唐令拾遺』六四八頁は唐令としているが、通典の該部分以外、他の書にはこの部分がない。

第五章　均田制下の収取体系

一　問題の所在

北魏の均田法規に、「諸《およ》そ、民の年課に及べば、則ち田を受け、老いて〔課を〕免ぜられ、及び身没すれば、則ち田を還す」とあるが、ここには税役の賦課を前提として田土の還受が規定されている。隋の制には、「未だ地を受けざる者、皆課せず」とあり、ここには税役賦課の前提に受田があるとされている。このように均田制における受田と税役賦課の間には密接な関係がある。それゆえ本章の主要な目的は、均田制との関連において税役制度の内容を明らかにしようとするにある。

日本の班田収授制研究の先駆者の内田銀蔵氏は、日中の土地法における受田・収公の年齢の相違、女子および奴婢にたいする給田制の相違等を比較した結果、均田制が各戸の労働力と租調の負担に応じて田土を支給したのにたいし、班田制は各戸の生活の必要等に応じて支給しており、班田制の方がより均分主義にちかい点を指摘した（「我国中古の班田収授法及近時まで本邦中所々に存在せし田地定期割替の慣行に就きて」）。この見解はその後の班田収授制研究者の多くにうけつがれている。(1) 比較の上ではたしかにそのような点が指摘できるかもしれないが、均田制における受田は、そもそも各戸の生産と生活の必要を国家が配慮せざるをえなかったがゆえにおこなわれたものである。前章に指摘したように、西魏では課役を負担しない不課戸への給田を優先した形跡があり、唐では不課口の受田範囲が拡大している。しかしそのことは、他方における人身支配と税役徴収制度の強化に矛盾しないこともそこでのべたとおりである。また受田と労働力と税役負担の三者がつねに対応しているわけではない。北魏では良民の既婚者に比較して、独身の丁男や奴婢の受田額はかわらないが、かれらの税役負担額ははるかに少なくなっている。これも前にのべたように、田土の開墾のために労働力を動員する必要が大きかったからである。また田土還受の実施状況にはいろいろ疑問があって、つねに規定どおり実施されたわけではないが、税役は規定にしたがってとられた場合が多かったと考えられる。以上のような点があるにせよ、均田制が中国古代国家の人民支配の方式として生まれたものである以上、受田が税役徴収と不可分な関係をもつよう規定されていることの重要性はかわらない。

それでは農民に賦課される税役にどのようなものがあるかといえば、六典三その他の唐代の諸書には、「凡そ賦役の制四あり。一に租と曰い、二に調と曰い、三に役と曰い、四に雑徭と曰う」と記されている。役(歳役・正役)の代償を庸というから、いわゆる租・庸・調と雑徭を基本的なものとしてあげているわけである。唐代の税役にはこのほか、色役・雑役・番役等とよばれる各種雑多な徭役があり[2]、府兵もひろいいみで役の一種であろうが、これらは就役によって上の四つの税役のうちのいずれか、もしくは全部が免除されたとおもわれるので、租・庸・調・雑徭が基本であることにかわりがない。ところで均田制下では、均田制と関係する基本的な税役負担を指すとおもわれる語に、課ないし課役という語がある。これらの課役を負担する者を課口といい、負担を有しない者を不課口といい、課口を含む戸を課戸、含まない戸を不課戸という。全国の戸口は課戸と不課戸、課口と不課口にわかれるわけである。この課ないし課役の語が、上記唐代の四種の賦役のうちのいずれを指すかといえば、通説では課は租調を、課役は租調役ないし租庸調をいみするといわれるのにたいし、課は雑徭をいみすると主張する曾我部静雄氏の説が出されて論争がおこなわれている(礪波護「課と税に関する諸研究について」)。

冒頭に引いた北魏の均田法規には、「諸そ、民の年課に及べば、則ち田を受け云々」とあるが、現存均田法規は各種田土の還受と租調の収取についてのみ規定しており、役には言及していない。北斉の河清三年令にいたって、「率ね十八を以て田を受け租調を輸し、二十にして兵に充て、六十にして力役を免じ、六十六にして田を退《かえ》し租調を免ず」といい、力役の規定があらわれるが、受田の年齢に対応しているのは租調である。したがって北魏で「年課に及べば」という場合の課は、租調であると考えられる。租調がはじめ夫婦を対象とし、受田期間と義務年限を同じくするのにたいし、力役はむろん丁男のみを対象として、年限も右のごとく異なっていた。また北朝の力役は右のごとく兵ともよばれているが、これはいわゆる丁兵であって、のちの唐の歳役と同じでない。この丁兵制の構造がどのようなものであるか、府兵制と関係があるかないかは一つの問題点である。この丁兵制が歳役制にかわり、租調も丁男を対象とするようになって、唐代の租庸調制が成立するわけであるが、この過程をあきらかにするのが本章の一つの課題である。

以上の過程から考えると、受田に対応していたのははじめ租調であり、のちに力役(唐では歳役)が加わったのである。さらに租調役(租庸調)とならんで、唐代の四種の基本的な税役のなかに数えられている雑徭について考えてみると、これは租調役とはかなり性格を異にしているようにおもわれる。すなわち租調役が中央政府へ出されるのにたいし、雑徭は地方官衙の使役に服するものであり、また雑徭が田土の支給をうけない中男にもかけられたことは、雑徭が受田に対応する租調役の体系の外にあることを想像させる。雑徭の義務日数について従来説が一致していないが、これも雑徭の右のような特殊な性格と関連して理解すべきものとおもう。この点は本文中にのべたい。租調役中の力役である歳役は、規定日数を超えて使役することができ、その際には超過日数に応じて租または調が免除された。雑徭についても同様な規定があったから、租調役・雑徭は歳役または雑徭一本に換算することができた。そのほかの特殊な徭役である色役・雑役に当るものも、その役の種類に応じて租庸調なり雑徭が免除されたが、これもまた色役・雑役と租庸調または雑徭とが換算可能であることをしめしている。そこで唐制の根本精神は徭役労働制にあるという説も唱えられているが(宮崎市定「唐代賦役制度新考」)、この説は右の租庸調制の成立過程や、雑徭の特殊な性格を考えてみると、妥当であるかどうか疑わしい。ただ唐代の国家機構が徭役労働によって動かされなければならない部分の多かったことは事実であるが、これも実際には現物または貨幣によって代納される場合が多かったのであって、それが歳役の場合の庸であり、色役・雑役の場合の資課とよばれる免役銭であった。したがって色役・雑役に名目上就役し、資課を納めることによって、租庸調・雑徭を免れることができた。これが唐代の役制に関連して社会問題となった点である。以上の雑徭・色役にかんする諸問題点についてのべるのも本章の重要な課題である。

均田制下の税役負担は、受田に対応して定額均等であるのが原則であったが、実際には田土の支給状況や家族構成等によって貧富の差が生じ、負担の均衡が失われるのはやむをえなかった。そこで資産をはかって戸等を設け、それによって田土支給・税役徴収の先後を決定し、租穀輸送の負担に軽重をつけるなど、税役負担の均衡がはかられた。あるいはさらに進んで、西魏などでは定額均等課税の原則を破り、租そのものを戸等に応じてとるということさえおこなわれた。均田制下の租調を定額の人頭課税とみる通説は、これによって再考を必要とされるのではないかとおもう。唐代になると租庸調制とは別に、不均等課税としての地税と戸税があらわれるが、これらはやがて租庸調にかわって両税法に発展していくものと考えられている。本章では最後にこれらの不均等課税の意義についてもふれることになろう。

（1）もっとも班田収授制の均分主義の由来については説がわかれており、内田氏がこれを大化前代における班田類似慣行、換言すれば共同体の比較的強固な存在と関係づけたのにたいし、滝川政次郎氏はこれを否定して、相違を彼我の立法精神にもとめ、均田制が経済政策的精神にもとづくのにたいし、班田制は豪族の土地兼併を廃して中央集権国家を樹立するための社会政策的精神に富むものとした（『律令時代の農民生活』五九—六〇頁）。近年虎尾俊哉氏は、班田制と租調制との関係について、初期の戸税主義のもとではある程度の対応が考えられたが、人頭税主義に移っても班田制の変更がなかったため、両者の不対応が生まれたとしている（『班田収授法の研究』二七一頁以下）。以上の諸説は、均田制が労働力もしくは租調に対応するのに、すくなくとも確立した形での班田制が、不対応であったことを指摘する点で一致している。

（2）ここで色役・雑役・番役等とよんだ各種の徭役の内容は本文中でのべるが、その総称を西村元佑氏が雑任役であると主張したのにたいし（「唐律令における雑任役と色役資課に関する一考察」）、浜口重国氏はこれを批判して、唐制上の雑任は下級吏であって役ではないとし、さればといって総称としては雑役の語は不適当であり、色役の語を用いたいが踏み切りがつかないでいるといっている（「唐の白直と雑徭と諸々の特定の役務」）。しかし令集解一三賦役令、凡春季附者課役並徴条の古記に引く「開元式」に、「一、防閤・疾（庶）僕・邑士・白直等諸色雑任等、合免課役」とあるのは、防閤以下白直にいたる役がまさに「雑任」であることをしめすものではないだろうか。なお番役の語を総称として使う論者もいるが、この語は就役方法を指す語であり、このような就役方法をとるものには、北朝の丁兵や唐の官戸（番戸）・雑戸等の賤民もあるのであるから、いま問題にしている役の名称としては適当でないであろう。

二　租調の沿革と性格

1　租調の沿革

租と調という税目が均田制以前にはじまることは、すでに第二章でのべたところである。すなわち田租は漢代にさかのぼるが、魏晋時代には、租は田土面積に応じて穀物を出し、調は戸の品級に応じて織物を徴せられ、ついで五胡十六国時代には、租も調に同じく戸の品級に応じてとられるようになった。北魏の前期にはこのような税制がうけつがれたが、均田制施行の翌年、四八六（太和十）年、三長制の施行と同時に、新しい租・調の制度が公布されたのである。魏書一一〇食貨志にはそれを、

其の民の調は、一夫一婦ごとに、帛《きぬ》一匹・粟《もみあわ》二石。民の年十五以上にして未だ娶らざる者は、四人もて一夫一婦の調を出す。奴の耕に任じ婢の績に任ずる者は、八口もて未だ娶らざる者四に当つ。耕牛は、二十頭もて奴婢八に当つ。其の麻布の郷は、一夫一婦ごとに布《あさぬの》一匹。下って牛に至るまで、此を以て降を為す。

と記している。ここに租粟もあわせて調と称しているのは、上記のように五胡以来、田租が戸調にあわせてとられてきたいきさつがあるからである。しかしこれは北魏のときだけで、その後の諸王朝では、やはり租と調をわけてよぶようになった（曾我部静雄「均田法と班田収授法の税役の一種・調の性格について」）。北魏では四九五（太和十九）年ごろ、右

の調絹(帛)一匹にたいして綿《まわた》八両を加徴するようになり(吉田虎雄『魏晋南北朝租税の研究』九一頁)、その後の調は、絹ならば綿を、布ならば麻を付加するのがふつうになった。

租・調は均田制以前にはじまるにしても、均田制のもとではそれに対応するように田土が設けられたから、租は露田から、調は桑田・麻田から出されるものと観念されたとおもわれる。しかし受田の制と租調の制との対応のしかたには問題がある。一つには北朝では、受田の対象が夫・婦別々に規定されたのにたいし、租調は一夫一婦(=牀)を単位に課せられた。田土は露田・桑田・麻田等の違いによって受田額も受田対象も違い、還受・不還受の別もあるから、夫・婦別々に規定される必要もあったのであるが、西魏のいわゆる計帳様文書(スタイン漢文文書六一三号)では、租調も夫・婦別々に計算されたようにおもわれる。すなわちこの文書の各戸の「課見輸」の条に「丁男」「丁妻」を別々に記入しており、それにもとづいて受田額と租調額とがともに決定されたとおもわれるのである。しかしこの場合、受田額においては丁男と丁妻の額が異なるのにたいし、租調の額は丁男も丁妻も同額として計算されている。例えば山本達郎氏があきらかにしたように、調布は丁男・丁妻とも二丈であるが(「敦煌発見計帳様文書残簡」)、これは上述北魏の規定に夫婦に布一匹とされていたのを、便宜的に半分ずつ丁男と丁妻にわりふったものにちがいない。西魏においても本来の規定では、租調は夫婦を単位としていたと考えられる。租調が夫婦(=牀)を単位として課せられたのは、均田制以前に戸内に課役を忌避する多数の農民家族を従属させた豪族の戸が存在し、戸調の制ではそれに対応しきれなかったので、国家が夫婦を中心とする小農民家族を直接把握するよう課税方式を改めたものである。それが前記のような受田の規定とくいちがうのである。

第二に受田額と租調額のくいちがいである。北魏では、受田額は夫婦中の夫と未婚の丁男とはかかわらず、奴婢の受田額も良民と同じであるのにたいし、租調額は未婚の丁男は夫婦の四分の一、奴婢は八分の一、耕牛は二十分の一である。これは受田の目的がただ租調をとるためでなく、荒廃地の開墾をうながすことにあったからで(第四章参照)、受

表1　租調役の変遷

		北　魏	北　斉	北　周	隋	唐
租	一牀	粟2石	墾租2石 義租5斗	粟5斛	粟3石	粟2石
	単丁	$\frac{1}{4}$	$\frac{1}{2}$	$\frac{1}{2}$	$\frac{1}{2}$	
	奴婢	$\frac{1}{8}$	$\frac{1}{2}$		$\frac{1}{2}$	
	耕牛	$\frac{1}{20}$	墾租1斗 義租5升			
調	一牀	帛1匹(布1匹) 綿8両	絹1疋 綿8両	絹1疋(布1疋) 綿8両(麻10斤)	絹1匹(布1匹) 綿3両(麻3斤)	絹2丈(布2.5丈) 綿3両(麻3斤)
	単丁	$\frac{1}{4}$	$\frac{1}{2}$	$\frac{1}{2}$	$\frac{1}{2}$	
	奴婢	$\frac{1}{8}$	$\frac{1}{2}$		$\frac{1}{2}$	
	耕牛	$\frac{1}{20}$	絹2尺			
役	一牀				30日	20日(閏年22日) 1日=絹3尺 =布3.75尺
	単丁					

田額の方が租調額よりもより労働力に比例しているのである。それにしても上記北魏の規定で、租調額を記すのに、未だ娶らざる者は「四人もて一夫一婦の調を出す」、奴婢は「八口もて未だ娶らざる者四に当つ」、耕牛は「二十頭もて奴婢八に当つ」というような規定のしかたをなぜしたのであろうか。なぜそれぞれ四分の一、八分の一、二十分の一という規定をしなかったのであろうか。これは一夫一婦の調はちょうど一匹であるが、それ以下の場合、一匹の帛・布を細断したわけではなく、何人分かをあわせて一匹として出したからで、右の規定は未婚男性は四人で、奴婢は八人で、耕牛は二〇頭で一匹を出すことをしめしたものにほかならないとおもう。唐代の調は一丁男絹二丈(=半疋)、布二丈五尺(=半端)であるが、「当戸にて疋・端・屯・綟を成さざる者の若《ごと》きは、皆近きに随って合成せよ」(六典三、通典六)といわれて、近隣で共同して一疋なり一端なりを出すよう定められていて、共同体内の協力が必要とされたのである。北魏の場合も同様であったにちがいない。

以上のような受田額と賦課額との割合の相違は、労働力を基準として田土をわりつける原則と、一夫一婦の小世帯を単位として課税をおこなう原則との間のずれとでもいえようか。しかしそれにしても北魏の場合にはそのずれがあまりに大きかったので、その点は北斉以後、表1のごとく修正された。すなわち良民夫婦の租・調の額にも多少の変化がみえるが、単丁(未婚丁男)・奴婢ともに良民夫婦の二分の一となったのは、(3)北魏の単丁四分の一、奴婢八分の一に比べて大きい変化である。

しかし租調の制における最も大きな変化は隋書二四食貨志に、隋の煬帝が即位したのち、「婦人及び奴婢・部曲の課を除」いたと伝えられていることである。すなわち従来夫婦を単位に課せられていた租調を、丁男を単位に課するようにし、賤民への賦課をも廃止して、これがつぎの唐代に伝えられるようになったのである。このとき賦課の廃止とともに、婦人・奴婢・部曲への給田をも廃止したと考えられるので、その原因、その年次、その影響等については、すでに前章で詳述した。ここでは、従来夫婦を一体として定額で課せられていた租・調のなかから婦人の分を除くということが、具体的にどのようにしてなされたのかみておきたい。この点については通典五食貨賦税の項に、

開皇三(五八三)年、十二番を減じて毎歳三十日の役と為し、調絹一匹を減じて二丈と為す。

と伝えられているのが注目される。十二番の役はすなわち毎歳三〇日であり、それを減じたのであるから、「毎歳三十日」とあるのは「毎歳二十日」の誤であろう。とすると、この年すでに唐代の丁男の負担と同じく、調は絹二丈、役は年二〇日となっているのである。成丁の年齢が十八歳から二十一歳に引きあげられたのもこの年である。してみると調と役にかんするかぎり、煬帝即位をまたずに唐代と同じ額が出現しているのであり、煬帝のときに婦人の課を除いたというのは実際上いみをもたなくなる。ただ租については、右の開皇三年の記事に言及しておらず、隋初の租粟三石をいつ唐代と同じ二石に減じたのか、開皇三年であるか煬帝即位の後であるかあきらかでない。しかし給田については、開皇三年に成丁の年齢を引きあげながら、依然十八歳以上に給田を続けたとみられるので、婦人への給田も続けられ、煬帝のときにこれが廃止されて、それにともなって婦人の課の廃止が確認されるにいたったのであろう。

ただし十八歳給田はそのまま唐まで続いて、二十一歳丁男になってはじめて、租粟二石、調絹二丈、綿三両（布なら二・五丈、麻三斤）、歳役二〇日（閏年二二日）の課役がかかるようになるのである。

2　租調と戸等

均田制下の税役制度は、夫婦なり丁男なりを対象として、定額均等で課せられるのが原則であったが、それは本来田土の配分が均等におこなわれることを想定したものであった。しかし実際には田土の支給状況や家族構成等によって貧富の差が生ずるのはやむをえなかったから、そこでそのような階層差をしめすために、資産をはかって戸等が設けられており、北魏や隋・唐初ではそれは上戸・中戸・下戸の三等に、北斉や唐の貞観九（六三五）年以降は上上戸から下下戸にいたるまで九等にわけられていた。[4] 戸等の役割は一般には定額均等課税の原則のもとで、貧富の差を調節しようとするものであって、その原則を破るようなものではなかった。例えば唐の賦役令に、

諸そ、差科するには、富強なるを先にし、貧弱なるを後にし、丁多きを先にし、丁少なきを後にせよ。

とあるのは傜役徴収の順序をきめたものであるが、[5] この場合の富強はすなわち「高戸」（戸等の高い戸）であり、傜役の徴発には「高戸・多丁」を先とすべきであった。同様に田令にも、

諸そ、田を授けるには、課役あるを先にし、課役せざるを後にし、〔田〕無きを先にし、少なきを後にし、貧しきを先にし、富めるを後にせよ。

とあって、[6] 給田の順序を決定するにも、課役の有無、已受田の有無とならんで、貧富の差があげられているが、この貧富を表示するのはやはり戸等であったとおもわれる。

租の徴収にあたっても戸等が一定の役割をはたす場合があった。魏書食貨志に、

遂に民の貧富に因って、租輸三等九品の制を為《つく》り、千里内は粟を納れ、千里外は米を納る。上三品戸は京師に入

れ、中三品〔戸〕は他州の要倉に入れ、下三品〔戸〕は本州に入る。

とある「租輸三等九品の制」は、おそらく顕祖献文帝の治世(四六五―四七一年)、均田制以前のいわゆる九品差調のおこなわれた時代にはじまったものであろう(7)。戸調が九品によって差をつけてとられたことは第二章でのべたが、ここではその九品を三品ずつ上・中・下の三等にわかち、それによって租穀輸納の負担に差をつけたのである。この際つくられた三等制が戸等制のはじまりであって、それが均田制下にうけつがれたのである。隋書食貨志に収める北斉の河清三年令には、

墾租は皆貧富に依って三梟と為せ。其の賦税の常調則ち少なければ直《ただ》上戸より出し、中なれば中戸に及び、多ければ下戸に及べ。上梟は遠処に輸《いた》し、中梟は次遠に輸し、下梟は当州の倉に輸せ。三年に一たび校《しら》べよ。租の台に入れる者は、五百里内は粟を輸し、五百里外は米を輸し、州鎮に入れる者は粟を輸せ。人の銭を輸さんと欲する者は、上絹に准じて銭を収めよ。

という規定がある。ここには墾租(田租)負担の均衡をはかるために、常調の多少によって負担の戸を限定することと、租穀輸送の負担に軽重をつけることと、二つの点がのべられている。後者はむろん前記の租輸三等九品の制を復活させたものである。北斉の時代には九等の戸等制がおこなわれていたとおもわれるので、かつて九品を三等にわけたごとく、九等を三梟にわけたものとおもわれるが、一方では墾租負担の戸を限定する場合には上戸・中戸・下戸という戸等も用いられていて、これらと上梟・中梟・下梟との異同はあきらかでない。

以上は定額均等課税の枠内において、負担の均衡をはかるために戸等がはたした役割をのべたのであるが、つぎには課税額そのものが戸等に応じてきめられ、定額均等課税の原則を破る場合があったことに注目したい。西魏のいわゆる計帳様文書では、調の布・麻が一丁当り均等であるのにたいし、租は戸等によって額を異にし、一丁当り上戸は二石、中戸は一石七斗五升、下戸は一石の割合で課せられている(山本達郎前掲論文)。なぜこのようなことがおこった

かを考えてみるに、この文書にあらわれた敦煌地方の給田状況では、麻田を優先的に配分し、ほぼ充足しているのにたいし、租穀を出すべき正田(この文書では倍田は支給されていない)はきわめて不足している。いったい租も調も元来は人頭課税であったわけではなく、とくに租は収穫量や田土額に応じて課せられる税であったのが、均田制下では給田の規定に対応して、租調の人頭税的な均等徴収を定めたのである。いったんこのような制度が定められると、唐代あたりでは一般に田土が規定に満たない場合でも、租庸調は規定どおりとられるようになったと理解されている。そしてこのことは、租庸調が均田制とまったく関係がないことをしめすものとさえみられる傾向がある。しかし初期の均田制がやはりそのようなものであったかどうか、我々は確証をもたないが、もし実際の給田状況に近づけて租を徴収しようとすれば、この西魏の敦煌におけるようなやりかたが生まれてきても不思議ではない。北斉書四六蘇瓊伝には、天保中(五五〇—五五九年)かれが南清河太守であったとき、「州が戸を計って租を徴した」ことが記されているが、これは水災による飢饉の際であるから、一時的なものであったろう。魏書九粛宗紀、孝昌二(五二六)年十一月丙午条には、「京師に税す、田租畝ごとに五升」とあり、国都近傍で田土の大きさに応じて租をかけているが、これは北魏王朝が衰えて、均田制が一時解体した結果であると考えられる。しかし西魏の文書の場合は、建国の初期に国家権力が敦煌地方に及んで、強力な田土の再配分をおこなったときのことであるから、給田に対応した租の徴収を積極的におこなった事例としてよいであろう。

租を戸等に応じてとった事例は、唐代の江南地方にも見出される。通典六食貨賦税にのせる天宝中の国庫収支の記事に、

其の租、約百九十余万丁、江南郡県、折納布、約五百七十余万端(大約八等以下の戸もて之を計る。八等は租に折すること毎丁三端一丈、九等は則ち二端二丈なり。今通じて三端を以て率と為す。)

とあり、江南の郡県の租は、粟を納めず、麻布をもって代納したが、八等戸では毎丁三端一丈、九等戸では二端二丈

といわれ、戸等によってその額を異にしていた。江南の租は、通典六に収める開元二十五年令に、「其の江南諸州の租は、並びに廻造して布を納る」とあり、浜口重国氏によれば、開元十八(七三〇)年頃から以後二十五年頃までの間に、全面的に布に切りかえられたということであるが(「唐の玄宗朝に於ける江淮上供米と地税との関係」)、それ以前からもそのようなことがあったとみえて、スタイン探検隊は吐魯番の墓地から、武后初年の光宅元(六八四)年十一月付、婺州信安県納付の「租布」一端を入手している(仁井田陞「吐魯番発見唐代の庸調布と租布」)。日野開三郎氏によれば、江南の租布の負担額は、九等戸でさえも本色の粟二石よりもはるかに重いというが(「租調(庸)と戸等」)、このような重い負担の背景には、日野氏の指摘する江南の生産力の高さとともに、階層分化の発展があり、それが均等課税を不可能にしているとみなければならないであろう。日野氏はまたこの租布の戸等対応・丁対象の点が、江北の各丁均一の制度と嶺南の戸等制との中間地帯にあることを指摘している。また松永雅生氏は嶺南の戸等制の拡大による影響があった蓋然性を指摘している(「均田制下に於ける唐代戸等の意義」)。しかし嶺南諸州でおこなわれていたのは、上戸一石二斗、次戸八斗、下戸六斗といわれる「税米」であり(『唐令拾遺』六七三頁)、戸等の区分のしかたも違う。これはこの地方に均田制がまったく施行されなかったが故に出現したものである。これにたいして江南地方で丁を対象とする「租」がとられたのは、形式的にもせよ均田制が施行されていたからである。ただその均田制は、江南地方の土地所有を均等化する力をもたなかったため、そのような実情に応じて戸等に対応した租があらわれたのであろう。

（3）　隋書食貨志所収の北斉の河清三年令には、「率人一牀、調絹一疋・綿八両、凡十斤綿中折一斤作絲、墾租二石・義租五斗、奴婢各准良人之半、牛調二尺・墾租一斗・義租五升」とあって、単丁の記載がないが、冊府元亀四八七邦計部賦税所引の文には、「旧制、未娶者輸半牀租調、有妻者輸一牀、無者半牀」という注がついている。この「旧制……租調」の部分は、本書一九八頁に引いた隋書食貨志の北斉初期にかんする文からとったもので、「有妻者……」以下は冊府元亀の編者が解説を加えたものであろう。なお「牛調二尺」は通典および冊府元亀所引の文では「二丈」となっているが、租の率などと比べて二丈では多すぎるので、二尺が正しいであろう。

（4） 戸等制の沿革については、曾我部静雄「日中の律令時代の戸の等級制」があり、唐代の戸等とその役割については、松永雅生「均田制下に於ける唐代戸等の意義」がある。民戸を資産によって格付けするやりかたは魏晋の九品制にはじまる。曹操が二〇四（建安九）年ごろ始めた戸調が、資産をはかってとられたことは第二章で明らかにしたが、それがはじめから九品に応じてとられたかどうかは疑問がある。というのは、曹操が死んで曹丕が継いだ二二〇（延康元）年に九品官人法が出現しており、民戸の九品制もそれと関連して設けられた公算が大きいからである。九品制はその後南北両朝にうけつがれ、「九品差調」（魏書李沖伝）の税制がおこなわれた。北魏の前期には後述する租輸三等九品の制がはじまり、九品を三品ずつ上・中・下の三等に分けたが、これが後世の戸等制の起源である。北魏の均田制下の戸等についての記録はないが、西魏のいわゆる計帳様文書で上・中・下の戸等が用いられているから、北魏前期に始まった三等制が均田制下にも継承されたのであろう。隋書食貨志によると、北斉のはじめに「始立九等之戸、富者税其銭、貧者役其力」とあり、はじめて九等の戸等制が設けられた。しかし隋では後述するように、義倉穀を上・中・下の戸等によってとっているから、三等制に復帰したのであろう。唐では通典六食貨賦税に、「〔武徳〕六年三月、令天下戸、量其資産、定為三等、至九年三月詔、天下戸立三等、未尽升降、宜為九等」とあるように、唐初に三等制がおこなわれたが、これは隋制をうけついだのであろう。これがふたたび九等に改められたのは、武徳九年ではなく、貞観九（六三五）年であり、それ以後九等制は唐代を通じて変らない。

（5） 『唐令拾遺』六九〇頁は、唐律疏議一三差科賦役違法条疏によって本文を復原しているが、同条には「依令、凡差科、先富強、後貧弱、先多丁、後少丁、差科賦役違法、及不均平、謂貧富強弱、先後閑要等、差科不均平」とあり、一方同書一六擅興、丁夫差遣不平条疏に、「差遣之法、謂先富強、後貧弱、先多丁、後少丁、凡丁分番上役者、家有兼丁要月、家貧単身閑月之類」とあるから、元来の令文には、要月・閑月を分ける条項もあったのではないかとおもう。なおここで「差科」とか「差遣」とかいわれる対象は「丁・夫」であり、後述する歳役（正役）・雑徭・色役のすべてを含むとおもわれる。

（6） 北魏の均田法規にも、「進丁受田者、恒従所近、若同時倶受、先貧後富」とある。

（7） 魏書食貨志はこの記事を献文帝の「天安・皇興間」にかけ、冊府元亀四八七邦計部賦税の条はこれを献文帝即位の年の和平六（四六五）年におき、通鑑一三二は宋の泰始五年＝北魏の皇興三（四六九）年におく。通典五食貨賦税の条がこれを北魏末の荘帝（在位五二八―五三〇年）の時期におくのは誤であろう。食貨志所収、太和十（四八六）年三長制施行の詔に「均輸之楷」

とあるのは、松本善海「北魏における均田・三長両制の制定をめぐる諸問題」の指摘のように、租輸三等九品の制のことであろうから、この制度は三長制以前にはじまって三長制施行までおこなわれたのであり、献文帝の時期とする方が正しい。魏書四六李訢伝に、「未幾而復為太倉尚書摂南部事、用范擣・陳端等計、令千里之外、戸別転運、詣倉輸之、所在委滞、停延歳月、百姓競以貨賂、各求在前、於是遠近大為困弊」とあるのは献文帝のときのことであるが、あるいはこれも三等九品の制に関係あるかもしれない。

三　丁兵制から歳役制へ

1　丁兵制の構造と変遷

現存の北魏の均田法規中には、各種田土の還受と租調の収取についてのみ規定しており、役についての規定がない。均田制下の露田、桑田・麻田等は、前述のように租・調に対応するよう設けられたものとおもわれる。それに田土も租調も男夫と婦人を対象としていた。そこで丁男のみを対象としていた徭役・兵役は、はじめ均田制の体系中に包摂されていなかったとするのが妥当であろう。しかし北魏において徭役・兵役がなかったわけではない。魏書六二李彪伝に、

　又別に農官を立て、州郡の戸の十分の一を取りて、以て屯人と為し、……一夫の田は、歳ごとに六十斛を責め、其の正課幷びに征戍・雑役を蠲《のぞ》け。

とあるように、一般州郡民の負担には、正課のほかに征戍と雑役があったとおもわれる。(8) 正課とは租・調であろうが、征戍と雑役の内容はあきらかでない。ただ後述する西魏のいわゆる計帳様文書を参照すれば、あるいはこの文書にみえる丁兵制と雑任役に当るものであるかもしれない。(9) 北魏に丁兵制のような番役があったことは、魏書七下高祖紀、太和二十年冬十月戊戌条に、

司州の民、十二夫ごとに一吏を調して、四年の更卒と為し、歳ごとに番仮を開き、以て公私の力役を供す。

とあり、同書一八臨淮王孝友伝に、

略々見管の戸を計るに、応に二万余族なるべし。……十五丁ごとに一番兵を出せば、計るに一万六千兵を得。

とあることによって知られる。前者は孝文帝の洛陽遷都後、都下の民のうちから十二丁男に一人をとり、四年の義務を負わせて力役を負担させたもので、その場合「歳ごとに番仮を開く」といわれる当番交替の制度がどのように運営されたのかはあきらかでない。後者は東魏のはじめに孝友が三長制の改革を提言した有名な上奏の一部で、この十五丁ごとに一番兵を出すという割合は、あるいは彼の構想にすぎないかもしれないが、当時一般農民のなかから、似たような方法で徴兵がおこなわれていたことを推測させるものである(10)。

北斉の河清三年令にいたって、

率ね十八を以て田を受け租調を輸し、二十にして兵に充て、六十にして力役を免じ、六十六にして田を退《かえ》し租調を免ず。

とあるように、力役の規定があらわれる。ここで兵といっているのは力役と同義であるとおもわれるので、兵役と力役とは分離していないようである。むしろ当時主要な軍事力は鮮卑の兵力に頼っていたので、一般州郡民から出される兵なるものは、主として力役にあてられたであろうとおもわれる(11)。前記の東魏の臨淮王孝友の上奏にある兵も、やはりこのような力役にあてられる兵であろう。とすれば、北魏の洛陽遷都後に十二夫に一吏を調したとされる更卒も、同様なものであったであろう。つぎにのべる西魏のいわゆる計帳様文書にも「六丁兵」なるものがあらわれるのをみると、北斉河清三年令の兵の制度の起源が北魏にあることは間違いない。

西魏のいわゆる計帳様文書にはつぎのような記載がある。

都合課丁男参拾柒人

五人雑任役
一人獵師
二人防閤
二人虞候
参拾兩人定見
六丁兵卅人
乗二人

これは課丁男三七人のうち、雑任役にあたる五人を除いた三二人が兵役の義務をもつが、六丁兵に組わけすると二人の余剰人員が出ることをしめしている。周書五武帝紀、保定元年三月景寅条に、

八丁兵を改めて十二丁兵と為し、率ね歳ごとに一月を役す。

とある。西魏の文書は大統十三(五四七)年のものであるが、そのときの六丁兵の制は、いつのころか八丁兵にかわり、さらに北周の保定元(五六一)年に十二丁兵となったのである。十二丁兵は隋初にうけつがれたとみえて、隋書食貨志に、

受禅するに及び、又都を遷し、山東の丁を発して、宮室を毀ち造る。仍って周制に依り、役丁は十二番と為し、匠は則ち六番とす。

とあるが、またその後、

開皇三年正月、帝新宮に入る。初めて軍・人(軍・民)をして、(12)二十一を以て丁と成し、十二番を減じて、毎歳二十日の役と為す。

とあるように、開皇三(五八三)年、十二丁兵の番を年二〇日間の役に減じたのである。

右の六丁兵・八丁兵・十二丁兵については、これを六人・八人・一二人のなかからそれぞれ一人を徴兵するという箇点率説と、六番・八番・一二番としだいに番役の在役期間が短縮されたとする在役期間説とがあるとされ、[13]西村元佑氏がこれらに詳細な批判を加えたが(「西魏・北周の均田制度」)、上述のように、八丁兵を十二丁兵に改めたときに年に一か月の役となったといい、さらに隋代にこれを二〇日間の役に減じたというのであるから、六丁兵は二か月、八丁兵は四五日、十二丁兵は一か月の在役期間をもつ番役であることはあきらかである。[14]たださきに引いた東魏の臨淮王孝友の上奏に、「十五丁ごとに一番兵を出す」とあるところをみると、六丁兵以下も箇点率のいみをもふくんでいるようにおもわれるが、六丁兵が二か月、八丁兵が四五日という在役期間をもつということは、六人なり八人なりが一年の間に交替で役に服するということであり、上の西魏の計帳様文書の例でいえば、結局三〇人のすべてが六丁兵として服役するわけであるから、箇点率とするのは妥当でない。もしこれらが交替で番役に服するとすれば、番役を出すためのグループが形成されていたであろうとおもわれるが、この番役の母体については、六丁兵の場合六人が一組を形成して、そのなかから一人ずつ上番するという説(山本達郎「敦煌発見計帳様文書残簡」、西村前掲論文、越智重明「北朝の丁兵制について」)と、全白丁を六組にわけて、一組ずつ上番するという説(菊池英夫「北朝軍制に於ける所謂郷兵について」)とがある。先述のように一五丁ごとに一番兵を出すとか、一二夫ごとに一吏を調するとかいう表現をみると、六丁兵・八丁兵・十二丁兵はそれぞれ六人・八人・一二人が一組を形成して、そのなかから一人ずつ交替で番に当たったとみた方がよさそうであるが、さらに玉海一三八兵制に引く鄴侯家伝に、

初めて府兵を置くや、皆六戸の中等以上の家に三丁ある者に於て、材力ある一人を選んで、其の身の租庸調を免ず。……兵仗・衣馱・牛驢及び糗糧・旨蓄は、六家共に備う。

とあるのも参照される。この記事は初期の府兵制の史料としては誤が多く疑わしいのであるが、六家が協力して兵役に出るものの兵器・衣粮等を供給するという点には、初期府兵制と同時期の六丁兵のあり方が反映しているのかもし

れない。(15)もちろん六丁兵は六家ではなく、六丁が一組となって協力したものとおもわれるが、このような共同体内の協力が収取の基礎にあったことは、さきに調の場合にも指摘したところである。(16)

六丁兵以下は府兵制に関係あるかどうか。この点にかんしては多少の関係を認める論者が多いようである。もちろん丁兵は本来の府兵とは異なった州郡の兵(実は力役負担者)であり、他方府兵はもともと州郡に籍をおかず、軍府に専属する兵士を指す名称であった(唐長孺「魏周府兵制度辨疑」)。このいみでの府兵は、北魏の時代主として鮮卑によって構成されていた。後世の府兵の組織は、西魏の大統十六(五五〇)年ごろ整備された宇文泰の親軍＝二十四軍からおこったとされるのであるが、その場合もそれは丞相府に属する特殊な兵であって、はじめは鮮卑を中心とする北辺の軍士を主体とするものであったのである。菊池英夫氏はこのような相違を認めながら、なおこれらの府兵を統轄する柱国・大将軍が、州郡の兵をも配下に入れたことを指摘し、元従軍士の土着化と相まって、両者の融合がおこなわれたであろうと推測している(菊池前掲論文)(17)。私はこれを全面的に否定するだけの材料をもたないが、しかし柱国・大将軍に支配されたのは京畿周辺等の一部の州郡の兵であり(浜口重国「西魏の二十四軍と儀同府」)、また属籍を異にする両種の兵がしかく融合しえたかどうかにはなお疑問がのこる。ただ軍府の兵がしだいに漢人を主体とせざるをえなくなったのは事実であろう。隋書食貨志には、

建徳二(五七三)年、軍士を改めて侍官と為し、百姓を募ってこれに充て、其の県籍を除く。是の後、夏人半ばは兵と為る。

とあって、北周の時代に漢人の多くが兵士となったことをのべているが、同時に彼らが県籍を離脱し、依然一般州郡県の民と区別されていたことをしめしている。このような軍と民との分離が廃止されるのは、隋に入ってからである。すなわち隋書高祖紀、開皇十年五月乙未詔に、

魏末喪乱ありて、寓県瓜分せられ、役車歳ごとに動き、未だ休息するに遑《いとま》あらず。兵士軍人、権《か》りに坊府を置き

て、南征北伐し、居処定まること無く、家に完堵無く、地に包桑罕《ま》れにして、恒に流寓の人と為り、竟に郷里の号無し。朕甚だこれを愍む。凡そ是れ軍人は、悉く州県に属せしむ可く、墾田・籍帳は、一に民と同じくせよ。軍府の統領は、宜しく旧式に依り、山東・河南及び北方縁辺の地の新置の軍府を罷むべし。

とあり、開皇十(五九〇)年にいたってはじめて、兵士と一般州郡民とはまったく同様にあつかわれるようになったのである。州郡の農民のなかから「府兵」が選抜されるようになるのは、それ以後のことであろう。[18]

2　歳役と庸と留役

先述のように隋の開皇三(五八三)年に十二丁兵を年二〇日の役に改めたが、これは丁兵制の終焉をいみするものである。年二〇日(閏年二一日)の力役は唐で歳役・正役とよばれるもので、もはや番役ではなく、各個人が適宜動員されるものであった。この歳役・正役の代償を庸というが、この庸の制度も隋代に確立したものである。もっとも庸の用法をしめす最初の記録は、周書三五裴俠伝のつぎの記事であろう。

河北郡守に除せらる。……此の郡の旧制に漁猟夫三十人有りて、以て郡守に供す。俠曰く、口腹を以て人を役するは、吾れの為さざる所なりと。乃ち悉くこれを罷む。又丁三十人有りて、郡守の役使に供す。俠亦以て私に入れず。竝びに庸直を収め、官の為に馬を市《か》う。歳月既に積みて、馬遂に群を成すも、職を去るの日、一も取る所無し。民これを歌いて曰く、肥鮮食せず、丁庸取らず、裴公の貞恵、世の規矩為りと。

裴俠は宇文泰とともに入関した人であるから、これは西魏時代のことであるが、この場合の漁猟夫や郡守の役使に任ずる丁は、唐の雑徭ないし雑役にあたるであろう。「庸直」を収めるというのは、その実役につくかわりに代役を傭う費用を納めさせることで、庸の語の始源的な用法をしめすものであるが、ここではそのような本来のいみにしたがって代役を傭ってはおらず、「丁庸」という語も用いられているから、庸(庸直)を収めることは、これより早くからおこ

なわれていたかもしれない。[19] 隋に入ると、北史一一隋本紀、開皇三年春正月条に、

始めて人をして二十一を以て丁と成し、歳役の功は二十日を過ぎざらしめ、役せざる者は庸を収む。

とあり、ここでは唐代とまったく同様に用いられている。たださきにも引用した隋書食貨志の記事には、「初めて軍・人をして、二十一を以て丁と成し、十二番を減じて、毎歳二十日の役と為す」とあるのみであるが、庸は役の代償にすぎないから、とくに言及する必要を認めなかったのであろうか。ついで隋書二高祖紀、開皇十年六月辛酉条には、

制して、人年五十にして、役を免じて庸を収む。

とあるが、これは隋書食貨志の十年五月条に、「百姓年五十なる者、庸を輸して防を停む」とあるのに相当する。防は兵役をいみするであろうから(越智重明「北朝の丁兵制について」注13)、右の制は既述の開皇十年五月の府兵を州県に帰属させた措置にともなって出された特殊なものではないかとおもう。しかしその後唐代では府兵の代償をそのようによぶことはなく、庸は歳役の代償に限ってよばれるようになり、いわゆる租庸調の制度が整うのである。

唐代の歳役の義務日数は右のごとく年二〇日(閏年なら二二日)であるが、必要ならそれ以上使役することが許されており、これを留役とよんだ。通典六食貨賦税所収の開元二十五年令に、

諸そ、丁匠は歳ごとに役工すること二十日、閏有るの年は二日を加えよ。須らく留役すべき者は、十五日に満つれば調を免じ、三十日にして租調倶に免ぜよ。従日少者見役日折免 正役を通じて並びに五十日を過ぎざれ。

とあって、留役一五日に及ぶと調が免ぜられ、三〇日に及ぶと租・調ともに免ぜられて、規定の二〇日と留役三〇日と、計五〇日をこえて使役することは許されていなかった。この規定によると、租も調もそれぞれ歳役一五日に相当し、租庸調の全額が歳役五〇日に当るわけである。この換算率は、枉役、すなわち無実の人あるいは徒刑に処すべきでない人を徒刑に処して労役を加えた場合、その分を当人の課役から減免するときにもまったく同じである。このように租庸調がすべて役一本に換算できるということは、唐代の民衆の負担が、表面的には実物形態のようにみえなが

ら、実はその基礎に力役が存在する、力役こそ基本であるという説を生みだしている（宮崎市定「唐代賦役制度新考」）。しかしこれは力役だけが日数を延長して使役する場合が出る、あるいは枉役という事態が生ずるところからくる規定で、上述した租・調と役の沿革からみても、はじめ均田制の受田に対応していたのは租・調であり、役でなかったことに注意すべきであろう。

なお右の留役ないし枉役の換算について、宮崎市定氏は、二〇日をすぎて役せられること一四日までは何の代償もなく、一五日になってはじめて調が免ぜられる、さらにそのうえ一四日間は代償なく、一五日になって租が免ぜられると解し、これを限満法と名づけて、このような解釈が唐の役制関係の史料を理解するために必要だというが、この解釈には疑問がある。上の留役の規定の割注に、「従日少者見役日折免」とあって、これでは何のことやらわからないが、日本養老令の賦役令歳役条によって、これは「役日少者、計見役日折免」（役日少なき者は、現役の日を計って折免せよ）と訂正すべきものである[20]。これによれば留役が一五日ないし三〇日に満たない場合でも、その日数に応じて租調が折免されることになる。おそらく留役一日は租なり調なりの十五分の一として換算されたであろう。したがって留役にかんするかぎり限満法は成りたたない。枉役については、唐律疏議五名例、共犯罪有逃亡条の疏に、枉役五〇日ならば租庸調一年分が免ぜられるわけであるが、それ以下の場合には、「即ち枉役を計るに、二十日以下は各々日を計って丁庸に折す。枉三十五日の若きは并びに調を折す。五十日に満たざる者は更に折すべからず」とあって、二〇日以下は一日ごとに庸を免ずるが、それ以上枉役されても租・調は分割しないことになっている。たしかに庸は一日絹三尺（布三・七五尺）という規定があるのにたいし、租・調は一丁当り定額で規定されている。しかし庸のような規定がある以上、租粟はもちろん、調の絹・布とて分割できないことはない。留役と枉役との間になぜこのような相違が生まれたかはあきらかでない。

（8）魏書八世宗紀、景明二年三月乙未朔詔に、「比年以来、連有軍旅、役務既多、百姓彫弊、宜時矜量、以拯民瘼、正調之外、諸

妨害損民、一時蠲罷」とあり、周書五武帝紀、建徳元年三月癸亥詔に、「自今正調以外、無妄徴発」とあるように、「正調」という語もあるが、これが「正課」と同じであるか、征戍・雑役を含めて使われているかあきらかでない。均田制以前のことであるが、魏書食貨志に、「先是太安中、高宗以常賦之外、雑調十五、頗為煩重、将与除之」とあり、「雑調」は均田制以後にもうけつがれた。食貨志の租調の記事の後に、「大率十匹為工調(通典によると、大率十四中五匹為公調)、二匹為調外費、三匹為内外百官俸、此外雑調」とあり、規定の租調すなわち正課(常賦・常調)以外にとるのが雑調であったらしい。

(9)　越智重明「北朝の丁兵制について」は、丁兵制出現以前の兵役と雑役について考察を加え、丁男はかつて年に一か月の兵役と一か月の雑役を課せられ、これが合して六丁兵の年二か月の役となったとする。しかし証拠が少ないうえ、六丁兵のなかに雑任役(すなわち雑役)をふくめるのには、計帳様文書の書式からみて無理があろう。

(10)　魏書三二封回伝に、「粛宗初、……授平北将軍瀛州刺史、時大乗寇乱之後、加以水潦、百姓困乏、回表求賑恤、免其兵調、州内甚頼之」とあり、兵役を兵調とよんだらしい。

(11)　岑仲勉『府兵制度研究』三一頁に、北周・北斉では兵とは力役のことであり、丁兵とは力役を負担する平民のことであるという。なお北周・北斉の力役の期間は、租調負担の期間とずれがある。北斉では前引の河清三年令によれば、租調は十八歳から六十六歳まで、力役は二十歳から六十歳までであり、北周では隋書食貨志によると、租調は十八歳から六十四歳まで、力役は十八歳から五十九歳までであった。

(12)　岑仲勉前掲書四一―四二頁では、この「軍人」は北史や通典に単に「人」とあり、庶民のことであるという。しかし開皇三年の時点では、府兵と州郡民は籍を異にしていたから、両者ともに二十一歳を成丁の年齢としたとすれば、「軍・人(民)」といったとしてもおかしくない。浜口重国「西魏の二十四軍と儀同府」に、「軍戸に属する人と然らざる一般庶民とを指すのである」というのが正しい。

(13)　簡点率とする説には、岡崎文夫「唐の衛府制と均田租庸調法に関する一私見」、浜口前掲論文注(六二)があり、在役期間説には、通鑑一六八陳文帝天嘉二年三月丙寅条胡三省注、吉田虎雄『魏晋南北朝租税の研究』、滋賀秀三「『課役』の意味及び沿革」、越智前掲論文等がある。西村元佑「西魏・北周の均田制度」は、両方の意味をもつという。

(14)　もっとも隋書食貨志に、「後周太祖作相、創制六官。……司役掌力役之政令、凡人自十八以至五十有九、皆任於役、豊年不過三旬、中年則二旬、下年則一旬」とあるのは、浜口氏の指摘のように、在役期間説と一見矛盾する記事である。なぜなら、六官の創制は西魏の恭帝三(五五六)年であり、六丁兵ないし八丁兵の時代であるとおもわれるが、「豊年不過三旬」というからには、六丁兵＝二か月、八丁兵＝四五日説では筋がとおらないからである。ただ右の記事が六官創制当時のものであるかどうかは保証の限りではない。むしろ制度の記事としては、西魏の時代よりも北周時代のものを記す公算が大きいのではないかとおもわれる。もし十二丁兵時代の記事であるとすれば矛盾しない。

(15)　鄴侯家伝の「六家共備」が六丁兵と関係あるかもしれないことを指摘したのは菊池英夫氏である。しかし菊池氏は、「卅二丁を五丁ずつ六組に分けた点兵と、この六戸のグループ及び税役負担との関係はどうなるか不明である」といっている。六丁兵を六丁ずつのグループから成っていたと考える方が、「六家共備」に近いであろう。

(16)　調の納付において時に共同体内の協力が必要であったことは唐代でもかわらないが、府兵や歳役等の場合には制度上では協力は必須のものではなかった。しかし開元年間関中の防丁の場合に、近隣の資助がおこなわれており、国家もそれを積極的に利用したことが知られている。玉井是博「唐代防丁考」、栗原益男「府兵制の崩壊と新兵種」参照。

(17)　浜口重国前掲論文、唐長孺「魏周府兵制度辨疑」、谷霽光『府兵制度考釈』等は、府兵制形成の一要因として郷兵をとりあげたが、菊池氏は両者を異質のものとし、本文のような州郡兵との関係を考えるのである。

(18)　西村元佑前掲論文は、六丁兵を府兵制以前の兵制とし、府兵制成立後兵役と力役とが分離し、八丁兵・十二丁兵は力役制に転化したとする。越智重明前掲論文は、六丁兵・八丁兵は兵役と雑役とを合したものであったのが、十二丁兵になって純粋の兵役となったが、府兵制の出現によって兵役がそれに依存するようになったため、十二丁兵は労役にあてられるようになったという。六丁兵等を兵役と雑役の合したものとする越智説への疑問は注9でものべたが、氏は六丁兵・八丁兵の兵役分を一か月、それ以外の期間を雑役分とするため、十二丁兵は雑役が分離して兵役の一か月分がのこったものとみることになり、さらにそれが兵役なのに力役にあてられるという無理な説が生ずることになる。また兵役から力役への転化に府兵制の影響を考えるなら、時期的には六丁兵から八丁兵の時期とする西村説の方がよいであろう。しかし西村説にしても、西魏の二十四軍以前の軍府の兵を考慮に入れていない。隋代まで軍府の兵と州郡の兵は明確にわかれていたのであり、その時期に六丁兵からそれ以後の丁兵へと質的な転換があったとみてよいか疑問である。州郡の丁兵は軍事に使役されることがあったかもしれないが、いずれかといえば力役が主であったのではないか。いずれにせよ兵役と力役が明確に分化するのは、隋代に入って、歳役二〇日が成立した時期か、府兵が一般州郡籍の民衆からとられるようになった時期からであろうと私は推測する。

(19) 韓国磐『北朝経済試探』一六二頁に、この裴俠伝の庸は大統九(五四三)年以前、宇文泰の新税制制定の前で、おそらく北魏のときすでにあったものであろうと推定している。

(20) 留役の規定は、六典三戸部郎中員外郎条にも、「凡丁歳役二旬、有閏之年加二日、無事則収其庸、毎日三尺、布加五分之一、有事而加役使者、旬有五日免其調、三旬則租調倶免、通正役並不得過五十日」とある。これは開元七年令によったものであろうが、同文が旧唐書職官志にあり、またほぼ同文が旧唐書食貨志・唐会要・冊府元亀等に、武徳七年令としてのっている(『唐令拾遺』六六八—六六九頁参照)。しかしこれらにはいずれも、通典所収の開元二十五年令の「従日少者見役日折免」のごとき文はない。したがってこれは通典の編者が挿入した割注であるという説が出るかもしれないが、永徽令によったといわれる日本令に、「役日少者計見役日折免」という文があるのであるから、開元二十五年令以前の唐令においても、令の注文として存在したとみるべきであろう。

四　雑傜と課の問題

1　雑傜の性格

唐の「賦役の制」として租・調・役とならんであげられる雑傜は、この時代の研究史のなかで最もわかりにくいものの一つである。雑傜という語は北魏の時代に均田制以前からあった。魏書七上高祖紀、延興三(四七三)年十有一月戊寅詔に、

河南七州の牧守多く法を奉ぜず。……其れ鰥寡・孤独・貧にして自ら存せざる者有らば、其の雑傜を復し、年八十已上のものは、一子役に従わざれ。

とあり、それは均田制時代にもうけつがれた。同書六〇韓顕宗伝に、

臣願わくは、輿駕早く北京に還り、以て諸州供帳の費幷びに功を省き、力を専らにして以て洛邑を営め。則ち南

州は雑傜の煩を免れ、北都は分析の歎を息めん。

とある。この両者から、雑傜は州によって課せられる地方的な傜役ではないかとおもわれるし、越智氏はまた後者から、臨時的な傜役であることが推察されるといっている（「北朝の丁兵制について」）。以上のような北魏の雑傜の性格は、後世の雑傜と共通している。(21)

雑傜がわかりにくいのはその史料が少ないからであるが、それも雑傜の性格に由来するであろう。雑傜はまず、中央政府へ出す租庸調とちがって、地方官庁の使役をうけるものである。このことは日本令や唐の用例から推測されるが、その他の点で貴重な史料となるのは、白氏六帖事類集二二征役第七に収められたつぎの戸部式の佚文である。

諸《およ》そ、正丁は、夫に充てること四十日にして〔役を〕免じ、七十日にして並びに租を免じ、百日已上にして課役倶《とも》に免ぜよ。中男は、夫に充てること満四十日已上にして戸内の地租《(税?)》を免ぜよ。他《(地?)》税無くんば戸の一丁〔の役〕に折し、〔戸内の〕丁無くんば旁近の親戸内の丁〔の役〕に折することを聴《ゆる》せ。

〔　〕内の傍点を付した役の字は宮崎市定氏の説によって補った。この文は充夫式とよばれているが、唐代では正役にあてるものを丁、雑傜にあてるものを夫といったので（唐律疏議二八捕亡、丁夫雑匠亡条疏）、これが雑傜にかんする条文であることは明らかである。そしてここには雑傜が、正役とちがって、丁男ばかりでなく、中男にもあてられることが明示されている。しかしこの条文をめぐって従来いちばん問題になっているのは、雑傜の日数の問題である。

第一説は曾我部静雄氏の四〇日説（『均田法とその税役制度』二一六頁以下）。これは右の充夫式の文に「役」の字を補わず、「四十日にして免ず」とそのまま読んで、雑傜は四〇日を限度として課せられたと解する説である。しかしあとに続く「並びに租を免ず」「課役倶に免ず」とならべると、課役を後述のように租・調・役とみて、役の字を補う宮崎説の方がよいようにおもう。もしそのように考えると、四〇日で役が、七〇日で租が、一〇〇日で調が免ぜられるわけであるが、これを前節で引いた正役の留役の規定において、二〇日の役をすませたのち、三五日で調が、五〇日で租が免ぜられるのに比較すると、雑徭二日が正役の一日分にあたるとして、ちょうど日数があう。以下はこうした宮崎説を肯定したうえでの諸説である。

第二説は宮崎氏の四〇日未満、三九日までとする説（「唐代賦役制度新考」）。これによると丁男の雑徭は正役のように一定日数がきまっておらず、四〇日に及んだとたん役が免ぜられる。そしてこれをこえて総計一〇〇日になると租調役すべてが免ぜられるが、この一〇〇日は租調役を換算したものにすぎないから、あらためて雑徭の義務が生ずるという。このような奇妙な説が生ずるのは、正役の留役の規定と比較すると、正役の留役の方は二〇日の固定した義務日数をすませたうえで、一五日留役した場合に調がはじめて免ぜられるのにたいし、充夫式の方は正役のような固定した日数をおかないで、四〇日になるといきなりそれに相当する役に換算されてしまうので、雑徭の義務がさきにのばされてしまうと考えるからである。しかもあらたに生ずる雑徭の義務は三〇日以内であるというが、なぜそのような数字が出てくるのか理解しがたい。そこでこの点を修正したのが以下の第三・第四の説である。なお宮崎氏は中男や残疾の雑徭日数を正丁と別だという。とくに中男は十六・十七歳と十八歳以上とを区別し、さきの充夫式の中男は十六・十七歳の中男で、その雑徭は正丁と同じ四〇日未満だが、十八歳以上の中男は五〇日という固定した日数であり、それは雑徭が本来給田をうけた十八歳以上の中男の義務であったからだとしている。しかしその論拠については吉田孝氏の詳細な批判があって、この説が成りたたないことは明瞭である（吉田「日唐律令における雑徭の比較」注13）。十八歳以上の中男に受田があったのは、隋代に成丁の年齢を十八歳から二十一歳に引きあげた際、従来どおり十八歳からの給田を続けたからである（第四章参照）。雑徭は前記のとおりそれ以前から存在している。[22] 充夫式の中男にかんする規定は、中男に本来租調役の負担がないため、四〇日以上雑徭にあてられたとき何を免ずるかを規定したものである。このような条文の目的は中男の年齢に関係なく、受田の有無にかかわらず、中男のすべてに該当すべきものである。したがって中男の雑徭義務も、すべて正丁と同じく四〇日未満と推定される。

第三説は浜口重国氏の五〇日説(「唐の雑徭の義務日数について」)。これは正役の留役の規定とはちがって、現存充夫式には雑徭の義務日数が規定されていないという立場をとるものである。そこで雑徭の日数は別な史料から推測しなければならないわけであるが、浜口氏は色役の一種である門夫にかんする規定と、太常音声人の規定からこの点を推測する。門夫は十八歳以上の中男と残疾をあて、一番一〇日ずつ番上するが、五番五〇日に達したら、残疾は課調(=租調)を、中男は雑徭を免除される。門夫に就役しない場合は免番銭(資課)を納めるが、その額は一番一〇日で閑月は一七〇文、忙月は二〇〇文である。閑月一七〇文というのは、浜口氏によると六〇日で一〇〇〇文、三〇日で五〇〇文という定めが別にあって、一日で一六・六…文、一〇日で一六六・六…文となるので、大約一七〇文としたものだという。一方太常音声人は一年に二回、各一か月宛太常寺に番上するが、番上しない場合は、一か月につき一〇〇〇文、一日につき三三・三…文の割で免番銭を納める。したがって太常音声人の労働一日分は門夫の労働二日分に相当する。門夫を閑月の免番銭で計算した場合、ここまでは確かなのであるが、浜口氏は右の太常音声人一日=門夫二日の割合を、既述の正役一日=雑徭二日の割合と等置して、したがって雑徭の日数は門夫の日数に等しく、やはり五〇日であると結論するのである。しかしこの結論に達するためには、太常音声人の労働一日と正丁の正役一日が等しいとみなければならないわけであるが、太常音声人は正丁とはちがった特殊な身分であり、両者の労働形態はまったく違う。前者の労役は番役でその日数は年六〇日に及ぶ。一方後者の正役は番役とちがい、その期間は周知のとおり年二〇日である。この両者を直接比較するのは無理であろう。ともかく氏は雑徭を五〇日として、充夫式の文は、この五〇日の義務を果したうえで、なお四〇日の超過労働をすれば正役が免ぜられ、七〇日の超過労働をすれば租も免ぜられると解するのである。これは正役の留役の規定と同様に充夫式を解しようとするものであるが、それでは正役にかんしては「五十日を過ぎざれ」と規定され、雑徭にかんしては「百日已上にして課役倶に免ぜよ」とされている違いを、どのように理解するのであろうか。

第四は吉田孝氏の説で(「日唐律令における雑徭の比較」)、以上の諸氏が雑徭をともかく農民が一定日数果たさなければならない義務と考えているのにたいし、三九日までは地方官が無償で使役できる労働とする。その場合一〇日でやめてもよく、全然使わないでもよい。また前記のように「百日已上」、あるいは無制限に使ってもよいのだが、ただで使うのを許すわけにいかないので、四〇日、七〇日、一〇〇日以上で、それぞれ役、租、調を免除するというのである。この説と比べると、宮崎説は三九日までとやはり日数を固定させないでおきながら、租調役に換算したあとまた義務が生ずるというのは矛盾している。吉田説と他の説との間には、単に日数の解釈に違いがあるだけでなく、雑徭の性格についての根本的な理解の相違が露呈しているといえる。すなわち一方は雑徭を租庸調とならんでかならず負担すべき義務と考えているのにたいし、他方は雑徭を租庸調とちがって、賦課される場合もされない場合もあり、また賦課される場合には無制限に使われることもありうる臨時的な徭役と考えているのである。私はこの吉田説を合理的と考えるが、もしこの説に従うならば、四つあるといわれる唐の賦役の制のうち、租調役と雑徭との間には太い一線がひかれなければならないことになる。租調役はむしろ租庸調と通称されるわけだが、正役に使役されない場合庸を出さなければならなかったのにたいし、雑徭にそのような代納規定がなかったのも、上述のように雑徭が固定した義務でなかったからであろう。雑徭は唐律などでは「小徭役」「軽徭」などとよばれて軽視されているが[23]、吉田氏の重要な指摘によれば、所定の正役や色役ではまかないきれない臨時の労働力が必要となった場合、いつでも自由に労働力を徴発できる制度的保障として設けられたものであり、場合によっては実に無制限に使役できたのであるから、苛酷な労役と化する性格をもっていたことにも注意すべきであろう。ただし唐代では実際には雇役(和雇)が発達し、これによって労働力の不足を補う場合が多かったであろうことも指摘しておかなければならない[24]。

2　課の意味

はじめにのべたように、均田制下の基本的な税役負担をしめすとおもわれる語に「課」という語があり、この課を本来は租調、ときには租庸調を指すとする説と、六朝では力役一般、唐代ではとくに雑徭を指すとする説とが対立している。しかし上にのべてきたように、税役制度の沿革からみれば、北魏で課と称したのは租調であり、これが給田に対応していたわけであるが、この給田と租調の体系にのちに役(唐の正役)が加わったと考えられる。しかし雑徭は給田・租調役負担のない中男にもかかるし、臨時の不定額の負担でもあるとすれば、それは課に入らないとみるのが妥当であろう。

唐の戸令では、全国の戸口を課戸・課口と不課戸・不課口とにわけており、戸籍には各戸が課戸であるか不課戸であるか、課戸であっても「見輸」であるか「見不輸」であるか(現在課役を納めているか、なんらかの理由で免除されて現在納めていないか)が、書きこまれることになっていた。唐代における課・不課の用例についてはすでに詳細な論議がおこなわれているが、[25] ここには戸籍・計帳類にみられる用例を二、三あげておこう。

戸主董思勗　年貳拾貳歳　白丁残疾　　課戸見輸(ペリオ漢文文書三八七七号、唐開元四年籍)

この戸にはほかに寡婦となった五十六歳の母が残っているだけなので、残疾の子が戸主となったのであるが、残疾は正役と雑徭が免除されて、租と調だけを負担する。それゆえ課戸見輸の課は、ここでは租調をいみしている。

戸主令狐朝俊　年貳拾歳　中男　　不課戸(スタイン漢文文書五一四号、唐大暦四年籍)

この戸にはほかに寡婦で八十一歳の母が残っているだけなので、中男が戸主となっているが、中男は雑徭の負担者である。もし課が雑徭をいみするなら、この戸は課戸にならなければならない。課・不課を決定するのが、丁男の負担する租調役であることを物語っている。

さかのぼって西魏のいわゆる計帳様文書をみると、戸主劉文成の戸は、戸全体としては「課戸」と記されているにもかかわらず、戸の構成員はすべて「不課」とされている。しかもこの戸の納めるべき租・調の額が記されているので、曾我部静雄氏は課が租・調であるなら不課になるはずがないという(「北魏・東魏・北斉・隋時代の課口と不課口」)。しかしこの戸は課戸であるが故に租・調の額が記されているのであって、実際には雑任役についているため不課になっていると解される。このことは次節でのべよう。

(21) 吉田孝「日唐律令における雑徭の比較」注1では、前掲の延興三年十有一月詔を引いて、すでに「役」と「雑徭」とが区別されていたとしている。「一子不従役」の役は雑徭をも含みうるから、雑徭とは別だとはいえないが、実際上、後述する丁兵などの役と雑徭とは別であったろう。

(22) 浜口重国「唐の白直と雑徭と諸々の特定の役務」は、かつての氏の研究を参照しながら、秦漢時代には一般民庶はそれぞれの地域において各種労役についたが、これと区別された中央的な労役は存在しなかった。したがって後世の正役よりも雑徭の実体は早くから存在したとのべている。

(23) 唐律疏議一三戸婚、応復除不給条に、「諸応受復除而不給、不応受而給者、徒二年、其小徭役者、笞五十」とあり、その疏に「其小徭役、謂充夫及雑使」とあり、充夫とは雑徭にあてることであるが、雑使は浜口前掲論文によると、ある役務に徴集されている人をその役務の本筋からやや離れた雑務に使うことなどをいみするらしい。右の律本文によると、復除の支給を誤った場合の刑に、正役と雑徭との間で実に八段階の較差があることを吉田前掲論文は指摘している。軽徭の語は、唐大詔令集七四所収、天宝三載十二月の「親祭九宮壇大赦天下勅」に、「比者成童之歳、即挂軽徭、既冠之年、便当正役」とある。

(24) 正役・色役における和雇の発達は、浜口重国「唐に於ける両税法以前の徭役労働」に指摘されている。小笠原宣秀・西村元佑「唐代役制関係文書考」に紹介された大谷文書二八二九号は、高昌県の筑城夫の斎料にかんする文書で、雑徭の和雇がおこなわれたことをしめしているという。

(25) 唐代において課という語は、松永雅生「唐代の課について」があきらかにしたように、さまざまな方面にもちいられているが、法律上では、善峰憲雄「唐律疏議における課役の用語例」によって、課は租調、課役は租調役を指すとする通説が確認されている。

五　色役の沿革と役割

1　西魏の雑任役

本書ですでに何度か引用した西魏のいわゆる計帳様文書は、各戸ごとの戸口・租調・田土等の記載部分(山本氏のいわゆるA種文書)と、それらの集計記事の部分(B種文書)とから成っている。集計記事の冒頭にはつぎのような戸口の集計がある。

口卌一　女　年　一　已上
口一　老寡妻年六十六
口五　寡妻年六十四已下
口二　賤　小　婢　年　九
口仵拾捌課見輸 ── 口五十三舊 / 口五新
口卌二男 ── 口卌一舊 / 口一新
口六上
口十六中
口十下
口兩拾仵妻妾 ── 口廿二舊 / 口三新

口　三　上
〔口　十　三　中〕
口　九　下
口　一　賤　婢　新

右の「口仵拾捌課見輸」以下が課口の集計であるから、その前は不課口の集計であるが、完全には残っていない。とくに男子の部分を欠いている。課口には、五八人の「課見輸」があり、それが三二人の男と二五人の妻妾と一人の賤婢とから成っている。この集計記事のあとの方の役の集計の部分には、前に丁兵制を論ずる際に引用したように(二四二頁)、三七人の「課丁男」があり、これが五人の「雑任役」と、三二人の「六丁兵」の要員とから成っている。戸口の集計と役の集計とを比べると、三二人の六丁兵の要員は、「課見輸」のうちの三二人の男にあたる。そうすると「課丁男」三七人のうちの五人の雑任役は、戸口の集計では、欠落している「不課」のなかに入っていたとみなければならないであろう。つまり雑任役にあたっている五人は本来なら課丁男であるが、雑任役にあたっているため現在は不課であるということになる。

このような関係は、前節の末に言及したこの文書の劉文成の戸が、戸としては課戸でありながら、戸の構成員全員が不課であるというのと符合している。

戸主劉文成　己丑生　年参拾究　盪寇将軍　課戸上
妻　任舎女　甲午生　年参拾肆　臺資妻
息男　子可　乙卯生　年拾参　中男
息男　子義　丁巳生　年拾壹　中男　凡口七不課
息女　黄口　水亥生　年仵　小女

口五不税
口四男
口二中年十三已下
口二小年七已下
口一小女年五

口二臺資権税令課──一丁男
　　　　　　　　　　一丁妻

息男　子矦　辛酉生　年　柒　小男

息男　黄口　甲子生　年　肆　小男

計布一匹

計麻二斤

計祖(租)四石──二石五斗輸祖
　　　　　　　一石五斗折輸草三圍

計受田口二──一丁男
　　　　　　一丁妻

應受田六十六畝──卅六畝已受──十五畝麻
　　　　　　　　　　　　　　廿畝正
　　　　　　　　　　　　　　一畝薗　二分未足
　　　　　　　　卅畝未受

(以　下　略)

この戸の構成員七人のうちの五人の子は幼いので、また戸主夫妻は本来は課口たる資格をもちながら不課にされているのである。ところで戸主劉文成は蕩寇将軍という地位にあり、これは従七品もしくは従八品の官である。このような官人身分をこの文書では「台資」と称し、妻を「台資妻」と称している。それならばかれらが不課になったのは、このような官人身分のせいであろうか。たしかに唐代ならば、官人身分にあることがただちに不課の理由になるのであるが、(26)劉文成の戸が「課戸」とされて租調の額が記入されているところをみると、西魏では下級官人たることがただちには不課の理由にならなかったものとおもわれる。

それでは劉文成はなぜ不課になったのか。ふたたび集計記事をみると、調布・麻・税租の集計の部分から、台資戸がちょうど五戸あることが推定される。本来課丁でありながら不課になっているのは、さきにみたように、この文書では雑任役の五人しか考えられないから、雑任役には台資があたっているのではないかと推測される。劉文成をはじめとする台資は、雑任役にあたっているために不課になったと考えるべきではなかろうか。何らかの役務に従事しているために家口が不課となりながら、戸としては課戸にとどめておかれる例は、家口中に他の課口が存在しないかぎり、唐代にはありえないが、すでに曾我部氏が指摘しているように、日本の場合にはそういうことがあったらしい（「西涼及び両魏の戸籍と我が古代戸籍との関係」）。養老賦役令の舎人史生条に「凡そ舎人・史生・伴部・使部・兵衛・衛士・仕丁・防人・帳内・資人・事力・駅長・烽長及び内外初位の長上、勲位の八等以上、雑戸・陵戸・品部、徒人の役に在るものは、並びに課役を免ぜよ」とある部分の集解に、

古記に云う。問うらくは、諸々の課役を免ずるの色、皆不課口と称するやいなや。答うらく、皆不課口と注する耳《のみ》。但し課戸と為す耳と。

とある。すくなくとも大宝令では、特定の役務に任じたものを不課口とするが、戸としては課戸としておいたらしい。西魏の場合もこのようなもので、大宝令はそのような北朝以来の制をうけついだのであろう。

この西魏の文書の各戸の記載部分には、劉文成の戸以外に台資戸は残っていないが、集計記事の方に五戸の台資がみえることは右にのべた。この五戸の台資は、調の布・麻および税租の集計部分にみえるので、台資は調と税租を納めて、租と役(六丁兵)とを免除されていたことがわかる。税租は不課戸もしくは不課口が納める特殊な税であり、一般の不課戸はこの文書でも税租以外の租調役を免除されているが、台資は「不課」といっても、税租のほかに調を納

め、しかも税租の額は、虎尾俊哉氏の説によると、通常の租とかわらない公算が大きい（「敦煌文書における税租」）。とすると、劉文成の戸の記載中にのっている租・調額は、まさに一般の課戸なみにとられていたことになる。そうとすると、劉文成の不課としての税役上の特権は、実際上六丁兵の役にとられていないというだけのことになる。これは唐代官人の不課が租調役の全免であったのに比べて、はるかに特権が少ない。唐代では課戸でありながら、やはり役務に従事するなどの理由により「課戸見不輸」とされるものもあるわけだが、その場合も租調役は全免されるのだから、西魏の場合とはちがうようである。西魏では「課戸」としての実質がのこっていて、調を納めたうえ、一般不課戸の場合は低額であるべき税租を、租と同額まで納めさせられる。ただ「不課」として六丁兵の役が免除され、軽い雑任役にあてられる。[27] このようなものが、課戸でありながら家口が不課であるということの内容であったといえよう。

2　唐の色役とその役割

さきに六丁兵が唐の正役に発展したことをのべたが、雑任役は色役・雑役・雑任などとよばれる唐代の各種徭役の先駆であると考えられている（西村元佑「唐律令における雑任役と色役資課に関する一考察」）。唐の色役・雑役には、城門・倉庫門の番人である門夫、橋梁の番人である津家水手、宿駅に勤務する駅家・駅子、渡し場の渡子、烽燧に勤務する烽子、官営牧場の牧子、中央・地方の官吏・王公の身辺に奉仕する防閤・庶僕・白直・執衣・邑士・士力・仗身等があり（浜口重国「唐に於ける両税法以前の徭役労働」）、また集落の役員である里正・坊正・村正や、ひろいいみでは府兵もこのなかに数えてよいかとおもわれる（曾我部静雄『均田法とその税役制度』二二七頁）。これらはおおむね一般の丁男・中男があてられるものであるが、三品以上の高官に奉仕する親事・帳内のように、六品以下の品官の子から選ばれるものもあったし、里正の一部のごとく六品以下の品官をもってあてられることもあった。これらの色役を雑徭の変化したものとみる説もあるが（曾我部前掲書二二七頁以下、浜口「唐の白直と雑徭と諸々の特定の役務」）、むしろ正役・色役の補助労働として用いられることの多い雑徭の性格からすれば、両者を区別する説の方に左袒したい(吉田孝「日唐律令における雑徭の比較」)。もちろん中男や品官ないし品官の子弟をもあてる色役が、一般の正丁を対象とする租調役と違うことはいうまでもない。

色役・雑役の多くは、幾つかのグループにわけられて交替で番上する、いわゆる番役の方法がとられた。しかし実際にはかならずしも就役する必要がなく、資課と称する代納金を納めて番を免れることができた。例えば丁男にあてられる防閤・庶僕・白直・士力の資課額は二五〇〇文、中男のあたる執衣は一〇〇〇文であった。同じく中男のあたる門夫は、一番一〇日で閑月は一七〇文、忙月は二〇〇文ときめられていたが、門夫の役全体は五番五〇日だから、忙月で一〇〇〇文となり、執衣の額と一致する。品官の子が就役する親事・帳内の場合には、一五〇〇文を納め、これを品子課銭と称した。

色役・雑役に就役する場合には(実際には就役せず資課を納める場合にも)、丁男なら課役(租調役)[28]、中男なら雑徭が免ぜられたとおもわれる。そこでこれらの免役と右の資課額との関係であるが、執衣の一〇〇〇文を雑徭四〇日分とみると、これは正役の二〇日分にあたり、防閤・白直等の二五〇〇文は正役五〇日分にあたる。これはさきの留役の規定によると、ちょうど租調役の分に換算されるのである。宮崎市定氏は六典五兵部郎中条に、「三衛の番に違う者は、資一千五百文を徴せ」とあるところから、一か月一五〇〇文ゆえ、一日の労働分五〇文として、やはり二五〇〇文は租庸調分、一〇〇〇文は雑徭分としている(「唐代賦役制度新考」[29])。品子課銭については、宮崎氏は品子が本来租調を納め、力役を免除されていたものとみて、一五〇〇文は租調分(正役三〇日分に相当)であろうと推測したが、西村元佑氏は品子が本来雑徭のみ免除されていたものとみて[30]、雑徭分一〇〇〇文を差引いたものとしている(前掲論文)。品子の税役上の特権について確証はないけれども、二五〇〇文は租調役分で雑徭を含んでいないのに、そこから雑徭分を引くというのはおかしい。宮崎氏の説の方が整合的であろう。それでは資課二五〇〇文を納める正丁の場合、色役につくことによって雑徭が免ぜられなかったかというと、これには明文がないけれども、雑徭も免ぜられたとすべきであろう。ただ雑徭はかならずあてなければならないという性格のものではなかったから、ことさら二五〇〇文のなかには数えられなかったのであろう。

上にのべた西魏の雑任役は下級の品官によって担われたが、このように農村の上層部に下級官人の品をあたえることは唐代でもおこなわれた。唐代の農民にあたえられるのはふつう勲官(本書二一一頁表7参照)で、これははじめ戦功ある兵士にあたえられたものであったが、のちには戦功に関係なく上層農民にばらまかれるようになった。勲官も兵部等に番上するか資銭を納める義務があったが、そのかわり課役がいっさい免除された。その点、西魏の下級品官が本来課戸で、雑任役につくことによって一部の課役が免除されたのに比べて、恩典が進んでいる。のみならず、唐代では上記のように、一般丁男でも色役につけば租調役がすべて免除された。しかもその色役は実際に就役する必要がなく、資課を納めることでこと足りた。したがって勲官をうけたり、色役・雑役につくことは、上層農民の課役忌避の手段として利用されたのである。

ところで現在敦煌から発見されて残っている天宝年間、おそらく七四七—七五一年ごろの差科簿とおもわれる文書がある。これは地方官が徭役を徴発するための原簿であるが、これによると、この文書に記載された人員はほとんど職事官・勲官・色役・兵役等、上級・下級のさまざまな地位についており、たんなる白丁・中男は全体のわずか九%で、雑徭を徴発する余地は非常に少ないといわれている(西村元佑「唐代敦煌差科簿を通じてみた均田制時代の徭役制度」)。もともと均田制は土地の均分による小農民間の平等を意図しながら、他方では貴族制的あるいは身分制的な階層支配の体系を底辺の農村にまで徹底していく面をもったのであるが、それにしても右の差科簿にみられるような状態は、均田農民の階層分化が発展してきて、国家の側の支配もそれに対応するようになってきていることを物語るものであろう。これはやがて均田制を根底から破壊していく新しい動きにつらなるのである。

(26)　通典七食貨丁中に収める唐開元二十五年令に、「諸視流内九品以上官、及男年二十以上(下?)・老男・廃疾・妻妾、部曲・客女・奴婢、皆為不課戸」とある。これによると唐では、視流内九品以上の官人はすべて不課であるようにおもわれるが、曾我部静雄氏は、「五品以上の官は必ず不課口になるが、六品以下雑任役者までは必ず不課口になるとは言えず、不課口にならぬ場合もある」として、西魏文書の劉文成の戸が課戸なのもこれと同様であるとしている(「西涼及び両魏の戸籍と我が古代戸籍との関係」)。しかし曾我部氏があげている唐代戸籍の例はかならずしも妥当でない。「戸主程思楚　載肆拾柒歳　衛士武騎尉　課戸見輸」(ペリオ二五九二号、天宝六載籍)とあるのは、武騎尉(従七品)は不課であるが、戸内に白丁が一人いるため課戸とされているのである。また「戸主曹思礼　載伍拾陸歳　隊副　課戸見不輸」(同上)とあるのは、隊副(従九品)は不課であるが　戸内に課戸見不輸の扱いをうける上柱国子がいるのである。また「戸主張楚琛　年肆拾貳歳　果毅　課戸見不輸」(ペリオ三六六九号、大足元年籍)は、果毅都尉(従六品)は不課であるから、戸内に他に課口がいるものとおもわれるが、後が欠けているため不明の戸籍である。ほかに衛士・上柱国子の例があげられているが、これらが課戸見不輸であるのは、品官ではないから当然である。いずれも下級品官が課戸であることをしめす例ではない。

(27)　西魏の下級官人の「不課」が実質上六丁兵の免除にとどまるとすると、課を力役とする曾我部説に有利なようだが、この場合形式的には租と役との両方の免除なのである。一方「課戸」としての実質を残して調を納めるのだから、かならずしも課が力役であることをしめしていない。

(28)　色役の内容によっては租調役の全免でなく、その一部が免除されたこともあったとおもわれる。例えば防閤・庶僕・白直・士力の資課は二五〇〇文であり、これはすぐ後にのべるように租調役の合計額に相当するが、大谷文書三五〇二号に、「合公廨白直卅二人秋季冬季両季摠當課銭一十九貫九百□(六十八文)」とあるのによると、小笠原・西村両氏が推計したように、四季分をみこんでも二五〇〇文の半分にしかならない(小笠原宣秀・西村元佑「唐代役制関係文書考」)。公廨白直が官人個人に支給される前記の白直と違うことは、すでに浜口氏も言及している(「唐に於ける両税法以前の徭役労働」注69)。公廨白直も丁男があたるが、租調役全免ではなかったであろう。

(29)　これには西村元佑「唐律令における雑任役と色役資課に関する一考察」も賛成しているが、浜口重国「唐の雑徭の義務日数について」は、雑徭五〇日説の立場とその論拠たる役一日三三・三…文の計算から、二五〇〇文を租・調・役・雑徭四目に値いするという。

（30）　西村元佑氏は差科簿の研究によって、上柱国子・柱国子は課見不輸、それ以下の品子が課口であることをあきらかにしている（「唐代敦煌差科簿を通じてみた均田制時代の徭役制度」）。しかし課口であるからといって租調役すべてを負担するとはかぎらない。例えば残疾は課口であるが、租調を負担し、役を免除されている。同様に、品子のような官人身分の子弟は、宮崎氏の推測したように、力役が免除されていた蓋然性がある。

六　地税と戸税

1　義倉穀と地税

唐代には租・庸・調・雑徭という基本的な税目のほかに、地税と戸税とがあったといわれる。これらは定額均等の人頭税たる租庸調とは異なった不均等課税であって、のちに租庸調にかわる両税法へ発展していくものとして注目されている。しかし元来これらは特殊な目的のために設けられたのであって、例えば地税のごときは救荒用の義倉の粟にあてるためにとられたのであるから、均田農民の再生産のためには欠くべからざる役割をはたすべきものであったのである。

漢代において農本主義的な儒教が勝利して以来、郷村秩序維持のために貧戸の救済をおこなうことは、士人の義務として意識されていた面があったとおもわれるが（第三章参照）、均田制のもとでそれが国家的な制度としてとりあげられたのが義倉の起源であろう。魏書食貨志や同書六二李彪伝によると、四八八（太和十二）年、群臣に詔して安民の術を求めたとき、李彪が「州郡の常調の九分の二、京都の度支の歳用の余を析《さ》いて」豊年には倉に貯えておき、飢饉のときに廉く売り出すように上言したということである。このときは経常収支の一部をさいて救荒用の原資にあてたわけである。その後北斉の河清三年令になると、民戸の墾租（基本税目としての租）のうえに一律に付加して「義租」をとるようになり、[31] これを州郡に蓄えて救荒用にあて、その倉の名を「富人倉」（人《たみ》を富ます倉の意）とよんだ。

諸そ、州郡に皆別に富人倉を置き、初め立つるの日、領する所の中下の戸口数に准じて、一年の糧を支えるを得べく、当州の穀価賤《やす》き時を逐い、当年の義租を斟量して充入し、穀貴ければ価を下してこれを糶《う》り、賤ければ則ち還《また》糴る所の物を用《もっ》て、価に依りて糴《か》い貯えよ。

これによると富人倉は所轄の中戸・下戸の口数の一年分を蓄えることになっており、その原資は義租をもってあてたのであるが、凶年にそれを売り出せば、豊年に買い入れて補充しておくことになっていた。

隋では五八五(開皇五)年五月に「義倉」が設けられた。これは工部尚書長孫平の奏によるもので、隋書食貨志に、

是に於て奏す、諸州の百姓及び軍人をして、当社に勧め課《(農?)》して、共に義倉を立てしめよ。収穫の日、其の得る所に随って、粟及び麦を出し、当社に於て倉窖を造ってこれを貯え、即ち社司に委ねて、帳を執りて検校せしめ、毎年収め積みて、損敗せしむること勿く、若し時或いは熟《みの》らず、当社に飢饉あらば、即ち此の穀を以て振給せよと。

とある。これによると義倉は社ごとに設けられ、その運営は政府自らがおこなわず、民間の社司(社の役人)に委ねられた。したがって義倉は社倉ともよばれた。社というのは伝統的な民間の共同体であるが、しばしば政府によって勧農の機能を負わされたようであるから、義倉の運営を委ねられたのも社のそのような機能と関係あるとおもわれる。[32]義倉に納める穀は、食貨志に、

〔開皇十六年〕二月又詔して、社倉は上・中・下三等の税に准じ、上戸は一石を過ぎず、中戸は七斗を過ぎず、下戸は四斗を過ぎざらしむ。

とあるように、北斉のような一律賦課ではなく、戸等に応じて一定の額を民戸より徴収したのである。[33]

唐の義倉は、旧唐書二太宗紀、貞観二(六二八)年四月丙申条に、「初めて天下の州県に詔して、並びに義倉を置かしむ」とあるので、六二八年にはじまったとするのが通説である。もっとも同書四九食貨志には、「武徳元(六一八)年九月四日、社倉を置く」とあるが、これは誤であるという説もあり(周一良「隋唐時代之義倉」)[34]、そうでないにしても、建

国草創のことであるから、隋制をうけついだにすぎなかったであろう。しかも隋の義倉は民間の社によって運営されていたにもかかわらず、末年に官費に流用されてしまったというから、それをうけついでも備蓄の実はなかったとおもわれる。そこで六二八年になって尚書左丞戴冑の建議によって、あらためて義倉をおき、王公以下の墾田から畝ごとに二升を出させてこれに入れることにした。しかるに通典一二食貨軽重の条はそのことをのべたあとに、

　高宗永徽二(六五一)年九月、新格を頒つ。義倉の地に拠りて税を取るは、実に是れ労《つか》れ煩し。宜しく戸をして粟を出さしむべし。上上戸は五石余、〔以下〕各々差あり。

と記して、その後戸等による徴収が復活したことをあきらかにしている。この永徽二年九月というのは永徽律令を頒行した月であるから、右の新格も永徽律令にともなって出されたものであろう。日本では大宝令でも養老令でも、義倉はやはり上上戸以下戸等に応じて粟《もみあわ》を出させるようになっているが、[35] これは日本令が唐の永徽令にもとづいてつくられたことを明確にしめすものであろう。しかし唐では戸等による徴収は長く続かなかった。冊府元亀四九〇邦計部蠲復の条に、

　永隆元(六八〇)年正月己亥詔す、雍岐華同四州、六等以下の戸、宜しく両年の地税を免ずべし。

とあるが、「地税」というのは義倉の粟を指すものであるから(浜口重国「唐の地税に就いて」)、六八〇年以前に義倉の粟はまた土地に賦課するようになったと考えられる。[36]

　六典三戸部倉部の条には、

　凡そ、王公已下、毎年戸別に已受田及び借荒等に拠り、種苗する所の頃畝を具して、青苗簿を造り、諸州は七月已前を以て尚書省に申す。徴収の時に至って、畝別に粟二升を納めて、以て義倉と為す。

とあり、これは開元七(七一九)年令によったものとおもわれるが(『唐令拾遺』六七四頁)、王公以下課戸・不課戸の別なく、已受田ばかりでなく借地にもかけられた。このために青苗簿がつくられる必要があった。租庸調は戸籍・計帳に

よって課せられたが、それらには応受田・已受田・未受田が記載されているのみで、土地の賃貸借などによる現実の耕作状況はあきらかにされていない。そのような状況をあきらかにする文書として今日知られているのは、大谷文書のなかに多数存在する吐魯番出土の堰頭文書(いわゆる佃人文書)で、そこにはそれぞれの堰に所属する田土の青苗畝数、自佃・佃人の姓名、時に作物の名などが記されており(第六章参照)、これが官に提出されて青苗簿を作成するもとになったと推測されている(周藤吉之「吐魯番出土の佃人文書研究」)。もっとも右の六典の注には、「狭郷は籍に拠って徴す」と記されており、狭郷の地税はもっぱら已受田に課せられたらしい。したがって狭郷である吐魯番で青苗簿がつくられたとしても、それは地税をかけるためよりは、水旱虫霜などの災害の際の租税減免などの資料として用いられたものと考えられる(古賀登「唐の地税とその展開」)。

右の六典(開元七年令)に畝別粟二升とされている数字は、六二八(貞観二)年の義倉創立時と変りなく、通典一二に引く「開元二十五(七三七)年定式」にも、「王公以下、毎年戸別に種える所の田に拠り、畝別に粟二升を税して、以て義倉と為す」とあるから、税額は一貫して変らなかったわけである。しかしこの粟の用途は、当初の目的である義倉穀にとどまっていなかった。通典一二には、「高宗・武太后数十年間、義倉は雑用を許さざりき。其の後公私窘迫し、義倉に貸りて支用す。中宗神竜よりの後、天下の義倉、費用尽くるに向う」といわれており、とくに玄宗の開元年間より江淮地方の義倉穀が上供米に流用された事実は、浜口氏によって詳細にあきらかにされている(「唐の玄宗朝に於ける江淮上供米と地税との関係」)。通典六食貨賦税の条にのせる天宝中の国庫収支の記事によると、租粟の収入額は一二六〇万石とされているが、そのほかに租布を納めるものがいるから、これを粟に換算して加えると、租の総額は一六四〇万石となる。これにたいして地税の収入額は一二四〇万石と推定されている。吉田虎雄氏は実際には地税の方が多かったであろうと推測しているが(『唐代租税の研究』五六頁)、いずれにせよ国庫収入中地税の占める割合が大きかったことがうかがわれる。

さきに高宗末の六八〇(永隆元)年正月の詔を引いたが、これが「地税」という名称の初見で、その後この名称は頻繁に用いられるようになった。このような名称の流行に、唐代における義倉穀の変化がうかがわれるとおもう。かねて租庸調等の人頭課税をいみする課の語と、それ以外の所得税・収益税等をいみする税の語との違いが指摘されているが(西村元佑「西魏・北周の均田制度」)、北斉の義倉穀は「義租」として墾租とともにとられたのであるから、課口が負担したにちがいない。隋では不明であるが、唐では前述のように課戸・不課戸の別なく、所有地・借地をもふくめた現実の耕作面積にかけられたのであって、このような変化が「地税」の名を生みだした原因であろう。しかもその後地税は義倉穀たるにとどまらず、流用されて一般財政上重要な位置を占めるようになり、税としての実態をそなえるようになったので、その名称が一層普及するにいたったのであろう。安史の乱後の七六三(広徳元)年の赦文にも、「地税は旧に依りて畝ごとに二升を税す」(唐大詔令集九)とあるから、地税そのものの額は依然として変らなかったわけであるが、このほかに翌年田土面積に応じて銭をとる青苗銭がはじまり、ついで京兆府において田土を対象とする什一税および夏税・秋税が開始された。旧来の地税は「毎に秋熟に至って」(通典一二)税をとるやりかたであったが、この夏・秋両季の徴税方式が、両税法下にうけつがれた地税に影響を与えたわけである。[37]

2　税租と戸税

さきに西魏のいわゆる計帳様文書において、租が戸等に応じてとられている事実をみたのであるが、この文書にはそのほかに「税租」とよばれる税目があり、不課戸を対象として戸等に応じて課せられていた。租調役等の課役の体系とは別に、「税」とよばれるものが均田制下であらわれてくるのは、現存史料で確認されるかぎりこれが最初である。[38] 前記の唐代の地税は課戸・不課戸の別なくかけられるのであるが、不課戸のみにかけられる税はこの税租以外に知られていない。不課戸のなかには、この文書で台資とよばれる下級官人があり、後述のように、台資の税租は一般の田租と変りないのではないかとみられる(虎尾俊哉「敦煌文書における税租」)。問題はその他の老・小・隆残・寡婦等の戸の納める税租が、戸を単位としてかけられたか(西村前掲論文)、戸内の口を単位としてかけられたか(虎尾前掲論文)、ということである。

給田と課税は対応しているとみられるので、不課にたいする給田はどうなっているかをみると、北魏の均田法規では、不課戸の場合戸主にのみ「半夫の田」が授けられた。西魏文書の応受田の条をみると、

戸　六　足
　口　六　男　隆　老　中　小
牛　一　頭

とある。この六戸は「隆老中小」から成る不課戸であるが、戸数と口数とが同じなのは、各戸に一口しかいないわけではなく、受田の対象が各戸一口ずつであることをしめしているのである。したがって西魏においても、不課戸は戸主にのみ給田されたと考えられる。とすれば同じ応受田の条に、

戸　十　三　二　分　未　足
　口卅五(四?)良
　　口十九男
　　　口十八丁
　　　口一隆老
　　口十五丁女
　口　一　賤　婢
牛　二　頭

とある「口一隆老」も、不課戸の戸主であると考えられる。また同条に、

戸　一　無　田

口　一　老　女

とあるのも、老女を戸主とする不課戸である。この文書の応受田集計は、これらの不課戸戸主にそれぞれ「半夫の田」が授けられたとするとちょうど計算があうので、[39] 西魏文書のこの部分はまったく北魏の給田法にしたがっていると考えられる。とすればこの給田法に対応して、税租も戸主にのみ、換言すれば戸を単位としてかけられたとみるべきであろう。

それではこの文書にみられる税租額はどれほどであろうか。税租に関係するこの文書の記載はつぎのとおりである。

都合税祖(租)兩拾肆斛斛(衍)

拾陸石作㪷輸祖

九石五斗上 ― 四石五斗不課戸上税
　　　　　　 五石臺資口計丁床税

六　石　中

一石不課戸下税祖

柒斛作㪷折輸草拾作圍

三石折輸草六圍上

四石五斗折輸草九圍中

虎尾氏は上戸の五石分のほか、次行の「六石中」も台資を対象とするものとし、またこれに対応して折輸草の上戸・中戸も台資の負担とみる。そしてこの文書にみられる台資五夫婦一〇人のうち、二夫婦四人が上戸、三夫婦六人が中戸とすると、台資の税租負担額は、一般の丁男・丁妻の租額(上戸一丁の輸租一石二斗五升、折輸草七斗五升、中戸一丁の輸租一石、折輸草七斗五升)と同額とみて計算があうという。この説はかなり説得性があるのでこれにしたがうと、この文書にみえるその他の不課戸の負担は、上戸の合計四石五斗と下戸の合計一石分である。この文書には前述のように不課戸が八戸あるとみられるので、上戸が七斗五升ずつ六戸、下戸が五斗ずつ二戸とみることもできるが、八戸のなかには無田の戸が一戸あるので、あるいはこれには税租がかからなかったかもしれない。その場合には上戸が九斗ずつ五戸、下戸が五斗ずつ二戸とみることができよう。[40] これは一般丁男・丁妻の租が、各人ごとに上戸で二石、中戸で一・七五石、下戸で一石であるのに比べれば、軽い負担であるといえる。

戸等に応じた税としてその後知られるのは、唐代のいわゆる戸税である。戸税という名称については、最近戸税という特定の税目があったか疑わしいという説が出されている（船越泰次「両税法成立に関する一考察」）。たしかに頻繁にもちいられているのは税銭・税戸などという語であるが、それらがおおむね戸ごとに課して銭を徴した点から、[41] 従来はこれを戸税の名称でよんでいたのである。そしてこのようないみでの戸税は、六五〇（永徽元）年より後のいつかの時点ではじまり、その後断続しておこなわれた。[42] それらはもっぱら官吏の俸銭にあてる目的でとられたと解されてきた。しかるに近年吐魯番出土の大谷文書のなかに、戸ごとに柴を徴収して駅館に納れ、むしろこれを「戸税」と称している事例があきらかにされた。しかもその文書の一つ（大谷文書二八四二号）は、儀鳳二（六七七）年の日付であり、それ以前に「戸税柴」がとられていたことをあきらかにしているから、このような形の戸税も、相当早くからおこなわれていたと考えなければならない（大庭脩「吐魯番出土北館文書」）。

しかしこの戸税柴と税銭とを別個の税目とするのは誤で、大谷文書四八九〇号に、

□大税銭壹伯陸拾伍文
□十八日　堰頭曾禮抄
（中　略）
□税銭壹伯□拾柒文

表2　唐大暦4（769）年の戸税

上上戸	見任官一品		4000文
上中戸	〃　二品		3500
上下戸	〃　三品		3000
中上戸	〃　四品		2500
中中戸	〃　五品		2000
中下戸	〃　六品		1500
下上戸	〃　七品		1000
下中戸	〃　八品	寄荘戸・富裕な客戸	700
下下戸	〃　九品	寄住戸・客戸	500

□十五日　荊頭曾思禮領

とあり（周藤吉之「唐代中期における戸税の研究」）、税銭一□七文をうけとった曾思礼が「荊頭」とされているから、この場合の税銭は駅館などに供する荊柴の用にあてられたにちがいない。六典三戸部郎中員外郎条に、

凡そ、天下諸州の税銭、各々準常有り。三年に一たび大税す、其の率は一百五十万貫。毎年一たび小税す、其の率は四十万貫。以て軍国・伝駅及び郵逓の用に供す。毎年又別に八十万貫を税し、以て外官の月料及び公廨の用に供す。

とあるから、税銭には軍事費もしくは伝駅・郵逓の費用にあてるものと、官吏の俸銭および公廨の費用にあてるものとがあり、前者には三年ごとの大税銭と毎年の小税銭とがあったが、また上述のように柴などを現物の形で徴収する場合もあったわけである。以上のようにみてくると、戸税という名称こそ稀にしかもちいられず、その使途も一様ではなかったが、一般には税銭と称する戸対象の特定の税目が存在したことは認むべきであろう。

通典六食貨賦税の条の天宝中の国庫収支の記事に、「天宝中の天下の計帳を按ずるに、戸約八百九十余万有り、其の税銭は約二百余万貫を得」といい、その注に、八等戸の税銭は四五二文、九等戸は二二二文であるが、平均を二五〇文とみて計算をおこなったと説明している。そしてこの二〇〇余万貫の支出については、「百四十万もて諸道州官の課料及び駅馬を市《か》い、六十余万は諸軍州の軍糧を和糴するに添充す」とのべている。支出の項目はさきの六典の記事と変らないが、その振り分けはかなり変っている。この変化と関連して、周藤吉之氏は、天宝初年までに戸税が両税として年二期に納められるようになり、それとともに大税銭が廃止されたと推定している（前掲論文参照）。天宝中（七

四二―七五六年)に税銭が「両税」と称されたことは前から知られており、このことは税銭とのちの両税法との関連をうかがわせるが、安史の乱後の七六九(大暦四)年に税額が大幅にひきあげられたのは、税銭の位置がきわめて重視されるようになったことを物語る。この大暦の税銭は、庶民は戸等に応じ、官人は官品に応じて課せられ、また主戸ばかりでなく客戸にも課せられた点で(表2参照)、すでに両税法の特徴の重要な一面をそなえるにいたっているといえるのである。

(31)　魏書六〇韓麒麟伝に、「後〔慕容〕白曜表麒麟為冠軍将軍、与房法寿対為冀州刺史、白曜攻東陽、麒麟上義租六十万斛幷攻戦器械、於是軍資無乏」とあり、北魏にも「義租」があったことがうかがわれるが、その内容はわからない。

(32)　この時代の民衆の共同体としての社については、わずかに隋書七礼儀志に、南朝の梁の制度として「百姓則二十五家為一社、其旧社及人稀者、不限其家」とあり、隋代に「百姓亦各為社」とあるだけである。唐代については、大谷文書二八三八号、則天武后時代の敦煌県丞の判辞に、「□□郷、耕耘最少、此由社官・村缶《(正)》不存農務」とあり(内藤乾吉「西域発見唐代官文書の研究」)、また旧唐書一〇五宇文融伝にのせる玄宗の詔に、「宜委使司、与州県商量、勧作農社、貧富相恤、耕耘以時」とあって、あきらかに社が国家により勧農の機能を負わされている。

(33)　隋書四六長孫平伝に、「平見天下州県、多罹水旱、百姓不給、奏令民間、毎秋家出粟麦一石已下、貧富差等、儲之閭巷、以備凶年、名曰義倉」とあるところをみると、開皇十六年をまたずに、最初から戸等に応じた一石以下の税が出現していたようにおもわれるが、あるいは長孫平伝が義倉の創設を記すに際して、のちの記事をとりいれた可能性もないわけではなかろう。

(34)　冊府元亀五〇二邦計部常平には、「太宗貞観二年四月制、天下州県、並置義倉、先是毎歳水旱、皆以正倉出給、無倉之処、就食他州、百姓流移、或致窮困」とあり、このあとに尚書左丞戴冑による義倉設立の建議をのせている。これによると貞観二年以前には租を蓄える正倉以外にはなかったことになるが、右の文は冊府元亀にのみあり、戴冑の同じ上言を収める通典一二食貨軽重、旧唐書四九食貨志、唐会要八八倉及常平倉等には、右の部分は存在しない。

(35)　日本の義倉穀については、養老賦役令の全文がのこっており、上上戸以下下下戸にいたる各種穀物の負担額がしめされているが、集解に「古記云、如何定九等、答計資財定耳。慶雲三年二月十六日格云、自今以後、取中々以上戸之粟、以為義倉、必給窮乏、若官人私犯一斗以上、即日解官、随贓決罰者云々」とあり、ここに引く慶雲三(七〇六)年の格は、続日本紀三同年二月庚寅条の詔に、「准令、一位以下及百姓雑色人等、皆取戸粟以為義倉、是義倉之物、給養窮民、預為儲備、今取貧戸之物、還給乏家之人、於理不安、自今以後、取中々以上戸之粟、以為義倉、必給窮乏、不得他用、若官人私犯一斗以上、即日解官、随贓決罰」とあるもので、これらによって大宝令も戸粟をとったことが明らかである（曾我部静雄「我が大宝及び養老の令制による義倉の貯蔵穀について」参照）。ただ右の詔によると、それ以後中中戸以上から粟をとるようにしたというが、それまでは「取貧戸之物」とあるから、大宝令では下下戸まで粟を負担しており、養老令はそれをひきついだものであろうとおもわれる。そして大宝令の方式は唐の永徽令にならったものと考えられる。

(36) 唐大詔令集七九所収、儀鳳二（六七七）年十月の幸東都詔には、「即以来年正月幸東都、関内百姓、宜免一年庸調及租幷地丁（子）税草、其当道諸県、特免二年」とあるが、この「地丁（子）」が地税をいみするならば（次章参照）、それはさらに儀鳳二年までさかのぼることになる。松永雅生「均田制下に於ける唐代戸等の意義」は、戸等賦課から田額賦課への復帰を開元七（七一九）年令の発布された時点に求めているが、地税の語が早くから出ている以上、田額賦課へ早くから復帰したとみるべきであろう。

(37) 両税法時代にも義倉の制度は続いたが、地税は両税法中に吸収されたので、唐会要八八倉及常平倉条、元和元（八〇六）年正月制に、「応天下州府、毎年所税地子数内、宜十分取二分、均充常平倉及義倉」とあるように、両税中の地税の一部を充当した。したがって両税法下では義倉穀も年二回徴収されるようになった。唐大詔令集六九所収、貞元元（七八五）年南郊大赦天下制に、「前代所置義倉、国初亦循其制、備災救乏、甚便於人、宜即准貞元故事、天下所墾見田、上自王公、下及百姓、毎豊稔之歳、秋夏両時、州県長官、以理勧課、抛頃畝多少、随所種粟豆稲麦、逐便貯納、以為義倉、如年穀不成、即量取賑給、官司但為其立法勧課、不得収管、各委本道逐便宜処聞奏」とある。また義倉の管理について、唐大詔令集七二所収、乾符二（八七五）年南郊赦に、「義倉斛斗、本防災年、所貯積歳多、翻成侵害、又差重丁大戸、充倉督子弟主管、……毎一量覆、欠折転多、主掌之人、貼家竭産、生霊塗炭、州県困窮」とあって、地方の富民に責任をおわせたが、そのために破産する者も出たという。

(38) 越智重明「北朝の丁兵制について」で指摘するように、「税租」の語自体は均田制以前の前秦の苻堅にかんする記事（晋書一一三苻堅載記）にみえ、また均田制時代に入って、魏書四一源子雍伝に「徴税租粟」の四字がみえる。

(39) 山本達郎「敦煌発見計帳様文書残簡」は、この文書の応受田集計が、隆老中小等に麻田五畝・正田一〇畝が割当てられるとすると計算があうことを指摘している。山本氏は言及していないが、この割当額は、この文書の丁男(男夫)への割当額のちょうど半分で、したがって「半夫の田」にあたるわけである。

(40) 台資の税租にかんする虎尾説には説得性があるが、氏はその他の不課戸についても、戸内の各口あてに税租がかかったとしてその口数を推定しているが、この文書に八戸の不課戸があることは明瞭であり、氏の推定数はこれとあわない。西村元佑氏は「五石台資口計丁床税」とある部分のみが台資の負担であり、「六石中」や「折輪草」の部分は一般の不課戸の負担とみて、上戸は三・七五石(輸租二・二五石、折輪草一・五石)ずつ二戸、中戸は二・一石(輸租一・二石、折輪草〇・九石)ずつ五戸、もしくは二・六二五石(輸租一・五石、折輪草一・一二五石)ずつ四戸、下戸は一石一戸と推定している。西村説の難点は、「半夫の田」のみを支給される不課戸の負担としては割高である点である。その他、台資の次行の「六石中」を「不課戸」の語が省略されているとみる点、下戸に折輪草がなぜないのかという点など問題であろう。

(41) 唐会要九一内外官料銭の条、儀鳳三(六七八)年八月二日詔に、「宜令王公已下百姓已上、率口出銭、以充防閤・庶僕・胥士・白直・折衝府仗身、並封戸内官人俸食等料」とあるが、口に課したとするのはこの一例のみであるので、あるいは「口」は「戸」の誤であるかもしれない。

(42) 隋書食貨志に、「開皇八(五八八)年五月、高熲奏、諸州無課調処、及〔有〕課〔調〕州管戸数少者、官人禄力、乗前已来、恒出随近之州、但判官本為牧人、役力理出所部、請於所管戸内、計戸徴税、帝従之」(〔　〕内は冊府元亀五〇五邦計部俸禄によって補う)とあり、曾我部氏はこれを戸税の起源とするが(「唐の戸税と地頭銭と青苗銭の本質」)、この場合は辺境等の課調なき地域、もしくは管戸の少ない場合の特例で、唐代でも均田制の施行されない嶺南諸州で、戸等に応じた税米を納めていたことは既述した。唐の永徽以後いわゆる戸税がはじまっても、改廃がくり返されたらしいが、それらの点については、鞠清遠「唐代的戸税」『唐代財政史』、鈴木俊「唐の戸税と均田制」、曾我部前掲論文、吉田虎雄『唐代租税の研究』等で論ぜられている。

第六章　均田制時代およびその崩壊過程の租佃制

一　問題の所在

均田制は国家が個々の農民に一定の土地を還受するのをたてまえとし、これを通じて小規模農民の維持をはかり、それを国家の直接支配下におこうと意図するものであった。したがって均田制のもとでは、農民は国家から受田した土地をそれぞれ自作するのが原則であったと考えられる。そしてこのような体制に対応するのが、秦漢以来発展してきた良民と賤民との身分的区別であって(次章参照)、そこでは一部の賤民をのぞいて、一般の良民と良民とのあいだの支配と従属の関係は、原則として認められなかったはずである。

ところで均田制にさきだって、漢以来豪族的大土地所有の発展にともない、小農民＝良民の没落して客戸となり、豪族の土地を小作するものが相当数に達していたと考えられる(第二章、第三章参照)。それらが均田制の施行にともなってどうなったかは問題であるが、史料的な制約のためもあって、従来この問題はまったく解明されていない。また一方では、均田制の崩壊とともに農民にたいする国家の一元的な支配が終り、唐の中期以後荘園制の発達にともなって、地主と佃戸とのあいだの従属的な小作関係が普及するようになったというのが、従来の通説であった(加藤繁「唐宋時代の荘園の組織並に其の聚落としての発達に就きて」、周藤吉之「唐末五代の荘園制」)。

しかるに戦後における大谷文書の研究は、唐代の吐魯番において、均田制の厳密な実施とならんで、佃人と称する小作人の使用がはやくから普及していたことをあきらかにした。この佃人の存在は、吐魯番の各地におかれた堰頭と称するものが、管下の土地の面積・所有者・耕作者、ときには四至・作物等を官に報告した、いわゆる佃人文書(あるいは堰頭文書)によって知られるのであるが、(1) このことがあきらかになってみると、従来一部知られていた吐魯番出土の租佃契約文書(土地賃貸借文書)もまた、この地の佃人制の性格をしめすものと考えられるようになったのである。

それでは吐魯番の佃人制は均田制とどのような関係にあるのか、前後の小作制とはどのような関係にあるのか、それは吐魯番特有の現象と考えるべきかどうか。これらについては研究者のあいだに意見のくいちがいが多少あるようにみうけられる。

まず佃人制が、吐魯番における均田制の特殊な性格と関係をもつと考えるのが西嶋定生氏である。西嶋氏は大谷文書のうちの給田文書・退田文書の研究によって、吐魯番において均田制の還受が実施されていたことを証明したのであるが、同時にその特色として、(1)吐魯番の均田制では班給される土地が非常に零細なこと、(2)同一人に班給される土地が遠距離間に散在していること等をあきらかにした。氏はこれらの特色を佃人制にむすびつけて、(1′)土地が零細であるために、官田・寺田等の小作によって農民の生計を補う必要があったこと、(2′)土地が遠距離間に散在しているために、農民相互間の百姓田の貸借によって土地を交換する必要があったこと、それゆえに佃人制が普及したのであるという見解を発表した(「吐魯番出土文書より見たる均田制の施行状態」)。このような西嶋氏の見解、とくに(1′)によると、均田農民は班給される土地が少なくても、官田等の佃作によって再生産が補完され、そしてこの官田によって、均田制を施行する国家の官僚制が維持される。したがって均田制と佃人制とのあいだのこの巧妙なメカニズムは、国家の農民支配を強化しこそすれ、通説のような単なる小作制の普及が、均田制の崩壊をまねくなどということはありえないことになるわけである。

これにたいして、大谷文書のうちの欠田文書を研究した西村元佑氏は、均田制下で佃人制が普及した原因については西嶋氏とほぼ同様な見解をとりながら、とくに官田の小作が重要な地位を占めることは、現実の生産関係が受田以外のところに大きな比重をおくようになったことをしめすものとし、開元・天宝期の一般的な均田制の弛緩過程に関係づけて理解しようとしている(「唐代均田制度における班田の実態」)。ここには佃人制を均田制崩壊後にあらわれるとされてきた小作制(いわゆる佃戸制)へ直接つなげて考えようとする姿勢がみられるが、この点を一層強調するのは、佃人文書の研究を直接担当した周藤吉之氏である。周藤氏は佃人文書その他にみえる佃人が、同時に土地所有農民ないし均田農民であることをしめす例が少ないこと(もっとも文書全体の数が少ないのであるが)、自己の土地をもたないとおもわれる奴隷が佃人となっている例のあること、同時期の中国の内地に荘園の発達がみられること等を理由に、佃人文書にみられる佃人のなかには、均田農民ではなく、土地をもたない荘客のごときものがあった可能性を強調した(「吐魯番出土の佃人文書研究」)。

ところで吐魯番出土文書の人名には、しばしばその人物の居住地とおもわれる、西州高昌県(唐代の吐魯番地方の中心、今のカラ＝ホージョ)管下の郷名の略号が付記されている。周藤氏はその後右の佃人文書の研究を補って、佃人文書に付記されたこの郷名の略号を調べた結果、土地所有者自身にせよ佃人にせよ、自分の居住地より相当はなれた遠距離の土地をも耕作しており、また他面、同郷人のあいだにおいても租佃関係がかなり普及していることを明らかにした(「佃人文書研究補考」)。したがって西嶋氏のいうように、遠距離間に土地が分散しているという事実のみでは(上掲西嶋説の2′)、農民相互間の佃人制の普及を説明できないことがあきらかになったのである。[2] そこで周藤氏は、佃人制普及のもう一つの理由を農民の貧困にもとめ、農民は貧困なるがゆえに他人の土地を佃作せざるをえないものとした。もとより吐魯番の土地が零細であることは諸文書のしめすところであるし、それゆえに西嶋氏も、農民(この場合均田農民)は官田等の耕作によって生計を補う必要があった点を指摘したのである(上掲西嶋説の1′)。しかし周藤氏の場合には、農民相互の田土貸借関係をも、同様に貧困という理由で説明しようとするのである。けれども官田等とちがって、現存文書によるかぎり、百姓田はいずれも零細なのであるから、農民の貧困を補うべき余分の田土は総体としては存在しない。したがって貧困によって農民相互間の田土貸借関係を説明するには、材料が不足しているといわなければならないであろう。

佃人文書のほかに、私田における貸借関係の性格をしめすとおもわれるものに、上記のごとく租佃契約文書がある。仁井田陞氏ははじめ、この時期の一般の租佃契の末尾に、土地の貸主・借主双方の義務をひとしく強調する違約罰文言(契約に違反した場合の罰則を定めた文言)があることに注意し、これは後世の地主と佃戸との関係とちがって、貸主と借主との関係が比較的対等であることをしめすものとした。そして吐魯番においては、それが上述のような均田農民間の佃人制に対応するものであると理解したのである(「スタイン第三次中亜探検将来の中国文書とマスペロの研究」「吐魯番発見の唐代取引法関係文書」)。ところが近年吐魯番から発見された貞観十七年正月の日付ある文書だけは例外で、借主の義務責任だけを一方的に追及し、違約に際して貸主が借主の家財を差押える文言が付記されている。仁井田氏はこの点を指摘して、吐魯番の租佃文書には二種類の形態があるとし、前者の対等な場合を第一種形態、後者の対等でない場合を第二種形態とよび、後者のような関係が生まれた背景については結論を保留したのである(「吐魯番発見の唐代租田文書の二形態」)。

中国の韓国磐氏は、敦煌と吐魯番から出た契約文書にみられる租佃関係を、貧窮農民がやむをえずして自己の土地を出租する典租関係と、土地の欠乏した農民が他人の土地を高価で租種する関係との二種類に分かったが(「根拠敦煌和吐魯番発現的文件略談有関唐代田制的幾個問題」)、ほぼ同様な観点から、租佃契約文書の一層詳細な分析をおこなったのが孫達人氏である。孫氏によると、唐・五代(あるいは宋初におよぶかとおもわれる)の吐魯番・敦煌出土の租佃契は、やはり二種類に分けられる。第一の類型は、租佃人(借主)が田主(貸主)にあらかじめ租価を交付するもので、この場合後世の地主と佃戸との関係とちがって、田主は貧民で租佃人の方が富者であり、この契約関係は一種の高利貸であるという。第二の類型は、租佃人が田主に収穫後租価を納めるもので、後の地主と佃戸との関係にひとしく、租佃人が貧民であり、これが「真正の封建租佃契約」であるという(「対唐至五代租佃契約経済内容的分析」)。これらの説は、土地の貸主・借主の関係を単純な地主＝小作関係としてとらえていない点注目すべきであるが、仁井田説のような契約当事者間の比較的対等な関係は認めていない。最近池田温氏は「中国古代の租佃契」(上)をあらわし、現在まで知られるかぎりの租佃契の原文と和訳を掲載したので、これによって租佃契の最良のテキストをえることができ、また容易にその全貌をうかがうことができるようになった。池田氏は租佃契を地主型、麦主・銭主型、舎佃型の三種に分類している。地主型は地主の側が優位にあるもの、麦主・銭主型は租佃人の側が優位にあるもので、この考え方は孫達人氏と似ているが、その内容はかならずしも同じでない。舎佃型は池田氏の新しい提案で、地主・佃人両者が対等な関係で共同経営にあたるものだという(3)。

以上は私田の租佃関係であるが、沙知氏は私田の租佃関係と官田の租佃関係とは性格がちがうと主張している。すなわち吐魯番の私田の租佃関係は小私有者間の「自由な租佃」であるのにたいし、官田の租佃は国家の農民にたいする強制的性格をもつとするのである(「吐魯番佃人文書里的唐代租佃関係」)(4)。私田の租佃にかんするこのような見方は、孫達人氏らとはちがって、仁井田氏の第一種形態の租佃文書にかんする解釈に一致する。官田の租佃の強制的性格については、日本ではつとに谷川道雄氏が職田にかんして指摘しており(「唐代の職田制とその克服」)、周藤氏もその権力的な面を指摘しているが、これらは西嶋氏の官田の佃作にかんする見方と対立するであろう。ただ沙知氏が官田の強制的・人身拘束的性格を魏晋以来の旧型の荘園の遺制であるとみるのにたいし、周藤氏はこれを均田制の崩壊とともに発展する荘園に類比している点に、中国社会の発展についての見解の相違が露呈しているようにおもわれる。

韓国磐・孫達人氏らは、吐魯番の租佃契約文書と敦煌の租佃契約文書とを一括して扱っているが、実は吐魯番の文書は均田制時代に限られており、敦煌の文書は均田制崩壊後の時代に限られている。したがって均田制時代の小作制と均田制崩壊後の小作制との関係を問題にするならば、両者の関係をどう考えるにせよ、手続きとしては吐魯番と敦煌の契約文書は区別して扱うべきものとおもう。これらの契約文書は、吐魯番のものにせよ敦煌のものにせよ、沙知氏のいうように小農民間の契約関係をしめすものとおもわれるが、均田制崩壊後の敦煌には、このほかに寺院の荘園を耕作する農民があった。そのうち吐蕃占領時代の寺戸と称する農奴的な生産者については竺沙雅章氏の研究があるが(「敦煌の寺戸について」)、その後の帰義軍時代の寺院関係の生産者については、梁戸・磑戸など製油・製粉にたずさわる人戸の研究があるだけで、農耕担当者にかんする研究はなされていない。竺沙氏は吐蕃時代から帰義軍時代に移るにつれて、寺戸が解放されて梁戸・磑戸などの雇傭人になったとするが、仁井田氏のきびしい批判のとおり、梁戸等を雇傭人とする証明はなされていない(「唐末五代の敦煌寺院佃戸関係文書」附載)。この点は唐宋変革期の理解ともからむ重要な問題点である。本章では、吐魯番文書等にあらわれる均田制時代の租佃関係をいかに理解するかが一つの課題であるが、それと関連して、均田制崩壊後の租佃関係をも、敦煌文書等を通じてあきらかにしていきたい。

本章では吐魯番の均田制時代の小作制を、均田制崩壊後の小作制と一応区別する立場をとっている。そこで吐魯番の小作制を佃人制とよび、均田制崩壊後の小作制を佃戸制といい[5]、両者をふくめて小作制(あるいは土地賃貸借関係)一般を指す場合に租佃制の語をもちいる。また吐魯番の佃人文書によると、当時の田土は官田・寺田・百姓田に分類されている(大谷文書二三七一号参照)。官田にたいして、寺田・百姓田を含ませた方がよいとおもう場合は私田とよび、寺田を除外する場合は百姓田の語を用いる。

(1) いわゆる佃人文書は、各堰に属する土地の利用状況を堰頭が官に報告したもので、官はこれにもとづいて青苗文簿を作成したであろうと推察される(周藤吉之「吐魯番出土の佃人文書研究」)。それは佃人を報告するのが直接の目的でなく、この文書にみえる田土の耕作も佃人使用と自佃と相半ばする状態であったから、佃人文書とよぶよりは、堰頭文書とでもよんだ方が適当であろう。

(2) これらの点については、西嶋氏自身も前掲論文を氏の論集『中国経済史研究』に収めるにあたって、〔補記〕を書いて問題点を指摘している(同書六六八頁以下)。

(3) 池田温「中国古代の租佃契」は、私の旧稿にたいする批判をもふくむとおもわれるが、本書執筆中まだ全文が発表されていないので、全体的な評価ができる段階でない。しかし既発表部分で必要な部分には本文中でふれることにしたい。

（4）沙知氏のもう一つの論点は、吐魯番では官田の方が私田よりも多いとみる韓国磐氏の説に反論して、佃人文書全般の検討から、私田の方が多いと主張した点である。これは土地が国家に属するか民間地主に属するかという中国学界の論争に関係あり、韓氏は土地国有論者、沙知氏は私有論者らしい。官田と私田の数量を比較するだけならば沙知説の方が正しいであろうが、官田の比重を軽視すべきでないこと、私田といえども国家から班給された土地である公算が大きいことに注意しなければなるまい。

（5）宮崎市定「部曲から佃戸へ」注10とそれに対応する本文では、私の旧稿が「佃人制から佃戸制へ」という章を設けたことについて、「佃人と佃戸の言葉に時代の変遷を寓する意向と思われるが、これはおかしい」とし、その理由として佃人も佃戸も同じような言葉で、人でいえば佃人、戸でよべば佃戸であるといういみのことをのべている。しかしこれは見当違いの批判で、私はむろん両者の語源が同じなことは承知している。私にとって問題なのは、均田制時代の租佃制の性格いかんということであり、それと均田制崩壊後の租佃制との関係をいかに考えるかということである。そこで手続きとして両者の租佃制を一応区別しておく必要があるので、原史料でも最もふつうに使用されており、かつ周藤氏の論文においても用いられている佃人制と佃戸制という語をもって、両者の租佃制をそれぞれ指すことにしたのである。そのことは旧稿のはしがきにも断わっている。さて研究の手続きとしてのみならず、結果としても私は両者の租佃制を区別することになり、それゆえに「佃人制から佃戸制へ」という章を設けたのであるが、そうなると両者の呼称を何とよぼうと、実態は異なるのだというのが私の結論なのであるから、言葉が同じだというのでは批判にならない。ただし「佃人制から佃戸制へ」という題は、佃人制と佃戸制との非連続面とともに連続面をも考えようとしているのであって、それによってこの章の副題にもあるように「佃戸制形成の道すじ」を考えてみようとするのが、この章の目的なのである。宮崎氏の「部曲から佃戸へ」ということき「時代の変遷を寓する意向」で、「佃人制から佃戸制へ」という題を用いたわけではない。私はむろん佃人制を佃戸制以前の中心的な生産関係だとは考えていない。「佃人制から佃戸制へ」という扱い方へのより具体的な批判が池田温氏からも出されているが、それについては後述する（注46参照）。

二　唐代均田制時代の吐魯番における租佃契約の性格

1　唐代吐魯番の租佃契をめぐる論争点

唐代の吐魯番において佃人制が流行していた事実は、いわゆる佃人文書の発見によって知られたのであるが、佃人制における田主と佃人との関係は、百姓田の場合にかぎっては、租佃契約文書によってむしろ端的にしめされると考えられる。ところがこの租佃契約文書にかんする理解は、前節の叙述であきらかなように、現在かならずしも一致していない。論者のなかには吐魯番出土文書と敦煌出土文書とを一括して論じているものもあるが、敦煌出土文書は均

	年次	種類	所属・出土年次	原載
①	貞観十七(六四三)年	租佃契	一九五九年出土	新疆維吾爾自治区博物館「新疆吐魯番阿斯塔那北区墓葬発掘簡報」
②	顕慶四(六五九)年	租佃契	大谷二八二八号	仁井田陞「吐魯番発見の唐代取引法関係文書」
③	龍朔三(六六三)年	舎佃契	一九六〇年出土	呉震「介紹八件高昌契約」
④	儀鳳二(六七七)年(?)	租佃契	一九六七年出土	新疆維吾爾自治区博物館「吐魯番阿斯塔那三六三号墓発掘簡報」、池田温「中国古代の租佃契」
⑤	垂拱三(六八七)年	租佃契	一九六三—六五年出土	新疆維吾爾自治区博物館「吐魯番県阿斯塔那—哈拉和卓古墓群発掘簡報」
⑥	天授三(六九二)年	租佃契	マスペロ三一四号	Maspero, *Documents chinois*, p. 151
⑦	長安三(七〇三)年	租陶契	一九六六—六九年出土	『文化大革命期間出土文物』第一輯
⑧	開元二十四(七三六)年	租佃契	大谷三一〇七号	仁井田前掲論文
⑨	天宝五(七四六年)載	租佃契	書道博物館蔵	仁井田『唐宋法律文書の研究』四〇五頁
⑩	年次未詳(七世紀?)	租陶契	大谷三一〇一、三一〇三、三一〇四号	池田前掲論文

田制崩壊後の時代に属するから、本章の課題と関連しては、両者は別個に扱わるべきこと、これも前節で指摘したとおりである。

そこで唐代均田制時代の吐魯番の租佃契約文書にかぎって、比較的完全な形のものをあげると前表のとおりである。右のうち近年発表された④、⑤、⑦、⑩については、④、⑦、⑩を池田温氏が研究しているだけで、⑤はまったく研究されていない。また④、⑦、⑩はいずれも末尾が欠けていて不明な部分がある。そこでこれらを除いて、従来の研究者の説をみると、仁井田氏は①だけを氏のいう第二種形態(田主が優位にあるもの)に分類し、それ以外は第一種形態(田主・佃人が対等なもの)に分類している。孫達人氏は②をあげていないが、これが氏の第一類にあたることはまちがいない。したがって氏の第一類(佃人が富者である高利貸的契約)にあたるのは②、⑥、⑧、⑨であり、第二類(田主が富者である真正な封建租佃契約)にあたるのは①、③である。池田氏は①、②、⑥を地主型(田主が優位にあるもの)、⑧、⑨を麦主・銭主型(佃人が優位にあるもの)、③を舎佃型(双方が対等なもの)に分類している。こうみると、①についてはいずれの論者も田主が優位にあるとしているが、それ以外については、仁井田氏が比較的対等な関係を認めるのにたいし、孫氏・池田氏は田主・佃人いずれか一方が優位にあるとしている。ところが孫氏と池田氏とのあいだには大きな違いがある。その一は③についての評価であり、その二は②、⑥についての評価である。

③については別に論ずるとして、ここでは②、⑥について考えてみよう。この二つの契約書を、孫氏は佃人優位型に分類し、池田氏は田主優位型に分類するわけであるが、このように説がわかれるのは、②、⑥がともに租価の分割払いだからである。これらは年末ないし年初の契約時と、六月との二回にわけて租価を支払うことになっているが、孫氏がこれを租価全額前払いの⑧、⑨と一括するのは、六月では契約後の春先に播種する作物の収穫前であって、前払いである点にかわりないという論拠によるのである。収穫前は田主の側に穀物が欠乏するので、いずれにせよ前払いのできる佃人の側が優位にたつと考えるのである。しかしはたしてそうだろうか。孫氏が田主優位型に数える①の

貞観十七年文書でも、租価は六月に支払うよう要求されている。これは六月が収穫後であるからだと考えなくてはならないであろう。これらの租価はいずれも小麦で支払われることになっているが、吐魯番地区では、北史九七西域伝、高昌条に、

気候温暖、厥《そ》の土良沃にして、穀麦一歳に再熟す。

とあって、麦ははやくから年二回の収穫があるとされており、この点は近年までかわらないようである。(6) したがってこの地区では作物の成熟が一般より早く、六月の収穫をまって租価を完納するのが、分割払いと後払いの場合であるとみるべきであろう。分割払いの契にかんするかぎり、孫氏の分類は妥当でないとおもわれる。

一方池田氏がこれらの契(②、⑥)を地主型に入れるのは、それほど深い根拠があるとはおもわれない。おそらく署名が田主—租田人の順になっているからであろう。ただし氏は七世紀までは地主型が多く、八世紀に麦主・銭主型があらわれるとみて、②、⑥を「麦主・銭主型の生まれる前提を示唆する」ものとしている。このように②、⑥の中間的性格を考えるのは賛成であるが、氏のいう地主型と麦主・銭主型の間に時間的な推移をみるのには疑問がある。それは第三節に引用する高昌国時代の吐魯番の租佃契に、租価をあきらかに前払いした麦主・銭主型に相当するものがあるからである。以上のような点を考慮するにしても、租価の支払い方式が租佃契の考察に際し重要な手がかりになることはたしかである。私もそのような点に留意しながら、契約文書の形式・内容についてつぎに考察を加えてみたい。

2　唐代吐魯番租佃契の基本形式

(A)　はじめに租価全額前払いの文書の形式をしめす例として、天宝五載文書(上掲⑨)をあげよう。

天寳五載閏十月十五日、交

用銭肆伯伍拾文、於呂才藝邊、
租取澗東渠口分常田一段貳畝、東
渠西廢屯南□□北縣公廨、其地要
用天寶陸載佃食、如到下子之日、
□（不）得田佃者、其錢壹罸貳入、田(7)
上所有租□百役[　　]知當、
（中　欠）

銭主
田主　呂才藝載五十八
保人　妻李
保人　渾定仙
保人
清書人渾仙

これはこの文書で銭主と称されている氏名不詳の人物が、銭四五〇文を出して、均田農民とおもわれる呂才藝から二畝の口分田を借り、天宝六載一年間耕作することを約したものである。銭主の名が本文中にもみえず、最初に署名すべくしてしていないのは、この契約書が銭主の側の保存用として作成されたからであろう。末尾の違約罰文言「如到下子之日、□（不）得田佃者、其銭壱罸弐入」は、土地の貸主呂才藝の側をのみ拘束しているが、それは契約時に銭主の側は租価を支払ってしまうため、違約のしようがないためであろうか。仁井田氏はこの文書の性質について、「たとへ

『租取』とあつて土地の賃貸借契約を表示する文字を使用してはゐても、少くとも契約の経済的効果に於いては消費貸借契約の場合に等しく、『銭肆佰伍拾文』は借金の実質を有するものであつて、元利消却の手段として、借主（文書にいふ田主）からその所有する土地の使用収益権を貸主（文書にいふ銭主）に引渡せるもの、即ち元利消却質・収益質、土地は一種の質地であつたとも解し得ないではない」（『唐宋法律文書の研究』四一一―四一二頁）とのべている。私もかつて「このような関係は、小作人の立場が一方的に弱い後世の小作関係と当然同じではない。トゥルファンにおいて零細な土地しか給せられない均田農民が、その土地をこのような形で小作に出さざるをえないことは充分考えられることであって、この地方における佃人制の普及の原因には、田主の側のこのような事情をもつけ加えることができるかもしれない」（「トゥルファンの佃人制をめぐる二、三の問題」）とのべておいたのである。[8] したがってこの形式の文書にかんするかぎり、孫達人氏の所論には首肯しうるものがある。ただし後にものべるように、佃人文書のしめす土地保有状況から推せば、銭主と田主との地位のひらきをどの程度のものとみるか、問題がのこるであろう。

ついでながら開元二十四年文書（上掲⑧）は、不明な部分が多いが、張某なるものがあらかじめ麦二斛（あるいは二㪷）を出して、白渠の地にある田主左小礼の口分田二畝を借りうけ、開元二十五年一年間（あるいは二十四・二十五年二年間）耕作しようとするもので、田主の側を拘束する違約罰文言がつき、麦主―田主の順に署名すべきものとなっており（実際には麦主は署名していない）、天宝五載文書と形式はかわらない。最近発表された垂拱三年文書（上掲⑤）もこの形式に属するが、これは逃戸の田土を租佃するという特殊な点があるので、第四節でふれようとおもう。

（B）　つぎに租価を分割払いにする形式の例として、天授三年文書（上掲⑥）をあげよう。この文書は則天文字を使用しているが、ふつうの文字になおして引用する。

天授[9]参年壹月拾捌日、武城郷人張文信□（於康）

海多邊、租取棗樹渠部田伍畝□

麦小(小麦)壹斫、就中交付参畝價訖□
□(租)價到六月内分付使了、若到六月□(不了)
者、壹罸貳入康、若到種田之日、不得田□(佃者)
壹斫罸貳入張文、兩和立契、畫指□(為記、契)
□(有)兩本、各執一本、

田主　康海多
租田人　張　信　一一
知見　翟寅武　一一
知見　白六□　一一
知見　趙胡單

これは張文信なるものが康海多というものから五畝の田を借りることとし、そのうち三畝分の租価を支払ったが、残りは六月までに支払うようとりきめたものである。文中の「麦小壱斫」は「壱㪷」もしくは「壱斛」であるが、他の文書(例えば①、⑤等)を参照すれば「壱斛」の方が正しいかもしれない。これは一畝当りの租価であろう。末尾に「六月になっても支払わない場合は賠償を康に入れ、もし播種の時期になっても使用できなかったら賠償を張に入れる」という違約罰文言があり、貸主・借主双方とも違約が罰せられることになっている。この点は仁井田氏がつとに注意し、これによって貸主と借主とが比較的対等な関係にあることを指摘したのである。この場合借主は「租田人」と称し、署名の順序は田主―租田人となっていて、前の形式の文書が借主を「銭主」「麦主」と称し、銭主(もしくは麦主)―田主の順に署名することになっていたのと違っている。この形式の微妙な変化は、前述のように六月の収穫期まで支払いの一部を猶予されるところからきているのであろう。

顕慶四年文書(上掲②)も、文字の不明瞭な部分が多いが、顕慶五年一年間耕作する目的で七畝の田を借り、租価を分割して残額を六月までに支払おうとするもので、租価は畝別六㪷半である。田主—租田人の順に署名し、「先悔者、罰麦伍碩、入不悔人」という貸主・借主両者を拘束する違約罰文言がついていて、同じ形式に属する。(10)

(C)　最後に租価をすべて収穫後に支払うと考えられる例として、貞観十七年文書(上掲①)をしめそう。

貞観十七年正月三日、趙懐満従張歓仁［　］
歩、張薗富貳畝、田壹畝与夏價(仮)小麦貳研(斛)貳(斗)□
依高昌龙(斛)斗中、取使干浄好、若不好、聴向風常取［　］
［　］仰耕田人了、若風破［　］
水旱随大匕例、麦到□□□□麦使畢、若過六月不［　］(畢)
壹月壹龙(斛)上生壹兜(斗)、若前却不上、聴抴家財［　］
麦直、若身東西无、仰収後者上、三人［　］

田主　張歓仁一一
田主　張薗富一一
秭田仁趙懐滿一一
倩書　氾延守　一一
□□　□□□

この文書は耕田仁(耕田人)趙懐満が田主張歓仁・張薗富二人から若干の田を借り、夏価(仮価)を小麦で支払おうとするものである。支払い期限は「麦到□□□□」とある部分に記されていたはずであるが、そのあとに「若過六月……」とあるから、六月であったと判断される。仁井田氏はこの「若過六月……」以下の文言が、耕田人の側の違約をきびしく規定していることに注目している。すなわち(1)六月を過ぎても租価を支払わない場合は罰麦を出す、(2)もしそれを出さない場合は家財を差押えることができる、(3)本人が逃亡した場合は家族に支払いの責任を負わせる、というのである。これらの文言をみれば、たしかに田主の方が耕田人よりも優位にあることはまちがいない。このように田主の側が優勢なのは、前の(A)(B)の例とちがって、この文書の契約では、耕田人は租価の支払いをすべて六月の収穫後まで猶予されていることによるとおもわれる。しかし注意すべきことは、この租佃文書とともに一通の家屋売買文書が出土しているのであるが、その宅地の四至のなかに、この租佃文書の耕田人趙懐満の名がみえていることである。このことは趙懐満が一方において他人の土地を借りる小作人でありながら、他方において土地所有者でもある公算をしめすものである。したがってこの租佃文書にみられる租佃関係は、いかに耕田人の地位が低いようにみえても、耕田人は無産者ではなく土地所有者であるようにおもわれるから、後世の地主と佃戸との一般的な関係、もしくは「封建租佃関係」とは、一応区別して考えておく必要があろう。

以上を総合すれば、(A)(B)(C)三種の文書の違いは、主として租価の支払い方式、すなわち(A)は全額前払いであり、(B)は一部前払い、残額六月までの分割払いであり、(C)は全額六月までの後払いであるということによるのであり、それに応じて土地の貸主と借主の地位も、(A)では貸主より借主の方が高く、(B)では両者比較的対等であり、(C)では貸主の方が借主より高い、というように変化するのであると考えられる。とすれば旧説のように、これを截然と二つの類型に分けたり、あるいは地主・高利貸と貧農とのあいだの階級対立を表現するものとみたりするのは妥当でないのではないか。いったい唐代吐魯番の租佃契約関係は、従来もいわゆる佃人文書にみられる佃人と田主とのあいだに結ばれた関係をしめすものと考えられてきた。この佃人制は均田制の還受の実施とならんでおこなわれたと考えられるのであり[11]、百姓田においては、一般に佃人・田主ともに均田農民である公算が多いのであるが[12]、そのことを別にするとしても、佃人文書にみられる吐魯番特有の零細な地段の存在と、それを所有し、あるいは耕作する小農民の広汎な存在が、この地の租佃関係の基礎にあったことは確実であるとおもわれる。そうした一般的な共通の基盤の上で、上記文書類の場合、個々の農民のおかれた条件にしたがい、租価の支払い方式と貸主・借主両者の地位の変差が生まれてくるものと考えるのである。

3　特殊な形式の租佃契

吐魯番租佃契の以上の三つの形式の変差は、租価の支払い方式によって統一的に理解できると考えるのであるが、以上とはいささか形式を異にする租佃契も存在する。それらは契約当事者のおかれた状況など特殊な条件を考えなければならないのであるが、上記の租佃契の契約期間がいずれも一年間(開元二十四年契のみはあるいは二年間)であるのにたいし、この場合は数年間である点共通しており、以下の二つの場合、右の基本形式よりも発展した形態であると私は考える。

(D)　儀鳳二年(?)文書(上掲④)は、収穫後払いであるが、(C)とちがって田主・佃人間の対等な関係が規定されている。

［　］年拾月壹日、高昌縣寧昌郷人卜老□(師)
［　］年柒月［　］(日)［　］(高)昌縣人張住海、於高昌縣
［　］年、ヽ別与租

［　］取秋麦［　］、依高昌平兜研(斗斛)［　］
［　］汝(如)不浄好、聴向風賞(掌?)取、若過麦月［　］

□法生利、到種田之日、張不得田佃者、准前
□付具□、取田之日、得南頭佃種、租殊
□仰田主、渠破水溢、仰佃人□田要逕儀鳳
（後　欠）

これは文化大革命中に有名な『論語鄭氏注』とともに出土し、近年発表されたもので、三つの断片に分かれているのを池田氏が接合したものである。原文書では年次の部分が欠けているが、文書の末尾に「儀鳳」とあり、儀鳳元年は、上元三年十一月にはじまり、儀鳳四年六月に調露と改元されたのであるから、文書の年次は儀鳳二年か三年であると考えられる。同一墓中から儀鳳二年四月の卜老師の訴状と、同年九月の卜老師の挙銭契が出土しているので、池田氏は儀鳳二年と判断したのであろうか。この訴状によると、卜老師は息男とその妻が出奔したことを訴えており、そのなかに「両眼俱盲」とあるから、盲人であったかとおもわれる。そして挙銭契では、租佃契の佃人にあたる張住海から借金をしている。(13)もし両契が同年であるとすれば、卜老師は九月に張住海から銭を借り、十月に土地を同人に引き渡しているのである。とすれば、田主卜老師の地位はけっして強いものではない。文書が欠けているため租佃期間は不明だが、「□年、年別与租〔価？〕」とあるから、一年ではなく数年であり、毎年収穫をまって「秋麦」を租価として出したものとおもわれる。文書の後半には田主・佃人両者を拘束する違約罰文言があり、一応両者の対等な形式が保たれているが、実際には佃人の方が強い地位にあったものと想像される。このように租価後払いでありながら、佃人の方が強い関係が出てくるのは、小土地所有者である農民の困窮が進んだ場合であると考えられる。

（E）　つぎにあげる龍朔三年文書（上掲③）は、池田氏が舎佃型として分類するものである。

龍朔三年九月十二日、武城郷人張海隆、於
同郷人趙阿歓仁邊、夏（仮）取肆年中、

五年・六年中、武城北渠口分常田貳畝、海
隆・阿歓仁二人舎佃食、其耒（耕）牛・麦子、
印（仰）海隆邊出、其秋麦二人庭分、若海隆
肆年・五年・六年中不得田佃食者、別（罰）銭伍拾文、
入張、若到頭不佃田者、別銭伍拾文入趙、
与阿歓仁草玖圉、契有兩本、各捉一本、兩
主和同立契、獲（画）指（為）□記、

田　主　趙阿歓仁ーーー
舎佃人　張　海　隆ーーー
知見人　趙　武　隆ーーー
知見人　趙　石　子ーーー

この文書は張海隆というものが同郷の趙阿歓仁から、龍朔四年・五年・六年の三年間、口分田二畝を借りるという点までは、期間が少し長いという以外、他の租佃契約とかわらないが、その土地の耕作は田主と佃人の二人で「舎佃」し、その際耕牛と種子は佃人の側で負担し、収穫を折半するという点が他の契約と相違する。草野靖氏はこれを、田主と佃戸が土地・耕牛・農具・種子・労働等を出しあう宋代以後の合種制に類するものとしており（「宋代合種制補考」）、池田氏も田主の耕営への参加を指摘している。「舎佃」のいみについて、池田氏は「舎は一般に住宅をいうが、田間の舎すなわち農作業用のかりごやを指す場合もある。ここでは舎佃＝耕営の意であろうか」といい、「舎（こやがけ）で耕営し」と訳しているが、この舎は田主の持物で、住宅ないし農作業用の小屋を田主から借りて農耕に従事することをいみするのではないだろうか。「舎佃人」が田主の提供する舎に住むなり利用するなりし、耕牛・種子を提供して、田

主とともに耕作するというのがこの契約ではないだろうか。

池田氏はこの形態をもって、田主と佃人とが実質的に対等な関係にあるとしているが、はたしてそうだろうか。一般の吐魯番の租佃契においては、佃人は一応自立した経営をもち、それゆえに定額租が定められているのであるが、この場合には田主が経営に干与し、佃人の自立性は失われている。折半される租価は、池田氏も指摘するように、定額租の場合よりも、佃人にとって重いと考えられる。もちろん田主は均田農民とおもわれ、わずかな口分田を貸し出しているにすぎず、違約罰文言は田主・佃人の対等な関係を一応しめしてはいる。しかし私は旧稿において、この契約にみえる租佃関係を、吐魯番で一般におこなわれている佃人制から、後世の地主優位の地主と佃戸との関係に移行していく端緒をしめすものと考えた。今回池田氏らの指摘によって大いに啓発をうけ、文書内容についての理解を深めることができたが、氏のいわゆる舎佃型の位置づけばかりは納得できない。この文書の位置にかんしては、旧稿を改める必要はないと考える。

（F）　最後に以上のような穀田とは異なる、長安三年の葡萄園の租借にかんする文書（上掲⑦）をとりあげよう。これも則天文字を改めて引用する。

長安参年三月二日、厳苟仁於麹善通邊、租取張渠陶(蒲)
蒲(陶)一段二畝、陶内有棗樹大小拾根、四院墻壁並全、其陶
契限五年収佃、今年為陶内支槅短、當年不論價直、至辰
歳、与租價銅銭肆伯捌拾文、到巳歳、与租價銅銭陸伯肆拾文、
至午歳、与租價銅銭捌伯文、到未歳、一依午歳價、与捌伯文、年
（後　欠）

この契約文書も文化大革命中に出土したもので、五年間葡萄園を借りて、第一年目には租価を払わず、第二年目に

四八〇文、第三年目に六四〇文、第四年目、第五年目に八〇〇文というように、租価が漸増するしくみになっている。これは葡萄が商品作物であり、吐魯番の名産として流通していたということをぬきにしては理解できないだろう(新疆維吾爾自治区博物館「吐魯番県阿斯塔那――哈拉和卓古墓群清理簡報」)。文中に「陶内支椅短」とあるのを、葡萄棚が短いと解するか、葡萄の枝が短いと解するか、いずれにせよこの場合はそのために第一年目の租価が免ぜられているのであるが、葡萄園そのものは租佃関係が成立する以前から存在しているのであって、ただ大地主でもない田主の側に労働力が足りないか何かの理由で、経営を佃人にゆだねることになったのであり、葡萄園の整備ないし葡萄の成長にともなって年々利益が増すことが期待されており、そのために右のような租価のとりきめがなされたのであろう。したがって葡萄園が充分整備されている場合には、大谷文書中の年次未詳の租陶契(上掲⑩)のごとく、一年契約の場合もありえたのである。後者の契約文書は断簡を池田氏が接合したもので、不明の部分が多いが、租価は分割払いではないかとおもわれ、残額を収穫と出荷の終った一〇月に支払うことになっている。基本的な形式は穀田の場合とかわらない。

(6)　吐魯番地方は八・九月の間非常に暑く、三月初めにはあらゆる果物が市場に出ていたという報告もある(Huntington, E., *The Pulse of Asia*, Boston & New York, 1907, p. 301)。近世になって気候が変化したという説もあるが(E. Huntington, A. Stein 等)、それも乾燥したというのであって、年二回の収穫は昔も今も変らない。吐魯番地方の収穫期はいつであるか充分な調査ができなかったが、さしあたりヤングハズバンドは、一八八七年七月一八日吐魯番で「小麦はもうほとんど刈りとられていた」ということをのべている(石一郎訳『カラコルムを越えて』西域探検紀行全集5、白水社、一四一頁)。陰暦六月中に収穫があることはたしかである。注8に引く大谷四九一五号文書では、唐代吐魯番の屯田で七月十三日に地子の青麦を納めている。

(7)　この小断簡は従来「銭主」の下方におかれていて判読しがたかったが、池田温「中国古代の租佃契」によってこの位置に改められた。

(8) 大谷文書四九一五号には、「渾孝仙納天寶元年屯田地子青麦貳碩、又／納呂才藝屯田地子青麦壹碩貳㪷、又納渾定／仙貸種子青麦壹碩貳㪷、又納渾孝仙貸種／□元年七月十三日□史王虔」とあって、天宝五載契にみえる呂才藝が口分田をもつ小田主でありながら、天宝元年には同時に屯田の小作をもしていたこと、保人渾定仙が官の種子を借りて自己の土地を耕す小農民であったらしいこと等がわかる。この屯田が天宝五載契の口分田の四至にみえる「廃屯」であるかどうかはわからない。ただ彼らが官に依存して生活しなければならない境遇にあったことはたしかで、時にはこの契のように、現金と引換に口分田を小作に出さざるをえない事情が生ずることは充分想像できる。

(9) Maspero, H., *Les documents chinois de la troisième expédition de Sir Aurel Stein en Asie centrale*, p. 151 は、この文書の日付を「天授元年」としているが、周藤吉之氏(「吐魯番出土の佃人文書研究」)および池田温氏(『西域文化研究第三』書評、法制史研究二)にしたがって、「天授参年」と改める。

(10) 仁井田陞「吐魯番発見の唐代取引法関係文書」および「吐魯番発見の唐代租田文書の二形態」は、この文書を収載する際、残額の支払い期限を「到五月内」と読んでいるが、原文書によれば「到陸月内」が正しい。また違約罰文言は別筆で、契約書の本文・署名が終ったのちに書き加えられたらしい。

(11) 小笠原宣秀「吐魯番出土の唐代官庁記録文書二種」に紹介された大谷文書三四七八号に、「□授田仰具畝数佃人四至申事」とある。これは天山県と他司から到来した文書の目録の一節であるが(この目録を滝川政次郎「律令の計会制度と計会帳」は計会帳と断定している)、おそらくこれは天山県の受田の耕作状況を報告せよということであろう。従来知られた佃人文書や租佃契はほとんど高昌県のものであるが、右の文書によると、天山県においても、均田制下の受田を対象として佃人制がおこなわれていたことが判明する。

(12) もちろん周藤氏も指摘するように、佃人のなかには奴隷もいるのであって、すべてが均田農民であるわけではない。このことについては後述する(第五節)。また貞観十七年文書は、唐が吐魯番の高昌国を征服した貞観十四年から三年しか経っておらず、均田制が実施されていたかどうか疑問もあるが、耕田人趙懐満は土地所有者らしいから、自家の小経営をもつ農民であるという条件はかわらない。

(13) ト老師はこれよりさき麟徳二(六六五)年正月二十八日にも、高参軍の家人の未豊なるものから、わずか一〇文の銭を借りており、その契が出土している(『文化大革命期間出土文物』第一輯所収)。なお儀鳳二(六七七)年の張住海からの借銭は、

「銀銭捌」とあって下が欠けている。

三　吐魯番における佃人制の伝統
――高昌国時代との関連――

1　高昌国時代の租佃契

唐代吐魯番の租佃制(佃人制)は、均田制の実施とならんでおこなわれたものであり、前節で租佃契約文書を検討した結果でも、それはおおむね均田的小農民間の関係と考えて大過ないものとおもわれる。しかしそのことは、唐代における均田制の実施が前提になって、そのような関係が生まれたことをかならずしもいみしない。近年の調査によって、唐以前の高昌国時代の租佃契約文書が発見された結果、吐魯番の佃人制は高昌国時代にまでさかのぼることがあきらかになった。

近年発見された高昌国時代の租佃契約文書三通をつぎに掲げよう(呉震「介紹八件高昌契約」原載)。なおこのほかに、文化大革命中「道人真明耕田契」なるものが発見されているようであるが(新疆維吾爾自治区博物館「吐魯番県阿斯塔那――哈拉和卓古墓群清理簡報」)、内容は発表されていない。

①

(前　欠)

寺主智演邊、夏(仮)力　渠田寺?南田三□(畝)
与夏(仮)價小麦貳研(斛)五斗、若渠破水讁(溢)、仰耕(耕)
田了、若紫(貲租)桓百役、仰寺主了、二主□(各不)
- - - - - - - - - - - - - - - -
□(得)返悔、〻者壹罸二入〔不〕悔者、民祐(有)□(私約)

二主各自署名為信、

倩書　楊阿⿰阝帀(師)

「　」張□成

②

延昌廿四年甲辰歳二月七日、道人智賈?、「　」(従)

田阿泉邊、夏南渠常田一畝、交与銀

銭五文、銭畢田即苻(付)、秕桓(貲租)百役、更(耕)田人

悉不知、渠破水譀、田主不知、二主和同立「　」

（後　欠）

③

（前　欠）

「　」邊、夏中渠常田壹畝半、畝交与夏

價銀銭拾陸文、田要逕壹年、貲祖(租)佰役、

「　」悉不知、若渠破水譀、麴郎悉不知、夏田價

（後　欠）

②の文書には延昌二十四(五八四)年の日付があり、①にみえる寺主智演の名は、同時に出土した延昌二十三年の用碓契にみえるから、これらの文書はいずれもこの前後のものであろう。①は首部を欠くため氏名の不明な耕田人が、寺主智演から三畝の田を借り、その夏価(仮価)として小麦二石五斗を支払うことにした、水利施設の維持は耕田人が、政府の税役は寺主が負担するといい、最後に「後悔した者は倍償を後悔しない者に入れる」という違約罰文言をおい

て、耕田人・寺主双方を拘束している。②、③も内容は似ているが、夏価を銀銭で納め、③には「田要逕壱年」と記して、租佃期間が一年であることを明示している。要するにこれらの租佃契約は、一年契約、租価の前払い[14]、違約罰文言が双方を拘束して比較的対等な関係にあること等、唐代とほぼ同様である。

この文書をはじめて紹介した呉震氏は、「常田」の語があるところから、これを永業田とみて、高昌国時代に均田制がおこなわれたと考えたが、吐魯番の田土は高昌国・唐代を通じて常田と部田とにわけられており、それが均田制の施行と関係ないことは、仁井田氏の指摘のとおりである(「吐魯番発見の高昌国および唐代租田文書」)[15]。それでは実際に高昌国時代に均田制がおこなわれていたかどうかといえば、おこなわれていなかったと考えられる。そのことをしめすのは、上の文書のなかにみえる「紫桓」「秕桓」「貲祖」の語である。これらは貲租をいみし、これと同じ語は、魏書二太祖紀、天興元(三九八)年正月条に、

車駕、鄴より中山に還る。過ぐる所、百姓を存問す。詔して、大軍の経る所の州郡は、貲租一年を復せしむ。

とみえる。そして晋書一〇四石勒載記に、

勒、幽・冀漸く平ぐるを以て、始めて州郡に下し、人戸を閲実せしめ、戸ごとに貲二匹・租二斛とす。

とあり、魏書四下世祖紀、太平真君四(四四三)年六月庚寅詔に、

今民の貲賦を復すること三年。其の田租は歳ごとに輸すること常の如し。

とあるところをみると、貲租は戸ごとに課せられる貲もしくは貲賦(あるいは貲調)[16]と田租とを指すものであるらしい。これは曹魏以来税制の主流をなしてきた戸調と田租とをいみするものであろう。右の石勒の場合は、この貲と租が戸ごとに定額で課せられたようにみえるが、実際には戸調(貲賦)が資産に応じて課せられていたことは、本書第二章であきらかにした。中原ではその後均田制の施行によって、こうした税制は消滅したが、辺境の高昌国はこれよりさき、西晋の支配下から自立した前涼によって高昌郡がたてられ、のち高昌国として独立したものであるから、均田制以前

の貲・租の税制が、そのまま伝えられて唐代にいたったのであろうとおもわれる。

高昌国の貲租がどのような形で課せられたかについては、北史九七西域伝、高昌条に、

賦税は則ち田を計って銀銭を輸せしむ。無き者は麻布を輸せしむ。

とあるのが参照されよう。[17] 中国科学院図書館所蔵の吐魯番出土といわれる「貲合文書」の存在は、高昌国におけるこうした貲租の制と密接な関係があったものとおもわれる。この貲合文書は賀昌群氏が紹介し(『漢唐間封建的国有土地制与均田制』一〇六頁図版)、池田温氏が詳細な分析を加えているものであるが(『西域文化研究第二』書評、「中国古代の租佃契」上)、各戸の保有している田土の種類と畝数を登録し、それを斛高に換算して合計し、各戸の資産の額をしめしたものである。おそらくこれが貲租を賦課する基準になったものとおもわれる。このような税制がおこなわれた以上、高昌国で均田制がおこなわれていなかったことは明瞭である。なお大谷文書のなかには、高昌国の延寿十五(六三八)年の土地売買文書二通がふくまれている(西嶋定生「吐魯番出土文書より見たる均田制の施行状態」)。[18] 延寿十五年は唐が高昌国を征服する貞観十四年より二年前であり、このような時期に土地の売買がおこなわれていることは、均田制が唐の征服後にはじめて実施されたという上記の証明を、さらに補足することになろう。

ふたたびさきの租佃契約文書にもどると、政府の貲租・百役(各種の徭役)は田主の側が負担することが定められているほか、「若渠破水讁」[(益)]の場合、すなわち水利施設の維持・修理は耕田人がおこなうととりきめられている。これと同様なとりきめは、前節にあげた唐の顕慶四年・儀鳳二(?)年・年次未詳等の租佃契にもうけつがれている。唐代の吐魯番には堰頭がおかれ、かれらは土地所有者からではなく、土地の現実の耕作者のなかから選ばれて堰の管理にあたったのであるが、これは水利施設は耕田人によって維持されるという高昌国以来の伝統をうけついだのであるかもしれない。またこれらの文書では、賃貸借の対象になる田土が、それぞれ三畝、一畝、一畝半であり、きわめて零細であることも注目される。このことは地段の零細なことが、やはり高昌国以来のものであって、均田制の厳密な実施

の結果として生じたものでないことをしめしている。
　以上の考察から知られることは、一つは吐魯番の租佃制(佃人制)が、従来の通説のごとく、均田制の施行の結果として(すなわち班給される田土が遠距離にあったり、零細であったりすることから)はじめて生じたのではなく、均田制が実施されなかったとみられる高昌国時代から存在したことであり、二つには唐の高昌国征服によって均田制が実施されたにもかかわらず、その前後を通じて土地関係にさして変化がみられないということである。このことは逆にいえば、均田制以前の上記のような租佃関係の性質が、けっして一方が他方を完全に人身的に従属させてしまうような「封建的」な関係でなく、中央集権国家の個別的・直接的な農民支配の貫徹を妨げるようなものでなかったことをしめすものであるとおもう。

2　貲合文書にみえる租佃関係

高昌国時代の租佃関係の性質をさらにうかがうために、上に言及した貲合文書をみよう。

　、、馮照蒲陶二畝半、桑二畝、
　　常田十畝半、
　　其他田十五畝、
　田地枯桑五畝、破為石田、畝二斛、
　、興蒲陶二畝半、桑二畝、
　常田十八畝半、其他田七畝、
　、泮　桑二畝半、
得張阿興蒲陶二畝半、

得闞衍常田七畒、
得韓千哉田地沙車田五畒、
得張渚其他田四畒半、瓜二畒半、
貲合二百五十七斛、
（後　　欠）

これは現存貲合文書の第一紙の紙表であるが、ここに馮照・馮興・馮泮の資産が一括されて記入されている。なぜ一括されたかは問題であるが、池田氏は徴税の便宜のため適当に戸をまとめたものと解している。[19] それはともかく、ここでとりあげるのは「得某々田何畒」という記載である。これは池田氏によれば借地をしめしている。このような借地が貲合文書に登録されていることは、国家権力が租佃関係を把握し、借地をも資産評価額のなかに算入していることをしめす。[20] 右の文書では馮照以下三人の資産が合算されているため、「得張阿興蒲萄二畒半」以下が誰の借地なのかこれだけでは判然しないが、貲合文書第三紙の紙表に、

闞衍　桑四畒、
常田十七畒、七畒入馮泮、
（以　下　略）

とあって、これが上記第一紙の「得闞衍常田七畒」に対応するから、借地はいずれも馮泮のものであることが判明する。馮泮は桑二畒半の所有者であるから、この租佃関係が土地所有農民間の関係であることはたしかである。しかしながら馮照の土地が合計三五畒、馮興の土地が合計三〇畒であるのに比べれば、泮の所有地はわずか二・五畒にすぎず、各種の借地をふくめて耕作地はようやく二四畒に達する。このことは馮泮が土地を賃借した理由が、彼の土地の欠乏にあったことを想像させる。

さらに貲合文書第二紙紙表にはつぎのような例がある。

康豪得田地辛冲蒲陶五畝、

得韓豊田地蒲陶五畝、

棗十畝、得牛□常田五畝、

得闞桃保田地桑六畝、入韓豊、

得闞栄興田地常田五畝半、

得闞戩田地桑半畝、蒲陶一畝、壷田十畝入

（後　欠）

この文書は後が欠けていて断言できないが、ここにみえる康豪はまったく自分の土地をもたないかのごとくである。そのかわり彼は多くの土地を賃借しているが、その規模は吐魯番ではめずらしく四八畝に達し、しかもそのうち一六畝を他人に転貸しているのである。したがって彼の土地賃貸借の理由の一つが土地の欠乏にあることはたしかであろうが、彼はかならずしも単なる貧民であると断言できないであろう。この文書をみると、康豪は韓豊というものから葡萄園五畝を借り、かわりに桑田六畝を韓豊に転貸している。このような関係がある場合、康豪は土地に欠乏した農民であるとしても、田主の韓豊にたいして従属的な租佃関係をむすぶとは考えられない。この康豪と韓豊との関係は、一般に小農民同士のあいだで、このような土地の交換がおこなわれたであろうことを想像させるのである。

最後に貲合文書第一紙の紙背をみると、

斉都壷田八畝半、常田七畝、

棗七畝、石田三畝、桑二畝半、

得呉並壷田四畝半、

貲合八十斛、

とあって、この場合斉都は二八畝の土地を所有しながら、さらに四・五畝を賃借している。彼の場合吐魯番の水準からすれば、けっして土地が欠乏しているとはいえない。けれどもこの程度の土地所有では、さらに土地を借りて耕作するだけの余裕はあったはずであり、またその必要もあったかもしれない。このことは高昌国の土地所有の水準が全般的に低いことが、租佃関係を普及させる一つの理由になっていることを想像させるのである。

3　唐代佃人文書よりみた租佃制の意義

貲合文書にあらわれる戸は、池田氏によれば標準よりは富裕な層とみられるということであるが、土地の所有および保有の不均衡はかなりある。一般に租佃関係があらわれる場合、土地の不均衡が進むことは避けられないであろう。唐が高昌国を征服してはじめて均田制を施行したわけであるが、開元末の時点では土地の還受がかなり厳密に実施されているのであるから、それによって土地の不均衡はある程度是正され、すくなくとも進展を阻止されたとみることが可能であろう。そのようないみで、均田制は吐魯番において有効な作用をはたしたといえるのではないか。しかしもともと吐魯番の耕地は狭小であるうえ、唐の軍事的・政治的必要から大量の屯田・公廨田・職田等を留保し、特権的寺観の寺観田を承認しなければならなかったとすれば、均田制によって一般農民にわりあてられる土地は、一層零細になりかねなかったとおもわれる。唐代の西州高昌県における給退田の基準が一丁男当り一〇畝ほどと推定されること、しかもその基準に照らしても欠田額が給退田額を上まわることは、そのことを物語っている(西村元佑「唐代均田制度における班田の実態」)。

そこでこのような均田制のもとで、ふたたび租佃制(佃人制)がおこなわれたことの意義である。佃人制は高昌国時代以来おこなわれているとはいえ、均田制における土地のわりあてが上のように零細であるとすれば、生計を補うため農民は租佃をおこなわざるをえないとする旧来の説は、依然有効性を失わないであろう。周藤氏は現存佃人文書にあらわれた各佃人の佃作面積を集計しているが、そのなかで官田・寺観田が比較的大きい面積を占めることを指摘している。表1はその一部を、周藤氏によってしめしたものである。(21) いったい佃人文書は一段一段の耕作状況をしめすけれども、各戸・各人の耕作地の全体をしめすものではない。にもかかわらず、これを吐魯番における各戸の土地所有推定額と比較すれば(22)、官田・寺観田が農民の生計を補ううえではたした役割は否定できないであろう。ただし官田の存在自体が農民を零細化させる原因なのであるから、官田の耕作と小農民経済とのあいだには矛盾があったのであって、この点は次節でのべたい。

さて問題は百姓田における租佃である。表2は、私が利用できる佃人文書によって、百姓田であることがあきらかな地段の大きさと、その耕作状況をしめしたものである。(23) これを表1の官田・寺観田の地段に比べれば、百姓田の地段が零細なこと

表1

県公廨	17.0畝	佃人梁端
司馬	12.0	佃人范僧護
都督職田	11.5	佃人宋居仁
県公廨田	10.0	佃人氾嘉祚
県公廨佐史田	10.0	佃人氾義感
□職田	8.5	佃人焦知通
県公廨	7畝100歩	佃人康智宗
□湯観	7.0	佃人趙忠□
□湯観	6.0	佃人鞏□
等愛寺	6.0	佃人趙子徳
仁王寺	6.0	佃人張君行
州公廨地	6.0	佃人張智礼

表2

地段面積	地段数	自佃件数	出租件数	荒地	不明
10.0畝	1件	1件	件	件	件
8.5	1				1
6.5	1		1		
6.0	2	2			
4.0	14	8	6		
3.0	3		3		
2.5	2	1	1		
2.0	71	25	42	1	3
1.5	5	3	2		
1.0	11	2	9		
0.5	3		3		
60歩	3		3		

はあきらかである。これらの地段は自佃されるものも、出租されるものもあるが、いずれかといえば出租される方が多く、しかも注目すべきは零細な地段ほど出租される傾向があるのである。そこで百姓田の租佃によってある程度の耕作地を確保しようとすれば、これらの零細な地段を借りあつめることになる。

このような零細な地段の租佃状況を、佃人文書の具体例によってみよう。つぎは大谷文書二三六八号である。

（前　欠）
曹貞《大》信貳畝自佃　陳胡《大》子自佃　翟□貳畝佃人《尚》董永貞
□子貳畝佃人董永貞　馬英《尚》連貳畝佃人張満信
□護《尚》参畝佃人骨悪是　康鼠子貳畝佃人康《西》令子
□進貳畝佃人張満信　王緒《尚》仁壹畝半佃人張満信
□鼠《尚》君貳畝自佃　趙胥《西》〻肆畝自佃　何阿谷盆貳畝佃人《大》何元師
□信貳畝佃人何《大》元師　范信《西》〻貳畝自佃　趙才仁貳□
□苟〻　竇海信貳畝佃人蘇《大》建隆　康父《尚》師貳畝佃人董玄護
安阿禄山半畝佃人董玄護　趙定洛貳畝佃人康《大》徳集
□徳師貳畝佃人張《西》屯子　魏歓緒肆畝佃人張《西》屯子
匡海緒肆畝　匡駋子壹畝已上佃人《大》蘇建仁
□當堰見種青苗畝数・佃人、具件如前、如有隠□
□罸車馬一道遠使、謹牒、
□　八日　天授二年　月　日　堰頭骨悪是牒

この文書には同一の堰に属する二四の地段があらわれており、それぞれ田主を異にするが、佃人は二段ないし三段を

表3

翟　□	2.0畝	4.0畝	佃人董永貞
□　子	2.0		
馬英連	2.0	5.5	佃人張満信
□□　進	2.0		
王緒仁	1.5		
何阿谷盆	2.0	4.0	佃人何元帥
□□　信	2.0		
康父師	2.0	2.5	佃人董玄護
安阿禄山	0.5		
□徳師	2.0	6.0	佃人張屯子
魏歓緒	4.0		
匡海緒	4.0	5.0	佃人蘇建仁
匡駋子	1.0		

兼ねるものが多い。すなわち表3のごとくである。

以上は一例にすぎないが、例外ではない。表3にならって、現存佃人文書に二回以上あらわれる佃人の土地を表示すれば、表4のごとくである（表3にあるものは除く）。これらの例をみると、同一の堰（一つの文書は一つの堰をあらわす）に属する官田・寺田と百姓田とを一緒に借りているものもあり、自己の所有地を自佃するとともに同一の堰に属する他人の土地を租佃しているものもあり、二つの堰にわたって土地を借りているものもあるが、一般に佃人文書では、同一の所有者の田

表4

県公廨	7畝100歩	9畝100歩	佃人康智宗 (大谷 2372)
康索典	1.5		
趙寅貞	0.5		
康隆仁	4.0	9.0	佃人索武海 (大谷 2372, 2845)
王阿利	2.0		
康多允	2.0		
和隆子	1.0		
竹辰住	2.0	7.0	佃人竹辰住 (大谷 2847)
竹達子	1.0		
張漢姜	2.0		
索僧奴	2.0		
侯除徳	2.0	6.0	佃人周苟尾 (大谷 2373)
明　府	2.0		
妙徳寺	2.0		
竹東仁	2.0	6.0	佃人成点仁 (大谷 1211, 2370)
白点仁	2.0		
李禿子	2.0		
□□	2.0	6.0	佃人康道奴 (大谷 1216, 2373)
王屯相	2.0		
康道奴	2.0		
□寿寺	2.0	4.0	佃人氾文最 (大谷 2372)
氾文最	2.0		
県令田	2.0	4.0	佃人奴集聚 (大谷 2845)
康倚山	2.0		
宋神証	1.0	3.0	佃人高君定 (大谷 2845)
羅行感	2.0		
闞祐洛	2.0	2.0＋x	佃人康富多 (大谷 2373, 2375)
ほか少なくとも4地段			
□□那	2.0	2.0＋x	佃人張崇敬 (大谷 3363)
□□	□□		
張少府	1.0	2.0	佃人康姜隆 (大谷 2372)
□相徳	1.0		
趙進々	1.0	2.0	佃人庄海達 (大谷 2373)
□□	1.0		
康相女	1.0	1.5	佃人張備豊 (大谷 2846)
索石徳	0.5		

土が各地の堰に分散しているのにたいし、佃人の土地が集中する傾向をもつことはあきらかである。このことは佃人制が、均田制下の田土の零細なことのみならず、その分散を克服するいみをもつことをしめすものではないだろうか。してみると、吐魯番における佃人制流行の原因を、田土の零細と分散にもとめる旧説は、租佃が遠隔地の者同士の賃貸借にかぎらないこと、その伝統が高昌国時代にまでさかのぼること等、多くの留保を付しながらも、依然有効であるといわなくてはならないであろう。

(14)　池田温「中国古代の租佃契」(上)は、③では「夏田価」の語が公課や渠・水の負担の後にある点から、②とは異なって後払いではないかという。②の仮価五文と③の仮価十六文の違いもそれをしめすとする。

(15)　常田を永業田とみるのは、賀昌群『漢唐間封建的国有土地制与均田制』一〇九頁に主張されている見解で、呉震氏もそれにしたがったのであるが、これは誤で、常田とは恒常的な作物栽培可能の地、部田は土地が瘠せていて、多く休耕農法をおこなう易田のことであるらしい。常田・部田の語義にかんする論議については、池田前掲論文注27を参照。

(16)　魏書三太宗紀、神瑞二(四一五)年三月詔に、「今年貲調懸違者讁、出家財充之」とある。

(17)　高昌国で銀銭が通用していたことは、いま問題にしている租佃文書で租価を銀銭で支払っていることにもしめされている。近代の考古学的発掘では、しばしば墓葬された死者の口中などから、中国の銅銭とともに、サーサーン朝およびイスラーム時代の銀貨、東ローマ帝国の金貨およびその模造品等が発見されている。Stein, A., *Innermost Asia,* vol. 2, pp. 993–994、黄文弼『吐魯番考古記』四九頁、同『塔里木盆地考古記』一一一頁等参照。隋書食貨志に北周の初めのこと、「河西諸郡、或用西域金銀之銭、而官不禁」とあるから、さらに東方の甘粛地方でもこれらの金・銀貨が通用していたらしい。

(18)　この文書は、延寿十五年戊戌歳五月十八日文書(大谷三四六四号)と、同年六月一日文書(大谷一四六九号)の二通で、前者は小笠原宣秀「竜谷大学所蔵大谷探検隊将来吐魯番出土古文書素描」に、後者は仁井田陞「吐魯番発見の唐代取引法関係文書」にのっている。

(19)　これらの馮照・馮興・馮浲はそれぞれ独立の経営をもっていることはあきらかであるから、それらの資産を合算することが徴税に関係あるとすれば、あるいはこれが、小規模ではあるが、第二章、第三章で言及した「五十・三十家、方為一戸」(魏書李沖伝)、「百室合戸」(晋書慕容徳載記)の例であるかもしれない。

(20)　この点、さきの租佃契約文書に貲租百役は田主が負担するとある記載とどういう関係になるのか、あるいは課税の原則が両文書ではかならずしも一致しないのではないかとも考えられる。
(21)　佃人文書にあらわれた範囲内での各佃人の佃作面積は、周藤氏によるとつぎのとおりである。一七―一〇畝が五人、九―五畝が一六人、四畝一〇〇歩―一畝が四五人。一七―一〇畝の五人が、本文表1にみるとおりすべて官田である。
(22)　前掲本文の給田基準額、および西嶋定生『中国経済史研究』六五三頁の戸籍田額表参照。
(23)　集計に用いた文書は、大谷文書一二〇九、一二一〇、一二一一、一二一二、一二一三、一二一五、一二一六、一二一七、二三六八、二三六九、二三七〇、二三七二、二三七三、二三七四、二八四五、二八四六、二八四七、二八五一、三三六三、三三六四、四〇四四号の二一通である。全貌を知りえない一二一四、一二一九、二三六五号文書のごときもあるし、一段一段の面積および耕作状況の集計であるから、周藤氏と同じでない。

四　佃人制の普遍性の問題
――官田・逃棄田の租佃について――

1　官田の佃人制

前節でのべたように、吐魯番の佃人制が均田制以前の高昌国時代にまでさかのぼり、唐代に入ってこの地特有の均田制の実施とともにおこなわれたとするならば、その場合当然吐魯番の特殊性が重視さるべきであって、このような制度がそのまま吐魯番以外の中国各地でさかんにおこなわれたかのごとく考えることはつつしまなければならないであろう。しかし他方このような事例は、一般に均田制のもとにおいてもある種の租佃制がおこなわれうる可能性をもしめしているのであって、事実佃人制が中国内地でまったくおこなわれなかったといいきることはできないのである。

佃人文書によると、吐魯番の田土は官田・寺田・百姓田の三種類に分類されているが、そのうち上述の租佃契約文書等を通じてみた租佃関係は、主として百姓田を中心とする私田にかんするものであって、私田においてこのような関係が広汎に存在する点は、たしかに吐魯番の特殊性をしめすものであろうとおもう。官田・寺田の租佃も、吐魯番に特徴的な零細な農民の生活を補ういみでは、百姓田の租佃と共通の基礎をもつとおもわれるが、しかし官田の租佃の場合は、吐魯番ばかりでなく、中国内地でも一般的におこなわれていたことが確認されるのである。

官田の租佃で一般的なのは、まず職田と公廨田である。通典三五職官、職田公廨田の条に、はじめ公廨田をのべて、つぎに職田におよび、

其の田も亦民に借して佃植せしめ、秋冬に至りて数を受くるのみ。

とある。現在の通典の通行本には、公廨田について同様な記事がないが、[24]「其の田も亦」という表現から推して、職田・公廨田ともに、民に貸し出して耕作させ、租を出させることになっていたとおもわれる。そして職田等のこのような経営において、耕作をうけもつものは佃人とよばれたのである。冊府元亀五〇六邦計部俸禄(もしくは唐会要九二内外官職田)の条、天宝十二(七五三年)載十月勅に、

両京百官の職田は、承前、佃人(唐会要では佃民)自ら送るも、道路或は遠く、労費頗る多し。

とあり、上元元(七六〇)年十月勅に、

京官の職田は、式に准じて、並びに合《まさ》に佃人(唐会要では佃民)をして輸送して京に至らしむべし。

とある。[25]

官田の佃人が出す租価を唐代に地子とよんだ。唐会要九二内外官職田等に引く開元十(七二二)年六月勅に、

其の内外官の給せらるる職田の地子は、今年九月より以後、並びに宜しく給するを停むべし。

とあるごとくである。地子の原義は、文苑英華四二三翰林制詔等に引く宝暦元(八二五)年四月二十日冊尊号赦文に、

京百司の職田は畿内諸県に散在す。旧制、地に配して子を出さしむ。

とあるように、「地に配して子を出」させるいみであるが(浜口重国「唐の地税に就いて」)、小作料ないし地代一般を指

すものではなく、官田にかんしてのみ用いられ、私田については用いられなかったようである。職田の地子額は、開元十九(七三一)年以後二斗から六斗のあいだに定められた。これよりさき則天武后のころ吐魯番の官田の地子が、粟・豆で六斗八升、六斗、五斗、三斗七升五合、二斗五升等であったことは、周藤氏によってあきらかにされている。

念のためいえば、地子の語は官田の田租を指すばかりでなく、地税をいみする場合にも用いられた。ペリオ漢文文書二九四二号、河西節度使判辞集のなかの「甘州地税・勾徴、耆寿訴称納不済」と題する判辞に、

　地子・勾徴は、倶に雑税に非ず。妄りに蠲免を求むるは、法に在《お》いて文無し。

とある地子は、地税をいみしている。後にも引用するペリオ文書三一五五号紙背、天復四年租佃契に、「其地内、除地子一色餘、有所着差税云々」とあり、ペリオ文書三二一四号紙背、天復七年租佃契に、「官布・地子・柴草等」とあるのも、やはり同様な用法であろう。唐会要八八倉及常平倉条に収める元和元(八〇六)年正月制にも、

　応《あら》ゆる天下の州府、毎年税する所の地子数内、宜しく十分に二分を取りて、均しく常平倉及び義倉に充つべし。

とあるところをみると、地子の語は地税を指してかなり広く用いられたとおもわれる。冊府元亀四九〇邦計部蠲復等に収める儀鳳三(六七八)年十一月詔に、

　来年正月を以て東都に幸せんとす。関内の百姓、宜しく一年の庸調及び租幷びに地子・税草を免ずべし。其の道に当る諸県は、特に二年を免ぜよ。

とある地子も地税であろう。かつて浜口重国氏は、通典二六職官、太府卿常平署の条に、

　凡そ、天下の倉廩、和糴する者を常平倉と為し、正租を正倉と為し、地子を義倉と為す。

とある地子を地税の誤としたが(前掲論文)、以上のようにみてくると、けっして誤ではなかったのである。

　元稹の「同州奏均田状」(元氏長慶集三八)には、

　其の公廨田・官田・駅田等、税する所の軽重は、ほぼ職田と相似る。亦是れ百姓に抑配して租佃せしむ。

とあって、職田・公廨田のみならず、その他の官田[26]・駅田等においても租佃がおこなわれたことがしめされている。もっともこれは唐代後半期の史料であるが、当時同州の各種の職田は「毎畝約粟三斗・草三束・脚銭一百二十文を税す」といわれ、一般の「百姓」に租佃させたといわれているから、当時民間で発展しつつあった荘園とはちがって、唐初以来の形態を保っていたとおもわれる。上記の公廨田・官田・駅田等の租佃もほぼこれと同じであるとすれば、職田・公廨田以外の官田・駅田等においても、はやくから佃人が使用されていたとみてよいであろう。[27] 吐魯番では職田・公廨田のほか、屯田にも佃人が使用されたことは、大谷文書のなかに「屯田地子」を納める文書があることによって判明する。[28] ただ唐代前期の屯田は、一般には兵士や、あるいは民間から徭役として徴発した屯丁によって耕作され、のち小作方式にきりかえられたといわれる。[29] 黄文弼『吐魯番考古記』に収められた「伊吾軍屯田残籍」に、

　□遠□(軍?)界
　五十畝種豆　一十二［　　］検校健児焦思順
［　］三畝種豆　廿畝種麦　検校健児成公洪福
　田　□　澆　漑
　　（以　下　略）

とあるのは、伊吾軍(哈密)の屯田で兵士が使用されたことをしめすものであろう。スタイン第三次探検隊将来マスペロ紹介の西州管下某県への到来文書目録(マスペロ二六三号)に、[30]

　兵曹符、為差輪丁廿人、助天山屯事

とあるのは、天山県の屯田で徭役労働による耕作がおこなわれたものであろう。

2　官田佃人制の矛盾——私田との相違——

均田制は小農民に一定の保有地をわりあてるものであるが、同時に他方では政府および官僚貴族のための官田を確保しなければならなかった。そのために小農民の土地保有が圧迫をうけることも多く、職田の制のごときは一再ならず改廃を余儀なくされた。唐会要九二内外官職田等に引く貞観十一(六三七)年三月勅に、

内外官の職田は、百姓を侵すことを恐れ、先に官収せしむ。

とあるのは、そのことをしめす。(31) しかも官田の耕作には、そのような小農民の労働力を動員しなければならなかったが、その動員をあつかうのは、均田的小農民を支配する州県の官僚にほかならなかった。したがって通典二食貨田制等に引く開元二十五(七三七)年令とおもわれる文に、職田の佃人について、

並びに情願を取りて、抑配するを得ず。

と規定されており、佃人には希望者を募ってあてることになっていたが、実際は地方官が管下の小農民に強制的にわりあてることがおこなわれたのである。このことは農民に苛重な負担を強いることになった。ことに畿内諸県の京官の職田の場合は、佃人が地子を長安まで送る負担が大きく、またこの地では権門勢家や土豪的胥吏の職田侵奪も甚しかった。唐会要同条等に引く長慶元(八二一)年七月勅に、

百司の職田の京畿諸県に在る者、訪聞するに、本地多く所由の侵隠を被り、抑して貧民をして蒿荒に佃食せしむ。百姓の流亡半ばは此に在り。

とあるごとく、そのため荒地がわりあてられて、農民流亡の原因になっていることが指摘されている。また元稹の「同州奏均田状」には、

州県遂に逐年百姓に抑配して租佃せしめ、或は郷村を隔越して一畝・二畝を配せらるるの者有り。或は身は市井に居るも亦虚額もて税を出さしむるの者有り。

とあって、郷村を離れた遠隔地に一、二畝の零細な田地をわりあてられたり、あるいは都市に住みながら地子を課せら

れるものがあったことが指摘されている。そこで元稹が提案したのは、職田を廃止し、一般農民の両税の上に地子の分を加えて徴収することであった。ここに官田の佃人制がもつ徭役労働的性格、および地子の課税的性格が、遺憾なく暴露されている。

以上のような事情は、京畿ほどでないにしても、おそらく吐魯番でも例外でなかったとおもわれる。佃人文書によると、職田・公廨田が零細な地段となって百姓田のあいだに混在している状況は、上に元稹がのべている同州の状況と似ているし、職田・公廨田等の強制割当についても、大谷文書中の天山県に到来せる文書の目録に、

倉曹符、為宴設及公廨田、苟不高價抑百姓佃食訖申事（三四七一号文書）

□（鎮？）戍官見任職田、不得抑令百姓佃食處分訖申事（三四七三号文書）

などとある。

したがって官田の佃人制は、本来均田制的官僚支配のメカニズムの不可欠の一齣をなしていたことはあきらかであり、その場合官田が零細な農民の生計を補助する役割をはたした場合も一方ではあったにちがいないが、それは同時に均田制の内包する矛盾をも体現していたのであって、均田農民の没落をうながす原因の一つとなっていた点は見逃すことができないのである。このような点で官田の佃人制が、私田の佃人制と異なった特徴をもつことは否定できない。私田の佃人制の場合には、貸主(田主)と借主(佃人)とのあいだに場合によって若干のちがいが生ずるにしても、比較的対等な関係が保たれているのである。これにたいして官田の佃人制も自由な応募を原則としているのであるが、均田農民とそれを支配するところの国家との関係であるために、上述のような関係が生ずるのである。この両種の佃人制は、均田制的体制を基礎にするという点では共通なのであるが、その体制のもつ矛盾が両者の差異となってあらわれているのである。

3　逃棄田の租佃

官田とちがって、均田制下の私田においては、吐魯番のような特殊な条件のある場合を除いて、租佃制がそれほど普及するとはおもわれない。[32] しかし流民・逃戸の放棄した田土においては、租佃ないしそれに類似した制度がおこなわれた。均田農民の流亡がめだちはじめるのは高宗末年から則天武后の時期であり、武后の治世に李嶠が逃戸対策を献じてのちの宇文融の括戸の先例をつくったこと、それに関連するとおもわれる文書が吐魯番・敦煌から発見されていること等は、唐長孺氏によって指摘されている(「関于武則天統治末年的浮逃戸」)。大谷文書二八三五号、武后末長安三(七〇三)年の日付のある括逃使から敦煌県への牒には、このころ沙州(敦煌)の農民が甘・涼・瓜・粛等の諸州に逃亡し、荘園を耕作するもののあることがのべられており(内藤乾吉「西域発見唐代官文書の研究」)、同じころ吐魯番で検括した田土の状況をしめすとおもわれる数通の文書が、黄文弼『吐魯番考古記』に、「唐西州浮逃戸残籍」と題して収められている。[33] 以下にそのうち三通を提示しよう。これらには則天文字が使われているが、通常の文字に改めて引用する。

①
]大女部[
]畝有(田)無籍　王[
]康津實　王才緒一入陳[
]畝無籍無主　王才君二[
]畝舊主王懐願東渠北[
]畝田籍同　龍沙子三　樊君[
]畝有籍無主田　陳阿龍四[
]畝有田無籍　龍沙子

［　］畝舊、主、管□東渠　西［　］
［　］籍　樊處弘一　令狐智［　］
［　］達二　闞處實三［　］
［　］田無籍　闞元憧四［　］
［　］子二入姜令隆　張隆ヒ二入［　］
（以　下　略）

②

一段廿三?畝舊、主、曹太仁東渠　西［　］北高仲［　］
［　］田?籍同　氾義二　郭小是一
［　］脩?一　張長年二
［　］有田無籍　史海住一入大女夏薬［　］
［　］畝有田無籍　馬慈護四　大女［　］
［　］一　氾慈二　男孝敦?二
［　］無籍無［　］

③

（前　　欠）

［　］無主　麴仕行
（舊主）［　］曹太仁東西□寺　西［　］至　北［　］
［　］同　趙充［　］

〔〕有籍無田　氾大〔　〕
〔〕忠　侯道遠二入梁〔　〕
〔〕有田無籍合授　麴〔　〕
〔〕子一
〔〕無籍無主　麴玄義二　麴〔　〕

これらの文書は断片で不明な点も多いが、つぎのスタイン将来マスペロ紹介の文書(五四二M二八四号)は、これらを理解するうえで参考になろう。(34)

④　　　　　　　　右得水田十三〔　〕
〔〕四　趙延願二　趙進隆一　趙貞仁六　田渚歓二
〔〕四　劉像子二　夏秋君三　劉趙子四　劉伯〔　〕
〔〕相五　康漢君二　趙于奴二
　右得馮酉武田廿四畝　東都水　西范□　□南□　北渠

④の文書の紙背には、則天文字で「長寿二(六九三)年四月　日佃人張才實／佃人〔　〕」の署名のある牒の末尾がのこっている。④の紙表文書もおそらくは佃人に関係あり、馮酉武の二四畝の田を趙延願その他の人々にわりあてたことをしめすものであろう。してみると①、②、③の文書においては、「旧主某々」と記されたものの田土(右の馮酉武の田と同じく四至が記されている)が、「有田無籍」「有籍無田」「有籍無主田」「無籍無主田」等の形で存在するのではないかとおもわれる。③に「有田無籍合授　麴某」とあるのは、検括された無籍の田土が麴某に受田されることになったことをしめすのであろうが、他の田土に付された人名をも同様に解していいかどうかは問題であろう。あるいは検括された時点での現実の耕作者であるかもしれない。①の「王才緒一　入陳某」、②の「有田無籍　史海住一　入

大女夏薬某」[35]、③の「侯道遠二　入梁某」等は、これらの田土が佃人に出租されたことをしめすものとおもわれる。

このころ逃戸によって放棄された田土が、一般にどのように処分されることになっていたかをしめすのは、上にのべた大谷文書二八三五号、長安三(七〇三)年の日付のある括逃使から敦煌県へあてた牒である。

承前、逃戸の田業は、戸を差し子《たね》を出して営種せしめ、収むる所の苗子は、将《も》って租賦に充て、仮《も》し余賸《あまり》有らば、便ち助人に入る。今明勅を奉ずるに、逃人括還すれば、戸第の高下を問うこと無く、複(復)二年を給せよ、又今年の逃戸の有せる所の田業は、官が種子を貸し、戸に付して営を助けよ、逃人若し帰り、苗稼見在すれば、課役倶に免じ、復《また》田苗を得しめよと。

これによると逃戸の田土は、政府が種子を提供し、おそらく近隣の戸を徴発して耕作させ、収穫のうちから逃戸の租賦の分をさしひいて、残りがあれば助人(佃人)に与えるのである。そして逃戸が帰還すれば、その田土は逃戸に返還されることになっていた[36]。

その後、スタイン漢文文書一三四四号、開元戸部格によると、つぎのように規定された。

勅す、逃人の田宅は輒ち売買するを容《ゆる》すを得ず。其の地は郷原の価に依って、租して課役に充て、賸有らば官収するに任す。若し逃人三年内に帰る者は、其の賸物を還せ。其の田宅無く、逃げて三年以上を経て還らざる者は、更に隣保をして代って租課を出さしむるを得ず。

唐元年七月十九日

これと一部同文の勅が、唐大詔令集一一〇政治・誡諭の条に引かれており、その日付が「唐隆元年七月十九日」であるところから、戸部格の「唐元年」も唐隆元(七一〇)年であることがわかる(仁井田陞「唐の律令および格の新資料」[37])。これによると逃戸の放棄した田土は、「郷原の価」(唐大詔令集では「郷原の例」)によって租佃されることになった。ここに「郷原の価」「郷原の例」という語が使われているところをみると、吐魯番にかぎらず、地方の民間にひろく租佃の慣習があったようにおもわれる。それは吐魯番の佃人制のように、均田制以前からの慣行をうけついだ場合もあるかもしれないが、このころあたらしく荘園制とともに租佃関係が発達しつつあったことも注意すべきであろう。ともかく逃戸の田土はこのような郷原の例、すなわち民間の租佃にならって官から出租され、その租価(地子)のうちから逃人の租庸調分をとり、なおその租価に余剰があれば、今度の場合はその分を官に保管しておいて、三年以内に帰還した逃人に与えることになったのである。ここには田土の処置についてのべていないが、田宅が無く、三年以上帰らない場合は、隣保に租課を出させるなというのであるから、田宅がある場合は、隣保に耕作させて租課にあてたのであり、三年以内に逃戸が帰れば、田宅は返却されたとみるべきであろう。前の大谷文書のしめすところに比べると、開元戸部格では三年の期限がついたこと、経営の方法が政府の直接経営的性格の強いものから、郷原の例による一般的な租佃制に移ったところにあたらしさがあろう。

ところで最近、逃戸の放棄した田土が実際にどのようにして耕作されたか、その具体例をしめす文書が発表された。これは一九六三―六五年、すなわち文化大革命の直前に吐魯番の古墓から出土したもので(二八五頁の表の⑤)、雑誌『文物』掲載の写真によって判読すれば、つぎのとおりである。

垂拱三年九月六日、寧戎郷楊大智、□(交与?)
小麦肆斛、於前里正史玄政邊、租取逃
走衛士和隆子新興張寺瀆口分田貳畒
半、其租價用充隆子兄弟之庸緤直、
如到種田之時、不得田佃者、所取租價麦
壹罰貳入楊、有人論説者、仰史玄應當、
兩和立契、畫指為記、

租田人楊
田主史玄政
知見人侯典倉

これは逃走衛士の口分田が租佃に出されたことをしめすもので、この契約書の形式は、第二節にのべた吐魯番租佃契の基本形式のA、すなわち租田人の租価前払いの形式にまったく符合する。この租佃契約は垂拱三(六八七)年になされたのであるから、前掲の長安三(七〇三)年の牒よりも前のものであるが、後者にみられるような政府の直接経営的色彩はまったくみられず、きわめて早い時期から一般の租佃契約と同様の形式で、逃戸の田土が耕作されたことをしめすものである。[38] ただ一般の租佃契約とちがうのは、これが逃戸の田土であり、それが「前里正」の手をとおして貸し出され、その租価が庸直にあてられることになっている点である。逃戸の田土がただちに官に回収されなかったことは、長安三年牒や開元戸部格の処置からいって当然なのであるが、それはおそらく里正によって管理され処理されることになっていたのであろう。この文書の場合は、里正が交替したにもかかわらず、依然逃棄田が前里正の手に掌握されていたことをしめしている。その租の一部は逃戸の庸直として官に納められることになっていたので、そのために「典倉」が知見人となっているのであろう。しかし租の残部は、前里正が「田主」となって出租しているのであるから、前里正の手に入ったのであろうとおもわれる。さらに考えれば、このように里正の経験者が「田主」とされているところをみると、あるいは逃戸の田土が管理者によって奪われてしまう可能性もなかったとはいえまい。そうすれば官としては租税が入ればよかったであろうから、田土と課税とが遊離して、いわゆる攤配の弊害がはじまることになろう。問題は里正が官の行政の末端機関にとどまっているか、あるいは在地地主として独自の勢力をもつにいたるかにかかるわけであるが、それは里正と官との関係および里正と一般農民との関係に左右される。右の租佃契約文書の形式からみるかぎり、田主にはまだそのような力はそなわっておらず、租佃人はかなり高額の租価を前払いして、田主にたいして対等ないしはそれ以上の立場を保っているといえよう。

以上のように、いわゆる逃棄田の耕作も租佃にゆだねられたのであるが、それはむろん先述の官田の場合とちがって、均田制の崩壊過程の産物である。しかしそれは官田の佃人制と同様に、近隣の自営的小農民に租佃させたのであるから、かなり強制的性格をもつ場合もあったとおもわれる。しかもそれは唐代前期においては、逃戸の帰還を期待した比較的短期的な措置であった。唐代後半期にも逃棄田の租佃はひきつづいておこなわれたが、逃戸の復帰を期待するよりは、逃棄田は無田の農民に与えられて、一定期間を経たのち租佃人の永業とされるようになったといわれている(中川学「唐代の客戸による逃棄田の保有」)。逃棄田にたいするこのような政策は、逃戸の帰還を期待する場合はむろんのこと、別個の客戸への給田に重点をおく場合にも、農民の自立化と国家による把握を目的とする政策であって、同じ時期に拡大するいわゆる荘園の租佃制(佃戸制)とは異なった意義をもつものであろう。しかしそれがつねに政策の趣旨にそって実現するとはかぎらず、逃棄田が在地有力者の手に帰することによって、大土地所有を発展させる契機にもなりうることは右に指摘したとおりである。

(24)　鞠清遠『唐代財政史』は、公廨田について通典に「民に借して佃耕せしめ、秋冬数を受く」とあるというが(中嶋敏訳二〇三頁)、版本をあきらかにしない。

(25)　吐魯番以外の地における職田の佃人制の実例として、内藤乾吉「西域発見唐代官文書の研究」に紹介された大谷文書二八三六号をあげることができる。これは里正が、敦煌県平康郷における闕職官人の職田の耕作状況を官に報告したもので、「司馬地」と「主簿地」の佃人名と作物名が記されている。これに関連して、小笠原宣秀「吐魯番出土の唐代官庁記録文書二種」に紹介された「天山県到来文書目録」に、「戸曹苻、為當縣諸色闕官職田、仰苻到當日勘申事」(大谷文書三四七三号)とあり、「岸頭府到来文書目録」に、「□苻、為洿林城官棗佃人姓名・租價斛㪷、苻到三日内具上事」(同上三四七五号)などとあって、闕官職田や、官棗の佃人や租価の報告が求められていることを指摘しておく。

(26)　この場合の官田は、職田等をふくまない狭義の官田で、「政府が地主の資格で保管せる田地である」(鞠清遠前掲書邦訳一五一頁)。「同州奏均田状」のこの部分には、「当州京官及州県官職田・公廨田、并州使官田・駅田等」という見出しがつけられている。したがってこの場合は州・使の官田である。これにたいし吐魯番の佃人文書では、既述のように、あらゆる田土を官田・寺田・百姓田に分類し、官田の語を広義に用いているが、本節全体としてはこの用法に従っている。

(27)　さらに「同州奏均田状」には、当州の左神策軍部陽鎮の「軍田」について、「並縁田地零砕、軍司佃用不得、遂令県司毎畝出粟二斗、并是一県百姓税上加配」とある。田地が零砕でない場合、本来なら軍田の佃用がどのような形でおこなわれたか確認できないが、この場合一般農民の税に加算して粟二斗を出させたところをみると、あるいは「軍田」でも佃人制がおこなわれたとみてよいかもしれない。

(28)　注8に引用した大谷文書四九一五号参照。大谷文書三七八六号には天山・柳中両県の「屯営田」の収入が記されているが、周藤吉之氏はこれを屯営田の地子とみている(「吐魯番出土の佃人文書研究」)。注25に言及した「天山県到来文書目録」に、「戸曹□□戎等、今年廢屯税子粟麦四千石事」(大谷文書三四七三号)とある税子も、地子のことであろうか。

(29)　鞠清遠『唐代財政史』、青山定雄「唐代の屯田と営田」、日野開三郎「天宝末以前に於ける唐の軍糧田」、Twitchett, D., "Lands under State Cultivation under the T'ang." トイチェト氏は前掲「天山県到来文書目録」に、「営田使牒、為天山屯車牛農具、差人領屯官農具、限牒到日送事」とあるのを、屯田の徭役労働の例とみているようであるが、これは天山県の屯田に人を派遣して農具を送らせることをいみするにすぎないであろう。ただし天山の屯田で徭役労働がおこなわれたことは、後述するように別な史料で確かめられる。

(30)　Maspero, H., *Les documents chinois de la troisième expédition de Sir Aurel Stein en Asie centrale*, p. 93. この文書は小笠原宣秀「吐魯番出土の唐代官庁記録文書二種」が、「天山県到来文書目録」「岸頭府到来文書目録」として紹介した大谷文書三四七一―三四八一号と同種の文書で、大庭脩「吐魯番出土北館文書」は、これらを「鈔目」と称し、滝川政次郎「律令の計会制度と計会帳」では、これらを「計会帳」と断じたが、マスペロ紹介文書については、滝川氏が西州都督府管下の天山県を除くいずれかの県で作成されたものと指摘している。

(31)　「先に官収せしむ」とは、冊府元亀五〇五邦計部俸禄に、「貞観十年正月、詔有司、収内外職田、除公廨田園外、並官収、先給逃還貧下戸及欠丁田戸」とあるのをしめす。このような職田制の変遷とその問題性については、大崎正次「唐代京官職田攷」、谷川道雄「唐代の職田制とその克服」、および本書第四章を参照。

(32) 通典二食貨田制に引く開元二十五年令に、「諸田不得貼賃及質、違者財没不追、地還本主」(『唐令拾遺』六三四頁)とある「賃」が賃貸借をいみするとすれば、均田制下で田土の賃貸借は原則として禁じられていたことになるが、これは「貼賃」と熟して、買戻条件付売買を指すとみた方がよいであろう(仁井田陞「唐宋時代の保証と質制度」)。もちろん官人永業田は売買・貼賃が自由であり、その労働力についても規定がないから、奴婢をふくむさまざまな労働力が用いられ、小農民の租佃が採用される場合もあったであろう。周藤氏は吐魯番において、官人永業田とおもわれる田土で佃人が用いられた例を指摘している。

(33) 菊池英夫氏が編修した、東洋文庫敦煌文献研究委員会『スタイン敦煌文献及び研究文献に引用紹介せられたる西域出土漢文文献分類目録初稿　非仏教文献之部　古文書類Ⅰ』一八七頁では、この文書を「勘田簿」と称している。

(34) Maspero, *op. cit.*, p. 110. マスペロ氏はここに④として引用した面を、この文書の紙背としているが、原文書をみるとこちらを紙表とした方がよく、大英博物館の整理のしかたもそうなっている。なお紙背にみえる「張才賓」の名は、五五〇M二九四号文書(*ibid.*, p. 113)の紙背にも記されている。

(35) 「大女」の語は漢代では十五歳以上の女性をしめすものであり、吐魯番では丁妻(丁寡)の意であろうかと西嶋定生氏はいうが(「吐魯番出土文書より見たる均田制の施行状態」)、私は戸主である女性を指しているようにおもう。書道博物館蔵、西州柳中県高寧郷開元四年戸籍に、「戸主大女白小尚年拾玖歳、中女代母貫」とあるから、かならずしも寡婦を指すものではない。この語は高昌国で非常に古くから使われている。橘瑞超氏将来の文書につぎのようなものがある。「建元廿二年正月癸卯朔、廿二日甲子大/女劉弘妃隋身衣裳雑物人/不得名時見左青龍右白虎/書手券疏紀季時知」(小笠原宣秀「吐魯番出土の宗教生活文書」、熊谷宣夫「橘師将来吐魯番出土紀年文書」)。熊谷氏によると、建元廿二年は前秦苻堅の年号で三八六年に当るという。

(36) 唐長孺氏はこれを攤配の一方法とみている。逃人の名籍と田宅は破除されず、代耕人が逃人のいっさいの課役を負担するからである。

(37) 唐大詔令集所収の勅の関係部分には、「其逃人田宅、不得輒容売買、其地在(任)依郷原例、租納州県倉、不得令租地人代出租課」とあるが、中川学「唐代の客戸による逃棄田の保有」が指摘するように、三年以内に逃戸が帰還した場合と、帰還しない場合の規定が欠落しており、意味の通じない文になっている。「隣保」を「租地人」と改めてあるのも、この部分は田宅のない場合の規定であるからおかしい。

(38)　中川前掲論文では、開元戸部格でも代耕人は強制的にあてられ、余剰収穫物は可能なかぎり官収して、代耕人に過酷な圧力が加わったとみており、乾元二(七五九)年になってはじめて租賃(すなわち租佃)されるようになったとしているが、戸部格の文では「郷原の価に依って租す」というのであるから、民間の慣例にしたがった租佃とみてよいであろうし、この垂拱三年契は早くから租佃制がおこなわれたことを証明している。

五　佃人制から佃戸制へ

——佃戸制形成の道すじ——

1　佃人文書にみえる佃奴の意義

佃人文書の佃人のなかには、周藤氏が指摘するように、一般の均田農民ではなく、奴隷ではないかとおもわれる例が二例ある。その第一は大谷文書二三七四号のつぎの例である。

□渠第十三堰〻頭康力相
田進通貳畝昌　自佃
重定〻貳畝　佃人曹居記昌
康力相肆畝　自佃昌
曹伏奴貳畝　佃人白智海?昌
麹武貞貳畝半　佃人僧智達昌
□　、、、、佃人康守相奴□総昌、

第七行目の康守相は、大谷文書四〇四四号に「卜居邯参畝　佃人康守相昌」としてあらわれる。ここではその奴の□総が氏名不詳の田主の佃人として登載されているのである。ここにわざわざ奴の名前が記載されているのは、□総が康

守相の家内奴隷として働いているのではなく、一応自己の経営をもつものであると考えてよいであろう。(39)

第二の例は大谷文書二八四五号である。

白苟始田肆畝　佃人楊輩子　東桓王寺　西縣公廨佐史田　南王赤奴　北渠
王赤奴田壹畝　佃人王孝道（尚）　東桓王寺　西縣公廨佐史田　南康多允　北白苟始
康多允田貳畝　佃人索武（化）海　東桓王寺　西縣公廨佐史田　南和隆子　北渠
和隆子田壹畝　佃人索武（化）海　東桓王寺　西縣公廨佐史田　南渠　北康多允
縣公廨佐史田拾畝　佃人氾義感　東康多允　西康倚山　南渠　北渠
縣令田貳畝　佃人奴集聚　東縣公廨佐史田　西安文通　南渠　北宋神證
康倚山田貳畝　佃人奴集聚　東　西　南　北
安文通（西）田貳畝　自佃　東　西　南　北
宋神證田壹畝　佃人高君（順）定　東縣公廨佐史田　西羅行感　南安文通　北索粟□
羅行感田貳畝　佃人高君（順）定　東宋證　西和隆定　南安文通　北匡點子
和隆定田貳畝　佃人匡（西）鼠輩　東羅行感　西道　南縣令綵　北申屠大智（?）

第六行、第七行に「佃人奴集聚」の名がみえる。この文書は周藤氏の指摘のように、つぎの大谷文書二八五一号と関係がある。

白末隆田貳畝　佃人蘇感達　東　西　南　北
白赤奴田参畝　佃人史行成　東　西　南　北
縣令田貳畝　自佃　東白赤奴　西道　南張子仁　北和隆定
張子仁田貳畝　佃人趙孤諾　東白赤奴　西道　南渠　北縣令

□件通當堰青苗地段四至畝数佃人、具□

第三行の「県令田弐畝」が、前の文書第一一行の四至にみえる「県令絲」と同一であることはあきらかである。このような内容からいっても、原文書の書体からみても（西域文化研究会編『西域文化研究』第二、図版第五参照）、二八四五号文書と二八五一号文書はもと同一文書の断片であり、両文書のあいだには多少の欠落があるらしいが、二八五一号文書はもとの末尾の部分と考えられる。したがってこの両文書によれば、同一の堰のなかに県令の職田が二畝ずつ二か所あり、一方が自佃で、一方が佃人奴集聚に耕作されていたことになる。官田や寺田の自佃は一般農民の場合とちがって、奴隷ないしはそれに近い隷属的な労働力が用いられたであろう。これに比べれば、佃人奴集聚がもし奴隷であるとしても、自立的な経営をもっていたことはあきらかである。いわんや彼は百姓康倚山の田をも耕作しているのであるから、その独立性はうごかない。

もっとも奴集聚の奴は姓であって、奴隷ではないという説もある。(40)この場合は主人にあたるものの名が記されていないから、多分にその公算はあるとおもう。しかしたといそうとしても、さきの「康守相の奴□総」の方は奴隷として認めてよいであろう。(41)とすれば佃人のなかに奴のいた事実にかわりないのである。いずれにせよこの場合の奴は自己の経営をもつものと考えられるから、これが宋代に佃奴・佃僕とよばれるものにあたることは、周藤氏のいわれるとおりであろう。それは主人の命のままに主人の土地で働く一般の奴隷とちがって、奴隷から農奴への第一歩をふみ出したものであり、佃人文書のなかで発展的なモメントをしめす興味深い事例であることはたしかである。

ところで周藤氏は、佃人のなかに均田農民ならぬ奴がいるところから、そのほかにも均田農民でなく土地をもたない、後世の荘客のごときものがあったかもしれないと推測する。(42)現存の佃人文書によってそのことを実証的にしめすことはできないのであるが、当時中国の内地で荘園が発達してきており、吐魯番においても先述のごとく有田無籍・有籍無田・無籍無主田等の田土が検括されているのである。だから当時の吐魯番において荘客が存在する可能性を否定することはできない。しかし田奴の存在から荘客の存在を推論する一点においては、理論的に問題があるのではないかとおもう。

いったい均田制が崩壊して、のちの田主と佃戸との関係が形成されていく道すじは二つある。一つは上のように奴隷が土地を与えられて、自立的な経営をおこない、それにともなって地位が向上していく方向である。もっとも奴隷がその低い身分を脱却するには、解放されて良民となる道もあるが、その場合にはあらたに独立の戸籍につけられて、均田農民として国家の直接支配をうけることになる。吐魯番から出た数少ない戸籍のなかにも、そのような放良戸の戸籍がある。(43) したがってここからは、均田制も崩壊しなければ、新しい社会体制も出てこない。上の佃人文書にあらわれた佃奴は、依然として奴隷身分であり、佃人文書や戸籍をとおしてなお国家の支配をうけているのであるが、それが解放されて専制国家の良民となるのではなく、田主との長い対立・抗争を通じて地位を向上させ、農奴として新しい身分を獲得していくためには、同時に田主の集権的な国家にたいする抵抗と自立化をもともなわなければならなかった。これは古典的な封建制が成立していくコースであるが、こうした道が成立するには中国ではきわめて困難な条件があった。(44)

こうした道とはちがったもう一つのコースは、均田農民層が分解して、均田農民相互間に新しい支配と従属の関係がむすばれる道である。一般に荘客が生まれてくるのはこの道をとおしてであって、これはさきの奴隷の地位が向上していく道とはまったく異なった道すじであり、両者を混同してはならないとおもう。私は均田制時代には、均田的小農民が主要な生産者であり、国家が多数の均田農民を支配するのが、主人と奴婢、賤民との関係よりも主要な関係であると考えるから、当然均田農民層の分解による第二の道すじの方が、宋以後の田主と佃戸との関係を形成する主要な道すじであると考える。

2　唐代敦煌の租佃契の位置づけ

私はさきに佃人制を自営的小農民ないし均田農民間の関係を基本とするものと考えたが、しかし個々の農民の当面している条件にしたがって、田主と佃人との関係にさまざまな変差が生まれること、なかんずく均田制の枠内ではあるが、のちの田主と佃戸との関係に近い関係も生じていることを指摘した。もし新しい田主と佃戸との租佃関係が、主として均田農民層の分解によって生ずるとするならば、それは均田農民間の比較的対等な佃人制的租佃関係から出発して、しだいに田主と租佃人とのあいだに地位の相違を生じ、身分的隷属関係もつくられて、やがて佃戸制的租佃関係へ転化していくものと考えなければならないであろう。

佃人制から佃戸制へ移行するこのような道すじの、過渡期の形態をしめすものとして、われわれは敦煌から出た唐末・五代ないし宋初の租佃契約文書をあげることができる。[45][46] まずスタイン漢文文書六〇六三号、乙亥年文書をあげよう。

①　乙亥年二月十六日、燉煌郷百姓索黒奴□(程)□
子二人、伏縁欠闕田地、遂於姪男索□護面
上、於城東憂渠中界地柒畝、遂粗(租)種笠(並)、其地
断作價直、毎畝壹碩二斗、不諫(揀)諸雑色
目、並惣収納、共兩面□(兩共対面平)章、立契已後、
更不許休悔、如若□(先悔者罰)馱、充
入不悔人、恐人無信、故立此□(契)、
　　　粗地人程□子
　　粗地人索黒奴

見人　氾海保

この文書は敦煌郷という名称からして、吐蕃撤退後の帰義軍時代のものと考えられるから、唐末の大中九(八五五)年、後梁の貞明元(九一五)年、宋初の開宝八(九七五)年のいずれかのものと考えられる。文書の内容は、敦煌郷の百姓索黒奴・程□子の二人が耕作地を欠くため、索□護から七畝の田土を租取し、毎畝一碩二斗の租価を支払うというものである。これを均田制時代の吐魯番の租佃文書に比べると、租佃期間の定めがなく、租価が前払いでなさそうで、その額もかなり高額であること、租地人のみで田主の署名(ないし署名欄)がないこと等が注意される。しかし「もし〔先に悔いる者は罰として穀物若干〕駄を悔いざる人に入れる」といい、田主・租地人両者を拘束する違約罰文言はやはりついている。この文書はあきらかに当時発展しつつあった佃戸制にかんするものとおもわれるが、しかしこの段階ではまだ小農民同士の相互に対等な契約の性格がのこっていることをしめしているのである。

吐魯番の佃人制においては、ある場合には租佃人の方が優位にあった。佃人制から佃戸制へ移行する過渡期の租佃関係においても、それが小所有者同士の関係であるからには、つねに田主の側が優位にあるとはかぎらなかった。その点にかんして、まずスタイン漢文文書五九二七号紙背、天復二(九〇二)年文書をみよう。

②　天復二年壬戌歳次十一月九日、

慈恵郷百姓劉加興、城東

□渠上口地四畦共十畝、闕乏人力

奠(佃)種不得、遂祖(租)与當郷

百姓樊曹子、奠種参年、断

作三年價直、乾貨斛㪷壹拾貳石、

麦粟五石、布壹疋肆拾尺、又□□□(布三丈)

布一疋、至到五月末分付、又布三
丈餘到□上□、並分付劉加興、
是日一任祖地人三年奐種、不諫劉加興、
三年除外、並不妨劉加興論限、
其地及物、當日交相分付、
兩共對面平章、一定与(巳)後、不得休悔、如休悔者、罰□?六入不〔悔〕人、
天復二年壬戌歳次十一月
九日、慈恵郷百姓劉加興、
遂祖當郷百姓樊曹子、
□□(城東)渠上口地四畦共十
畝、

（後　欠）

これは慈恵郷の百姓劉加興が、労働力の欠乏を理由に、自分の田土一〇畝を、同郷の樊曹子に三年間の約束で貸与し、その代価として乾貨一二石・麦粟五石・布一疋四〇尺・布三丈等をうけとることをとりきめたものである。そのうち布一疋を樊曹子が翌年五月末までに支払うことは明瞭であるが、「又布三丈余到□」が判読できないので、その他の支払方法があきらかでない。ただ「其地及物、当日交相分付」とあるから、すくなくとも穀物は土地と交換に支払ったのであり、布三丈も当日支払ったのか、これだけは別に後日支払うとりきめなのか、いずれかであろう。この文書は吐魯番の多くの文書とともに、孫達人氏によって、田主がむしろ貧民で、租佃人こそ真の地主・高利貸であると特徴づけられたものである。たしかに租佃期間は三年で比較的短く、租価を一部前取りしていることはあきらか

であるが、支払方法の不明な点もあるので、田主の地位がそれほど弱いかどうか疑問である。この文書にも存する違約罰文言は、田主・租佃人両者の比較的対等な関係をしめしている。この文書では、田主側を主体としたものと、租佃人側を主体としたものと、二通作成した形跡があるが、これは仁井田氏も指摘するように(「吐魯番発見の高昌国および唐代租田文書」)、吐魯番の文書に「契有両本、各捉一本」などとあるのに相当し、当時これがふつうであったとおもわれる。ただしこの文書は写しであって署名はない。

すでに多くの人々によって論ぜられたペリオ漢文文書三一五五号紙背、天復四(九〇四)年文書は、②の天復二年文書よりも田主の地位が弱いことがはっきりしている。

③　天復四年歳次甲子捌月拾柒日立契、神沙郷百姓僧
令狐法性、有口分地兩畦捌畝、請在孟受陽員渠下界、為要物色
用度、遂将前件地捌畝、遂共同郷隣近百姓
價員子商量、取員子上好生絹壹疋長
捌綜䌫壹疋長貳仗伍尺、其前件地、祖(租)与員子貳拾
貳年佃種、従今乙丑年、至後丙戌年末、却付
本地主、其地内、除地子一色餘、有所着差税、一仰
地主祗當、地子逐年於　官員子逞納、渠河口
作兩家各支半、従今已後、有　恩赦行下、亦不在論
説之限、更親姻及別稱忍(認)主記者、一仰保人
祗當、隣近覔上好地充替、一定已後、兩共
對面平章、更不休悔、如先悔者、罸

□納入　官、恐後無憑、立此憑倹(験)、
地主僧令狐法姓(性)
見人　呉賢信
見人　宋員？住
見人都司判官氾恒世
見人行局判官陰再盈
見人　押衙張
都　虞　侯　盧？

これは神沙郷の百姓僧の令狐法性が、同郷の百姓価員子から生絹一疋・八綜毯一疋をうけとって自己の田土八畝を二二年間価員子に提供するものである。この文書にも「租与」の語があり、租価をあらかじめうけとって田土を貸与した形式をとっている点、②の天復二年文書とほぼ同じである。しかし令狐法性が田土を出租する理由を「為要物色用度」と明記しており、出租期間が二二年間の長期にわたっている点、田主の地位の弱いことが一層はっきりしている。署名も田主の側だけである。そこで玉井是博氏以来、土地の収益をもって元本と利子を消却する不動産質契約の実質をもっている点が指摘されているのである（玉井「支那西陲出土の契」、仁井田『唐宋法律文書の研究』三五一頁以下）。純粋の質地契約としては、別にスタイン漢文文書四六六号、広順三（九五三）年十月廿二日文書があり、これは莫高郷の百姓龍章祐および弟祐定が、「家内窘闕、無物用度」という理由で、二畝半の地を押衙羅思朝に「典」し、「地価」として同日麦一五碩をうけとったとするものである。期間は四年であるが、元本の麦を返却しない場合は土地は返らない。(47) したがって広順三年文書が永久質であり、天復四年文書はそうでない違いはあるが、後者が質文書と紙一重のものであることはたしかである。しかしこの文書には「典」ではなく「租与」の語があり、あくまで形式は租佃契約である。最後に右の質地文書にせよ、この租佃文書にせよ、やはり当事者双方を拘束する違約罰文言がついているのである。

これに関連して、那波利貞氏がかつて紹介したペリオ漢文文書三二一四号紙背、天復七(九〇七)年文書をみよう(「中晩唐時代に於ける偽濫僧に関する一根本史料の研究」)。

④ 天復柒年丁卯歳三月十一日、洪池郷百姓高加盈、光?
寅?欠僧願済麦兩碩、粟壹碩、填還不辦、今
将宋渠下界地伍畝、与僧願済貳年佃種、充為
物價、其地内所著官布・地子・柴草等、仰地主
祗當、不忓種地人之事、中間或有識認稱為地主者、
一仰加盈覔好地伍畝充地替、兩共對

(後　欠)

これは洪池郷の百姓高加盈が、僧願済から借りた麦二碩・粟一碩の負債を弁済できず、田土五畝を願済に提供して二年間耕作させ、もって元利にあてようとするものである。この契約の性格はかならずしも明瞭でなく、耕作によって元利を消却する点では消却質の性格をもつが、さりとて質契約とはいえず、負債を租価にみたてた一種の租佃契約とみられないこともない。田主の立場が弱いことは当然である。当時敦煌の農民らが寺院や僧侶から麦・粟等を高利で借りる場合が多かったことは、便麦・粟契や便麦・粟暦等の存在で知られるが、契約書には「掣奪家資雑物」という家財の差押文言がついているのがふつうである(仁井田「敦煌発見の唐宋取引法関係文書(その二)」)。この天復七年文書は、家財を差押えられるかわりに、田土の使用を許したものとおもわれる。なおこの文書で「官布・地子・柴草等を地主が負担する」という地子は、③の天復四年文書の地子とともに、地税をいみすることは既にのべたとおりで

ある。(48)

以上にみてきたように、唐末以降の敦煌の租佃文書にも少しずつの違いがあるが、それらを通じて対等な契約関係が存していて、実際にもこれらは多く小土地所有農民間の関係であろうと推測される。それらのうちで均田制時代の吐魯番の租佃文書に最も近いのは②(天復二年文書)であり、契約期間は短期で、租価は分割払いである。③(天復四年文書)は形式は同じであるが、租価をうけとるかわりに田土を質に入れる形に近くなる。③の説明中に言及した広順三年文書はあきらかな質地文書であるが、この場合は元本を返さないかぎり田土は永久に戻らない。④(天復七年文書)は負債を返却できなくなったので、田土を提供して利用に供するものであるが、当時負債が返却されないときは、家産を差押えられる場合も多かったと考えられる。以上のような諸文書間の変化は、田主である小農民がしだいに困窮し、やがて土地を手放して没落していく可能性をしめしているとおもう。今日知られる土地売買文書では、それぞれ土地を手放す理由を、「闕少用度」(スタイン三八七七背)、「窔田債負、不辦輸納」(スタイン一四七五背)、「家内欠少、債負深広、無物塡還」(スタイン一三九八)、「佃薩往来施功不便」(ペリオ三六四九背)等としており(仁井田前掲論文、Gernet, J.: "La vente en Chine d'après les contrats de Touen-houang")、最後の例を除いて、窮乏・負債があげられている。このようにして没落した小農民は、他方「欠闕田地」のため地主の土地を借り、かなりの租額を支払って新しい生産関係を発展させる。そのような関係をしめすものが①(乙亥年文書)である。この文書の場合にはなお田主と租佃人とのあいだに比較的対等な契約の形式がのこっているのであるが、やがてこのような関係が長期につづくと、田主と租佃人との関係は固定し、隷属的な身分関係がつくられて、宋代法では「主僕の分」があるものとして規定されるにいたる。そうなれば現在その形式が知られる元代以後の小作証書のように、一方的に租佃人側の義務だけを強調した契約があらわれても不思議ではない(仁井田「中国の農奴・雇傭人の法的身分の形成と変質」「元明時代の村の規約と小作証書など(一)」)。①(乙亥年文書)はそのような宋以後のいわゆる佃戸制にいたる、過渡的な段階をしめすものとおもわれるのである。もちろん農民の没落にともなって、このような租佃関係が発展する周辺に、同時に雇傭・典身・身売り等の諸関係が展開する点も忘れてはならない。

(39)　このような考えにたいしては、浜口重国『唐王朝の賤人制度』六〇―六一頁に異論が出されている。浜口氏は唐令で役や雑徭に代役が許されていたことから推測して、この場合も官田等で耕作の義務をわりあてられた人々が代人として奴を派遣したのであって、「奴自身が、官のそうした土地の耕作・収益の責任者自体になったことをしめすのではないと判定するのである」というが、どうしてそう判定しなければならないのか明確でない。第一に、佃人文書に出る奴はかならずしも官田を耕作しているのではない。二三七四号文書の「康守相奴□総」の耕作する田土の種類は不明であるが、この文書に登載された他の田土は私田である。次掲の二八四五号文書に出る「奴集聚」は、県令の職田とともに、あきらかに私田をも耕作している。第二に、代役のことは、令集解の賦役令歳役条に、「釈云、唐令、遣部曲代役者云々」とあることによって知られるのであるが、これに対応する養老令の本文は、「若欲雇当国郡人、及遣家人代役者、聴之」となっており、部曲・家人があげられているが奴の代役は規定されていない(日本令からみて、唐令でも同州もしくは同県の人を雇うことは許されていたであろうとおもわれる)。日本令の注釈では奴婢もよいことになっているが、これは後世の解釈である。元来は部曲・家人のみが代役の責任をおえるものとして、奴婢は除外されていたのであろうと私は考える。第三に、宋代における佃奴・佃僕の存在は周藤氏の研究により知られているのであるから、佃人文書の場合をそれへの発展的モメントと考えることはすこしもおかしくない。

(40)　宮崎市定「トルファン発見田土文書の性質について」、楊聯陞「竜谷大学所蔵の西域文書と唐代の均田制」は、奴集聚の奴を姓としたが、これにたいして周藤吉之「佃人文書研究補考」中に反論がある。そこでは楊氏が例としてあげた大谷文書一二二九号の四至に「西奴典保」とあるのが、柳中県高寧郷開元四年戸籍に、「奴典倉、年参拾参歳　丁奴」とあるのに似ている点を指摘しているが、四至に記されるのはふつう戸主であるから、奴が依然姓である公算は否定しきれない。

(41)　この場合も、後述の敦煌出土乙亥年租佃契のように租地人が二人いる場合もあるので、康守相と奴□総の二人の佃人がいたという蓋然性もある。しかし佃人文書にみえるような狭小な田土を、二人もの佃人で耕作するのはまったく不自然である。次注に引く「家人」や「妻」も佃人であった公算があるので、奴□総が奴隷であったとしてもおかしくない。

(42)　佃人文書のなかには、以上の奴のほかに、堰頭として「索百信妻姜□」(大谷二八四六号)および「□□寺家人挙子」(大谷三三六四号)があらわれる。堰頭は一般にその堰の自佃者なり佃人なり実際の耕作者のなかから選ばれるから、これらの妻や家人が実際の耕作者である公算は大きいが確認できない。ただしこれらは「自佃」とある地片を耕作している場合が考えられる。家人挙子は、同文書に「□(平)路寺一畝　自佃」とある平路寺の土地を耕す家人であるかもしれない。その場合でも堰頭には個人の責任者の名を記さなければならないので、実際の耕作者である妻や家人の名があらわれたのかもしれない。そうであるとすれば、これらは荘客の存在を推測する根拠にはならない。

(43)　書道博物館蔵、柳中県高寧郷開元四年戸籍に、「戸主大女白小尚年拾玖歳　中女代母貫／母季小娘年肆拾捌歳　丁寡開元参年帳後死／壹段肆拾歩居住園宅／右件壹戸放良　其口分田先被官収訖」とある。

(44)　山本達郎「敦煌発見オルデンブルグ将来田制関係文書五種」に紹介された、レニングラードのアジア民族研究所(現東洋研究所)蔵、ＤＸ一三九三号文書の一部に、「奴由子参畝半／遐子下油麻壹畝半　又菉豆壹畝　康順下油□?／奴九児伍畝(以下欠)」とある。これは奴由子の三畝半の田土をその遐子と康順とで耕作することをしめすものであるらしく、山本氏は佃人文書に比較して租佃関係をしめすものとし、奴が田土を所有した点、良人らしき康順がその田土を耕作した点を注目した。この場合も奴が姓である公算もあり(ただし由子・九児等の名は敦煌文書にみえる民の名と異なり、奴隷とみる方が自然かもしれない)、右の文書が官文書であるか荘園文書であるかによって、奴隷であるとしてもその位置づけが異なってくる。興味深い史料ではあるが、なお断定はできないであろう。

(45)　吐魯番は唐代後期ウイグルに占領されたので、それ以後の漢文文書はほとんど発見されていないが、ウイグル文の文書がある。山田信夫「ウイグル文貸借契約書の書式」によると、租価には定額租と分租とがあり、合種とみられる形態もある。これらはおそらく均田制時代の租佃関係より発展した形態として位置づけられるのであろうが、中国とは異なったウイグル社会の問題であるし、私としては論及する力もない。

(46)　池田温「中国古代の租佃契」(上)は、敦煌租佃契の複雑なこと、収租を目的とした租佃関係が吐魯番ほど普及していないこと、血縁・地縁関係が強いこと等をあげて、「それゆえ七八世紀のトゥルファンの租佃と十世紀の敦煌のそれを、一系の時間的推移の上に位置付けることは全く困難であり、従って唐代前期の租佃関係と宋代以降のそれを実質的・形式的に媒介するものとして、十世紀敦煌の租佃を評価することも許されない」という。これは私の旧稿にたいする批判になっているが、今回もその点を改める必要はないと考える。唐の中期以後、五代を経て宋初にいたる時期が中国社会の変革期であることは（その変革の性格について意見の対立があるにせよ）疑いないことである。その変革の重要な一面として、均田農民の没落と地主＝佃戸関係の進展があることも、加藤繁氏の研究以来通説になっている。敦煌地方の歴史もその特殊性をもつと同時に、中国社会一般の共通の変化を経験している。そこには小農民の没落から生ずる租佃関係・債務関係・典質関係・雇傭関係・人身売買等が展開している。敦煌の租佃契をこのような過渡期の様相をしめすものとして位置づけることに何ら問題はない。それが私の主旨である。なるほど私は吐魯番の租佃契と敦煌の租佃契とをつなげて考えている。私は吐魯番の佃人性の特殊性を否定するものではなく、むしろ本章では高昌国以来の固有の伝統を強調しているのであるが、租佃契の形式にみられるのは、そのような特殊事情を捨象した小農民間の契約関係という普遍的な特徴である。したがってその点は、小農民の没落過程から生ずるとみられる敦煌の租佃契と比較することができると考えるのである。このような過程に位置づけてみると、敦煌の租佃契は、本文で以下に論ずるように、けっして複雑でない。収租を目的とする租佃関係が普及していないというのは事実ではない。租佃契の残存しているものは少ないが、それよりはよほど多く残っている寺庫文書をみれば、次節でふれるように、寺院という大地主のもとで租佃制は普及しているとみなければならない。しかし小農民の没落過程における小農民同士の租佃関係においては、土地所有者の側が貧窮のゆえに土地を出租するという関係も当然多いのである。このような関係も、小農民の没落による地主＝佃戸関係の形成過程に位置づけることができるとおもうのである。

(47)　この文書の原文は、那波利貞「中晩唐時代に於ける偽濫僧に関する一根本史料の研究」、仁井田陞「敦煌発見の唐宋取引法関係文書(その二)」、池田前掲論文等を参照。

(48)　池田温前掲論文には、このほかにペリオ漢文文書三二五七号、「寡婦阿龍訴状」に証拠書類として付載された甲午年二月十九日の契をあげるが、これは仁井田氏のいう土地使用貸借文書であって(『唐宋法律文書の研究』三九二頁以下)、租をとるものではないので、本章では論及しない。なお「寡婦阿龍訴状」には第八章で言及する。

六　敦煌の寺領における直接生産者の性格

1　敦煌寺院の生産者の身分

さきの敦煌の租佃関係にあらわれた関係は、主として小規模な農民同士の関係と考えられるのであるが、唐代後半期もしくはそれ以後の敦煌には、時に一二寺から一七、八寺におよぶ寺院が存在しており、それらが荘園の経営や穀物・布帛類の高利貸付をおこなったのであるから、その農民の経済生活におよぼす影響は当然大きかったと考えられる。とくにこの時期に増大するとおもわれる没落農民は、寺領荘園に吸収されるものが相当いたとみてまちがいないであろう。ところがこの寺領荘園については研究が充分おこなわれていない面があり、また直接生産者の性格をめぐっては意見の一致していない点もある。

敦煌の寺院には、吐蕃占領時代(七八一―八四八年)に「寺戸」とよび、帰義軍時代(八四八年―)には「常住百姓」とよばれる専属の生産者があった。吐蕃時代の寺戸については、スタイン漢文文書五四二号紙背、「戌年六月十八日諸寺丁壮車牛役部」と称する根本史料があり、竺沙雅章氏はこの史料を中心とする分析によって、寺戸の実態をあきらかにした(「敦煌の寺戸について」)。それによると、寺戸はそれぞれの寺院に属するとともに、それを通じて敦煌の教団全体の統制をもうけ、一般の民衆と身分的に区別された農奴であって、かれらは一応自己の経営をもちながら、寺院の直営地の農耕や牧畜、その他の雑多な賦役に動員された。

ところで問題は、帰義軍時代の寺領の農民の性格である。那波利貞氏はすでにはやく、寺院荘園内の、油梁・碾磑等を運営して製油・製粉等の事業に従事する梁戸・磑戸等の存在をあきらかにするとともに、ペリオ漢文文書二一八七号の、那波氏のいわゆる「寺院特殊権力擁護宣言」を紹介した(「梁戸攷」「中晩唐時代に於ける敦煌地方仏教寺院の碾磑経営に就きて」)。これは行論上きわめて重要な文献であるので、藤枝晃氏の訳によってその中心部分をしめしておこう(「沙州帰義軍節度使始末」四、注250)。ただし常住百姓を「常住の奴隷」と訳すような問題の個所や、その他必要とおもわれる個所は、とくに(　)のなかに原文をしめした。

すべての管内の寺院は、以前に天子が勅命を以て置かれたものか或いは賢哲が勧請建立したものである。寺院内外の舎宅、荘田は信者の仏に対する信心から施入して、以て僧たちの食に充てんがためのものである。また寺院所隷のすべての戸口、家人(寺院に隷属せる奴隷)は檀家がその寺院に献納し、寺院の永代の役使に充てたものである。世人はこれらのものを供薦し、功徳を顕彰すべきであって、侵凌すべきものではない。これらのものを益々増加し、資益崇修すべきであって、傾陥すべきでない。而してこれらを「常住」と名づけて、これに関する一切のことは、万事旧例に従い、山の如く決して改移してはならないものである。

先に故太保(張議潮)等が一般に布告して放免状を出し良民とした者以外の奴隷(除先故　太保諸使等、世上給状放出外、餘者人口)や寺で管理している資荘・水磑・油梁などは、従前と同様に寺院が管理して自由に経営すべきである。今より以後、凡てこれらの常住の物は一針一草に至るまで、また奴隷(人戸)は老人より小児に至るまで、権勢を笠に着て妄に之を侵奪したり入質・売却したりなどしてはならない。

この規定に従わない者があったなら、然るべき手続によって状を具して役所に申告すれば、その者には重く刑罰を加え、侵害を被った常住の物は寺に返し、それを買取るために支払った価格は買主の損失と認める。

寺院の「常住」の奴隷たち(常住百姓)の婚姻の礼はその部落内相互の間で結ばせ、一般人民(郷司百姓)と婚を結ぶことは許されない。若しこの規定に違反して常住の男子(常住丈夫)が一般人の女子(郷司女人)と私通したならば、その間に生れた子は常住戸に編入し、永久に奴隷とする(収入常住、永為人戸、駈馳世代)、その外の(寺院隷属の)男児丁口はそれぞれ寺院がその旧例に従って使役し、……は許されない(以下欠、傍点引用者)。

この文書は文中に「故太保」の語があり、太保は帰義軍初代節度使張議潮が没後贈られた官であるところから、張議潮没後の張氏時代のものとされるのであるが、那波氏がこれを寺院が官憲にたいして治外法権を有することを宣言したものとみるのにたいし、藤枝氏は「寺院に対する常住安堵状」と解し、仁井田氏はこの安堵の語に疑念を表しながらも藤枝氏に近く、政治権力を排するのではなく、政治権力をうしろだてにして寺院の利益を擁護することをあらわしたものであるとして、これを「敦煌寺院常住擁護文書」とよんだ。そして仁井田氏はこの文書の最後に、常住百姓の婚姻をその部落内でおこなわせ、一般人民(郷司百姓)との結婚を禁じて、労働人口の移動をふせぐ「人格的不自由規定」が成り立っていることをとくに注目したのである(「唐末五代の敦煌寺院佃戸関係文書」)。これにたいし竺沙氏は、文中に「先に故太保らが世上に布告して解放したもの以外の……」とあることによって、張議潮が吐蕃にかわって立ったとき、寺戸の解放がおこなわれた点を強調し、上の文書はこのような事態に直面した教団の寺産防衛の発言であったと解するのである。したがってここにあらわれた常住百姓の状態は旧来の寺戸の遺制をしめすのであって、一般には寺戸にかわる新しい労働力があらわれてくる、それが梁戸・磑戸等であり、それは寺の雇傭者であって、ここに中国における「近世的社会の萌芽」がみられるとする。このような説が、唐宋変革期を中世から近世への転換期とする内藤湖南・宮崎市定氏らの説につながるものであることはいうまでもない。それは宋以後を農奴制の時期とする仁井田氏らの説と相容れないものであり、仁井田氏は梁戸・磑戸が梁課・磑課を支払うものであって、寺院から給与をうけとるものでない点を指摘して、これを雇傭者とする説に反論したのである(前掲論文「附載」)。

さて竺沙氏の指摘のように、張議潮が立ったとき、吐蕃時代に増大したであろう寺戸の一部が解放されたことは事実であろう。しかしその反面、ペリオ文書二一八七号のしめすところは、帰義軍時代になって、寺院所属の常住百姓は一般の郷司百姓と差別されて、きびしい身分的規制をうけたということである。これを単に吐蕃時代の遺制とみるべきではなく、寺院が一部の寺戸解放とひきかえに、帰義軍政権からその特権を保障されたものとみるべきであるとおもう。常住百姓自体は藤枝氏の訳にあるような奴隷ではなく、吐蕃時代の寺戸ですらすでに独立の経営をもっていたのであるから、自己の保有地をもつ小農民であったことは確実である。スタイン漢文文書一九四六号は、仁井田氏が早くから紹介した有名な人身売買契約書であるが、その内容は宋初の淳化二(九九一)年、押衙の韓願定が困窮のため、二十八歳の娘を常住百姓の朱願松の家に売ろうとしたものである(『唐宋法律文書の研究』一八四頁以下)。これによって、常住百姓のなかには奴隷をもち、相当独立性が強く、経済的には官人たる押衙にも劣らぬものがあり、法的にもこれと対等の契約を結びうるものであったことがわかる。したがって常住百姓と郷司百姓とは実質的にはそう違わない農民であるようにおもわれるが、それゆえにこそ寺院は政治権力をうしろだてとして、両者を身分的に隔離し、常住百姓にたいする支配を確保しておく必要があったものと考える。ペリオ漢文文書三八五九号は、「丙申年十月十一日報恩寺常住百姓老小孫息名目」という常住百姓とその家族の名簿であるが(Gernet, J., *Les aspects économiques du bouddhisme*, pl. VI et p. 103)、かれらはそれぞれ専属の寺院に登録されて、その支配をうけていたのである。

帰義軍時代の常住百姓を、右のように本来かなり自立性の高い人戸とみるならば、寺院の隷属民には、そのほかにより隷属度の強い人口が存したであろうとおもわれる。さきのペリオ文書二一八七号をみると、「寺院所隷のすべての戸口、家人」(応是戸口家人)と称しているが、この場合の戸口はこの文書の他の部分にみえる「人戸」すなわち常住百姓を指しているとおもわれるから、独立性の高い常住百姓のほかに「家人」が存在したのではないかとおもわれる。家人の語は元来は家口一般を指すものであるが、浜口重国氏によれば、唐代には家人といえばもっぱら私賤人を指しめすのが普通の用法になっていたという(『唐王朝の賤人制度』三六五頁)。浜口氏は太平広記の物語のなかから、寺院の家人の例を二例ばかり引用しているが、これらが私賤人ないしそれに近似する召使であったことはほぼまちがいない。書道博物館蔵、吐魯番出土の「天宝六載四月十四日給家人春衣歴」は、寺院の家人にたいして春衣を支給した記録であるが、これは家人が寺家から衣粮の支給をうける家内労働者であることをしめしている。この文書にみえる家人の名には「常住」「察奴」「祀奴」「末奴」などとあり、賤人出身であろうとおもわれるものがある(小笠原宣秀「吐魯番文書に現れたる偽濫僧の問題」)(49)。

しかし当時の寺院の家人をもって、もっぱら賤人身分であるかのようにみるのはゆきすぎであろう。スタインが和闐付近のマザール＝ターグで発見した寺院の支出をしめす文書のなかに、つぎのような部分がある(Chavannes, É., *Les documents chinois découverts par Aurel Stein*, p. 207)。

同日(十月廿九日)……………出銭壹阡柒
佰参拾文、付市城政聲坊叱半勅曜諾、充還家人悉末正税幷草両絡子價、出銭貳佰
文、付同坊叱半可彌婆、充還家人益仁挽税幷草両絡子價、直歳僧法空、都維那僧名園、
寺主僧日清、上座僧法乗(九六九号文書)、

同様な部分は九七〇号、九七一号文書にもあり、これらの全文は小田義久氏によって紹介されている(「西域における寺院経済について」)。これによると、すくなくともこの場合の家人が正税と草とを負担する存在であったことがわかる。この文書の年代は明確でないし、「正税」という以上租庸調の税制とは別であると考えられるが、いずれにせよ寺院の家人がかならずしも賤人とはいえないことがしめされている。右の文書でそれ以上のことはよくわからないが、あるいは城内の居住者が家人の税をたてかえ、結局寺院がそれを支払っているのではないかと推測される。この場合の家人は良人であるが、寺内に住んでいるためにこのようなことがおこったのではなかろうか。

竺沙氏は、帰義軍時代には、常住百姓とは別の新しい労働力として、梁戸・磑戸等があらわれたことを指摘する。吐蕃時代の寺戸などと比べて、梁戸・磑戸のもつ新しさを指摘することに私は反対でないが、これらを雇傭者とすることは、仁井田氏の批判のようにたしかに誤である。ペリオ漢文文書三三九一号紙背には、つぎのような契約文書がのこっている。

丁酉年二月一日立契、捉樑戸・磑戸二人△

等、縁百姓田地窄窔《マヽ》珠、捉油樑・水
磑、輪看一周年、断油樑・磑課少多、限至
年満、並須填納、如若不納課税、擘奪
家資、用充課税、如若先悔者、罰
看臨事、充入不悔人、恐人無信、故
勒此契、押字為憑、用将□□

この文書は日付が具体的なほかは、梁戸・磑戸の姓名も署名もなく、梁課・磑課の額も明示されていない。したがって写しか雛形ではないかと想像されるが、梁戸・磑戸が田地の不足のために油梁・水磑の運転を一年間ひきうけ、梁課・磑課若干を納入することを、寺院と契約するものであろう(50)。梁課・磑課支払不履行の場合の家財の差押文言と(51)、契約当事者双方を拘束する違約罰文言が同時に付されている(52)。これによって梁戸・磑戸が寺院と契約を結び、油梁・水磑の運転をおこなって、梁課・磑課を寺院に納めるものであることがわかる。すなわちそれは雇傭者ではなく、一応自立的な生産者の部類に属する。

梁戸・磑戸等は、竺沙氏の指摘のように、官吏・僧侶等をふくみ、したがって常住百姓ではない一般人をもふくむことが想像される(53)。寺領の施設においてこのような労働人口があらわれてきたことは注目すべきであるが、梁戸・磑戸ないし牧羊人(あるいは牧牛人)・酒戸などという名称は、仕事の内容によって命名されたものであって、これを常住百姓とまったく関係ないもの、まったく別個のものと断定してしまうことには疑問がある。レニングラードの東洋研究所所蔵のオルデンブルグ等将来文書、ДX 一四二四号にはつぎのようにある(Описание китайских рукописей. Выпуск 1, Рис. 13)。

庚申年十一月廿三日、僧正道・深見分付常住牧羊人

□(王)拙羅寔鶏白羊・羖羊大小抄録、謹具如後、
見行大白羊羯陸口　貳歯白羊羯肆口　大白母
壹拾捌口　白羊児落悉无柒口　白羊女落悉无
伍口　已上通計肆拾口、一一並分付牧羊人王拙
羅寔鶏、後筭為憑、
牧羊人王拙羅寔鶏(押字)
牧羊人弟王悉羅(押字)
［　　　　］

この文書は寺僧が牧羊人らに飼育を委ねている各種羊数を記して確認し、牧羊人らが署名したものであるが、この牧羊人を「常住牧羊人」と称しているのは、かれらが常住人戸に属するものであることをしめしている[54]。ただし牧羊人と梁戸・磑戸とのあいだには労働形態の違いがあり、牧羊人の場合の方がより直営的な労働力が用いられたかもしれない[55]。とすれば牧羊人の例をもって梁戸・磑戸の場合を推すのには問題もあるので、ここでは疑問を出すにとどめておきたい。

2　寺領の農業経営と生産者

上述のように敦煌寺領の生産者については、吐蕃時代の寺戸にかんする竺沙雅章氏の研究や、帰義軍時代の梁戸・磑戸にかんする那波利貞氏の諸研究があるが、帰義軍時代の寺院の農業経営にかんしては研究がほとんどおこなわれていない。この点を以下に考えてみたい。

ペリオ漢文文書二〇四九号紙背は、浄土寺直歳保護による同光二(九二四)年度の収支会計決算報告書と、浄土寺直

歳願達による長興元(九三〇)年度の決算報告書とをほとんど完全な形でふくんでいるが、例えば直歳保護の報告の冒頭はつぎのように書かれている。

浄土寺直歳保護

右保護、従甲申年正月壹日已後、至乙酉年正月壹日已前、衆
僧就北院算會、保護手下丞(承)前帳廻残、及自年田収・薗税・梁
課・利潤・散施　仏食所得麦粟油蘇米麵黄麻麸査豆
布氎紙等、惣壹阡参伯捌拾捌碩参㪷参勝半抄

ここに田収・園税・梁課・利潤(高利貸収入)・散施(寄進)・仏食とあるのは、浄土寺の収入の主たるものを列挙したのであり、直歳願達の報告書もこの点同じである。このうち直接農業に関係するとおもわれるものは田収・園税であるが、これについて保護の報告書の内訳をみると、新附入、すなわち収入の項目につぎのような諸条がある。

麦拾碩、菜田渠地課入
麦捌碩肆㪷、薗南麻地課入
粟拾碩、自年延康渠地税入
粟壹拾陸碩、自年無窮地収入
麦拾碩、延康渠厨田入

これを直歳願達の報告書の方でみると、

麦伍碩伍㪷、菜田渠厨田入
粟壹拾柒碩参㪷、无窮厨田入
豆兩碩捌㪷、菜渠麻地課入

となっており、薗南麻地と菜渠麻地が対応するかどうか不明だが、他は保護の方で某地課入、某地税入、某地収入等となっているのが、願達の方では厨田入に相当することがわかる。(56) この厨田および厨田入という語は敦煌寺院の会計文書にしばしばみえる語であって、寺領荘園の田土およびその小作料収入をいみするものであろうとおもわれる。(57)
この厨田について、例えばスタイン漢文文書一六〇〇号、霊修寺の会計報告書にもつぎのようにある。

霊修寺招提司
浄明典座願真直歳願□
申年十二月十一日已後、至癸亥年十二□
中間首尾三年應入諸渠厨田、兼諸家散
施、及官倉　仏食□手上領入、常住倉損設
料承前案廻残、逐載椺顆麦粟油麪豆
麻等前領後破、謹具分析如後、
　　麪貳拾伍碩　麦一十五石　粟九石
三斗　麻九石三斗五升　油柒
㪷八升　前案廻残入

辛酉年諸渠厨田及散施入麦十石、城南張
判官厨田入麦肆碩、劉生厨田入麦参
石三斗、氾判官厨田入麦兩石、史家厨田
入麦肆石貳㪷・麻四斗、春仏食入粟

十五石、城北三處厨田入麦四碩二斗・
麻肆㪷、秋仏食入麦四石□斗、二月八日
　　　　　　　　　　　　　　　　　　□梁

（後　欠）

これによると霊修寺の収入に諸渠厨田の収入があり、その内訳が列挙されているのであるが、厨田入の前に記された張判官・劉生・氾判官・史家等は、その租佃人をしめすものであろう。諸渠厨田の語のとおり、厨田は一般にその所在地の渠の名でしめされたらしい。(58) さきの浄土寺の延康渠・菜田渠あるいは無窮はいずれも渠の名である。ペリオ文書四六九四号、某寺入暦に、

　壹碩、宜秋・索通達厨田入
　参㪷、孟受・馬清子厨田入

などとあるのは、渠名と租佃人名と両方を記したものである。スタイン文書五〇四九号、入暦に、

　麦九石、於上頭荘・仏住手上領入
　麦一十二石、大譲荘・和□手上領入

などとあるのは、厨田とよばず、荘名を用いているが、やはり租佃であるらしい。上頭・大譲は渠名、仏住・和□は租佃人であろう。

　スタイン文書四六四二号紙背、沿寺破除暦に、

　麦壹碩捌㪷、城西張法律厨田種子用
　麦壹碩参㪷、左憨多厨田種子用

とあり、そのほか、

麦壹碩壹㪷、為城南菜田渠種子用（スタイン文書六三三〇号）

大譲荘種子、麻玖㪷（ペリオ文書四九〇七号）[59]

などとあるのをみると、寺院は厨田の租佃人に種子を与えるか貸しつけることがあったらしい。[60] しかしこのことは厨田が一応自立的な経営をもっていることをもしめしている。ここに租佃人の名として張法律があり、さきの霊修寺の入暦に張判官、氾判官があって、租佃人に寺僧・官人がふくまれているとおもわれることは重要である。[61] 竺沙氏は、梁戸に官人がふくまれているとみて、梁戸は寺戸とは異なる一般良人であると推測したわけであるが、厨田の租佃人の場合も、すくなくとも寺戸・常住百姓と同視してはならないであろう。もちろん常住百姓も一応自家の経営をもつ相当独立性の高い農民であったことは前項で指摘したとおりであるから、かれらが寺院の厨田を小作した公算もないわけではないが、一般良人の租佃が相当広汎に存在したと考えてさしつかえないであろう。[62]

敦煌の寺領では以上のような租佃経営のほかに、直接経営もおこなわれていたとおもわれる。直接経営がおこなわれたのは一般に園とよばれる土地であるが、その耕作者については、例えば先掲のペリオ文書二〇四九号紙背、浄土寺直歳保護の諸色破用の項に、

麦参碩柒㪷伍勝、幷西庫付薗子春秋粮用

粟壹碩柒㪷、為薗子春秋粮用

直歳願達の破用の項に、

麦兩碩伍㪷、後件為園子充春秋粮用

麦壹碩、恩子冬粮用

麦兩碩柒㪷、丑年恩子粮用

粟兩碩伍㪷、後件園子粮用

粟壹碩、恩子冬粮用

麪壹碩、寒食為恩子用

などとあり、スタイン文書四六四二号紙背、沿寺破除暦にも、

麦参㪷、付看薗人冬粮用

麦柒㪷、薗子春粮

麦参㪷、付薗子冬粮用

粟肆㪷、付薗子冬粮用

粟肆㪷、付薗子粮用

〓麸麪伍勝、耕薗人喫用

穀麪壹㪷、付薗子用

などの項目がある。そのほか、

粟捌斗五勝　充壘(疊?)薗人(スタイン文書五〇七一号)

蒔薗(薗)人夫、麁麪参㪷支(スタイン文書六一八五号)

〔三月〕七日、酒壹瓮、東薗造作人喫用(スタイン文書六四五二号)

〔三月八日〕酒参㪷、北薗造作人喫用(同右)

などとあって、園子・恩子・看園人・耕園人・畳園人・蒔園人夫・東園あるいは北園造作人等の名称があり、(63)このうち園子(恩子は同音であろうか)(64)・看園人は四季あるいは年粮を支給されているから、恒常的な直営地の生産者とみなされる。

〔三月〕廿六日、粟壹碩肆㪷、北薗子杜員住春粮用(スタイン文書四六四九号)

〔六月十日〕粟柒㪷、薗子米流定春粮用（スタイン文書四六五七号）

などとあるのは園子の姓名を記したものである。

一方吐魯番地区の例であるが、大谷文書八〇八〇号にはつぎのようなものがある（『西域考古図譜』史料二〇—一）。

天可□放下洿林界園子曹庭望青麦参畝・綀肆畝・小麦伍畝□□
□□弥得参畝・青麦貳畝、曹從ゝ床参畝、第閏那粟一畝□□
□□奴青麦陸畝、第莘子青麦貳畝・粟玖畝、

洿林は現在の吐魯番北方のブルユクであろうとおもわれるが（嶋崎昌「高昌国の城邑について」）、この例によると、園子は土地をわりあてられて耕作することもあり、園がつねに直営地であるとはかぎらないことがわかる。敦煌地区でも、本項のはじめに掲げた浄土寺直歳保護の報告の冒頭に、「田収・薗税」とあり、園を貸与して賃貸料をとることもあったかとおもわれるが、具体例は知らない。

園子はいうまでもなく園の耕作者をいみする語であるが、園子とされたのがどのような身分の農民であるのか、直接しめす史料はなさそうである。一般に唐代寺院の園において、家人あるいは寺衆などとよばれるものが使用されていたことはすでに指摘されているが（Twitchett, D., "Monastic Estates in T'ang China", p. 140, n. 92）、スタイン文書五八六八号、和闐付近のダンダーン＝ウィリク出土のつぎの文書は、西辺地域における寺領直営地で家人の労働力が用いられたことをしめしている（Stein, A., *Ancient Khotan*, App. A. Chinese Documents, no. 16, pl. CXVI）。

護國寺　□□□□外巡僧大言
先果□□□□多少等
右帖至、仰領前件家人刈草参
日、留人日澆田、餘人盡将去、不得

妄作事、故違必宜科決、八月廿七
日帖　　　　都維那僧恵達?
上座僧恵勝?　　寺主僧恵雲

しかしこれらによって、敦煌寺院の園子を家人的な労働力と断定することはできないであろう。たしかに園子には寺院から年粮あるいは四季の粮が供給されているが、それらの記録は断片的なうえ、個々の記録が何人分の粮なのかも不明であるから確実なことはいえないが、それらが園子の一年分なり季節ごとなりの食粮を支えうるかかなり疑問である。竺沙氏が紹介した「戊午年六月十八日諸寺丁壮車牛役部」によれば、吐蕃時代の寺戸は一応自立した経営をもちながら、寺院直営地の看園・園収・苅草・看梨園・耕桃園等の労働に使役されていたから、帰義軍時代の園子・看園人にも、常住百姓が動員された蓋然性が考えられる。

荘園の管理については、スタイン文書三〇七四号紙背の破暦に、

〔五月〕九日、出白麪陸㪷、付安大娘、充外荘直歳食
〔六月〕廿六日、出粟兩碩伍㪷、付恵炬、充荘頭人粮
〔八月十六日〕同日、出白麪貳㪷、付金蒸、充荘頭四人送麦来食
〔十月〕三日、出白麪貳㪷、付恵炬、充七月(十?)粮外荘直歳
〔十一月廿四日〕同日、出恪麪陸㪷、付荔菲?、充荘頭人粮
〔十二月七日〕同日、出恪麪捌㪷、付縈子、充荘頭人粮

とあり、外荘直歳と荘頭人の名がみえる。おそらく外荘直歳は寺僧が毎年輪番で荘園の管理にあたるものであり、荘頭人は俗人で、右の八月十六日条からみて、すくなくとも田租の収納・輸送等をあつかったものとおもわれる。この文書は吐蕃時代のものとおもわれるが(65)、このような役目は帰義軍時代でも必要であったはずである。ペリオ文書三二

三四号紙背に、

麹壹㪷、牧羊〔人?〕来、及菜田渠地送地税人喫用

とあるのは、おそらく上述の浄土寺の菜田渠厨田の田租を輸送してきた人々の食事のために支出した項目であろう。敦煌ではないが、上記のダンダーン＝ウィリク出土文書に、「外巡僧」なるものがみえる。これが直営地における家人の労働を監督する僧侶であったことは、ジェルネ氏によって指摘されている(Gernet, J., *Les aspects économiques du bouddhisme*, p. 124)。

3　敦煌寺領農民の位置づけ

以上のべてきたところによって、帰義軍時代の寺領の生産者には、寺内で駆使される家人(奴婢あるいはそれに近い使用人)のほか、寺院に専属して一般の郷司百姓と区別される常住百姓があり、これとは別に寺僧・官人・郷司百姓らがおそらく一定の契約のもとに生産に従事していたとおもわれる。当時奴婢的な労働力はあきらかに主流でなくなっていたのであるから、問題は残る二つの生産関係をどのように歴史的に位置づけるかということである。私は上に唐代中期以降発展する佃戸制的租佃関係が、主として均田農民層の分解によって形成されること、したがってそれは均田農民あるいは小農民同士の比較的対等な契約関係から出発して、しだいに貸主・借主間に従属的な身分関係が生まれ、不平等な契約関係に転化していくことをあきらかにしてきた。もしこのような発展の大勢に関連させるならば、敦煌の寺領における上記二つの生産関係のうち、ひろく一般良人とのあいだにむすばれたと考えられる租佃契約関係こそ、この時期に発展してきた生産関係としては一般的なものであり、宋以後の租佃関係にもつながるものであると考えられる。もちろんそのような契約関係は不平等なものに転ずるのであるから(不平等であっても契約関係であることにかわりないが)、それを「近世」的な関係とみる説に賛成するわけにはいかない。

それでは敦煌におけるもう一つの生産関係、すなわち寺院の寺戸・常住百姓にたいする関係をどう位置づけるべきか。この点については、現在のところ確認できないというのが正しいだろう。そのことを承知のうえで、以下に二、三の仮説を提示しておきたい。

第一の仮説は、竺沙氏の説のように、敦煌の寺戸制度にあらわれた生産関係を、上記の佃戸制的租佃契約関係に比べて一段と古い関係とみるものである。もちろん私は均田制時代の中国社会の主要な生産の担い手を均田的小農民と考えるものであるが、寺戸制度もまた北魏までさかのぼることが知られている。敦煌の寺戸制度がこの北魏の寺戸制度の系統をひくものであるかもしれないことは、考慮しておいてよいであろう。北魏に僧祇戸と仏図戸があったことは周知のとおりであるが（塚本善隆「北魏の僧祇戸・仏図戸」）、このうち仏図戸は寺戸ともよばれた。これについて魏書一一四釈老志の曇曜の奏請には、

> 民の重罪を犯すもの及び官奴を、以て仏図戸と為し、以て諸寺の掃洒に供し、歳（農繁期）に兼ねて田を営み粟を輸《いた》さしめん。

とある。この「田を営み粟を輸す」（営田輸粟）をどう解釈するか問題であるが、上の文全体からみた感じでは敦煌の寺戸よりも奴隷に類するようにおもわれる。それゆえ毎年粟六〇斛を仏曹に納入する僧祇戸の方が、敦煌の寺戸に近いという見方もされるわけであるが（竺沙雅章「敦煌の寺戸について」、Gernet, J., *op. cit.*, pp. 107–108）、僧祇戸は一定の粟を負担するだけであり、釈老志に引いた尚書令高肇の奏のなかに、

> 内律に依るに、僧祇戸は一寺に別属するを得ず。

とあって、各寺に専属する農奴であった敦煌の寺戸とは異なるのである。このように北魏の僧祇戸が一般農民に近く、仏図戸が奴隷に類するのはけっして偶然ではなく、皇帝の小農民支配が基本であり、農奴制と農奴主の勢力が比較的未熟であった当時の社会の発展段階に対応するものであると私は考える。したがって、敦煌の寺戸が北魏の僧祇戸な

り仏図戸なりの系譜をたといひくとしても、敦煌の寺戸のような形態があらわれてくるのは、北魏以後それなりの発展があったとみなければならないであろう。(66)その点で、均田制の崩壊にともなって小農民の没落する時期に、敦煌が吐蕃の支配をうけて仏教教団が拡大したことは、寺戸制度の発展のうえでやはり重視しなければならないとおもわれる。

そこで第二の仮説としては、敦煌の寺戸制度を、敦煌地域の特殊性につなげて理解しようとする説が考えられる。たとい上のように寺戸制度が北魏以来の伝統をひくとしても、北魏の僧祇戸・仏図戸はその後中国内地では存在があきらかでないのであるから、辺境の仏教都市という敦煌の特殊性を考慮する必要があろう。しかしもし均田制の崩壊期が寺戸制度の発展のうえで重視されるならば、寺戸制度にみられる生産関係は、この時期に発展する新しい生産関係としての佃戸制的租佃関係の一つの特殊形態とみることも可能になろう。寺戸・常住百姓が一般農民、すなわち郷司百姓と同様自己の経営をもち、相当自立性の高い存在であったことは前に指摘したし、かれらが官の徭役や兵役に徴集されたこともあきらかにされている(竺沙前掲論文、藤枝晃「吐蕃支配期の敦煌」)。しかもかれらは郷司百姓と区別されて、籍を異にし、婚姻・移動の自由をもたなかった。このような関係を生んだ要因として、敦煌における地方権力と結託した教団の絶大な勢力、しかもそれが吐蕃の支配のもとで一時中国内地ときりはなされて発展したこと、この時期に中国内地では貨幣経済の発展がとくにいちじるしかったのにたいし、敦煌では逆に現物経済にもどってしまったこと等があげられよう(藤枝前掲論文)。佃戸制の発展のうえで、江南の先進地域と、四川・荊湖等の後進地域のちがいが指摘されており(柳田節子「宋代土地所有にみられる二つの型」)、仁井田氏は敦煌の常住百姓における人格的不自由規定を、五代宋初の四川の大地主と佃戸とのあいだの「役属数世」という関係に類比している(「唐末五代の敦煌寺院佃戸関係文書」)。しかしあるいは敦煌の事例は、右の二つの類型のほかに、もう一つの辺境の類型として加えた方が適当であるかもしれない。(67)

張議潮が起こって吐蕃の支配にかわったとき、若干の改革がおこなわれ、それとともに寺戸の一部解放がおこなわれたことは事実として軽視すべきではないだろう。吐蕃時代の寺戸と帰義軍時代の常住百姓を比べることは、史料不足の関係で難しいが、あるいは常住百姓の自立性の方が一層高いかもしれず、それが右の解放と何らかの関係をもつかもしれない。しかしそれをもって基本的な生産関係全般の変革とみなすことは困難であろう。むしろ仏教教団は政治権力を背景として、寺戸制度を常住百姓の制度として引き続き存続させようともくろみ、実際にもその制度が維持されたと考えられる。しかし他方において、敦煌においても良民間の租佃契約関係が成立していたのであって、唐末以降の寺領の発展と、小農民層の一層の没落のなかで、寺田経営においてもそのような租佃契約関係が採用され、常住百姓の制度と併存するにいたったと考えられる。このような租佃契約関係の発展が、中国内地の一般的動向と同じであったことはさきにのべたところである。

(49)　この文書の原文は、金祖同『流沙遺珍』第十四参照。注42に引用したように、吐魯番の佃人文書のなかには、寺院の家人が堰頭にあてられた例がある。なおスタイン文書五九四七号に、「宋家宅官健廿七人、計三日毎人壹㪷、得麪兩石七斗　南宅官健、計三日毎人壹㪷／廿四人得麪兩石四斗　十寺斷児十六人、得麪一石六斗、毎人墼四十／宋宅官健三十人、五日中間計用麪四石五斗　南宅官健二十四人、計用麪／三石六斗圡?　十寺百姓一十七人、五日中間計用麪兩碩五斗五升」とあるが、十寺斷児は家内奴隷的な使用人を指し、十寺百姓は常住百姓を指すものであろうか。

(50)　この文書のいみについて、那波利貞氏は、不意の運転支障のため梁戸・磑戸が梁課・磑課の納入猶予を連名で某寺に願い出たものと觧したが(「梁戸攷」)、そのようないみはまったくない。ジェルネ氏は、梁戸・磑戸が契約であった証拠としているが(Gernet, J., *Les aspects économiques du bouddhisme*, p. 147)、この方が正しい。この契が雛形であるとすれば寺名を決定する必要はないかもしれないが、この契にすぐ続いて、「丁酉年四月立契▢／元寺羊群一年現▢／児女」とあり、同年の契でもあるし、前者も開元寺にかんするものではないかとおもわれる。

(51)　スタイン文書六七八一号に、「(前欠)紫捌寠欺政綾雨鳥全長参拾貳尺、准折欠油兩□(碩)／伍㪷壹勝半、更残欠油参碩、用為後憑／欠油人陽王三／口承男惟子／僧政□／僧政／都僧録□」とあるのは、梁戸が梁課の支払いを欠いたため代償を出したものであろう。

(52) 仁井田氏は契約当事者双方を拘束する違約罰文言がある場合、比較的対等な契約関係と理解し、家財等の差押文言のある場合は、契約当事者の一方が優位にあるものと判断したが、この文書には両方の文言があり、両者の矛盾しないことがしめされている。さきに第二節において引用した貞観十七年租佃契について、仁井田氏は差押文言等の存在から田主側が一方的に優位にあるものとして、他の租佃契と区別したが、私は小農民同士の比較的平等な関係のなかでの差異にすぎないと考えた。租・課等の支払違約にたいして差押文言がつくことは、契約の対等性を破るものではないであろう。

(53) ペリオ文書三九一八号、仏説金剛壇広大清浄陁羅尼経末の跋文に、「癸酉歳十月十五日、西州没落官・甘州寺戸・唐伊西節度留後使判官・朝散大夫・試太僕卿趙彦賓写」とある。これはおそらく西州(吐魯番)で吐蕃に捕虜とされるか何かして、甘州に連行されて寺戸とされた元官吏であろうか。これはかならずしも寺戸・常住百姓と官吏・一般良人との別を否定する材料にはならないであろう。

(54) スタイン文書五九六四号は、本文引用のレニングラードの文書と類似の牧羊人にかんする文書である。

(前　欠)

口　當年児白羊羔子兩口　女羔子壹口

已上通計白羊羖羊児女大小貳伯

捌拾伍口、一一並分付牧羊人王住羅

悉鷄、後竿為憑、

牧羊人王悉羅(押字)

牧羊人王住羅悉鷄(押字)

牧羊人程万子(押字)

准羔子数合得蕎伍㪷貳升(押字)

この文書の牧羊人の一人王悉羅はレニングラードの文書と同じであり、もう一人の王住羅悉鷄はレニングラードの文書では王拙羅寔鷄となっているが、同一人の公算が大きい。スタイン文書の方では前が欠けているので、「常住牧羊人」の名称があったかはっきりしない。

(55) スタイン文書四六四九号「庚午年二月十日沿寺破暦」に、「[五月]廿二日……粟兩碩壹㪷、牧羊人王□信春粮用」とあり、スタイン文書四六五七号破暦に、「又粟参㪷、付牧羊人安君足用」とあり、ペリオ文書二〇三二号紙背豆破に、「豆七碩、牧羊人粮用」とあり、ペリオ文書三二三四号紙背「連麩破」に、「麩壹碩肆㪷、付牧羊人粮用」とあり、ペリオ文書四九五七号破暦に、「□放羊人粮食破用」「白麪伍升、充放羊人食用」などとあるのは、牧羊人に食粮が支給される場合のあることをしめしている。

(56)　ペリオ文書三二三四号紙背のなかに、「壬寅年正月一日已後直歳沙弥願通手上諸色入暦」なるものがあり、そのなかに、「麦玖碩壹㪷、菜田渠地税入　麦貳拾貳碩肆㪷、菜田渠地税入　粟貳拾参碩、无窮渠地税入　麦捌碩肆㪷、藺南地税入」とあり、ペリオ文書二〇三二号紙背に、「麦貳拾貳碩肆㪷、菜田渠地税入　麦拾肆碩、□康渠地税入　麦捌碩肆㪷、藺南地税入」とあり、スタイン文書五九五二号紙背に、「粟貳拾参石、无窮厨田入　粟貳拾貳碩、城東厨田入」などとあるのも、浄土寺の田収をしめすものであろう。

(57)　晋書三五陳騫伝に、「咸寧三年、求入朝、因乞骸骨、賜袞冕之服、詔曰……親兵百人、厨田十頃、厨園五十畝、厨士十人、器物経用皆留給焉」とあり、同書三六衛瓘伝に、「瓘慚懼告老遜位、乃下詔曰……給厨田十頃、園五十畝、銭百万、絹五百匹」とあり、寺院にかぎらず厨田・厨園の語が用いられている。日本の荘園における「みくりや」の語に相当するであろう。

(58)　この文書は、那波利貞「敦煌発見文書に拠る中晩唐時代の仏教寺院の銭穀布帛類貸附営利事業運営の実況」に、五五二九号三三通中の第三〇番目の文書として紹介されたものであるが、現在は整理しなおされて番号が変更されている。

(59)　この文書は、那波前掲論文に、五五二九号三三通の第一二番目の文書として紹介されたものであるが、現在は番号が変更されている。

(60)　ペリオ文書二九三二号、甲子年翟法律便豆暦に、「二月二日、孟受荘大歌善支便豆兩碩、至秋参碩（押字）　口承人衍鶏氾欠？頽一「九日、捌尺荘漢價攜搔便豆壹碩、秋壹碩五斗（押字）　口承人□保清（押字）」とあるのも、荘園の農民に豆を貸付けた記録である。この文書では一般の借主の名の上には所属の郷名が記されているのであるが、右の場合は郷名でなく荘園名が記され、荘園に所属する農民であることをしめしている。荘園の農民については、スタイン文書一三九八号紙背破暦に、「四月九日、荘客臥□□」「□月一日、荘客下柴酒半瓮」とあり、ペリオ文書三四一二号紙背渠人転帖に、「須得荘夫不用斯(廝)児」などとあるように、荘客・荘夫の語も用いられている。

(61)　張判官・氾判官は、帰義軍節度使の幕府の判官か、それとも都僧統司の僧官であるかあきらかでない。寺領に関係する点からは僧官とも考えられないではないが、「劉生厨田」「史家厨田」とならんで出てくるところをみると、俗人の官吏である蓋然性がある。

(62)　ペリオ文書三九四七号に、「僧光《行》圓都郷御《?》渠地十五畝　解渠四畝並在道真佃／離俗城北東支渠地七畝見在／金鸞《行》観進渠地四畝見真《尼》智佃／維明菜田渠地十畝入常住　智廣《絲》菜田渠地十畝見道義佃／戒榮観進渠地十五畝　□《行》(以下欠)」とあるのは、寺田ではなく、寺僧個人の田土のようであるが、それらが僧尼の租佃によって耕作されていることがしめされている。そのなかに「入常住」のあるのは、寺産に入れられたことをいみするのであろう。常住百姓に耕作されるといういみではあるまい。

(63)　スタイン第三次探検隊将来、マスペロ紹介文書三一八号は、吐魯番出土の寺院会計文書であるらしいが、「作人」にたいする食粮の支給が記されている(Maspero, H., *Les documents chinois*, p. 152)。

(64)　ペリオ文書三二三四号紙背入破暦には、「磑𩞯麪麦三石、又麦六石八斗、磑課薗子粮恩子等」とあり、園子と恩子とを併記しているから、あるいは両者は別であるかもしれない。

(65)　文中に「九月六日、出白麪陸㪷、付金蒸、充蕃寺卿東来日食」「同日、出麪肆㪷、付金蒸、充東来蕃寺卿食」「廿三日、出白麪参㪷、付恵林、充峯皮《?》来吐蕃食」などとある。

(66)　敦煌の寺戸がもし北魏の僧祇戸の系譜をひくとすれば、それが各寺院の専属となった点で僧祇戸よりも寺院への隷属性が進んでいるが、他面各寺院に隷属しながらそれを通して教団全体の統制をうけている点は、僧祇戸の遺制であるとみることができるかもしれない。

(67)　東アジア全体に眼をひろげれば、この時期の変革のなかで、日本における農奴制の形成も、敦煌にあるいみで類似した辺境の類型に入るとみられないであろうか。

第三篇　中国古代の身分制と土地所有制

第七章　中国古代における良賤制の展開

――均田制時代における身分制の成立過程――

一　問題の所在

近代以前の社会においては、国家の支配体制は身分制という形をとってあらわれる。中国社会の基本的な身分は、良人(良民)と賤人(賤民)とにわかれるといわれるが、(1) このことは中国社会の専制主義的な支配の体制と無関係でありえない。この点にかんして西嶋定生氏は、中国古代の基本的な生産者は皇帝の直接支配をうける小農民であり、(2) このような小農民をふくみこんだ良人は、皇帝に来源をもつ礼的秩序のなかに位置せしめられているのにたいし、その秩序から排除されてその外側に設定されたものが奴婢ないし賤人身分であったとしている(「中国古代奴婢制の再考察」)。また浜口重国氏は、中国(およびその影響をうけた日本等)の奴婢を半人半物とする仁井田陞氏の説を批判して、(3) 奴婢は本来は物であったが、王法のもとにおかれることによって、はじめて人格の所有者として認められたのだとのべている(「唐法上の奴婢を半人半物とする説の検討」および『唐王朝の賤人制度』第一章)。浜口氏が奴婢までも礼のなかに包摂されているというのは(前掲書五七頁)、西嶋氏が指摘する唐律疏議の論などによって疑わしいが、古典古代におけるごとく奴隷が法の保護からまったく排除されているのではなく、良人と奴婢とがともに皇帝支配下の身分としておかれることによって、奴婢の主人の恣意に一定の制約が加えられたことはまちがいない。いずれにせよ良賤の身分制を、中国の皇帝支配の体制ときりはなして理解することはできないのである。

もしこのように、中国古代の身分制が皇帝専制主義の体制と関係あるものと考えるならば、その起源が秦漢帝国にあると考えるのは自然であり、西嶋氏もそのように理解している。しかるに尾形勇氏は、漢代においてはまだ身分としての良人という概念は成立せず、良人の語は三国期に出現し、北魏の均田制成立期に正式に登場する、さらに奴婢以外の部曲や雑戸等の諸身分の形成を前提として良賤制が成立をみたとのべている(「良賤制の形成と展開」)。尾形氏は良賤制の基本的な構造については西嶋説に同調しているのであるが、西嶋氏は良人身分との対比において賤人身分を理解するよう主張しているのであるから、もし尾形説のとおりであるとすれば、西嶋説も多少の修正を要しよう。私も旧稿において、良人と奴婢という明確な対立概念は後漢末・三国ごろにあらわれることを指摘したが、良と賤の観念は漢代にあらわれていると考えて、尾形氏ほどの大胆な結論は出さなかった。

いったい中国の古代社会は、秦漢から隋唐にいたるまで、専制君主による一元的な小農民支配の体制、いわゆる斉民制、あるいは個別人身的支配の体制という点ではかわりない。西嶋氏の論文の目的は、このような支配の体制と関連して良賤の身分制があらわれることをあきらかにしようとする点にあったから、秦漢から隋唐までを一貫して同質なものとしてあつかっている。しかし父老・豪族によって握られた農民の共同体を基礎にすると考えられる秦漢帝国と、均田制によって国家が直接小農民の生産を規制する北朝・隋唐の帝国とのあいだには、支配の基礎をなす社会の性格において、かなりの変化がみられるとおもわれる。旧来の法制史的な研究によると、賤人制度がもっとも発達したのは唐代であって、そこでは官賤人は官奴婢、官戸(番戸)、雑戸、工楽、太常音声人、私賤人は私奴婢、部曲・客女等からなっていたといわれるが(玉井是博「唐の賤民制度とその由来」、滝川政次郎「唐代奴隷制度概説」、浜口前掲書)、この時代の賤人制度がこのように複雑に分岐してくるのは、中国古代社会の進展にともなう階級分化の状況を反映するとともに、均田制の実施にともなう身分体系の確保の必要があったからではないかとおもわれる。

もっとも右にあげた官・私の諸身分を、一律に賤人と称するには異論もある。滋賀秀三氏は、官奴婢、官戸、私奴婢、部曲・客女らが賤と称せられたが、他は隷といわれても賤とはよばれなかったという(「訳註唐律疏議」四)。たしかに官賤人の階層性は複雑であるが、しかしそれらが良人でなかったこともあきらかなようである。(4) ところが草野靖・越智重明両氏は、従来私賤人とみられていた部曲・客女についても、それが良人であったと主張している(草野「唐律にみえる私賤民、奴婢・部曲に就いての一考察」、越智「唐時代の部曲と魏晋南北朝時代の客」)。もしこの説が正しいとすると、部曲・客女は唐代には給田対象から外されているのであるから、良賤の身分体系が均田制の実施と関係あるであろうというさきの見透しを再考する必要があるかもしれない。本章ではさきの尾形説やこのような説を考慮しながら、均田制下の身分制の成立過程をとくに問題にしたいとおもう。

(1) 良民・賤民の語は唐代には用いられず、良人・賤人といわれている。これは唐の太宗李世民の諱を避けるため当然のようでもあるが、初期の賤人制度の研究者である玉井是博氏は、宋代以後も良人・賤人の語が用いられるから、李世民の諱を避けたのではなく、正しくは賤人というべきところであるが、今は一般の用例にしたがうとのべて、「唐の賤民制度とその由来」を書いた。近年浜口重国氏は賤人の語を用いて、『唐王朝の賤人制度』を著わした。最近になって、好並隆司「漢代下層庶人の存在形態」は、漢代の賤人の語が奴婢そのほか罪人・商人などの差別された身分を指すのにたいし、賤民の語は庶民のなかの下層のものが賤視された職業についた場合に用いられるとしている。しかし氏が他方で賤人の別称を検討し、そのなかには賤民も混在しているとのべているのは、賤人と賤民の語が明確には区別されていないことをしめすものであるかもしれず、なお今後の検討が必要であろうとおもう。

(2) 西嶋氏は、秦漢帝国においては皇帝と小農民との間に基本的な階級関係があるとものべているが、この点については異論もあるかとおもう。石母田正『日本の古代国家』は、むろん日本についてのべているのであるが、律令制国家の段階においても、在地の「首長制」を第一次的、基本的な生産関係とし、国家対公民の支配＝収取関係は第二次的、派生的生産関係であるとのべている(第四章、とくに三九二頁)。もちろん日本と中国の社会を同一視はできないが、秦漢帝国にかんして、増淵龍夫「中国古代国家の構造」は、専制君主を中心として形成される官僚制的機構による政治秩序と、民間の群小土豪を中心として形成される自律的な社会秩序と、この二つの秩序がどのような構造のもとに相接合するかを問題にしている。この「二つの秩序」のうち、西嶋氏は前者をのみ即生産関係として重視するのであるが、私は国家の直接的な生産への干与が強化されるのはむしろ均田制時代であり、それ以前においては土豪の自律的秩序をも相当重視すべきであると考える。そのことは第三章でもふれたが、良賤制を論ずるに際しても、後述するように、中国古代社会の右のような展開を考慮すべきであろうとおもう。

（３）「半人半物」の語は、中田薫氏が東京帝国大学の講義において、日本の律令制下の奴隷を特徴づけるのに用い、石井良助氏がこれを踏襲したのを、仁井田氏が中国の奴婢にも適用したのである（『支那身分法史』九三七頁注１）。浜口氏の批判にたいしては、仁井田氏の反論がある（「唐代法における奴婢の地位再論」）。

（４）唐律疏議一四戸婚、雑戸不得娶良人条に、「諸雑戸不得与良人為婚、違者杖一百云々」とあり、その疏に「雑戸配隷諸司、不与良人同類、止可当色相娶、不合与良人為婚」とあり、またその後文の疏に「其工楽・雑戸・官戸、依令、当色為婚」とあって、工楽・雑戸が良人と同じでなかったことはあきらかである。六典六刑部都官郎中員外郎条に、「凡反逆相坐、没其家為官奴婢、一免為番戸、再免為雑戸、三免為良人」とあるのも、雑戸が良人と別であったことをしめしている。ただ太常音声人は楽戸を解放して良人なみにあつかうようになったもので、さきの唐律疏議の疏にも「太常音声人、依令、婚同百姓」といい、「良人に同じ」とはいっておらず、良人と区別する表現はなされていない。これが一般の人々とちがうのは、もっぱら太常寺に所属して分番上下する点であった。

二　良賤観念と奴良の制の成立

１　漢代の身分構造

中国古代の奴婢はすでに先秦時代にあらわれるが、身分的意識をしめす良と賤の観念も、すくなくとも漢代にはあらわれていたように私にはおもわれる。塩鉄論一〇周秦篇のなかの御史の言に、

春秋に罪人名号なし、これを謂いて盗と云う。刑人を賤しみてこれを人倫に絶つ所以なり。

といい、文学の言に、

今、人を殺す者は生き、剽攻竊盗する者は富む。故に良民内に解怠し、耕を輟《や》めて心を隕《やぶ》る。古は君子は刑人を

> 近づけず。刑人は人に非ざればなり。

という。文学の言は、公羊伝襄公二十九年に「刑人は其の人に非ざるなり、君子は刑人を近づけず」とあるのを参照したものであるが、刑人を人間なみにあつかわない思想は古くからあったらしい。これが右の御史の言では「刑人を賤しむ」と表現されており、一方文学の言では刑人にあつべき殺人者や剽攻竊盗者を「良民」と対比させている。したがってここでは良と賤のちがいは、刑人としからざるものとのちがいをいみしている。ここから尾形氏は、秦漢時代に身分としての良民の語は存在していなかったが、罪人・盗賊の類と対比した概念における良民の語が存在していたと結論しているが、はたして良民の語はそのようないみに限られていただろうか。漢書七二貢禹伝にのせる、前漢元帝のときの御史大夫貢禹の上言に、

> 又諸官奴婢十万余人、戯遊して事とすること亡《な》く、良民に税してこれに給し、歳ごとに五六鉅万を費す。宜しく免じて庶人と為して稟食し、関東の戍卒に代えて、北辺の亭塞・候望に乗《のぼ》らしむべし。

とある。ここでは良民の語が奴婢と対置されているといえるのではないだろうか。

右において良民に対するものが、一方は刑人、一方は奴婢であるが、両者に共通な点は人間なみにあつかわれないということである。[5] それが前者の場合、賤と表現されているのである。好並隆司氏によれば、漢代の賤人・賤民の語は、奴婢・婢妾・刑人などのほか、行賈すなわち商人や、下層庶民をも指す場合があったという(「漢代下層庶人の存在形態」)。右の行賈について、好並氏は漢書西域伝の西域人の商人の例をあげているが、氏もいうように、商人は漢代に「七科の讁《たく》」といわれるものの一つとして賤視されているとみるべきであろう。七科の讁とは、漢書六武帝紀、天漢四(前九七)年正月条の張晏の注に、

> 吏の罪ありしもの一、亡命二、贅壻《ぜいせい》三、賈人四、もと市籍ありしもの五、父母の市籍ありしもの六、大父母の市籍ありしもの七、凡そ七科なり。

とあるもので、亡命は戸籍を離脱して逃亡したもの、贅壻は女家に婿入りしたものであるが、後者はしばしば女家での労働をもって聘財にかえる労役婚の場合が多いといわれる(仁井田陞『支那身分法史』七三一頁以下)。これはむろん男子の側が貧困で聘財を支払えないからであるが、女家の側では労働力の必要のためにおこなう場合が多く、債務奴隷に近いものであるといえる。[6] 商人については、本人ばかりでなく、祖父母(大父母)の代に商人であったものまでふくめて、この七科の謫のなかに数えられていた。

漢書二八下地理志には、「漢興りて、六郡の良家の子、選ばれて羽林・期門に給せらる」とあり、その如淳の注に、

医・商賈・百工は予《あずか》るを得ざるなり。

とある。また史記一〇九李将軍列伝には、「広は良家の子を以て、軍に従って胡を撃つ」とあり、その索隠に、「如淳云う、医・巫・商賈・百工に非ざるなりと」とあるから、商人等の七科の謫のなかには数えられなかったが、医者や巫祝(両者は古代においては分離していなかったとおもわれる)、各種手工業者らも同様に賤視されていたと考えられる。漢代の賤人は、好並氏の挙例からみれば、これらの人々をもふくむと推測してよいであろう。そしてこれらの賤人に対比されるものが「良家」であろうことは、右の漢書地理志や史記李将軍列伝から容易に想像される。良家をもって七科の謫等を出さない家とする理解は従来からもあったが(鎌田重雄「漢代の後宮」、西嶋定生『中国古代帝国の形成と構造』二四六頁)、近年片倉穣氏はこれをさらに限定して、巫・医・商賈・贅壻・犯罪人等を三代以上にわたって出さない家と定義している(「漢唐間における良家の一解釈」)。なるほど七科の謫のなかの商人については、三代にわたる範囲がふくまれているが、それを官吏の犯罪者や亡命・贅壻・医・巫にまで拡大してよいかどうかは問題であろう。このような定義がなされるのは、さきの漢書地理志等の用例のほか、漢書七九馮奉世伝に「良家の子を以て、選ばれて郎と為る」とか、同書九七上孝文竇皇后伝に「良家の子を以て、選ばれて宮に入る」[7] などとあるところから、良家をもって文武の官吏や後宮の女を出す資格をしめすものと解釈するからでもある。したがって片倉氏は、西嶋氏のよう

に良家を良人・良民一般と同視することには賛成せず、良家は良民のなかの右の資格に相当する欠陥のない家と解するのである。しかし敦煌出土の漢簡に、

出粟一斗二升以食使莎車續相如書上良家子二人十月癸卯□(シャヴァンヌ番号三一〇号)

良家子卅二人土共四人物故　皇□□賢□□□□四人(同右三一二号)

などとあるのは[8]、官吏や宮女の選出に直接には関係ないから、良家自体がもっぱらそのような資格をしめすために用いられる名称なのであるかどうか疑問がないわけではない。しかしいずれにせよ、良家と七科の讁以下の賤人とを対比すれば、良・賤が身分をしめす観念として存在したことはたしかであろう。ただしそれは後世の良人身分・賤人身分とかならずしも一致しない。

漢代における良人・良民の範囲を確定することは良家の場合よりも難しいので、良人・良民の語が右の良家とどういう関係にあるのか、たしかなことはいえない。さきの漢書貢禹伝の貢禹の言では、官奴婢と良民とが対置されると同時に、奴婢を免じて庶人となせといわれている。実際のところ漢代では、奴婢にたいする語としては、庶人の方がよく用いられているのである。たとえば漢書一下高帝紀、五(前二〇二)年五月の詔に、

民飢餓を以て自ら売りて人の奴婢と為りし者、皆免じて庶人と為せ。

といい、後漢書五安帝紀、永初四(一一〇)年三月乙亥詔に、

其の官に没入せられて奴婢と為りし者、免じて庶人と為せ。

などとある類である[9]。これらは奴婢と庶人とのあいだに、のちの奴婢と良人との違いに相当するような、明確な身分的な相違があったことをしめしている[10]。しかし庶人と良人とはかならずしも同じでない。庶人のなかにはさきにのべたような七科の讁や医・巫・百工等の賤人がふくまれていると考えられる。また庶人の語は、奴婢・刑人に対比されると同時に、他方では官人に対比される。すなわち史記李将軍列伝に、

吏、広が失亡せし所多く、虜の生得する所と為りたるに当《とう》し、斬に当す。贖《あがな》いて庶人と為る。

とあり、漢書六武帝紀、元封三(前一〇八)年夏条に、

楼船将軍楊僕、失亡多きに坐して、免ぜられて庶民と為る。

とあり(11)、そのほか後漢書五二劉隆伝にも、「隆坐して徴せられて獄に下る。其の疇輩十余人皆死す。帝、隆の功臣なるを以て、特に免じて庶人と為す」などとある。

このように漢代では、官庶の別を内包すると考えられる良人の語よりも、庶奴の別とともに、官庶の別が重視されたのである。これは専制国家の形式的な構造に相応した観念である(12)。しかし専制国家のもとでは、官吏は庶人のなかから選ぶほかはない。そこで専制国家の統治にとって好ましくない七科の讁以下を除いた、いわゆる良家の子のなかからそれは選出されることとされたのである。以上のように考えると、奴婢身分はいうまでもなく奴隷制的ウクラードの発展を前提として、それを専制国家体制のなかに組みこんだものであるが、組みこまれると同時に、奴婢は自由人一般ではなく、庶人・庶民と対置されるものとなった。一方良賤の観念は、七科の讁等と良家との関係にみられるように、はじめから専制国家の身分体系を確立する必要によって生まれたのであり、そこに漢代におけるごとき、両者のあいだのずれが生じたといえるのではないかとおもう(13)。

2　奴良の制の成立過程

以上のように、漢代には一般に奴婢にたいして、官庶の別を意識した庶人の語の方が多く用いられたのであるが、後漢末・三国ごろからは良人・良民の語の方が頻繁にもちいられるようになる。後漢書六四梁冀伝は、外戚梁冀について、

或いは良人を取りて悉く奴婢と為し、数千人に至る。名づけて自売人と曰う。

といい、同書一〇八宦者伝は、宦官侯覧について、

　良人を虜奪し、婦女を妻略す。

などと伝えている。後漢書はかなりおそく編纂されたものであるから、後世の用語が用いられていないとはいえないが、魏志四斉王芳紀、景初三(二三九)年正月丁亥即位の詔には、

　官奴婢六十已上、免じて良人と為せ。

とある。のちに唐代では、官奴婢が六十歳になると官戸とし、官戸が七十歳になると良人とする定めであったが、右はそのような規定のはじまりである。しかしこれは実行されなかったのか、正始七(二四六)年八月戊申詔にふたたび、

　属々《たまたま》市観に到り、斥売せらるる官奴婢を見るに、年皆七十、或は癃疾残病にして、所謂天民の窮する者なり。且つ官其の力の竭くるを以て復たこれを鬻ぐは、進退謂無し。其れ悉く遣りて良民と為せ。若し自ら存する能わざる者有らば、郡県これに振給せよ。

とある。その後も晋書六元帝紀、太興四(三二一)年五月庚申詔に、「其れ中州の良人の難に遭いて揚州諸郡の僮客と為る者を免じて、以て征役に備えよ」といい、同書一一七姚興載記に、「百姓の荒に因りて自ら売りて奴婢と為りし者、悉く免じて良人と為す」とあるように、良人・良民と奴婢の語が対比して用いられるにいたっている。

　それではなぜ良・奴の語が、庶・奴の語にかわって前面に出るようになるのか。これについて確実な解答をみつけることは難しいが、推測をくわえれば、奴隷制の発展が庶人層の分解をうながし、専制国家の小農民支配の体制を動揺させるにいたったことが、原因となっているのではないかとおもわれる。魏の徐幹の中論(群書治要四六所収)には、「奴婢は賤と雖も、倶に五常を含む、本《もと》帝王の良民なり」といい、奴婢を賤となす一方で、それが元来帝王の良民である点を強調している。徐幹の文の全体の趣旨は、士人の貧窮に対比して、「海内の富民及び工商の家」が多数の奴婢を役使している状態を指摘し、奴婢の所有を王侯・官吏に限定し、農工商の被治者の階級がこれを畜えることを禁

止しようとしたものであるが、[14] かれに奴婢を「本帝王の良民」などといわせたのは、奴婢の増加とその庶人への蓄積によって、治者と被治者、官と庶から成るものと考えられている中国国家の基本的な構成が、崩壊しかねまじき状態が意識されるにいたったからであろう。漢代の官・庶の別は専制国家の官僚たる地位にあるか否かによって決定されるのであるが、晋代には現に官にあると否とにはかかわらない士の固定した身分が成立し、士・庶の別が厳重になったといわれる（河地重造「晋代の『士』身分と社会秩序の諸問題」）。このような身分の固定化は、上記のような社会の変化に対応しておこるのであるが、これと同時に奴婢と然らざる身分との相違をも一層明確にし、「帝王の良民」を確保しておこうとする必要がおこったと考えられる。ここにいわゆる貴族政治と、やがて均田制が生まれてくるゆえんがあるのではないかと考えられる。

さきに刑人と奴婢とはともに人間なみにあつかわれず、そのいみで賤とよばれたとのべたが、漢代では賤の範囲はさらにひろく下層庶人までをも包含していた。その反面、奴婢の人間ならざる、物としての性格も、まだ固定するにいたっていなかったかとおもわれる。後漢書五五劉寛伝には、あるとき劉寛の客が奴をやって酒を買わせたところ、奴がたいへん酔ってもどってきたので、客が怒って「畜産」と罵った、すると寛は奴の自殺をおそれてこれを監視させ、「此れは人であるのに、畜産といって罵るとは、こんなひどい侮辱があるか、私は奴が死ぬのではないかと心配した」といったという話がのっている。畜産は畜生に同じで、この話は今日我々が「コン畜生！」などとやたらに使う罵言の古い起源をしめすものであるが（仁井田陞「旧中国人の言語表現に見る倫理的性格——罵詈五題——」）、この插話が劉寛伝に插入されたのは、寛が奴を人としてあつかったからであって、おそらくそうした態度は当時の通念に一致しなかったのであろうとおもわれる。しかしそれにしても、奴婢即畜産の観念が固定しきらないうちでないと、こういう插話はいみをもたないであろう。これは後漢末のことであるが、のちの唐律疏議には、「奴婢は賤人、律、畜産に比す」（巻六名例）、「奴婢既に資財に同じ。即ち合《まさ》に主の処分に由るべし」（巻一四戸婚）などと規定され、奴婢は家畜や財物と同視され、ほぼ主人の自由な処分に服するものとされたのである。したがって魏晋以後の時代に、奴婢のこのような物としての性格が固定されていったとおもわれる。宋書四二王弘伝には、南朝の士人の言として、「奴は符に押《あずか》らず、是れ名《めい》無きなり。民の資財、是れ私賤なり」という語を伝えるが、これは南朝の時代に奴婢が、国家の直接支配下に編付された「帝王の良民」にたいして、独立の名籍をもたず、符伍に編成されず、民の資財として容認され、私賤とされたことをしめしている。(15)

北魏にはじまる均田制は、「帝王の良民」を確保するために、国家が小農民に直接土地を授ける政策にほかならない。ただ北朝では良民のほかに奴婢や牛にも給田したが、奴婢については均田法規に、「奴婢、良に依る」とか「奴、各々良に依る」とか規定されているように、良人と同額の田土が授けられた。しかしそれらは、牛への給田と同様に、奴婢の主人の所有に帰するものであって、奴婢がまったく無権利であったことはいうまでもない。その点でこの時代の良人の上層部が奴隷主としての一面をもつことはまちがいないが、しかし他方において国家的な土地規制である均田制を通じて、良人の広汎な部分を構成する小農民への支配がおこなわれており、奴婢とそれにともなう土地の所有も、均田制的支配の一部に組みこまれ、国家の規制をうけるものであった点を忘れてはならない。

以上のようなわけで、均田制下の基本的な身分もやはり良人と奴婢であった。魏書八世宗紀に記された、北魏の宣武帝の延昌二(五一三)年閏二月癸卯の記録に、

奴良の制を定む。景明を以て断と為す。

とある。この措置は魏書六五李平伝に、

前《さき》ごろ来《より》、良賤の訟、多く積年決せざる有り。平奏す、真偽を問わず、一に景明の年の前を以て限と為さんと。是に於て諍訟止息す。

とあるから、李平の上奏によっておこなわれたのである。このように訴訟が多かった背景には、均田制の施行にとも

なって、あらためて良人と奴婢の限界を確定しようという要求があったにちがいない。それはちょうど均田制の施行に際して、土地の帰属をめぐる訴訟が多く連年決しない状態であったので、李安世が「争う所の田は、宜しく年を限りて断じ、事久しく明らかにし難きものは、悉く今の主に属せしむべし」と上疏したのとまったく同じ状況であり、解決法もよく似ている。景明(五〇〇―五〇三年)をもって基準としたのは、それが宣武帝の治世の初年であったからであろう。

良民と奴婢という身分制度は、後漢末・三国頃からあらわれたのであるが、それが前に推測したように、専制国家が帝王の良民を確保しようとする意図にもとづいていたとすれば、均田制はそのような意図を具体化した政策であったのであるから、このときにあたって奴良の制が出たのは偶然でない。しかしそれを尾形氏のごとく、『良奴制』の成立の時期は、北魏均田制の成立期に置くのが最も妥当と思われる」とまでいうのは適当であるまい。良民と奴婢の身分制度はそれ以前からあらわれていたのであり、李平伝のいうところは、両者の境界をあらためて画定しようとすると訴訟が多くなったので、李平の上奏によりいわゆる「奴良の制」が定められるにいたったのである[16]。李平伝でこれを「良賤の訟」といっているところをみると、良民と奴婢の二大身分が成立することによって、それは良・賤の別とも一致するにいたったのである。しかし均田制の時代には、この良・奴即ち良・賤という単純な区別にはおさまりきれない諸身分もふたたびあらわれてきているのであって、それが唐代の複雑な官・私の賤人制度を成立させることになる。以下は奴良の制の上に加えられるそれらの諸身分についての考察である。

(5) Pulleyblank, E. G., "The Origins and Nature of Chattel Slavery in China" によると、中国における奴婢の起源は刑罰によって没官されたものにあるから、奴婢と刑人とは関係が深いという。奴婢の起源についていえば、犯罪によって共同体ないし国家の成員から排除されたものからはじまったことは充分考えられる。これに戦争による他の共同体ないし国家の成員の捕虜となったものが加わるであろう。共同体の分解をともなう債務奴隷等は、これにおくれてあらわれると考えられる。

当面の秦漢時代においては、すでに債務奴隷等が多数有力者のもとに集積されているが、没官による官奴婢は依然最大の奴隷源であり、没官までいかなくとも、犯罪による刑徒は奴婢と同視されている。漢書二三刑法志に、「其奴、男子入于罪隷、女子入舂槁、凡有爵者、与七十者、与未齔者、皆不為奴」とある奴は、没官されたものという説と、労役刑にしたがうものという説とがあるようであるが、後者であれば刑人が奴とされたことになる。いずれにせよ後述するように、刑人は奴婢と同じく、その身分を免ぜられてはじめて庶人とされたのである。

(6) 漢書四八賈誼伝の王先謙の補注には、如淳の説を引いて、子を質に入れて三年間に返済できないときは奴婢とされるものを「贅子」といい、主家がこれに女を妻せば「贅壻」というといい、鎌田重雄「漢代の後宮」はこれにしたがって、いわゆる債務奴隷であるとしているが、七科の謫は奴婢とは別であるから、右のような事例は贅壻の本来のいみから転じたものとすべきであろう。

(7) その場合三世代の範囲が問題になるとする片倉説の根拠は、唐の開元七年・二十五年選挙令に、「諸官人、身及同居大功已上親、自執工商、家専其業、不得仕」(『唐令拾遺』二九四頁)とあり、また養老選叙令に、「凡経癲狂酗酒、及父祖子孫被戮者、皆不得任侍衛之官」とある点であるが、とくに前者は漢の七科の謫の商人にかんする規定をうけついだものであろうとおもわれる。ただ後者の場合は、侍衛の官にかぎられている点に注意すべきであろう。

(8) これらの漢簡については、大庭脩「敦煌漢簡釈文私考」を参照。賀昌群「秦漢間個体小農的形成和発展」は、三一〇号漢簡を引いて、良家子は良民・良口とも称し、七科の謫に属さない人であるとしている。

(9) 奴婢と同様にみなされた刑人についても、漢書刑法志にのせる文帝時代の張蒼・馮敬の刑罰改革案に、「完為城旦舂、満三歳為鬼薪白粲、鬼薪白粲一歳、為隷臣妾、隷臣妾一歳、免為庶人、隷臣妾二歳、為司寇、司寇一歳、及作如司寇二歳、皆免為庶人」とあるように、庶人と対比されている。尾形氏のいうように、刑人に対するものがかならずしも良民なのではなく、ここではやはり奴婢と同様に庶人である。

(10) 好並氏は漢代の賤が奴婢ばかりでなく下層庶人をも指すところから、奴婢と庶人の対比を強調する尾形氏の「庶奴制」説を批判しているが、これは正しくない。奴婢と庶人とのあいだに明確な身分の違いがあったことはたしかである。

(11) ここに引用した史料の「庶人」と「庶民」とは同じ内容であり、後に引く「良人」と「良民」も同様である。とすれば、好並氏のいうように「賤人」と「賤民」の使いわけがあったかも疑問ではなかろうか(注1参照)。

(12)　最近の尾形勇「漢代における『家人』と君臣関係」が、家人は庶人をいみするものとし、この「私」の世界を「公」に対立するものとしてとらえていることは、奴婢に対して、良人ではなく、庶人を対置する漢代の意識構造を、別の面からしめしたものといえよう。

(13)　国語六斉語に、管仲が国都の民を組織して、二千家を郷とし、郷には良人があってこれをひきいたといい、三国の韋昭の注に良人を郷士(一本に卿士ともあり、どちらが正しいか説がわかれる)、郷大夫と解しており、また管子九問第二十四に郷の良家の語がある。宮崎市定「中国上代は封建制か都市国家か」は、これらの良を春秋時代の邑の支配階級を指した名称であるという。もしこの説が正しければ、皇帝支配の形成とともに良の範囲が拡大し、庶民をも包摂するようになったと解されよう。他方では先秦時代の被支配階級は、奴婢と庶民に分解したと考えられるが、拡大した良の範囲が庶民のどの部分までを包摂するようになるのか、それは秦漢帝国の支配のための身分体系制定の必要に依存したとおもわれる。

(14)　徐幹はいわゆる建安の七子の一人であるが、その奴婢制限策は、のちの晋書四六李重伝にのせる太中大夫恬和の奴婢制限論のなかにも言及されている。

(15)　奴婢がこのように畜産・資財と同視されていく過程で、自然の性を重んずる六朝時代には、奴婢を解放しようとする思想も存在した。東晋の幸霊の言に、「天地之於人物一也、咸欲不去其情性、奈何制服人以為奴婢乎、諸君若欲享多福以保性命、可悉免遣之」(晋書九五藝術伝)とある。

(16)　魏書一一一刑罰志によると、延昌三年、冀州阜城の民の費羊皮が母の葬儀を出すために七歳の女子を同城の人張回に売って婢としたところ、張回がこれを良人であるのを断わらずに転売したという事件が問題になった(この部分は、内田吟風「魏書刑罰志欠葉考」、内田智雄編『訳注中国歴代刑法志』二一九頁以下を参照して、欠落を補う必要がある)。良人の売買は、漢代以来「売人の法」(後漢書一下光武帝紀)によって禁じられており、この場合も費羊皮が子を売ったのは律に照らして有罪なはずであったが、動機によって免除された。張回の方は良人と知って買ったが、律に買う側の規定がなく、これをどう処罰すべきか、費羊皮との軽重の関係もあって問題となった。このような論議がおこなわれたのは、あるいは前年の措置と関係あるかもしれない。なおこの論議のなかで、仁井田氏の指摘のように(「中国法における奴隷の地位と主人権」注4)、永代売買(真売・真買)と買戻条件付売買との区別があったことがわかるが、あるいは後者は公認されており、これによって良人身分のまま人身売買がおこなわれたのではないだろうか。北斉で田土の買戻条件付売買(帖売)が許されていたことは、中田薫「日本庄園の系統」以来指摘されている。

三　雑戸・官戸の由来と身分

1　雑戸の由来

唐代の官賤人といわれる雑戸・官戸の起源が、北朝の雑戸にあることは周知のとおりである。これについては浜口重国氏の詳細な研究があるが（「唐の賤民制度に関する雑考」「北朝の史料に見えた雑戸・雑営戸・営戸について」「唐の官有賤民、雑戸の由来について」『唐王朝の賤人制度』第三・五章）、主として均田制との関連という点から、多少私見をくわえてみたい点がある。

雑戸の語義は、周書六武帝紀、建徳六（五七七）年八月壬寅の雑戸廃止の詔に、

罪、嗣に及ばざるは皆定科有るに、雑役の徒、独り常憲に異なり、一たび罪に従って配せらるれば、百世免れず。……凡そ諸雑戸、悉く放ちて民と為せ。

とあり、また北斉書四文宣帝紀、天保二（五五一）年九月壬申詔に、

諸々の伎作・屯・牧、雑色役隷の徒を免じて白戸と為せ。

とあるように、北朝では雑役の徒、さらにいえば雑色役隷の徒のいみと理解されており、もっぱら官府のために雑多な種類の徭役を提供する特殊な戸を指したのである。その種類には右の伎作（工戸）・屯戸・牧戸のほか、後述するように楽戸・駅戸等があった。均田制は農民を土地とともに国家が直接掌握する制度であるが、それに対応して、一般農民の提供する租調と役とではまかなえない特殊な雑役にあたるものを、とくに雑戸として設定しておく必要があったものと考えられる。

雑戸のうち、屯戸の由来については、太和十二（四八八）年李彪の提案によっておこなわれた屯田について、魏書六

二李彪伝（食貨志にほぼ同文あり）に、

別に農官を立て、州郡の戸の十分の一を取りて、以て屯人と為し、水陸の宜しきを相《み》て、頃畝の数を料《はか》り、贓贖の雑物・余財を以て、牛を市《か》いて科給し、其れをして力を肆《ほしいまま》にせしめ、一夫の田は、歳ごとに六十斛を責め、其の正課并びに征戍・雑役を蠲《のぞ》け。

とある。これによると北魏では、一般州郡の民を強制的に屯戸としたもののようであり、官から土地と耕牛とを給して、年に六〇斛の粟を出させたということである。この六〇斛の負担は、これよりさきに創設されていた僧祇戸の負担とまったく同額であり、一方は政府に、一方は仏教教団に直属して、これらの粟を納めたのであるが、それは一般州郡民、すなわち均田農民の租調にくらべてはるかに重い負担であった。もちろんこれらは租調（正課）のほかに、一般州郡民の負担する兵役・雑役を免除されたのであるから、厳密に量的な比較をすることは難しいが、僧祇戸が被征服民の平斉戸や涼州の軍戸などからとられたことを参照すると（塚本善隆「北魏の僧祇戸・仏図戸」）、屯戸は一般州郡民のなかからとられたとはいえ、その地位は一般州郡民よりも低下せざるをえなかったであろうとおもわれる。

牧戸については唐長孺氏の詳細な論及があって、それに加えるものはない（「拓跋国家的建立及其封建化」）。それによると牧戸は牧子、あるいは費也頭などとも称せられる。北朝の諸王朝は遊牧民の出身であったから、中国の北辺・西辺に広大な国有牧場をもち、その生産にたずさわる多数の牧戸があったとおもわれる。牧戸の由来をしめす史料はないが、かれらが鮮卑・匈奴・勅勒等さまざまな民族に属するところから、唐氏は被征服部落の集団的な俘虜から出たものであろうと推測している。それゆえかれらは皂隷・羣奴・牧士などとよばれて蔑視されていた。

伎作戸のなりたちを直接明示する史料も存在しないが、北魏初期の徙民のなかには、農民とともに大量の手工業者があった。魏書二太祖紀、天興元（三九八）年正月辛酉条には、後燕の旧領土からの徙民について、「山東六州の民吏及び徒何・高麗・雑夷三十六万、百工伎巧十万余口を徙して、以て京師に充つ」とある。しかもなお後燕の旧領土には

多数の手工業者がのこっていたらしい。魏書一一〇食貨志に、

是れより先禁網疏闊にして、民多く逃げ隠る。天興中(三九八—四〇三年)詔して、諸漏戸を採りて綸綿《いとわた》を輸せしむ。自後諸逃戸、占《しんこく》して細繭・羅縠《うすぎぬ》を為《つく》る者甚だ衆し。是に於て雑営戸帥、天下に遍く、守宰に隷せず、賦役周《あまね》からず、戸口錯乱す。始光三(四二六)年、詔して一切これを罷め、以て郡県に属せしむ。

という記録がある。[17] この雑営戸について浜口氏が、営戸、すなわち軍営に所属してその雑労働に駆使される戸とは別だといいながら、他方で「魏書の所謂雑営戸とは、進駐し来った軍営に新たに隣附した戸のことであり」といわれるのは理解しがたい(前掲書三二九頁以下)。右の記事で綸綿なり細繭・羅縠なりを納めるのは軍営にたいしてではなく、中央の官府にたいしてであろう。雑営戸という語はこの記事以外にみえない語であるから、唐長孺氏の説にしたがって、雑戸・営戸の意味に解して差支えないと私はおもう(前掲論文)。そうすると右の記事の官府に綸綿等を納める戸は雑戸にあたり、これは官府に直属して郡県に所属しないのであるが、このほかに軍営に直属する営戸があるから、そこで雑・営戸の管理機関(雑営戸帥)が、郡県の長官とならんで全国に存在し、統一的な戸口の把握が困難であったので、これらをいっさい郡県に所属させようとしたのが右の記事の内容であろう。とすれば、この記事にみえる雑戸は、官府に直属して官府のためにしごとをおこなったのであるから、のちの伎作戸の先駆であり、雑戸の早期の例とみてよいのではないだろうか。

手工業者の社会的地位について、魏書四下世祖紀、太平真君五(四四四)年正月庚戌詔に、

其の百工伎巧・騶卒の子息、当《まさ》に其の父兄の業とする所を習うべく、私に学校を立つるを聴さず。

とあり、同書五高宗紀、和平四(四六三)年十二月壬寅詔に、

今制して、皇族・師傅・王公・侯伯及び士民の家、百工伎巧の卑姓と婚を為すを得ず。

とあるように、手工業者は早くから職業の世襲を強制され、教育・婚姻の差別をうけて、カスト的に身分を固定化さ

れる傾向があり、「卑姓」として賤視されたのである。商工業者を賤視する観念は漢代からあり、北魏もそのような伝統をうけついだ点もあるであろうが、漢代の場合には商工業者を基本的生産である農業から逸脱したものとみなし、それらを官人選出の母体たらしめないところに重点があった。それにたいして北魏の場合には、さきの屯戸設定のしかたといい、手工業者を雑戸として設定し、世襲を強要する点など、むしろ征服国家の必要にもとづいて設定されたという性格がつよいようにおもわれる。

もっとも北魏前期においては、これらの手工業者がすべて官府に所属していたとはかぎらない。手工業者のなかには、王公以下の有力者に養われたものもあったであろう。魏書四下世祖紀、太平真君五年正月戊申詔に、

王公より已下、庶人に至るまで、私《ひそ》かに沙門・師巫及び金銀工巧の人を養いて其の家に在らしむる者有らば、皆遣りて官曹に詣《いた》らしめ、容匿するを得ず。今年二月十五日を限り、期を過ぎて出でざれば、師巫・沙門は身死し、主人は門誅す。

とある。これは例の有名な廃仏とともに出された詔の一部であるから、沙門らとともに私養を禁じられた「金銀工巧の人」とは仏像・仏具等の細工師であり、唐長孺氏のようにこれによってあらゆる手工業者の私養が禁じられたとみるわけにはいかないであろう。むしろこの史料は、金銀工巧の人にかぎらず、各種手工業者が有力者のもとに養われていた蓋然性をしめしているといえるのではないか。

魏書七上高祖紀、太和五(四八一)年七月甲戌条に、

乞養雑戸及び戸籍の制五条を班《わか》つ。

とあるのは、右のことと関連するであろう。さきの雑営戸の記事では、雑戸・営戸は廃止されることになったのであるが、営戸がその後も存続したことはあきらかであるから、雑戸も存続してきたとおもわれる。雑戸は郡県に所属しないのであるから、それは一般の戸籍にのらないはずであり、したがって太和五年に戸籍の制が制定されたとき、そ

れとは別に雑戸について規定される必要があったはずである。ただ右の太和五年の詔には「乞養雑戸」とあるから、そこでは民間の有力者に養われている雑戸を登録させ、国家がそれらを把握することに重点がおかれたのではないかとおもわれる。浜口氏はこの詔の意義について、従来雑戸の乞養を禁止したが効果がなかったので、乞養を許した方が実際的だとみてこの詔が出たものと解しているが(前掲書二九四頁)、私は上述のようにそれまでも私養が認められていたとおもうので、むしろ国家の中央集権力を強化しようとする意図をこの詔に認むべきだとおもう。

やがて均田制が施行されると、民間人が伎作戸ないし雑戸を養うことは禁止されるようになったとおもわれる。北斉書四七酷吏、畢義雲伝に、

　又工匠を私蔵するに坐す。家に十余機の錦を織る有り、並びに金銀の器物を造る。乃ち禁止せらる。

とある。家に一〇余の織機を備え、金器・銀器等を製造し、それに相応した職人をおいていたとすれば、かなり大きな仕事場をもっていたことになるが、それらは違法として禁止され、処罰の対象になったのであるから、いわゆる伎作戸ないし雑戸は、官府に雑役を提供する戸としてのみのこったと考えられる。

以上にのべてきた屯戸・牧戸・伎作戸等の社会的地位はけっして高いものではなかったが、魏書一一一刑罰志によると、東魏のはじめには強盗殺人者の妻子同籍を配没して楽戸にしようという提案があった。これには反対があって実行されなかったとされているが、左伝襄公二十三年の唐の賈公彦の疏に、「近世の魏律に、縁坐配没されて工楽雑戸と為る者云々」とあるから、[18]いつのころよりか、おそくとも東西魏のうちに、犯罪縁坐の戸をあてることがおこなわれるようになったとみられる。隋書二五刑法志にみえる北斉の河清三(五六四)年律に、

　盗及び人を殺して亡《に》ぐる者は、即ち名《めい》に懸け籍に注し、其の一房を甄《わか》って駅戸に配す。

とあり、北周の保定三(五六三)年の大律にも、

　盗賊及び謀反・大逆・降叛・悪逆の罪の流に当る者は、皆一房を甄って、配して雑戸と為す。

とあり、この節の冒頭に引いた北周建徳六年の雑戸解放令にもみられるように、犯罪者の妻子・同籍者を雑戸にあてて、その身分を世襲させることがふつうにおこなわれるようになっていた。のちの唐代の雑戸・官戸は、これらの雑戸がいったん解放されたのちに、あらためて設定されたものであるが、唐律疏議一二戸婚、養雑戸為子孫条の疏では、「雑戸は、前代に罪を犯して官に没せられ、諸司に散配して駆使さる」とあり、「官戸もまた是れ配隷没官さる」るものと説明されている。漢代には奴婢と刑人が同視されたのであるが、北朝の雑戸も結局刑人をもってあてるようになり、唐の雑戸・官戸もその後身と観念されるにいたったわけである。

浜口氏のいうように、雑戸の語ははじめ五胡の時代などでは、雑多な種類の戸をいみする語として、雑人・雑夷等の語とならんで用いられたことはたしかであるが、氏の説によれば、その後北魏では工商等の雑姓の戸を指す語として用いられ、これとは別に雑役の戸・百雑の戸などとよばれるものがあって、後者が雑戸とよばれるようになるのは東西魏以後であるという。しかし浜口氏が工商の類を指す雑戸の例としてあげるのは、北魏末を除いては、太和五年の「乞養雑戸」の語のみである[19]。たしかに均田制以前には、雑戸は官府にのみ雑役を出すとはかぎらず、上述のごとく民間人に奉仕するものもあったのであるが、それらは後の雑戸への発展途上の現象として理解できるのであって、それを雑役の戸ときりはなしてとらえる必要はないとおもう。浜口氏はなお資治通鑑の胡三省注に雑婚の語を説明して、「雑婚とは、工商雑戸と婚を為すを謂う」とあるのを、「工商などの雑戸」と読んで傍証としているが、胡注は後人の解釈であるし、この胡注にせよ、さきの「乞養雑戸」の語にせよ、それが工商のみを指すという保証はないのである[20]。均田制施行後の北魏末の例として氏があげるのは、魏書九粛宗紀、孝昌二(五二六)年閏十一月詔に、「頃《このごろ》旧京淪覆し、中原喪乱となる。宗室の子女の属籍が七廟の内に在りて、雑戸濫門の拘辱する所と為る者は、悉く離絶するを聴す」とあり、また同書一一前廃帝紀、普泰元(五三一)年三月己卯詔に、「伎作及び雑戸の征に従う者を募りて、正に出身に入れ、皆実官を授けよ」とある二例であるが、これらを雑役の戸とは別の工商の類と断定する必要はない。

とくに後者の例を、魏書一〇孝荘紀、建義元(五二八)年六月戊申条に、「直寝紀業に詔し、節を持して新たに免ぜる牧戸を募らしめ、名を投じて力を効《いた》す者有らば、九品の官を授く」とあるのとならべてみれば、この場合の雑戸を雑役の戸と解していっこう差支えない。むしろそう解しなければならないとおもう。

2　雑戸・官戸の身分

北朝の雑戸の身分については、北史五魏本紀、西魏の大統五(五三九)年五月条に、

妓楽雑役の徒を免じて皆編戸に従わしむ。

といい、先述の北斉天保二(五五一)年の詔に、

諸々の伎作・屯・牧、雑色役隷の徒を免じて白戸と為せ。

とあるように、一般の平民より一段低い身分であったことはあきらかである。北魏末の神亀中(五一八―五九年)、蘭陵公主の駙馬都尉劉輝なるものが罪を犯して逃亡したときのことであるが、魏書刑罰志に、

若し劉輝を獲る者は、職人は二階を賞し、白民は出身を聴して一階を進め、断役は役を免じ、奴婢は良と為す。

とあるのによれば、断役すなわち雑戸は、一般平民と奴婢とのあいだに位していた。ただし奴婢は良と為すというのにたいし、断役は役を免ずるだけであるから、そのかぎり雑戸が良人に属していたとする浜口氏の説は妥当であろう(『唐王朝の賤人制度』三〇〇頁)。ただ氏も、既述のように東西魏以後犯罪者の家族を雑戸にあてるのが一般的になったようであるから、のちの唐の官賤民としての官戸・雑戸の実がしだいに備わってきたとしている。このような雑戸の賤民への接近をしめすのはその籍である。

唐の雑戸はその籍が一般農民と同じく州県にあったのにたいし、官戸は州県に籍がなく、直接所轄の官司に属していた。北朝の雑戸はどうであったか。王朝の末には雑戸の解放がしばしばおこなわれたのであるが、魏書一一前廃帝

紀、普泰元(五三一)年二月条には、

百雑の戸に民名を貸賜す。官任旧に仍る。

とある。ここで民名というのは民の名籍のことかとおもうが、もしそうであるとすれば、雑戸は一般民と同じ名籍はもたなかったものと考えられる。また北斉書八後主紀、天統三(五六七)年九月己酉の太上皇帝詔に、

諸寺署絹する所の雑保(役?)戸の姓高なる者は、天保の初めに優勅有りと雖も、権《か》りに力用を仮りて未だ免ぜざる者あり。今悉く雑戸を蠲《のぞ》いて郡県に属するを任《ゆる》し、一に平人に准ず可し。

とあるから、これによっても、雑戸は平人と異なって郡県に属していなかったことがわかる。前にもふれた左伝襄公二十三年の疏に、

近世の魏律に、縁坐配没されて工楽雑戸と為る者、皆赤紙を用いて籍を為《つく》り、其の巻は鉛を以て軸と為す。此れも亦古人丹書の遺法なり。

とあり、雑戸の籍がとくに赤紙でつくられていたという。これは左伝の本文に、「初め斐豹は隷たり、丹書に著《しる》さる」とあるものの疏であるが、古来官奴は丹書につけられるならわしで、雑戸の籍が赤紙でつくられたのは、その遺風をついだものであるというのである。

唐の雑戸・官戸は州県に籍があるにせよないにせよ、その課役は一般農民と同じでなく、所属の官司で就役した。ただし恒常的に官に養われる官奴婢と異なって、当番で番上する定めであったから、雑戸は一般人と同じく給田をうけ、官戸は一般人の口分田の半額を支給されることになっていた。北朝については、洛陽伽藍記二城東景寧寺の条に、

孝義里の東、市の北の殖貨里、里に太常の民劉胡なるもの有り。兄弟四人、屠を以て業と為す。

とあって、ここに太常の民というのは、太常寺に属するおそらくは楽戸の類の雑戸であろうが、これが日常民間で屠殺を業としていたというのであるから、かれらは一定期間番上して役にあたっていたわけである(唐長孺「拓跋国家的

建立及其封建化」)。北斉書後主紀、武平七(五七六)年二月辛酉条に、「雑戸の女の年二十已下、十四已上の未だ嫁せざるものを括して悉く省に集む。隠匿する者は家長を死刑に処す」とあるを、浜口氏は将士に雑戸の女を与えて奮戦を期待したものと解しているが(前掲書三〇三頁)、この記事もやはり雑戸が民間にあったことを推測させる。かれらへの給田や国家への負担については、北魏の尚書令任城王澄の奏した「国を利し民を済うに宜しく振挙すべき所の者十か条」が魏書一九中任城王澄伝にみえるが、その第八条に、

工商世業の戸は、復た租調を徴するも、以て済《な》すに堪ゆること無し。今請う、これを免じて其の業を専らにせしめんことを。

とある。これによれば工商を世業とする戸は租調を支払っていたというのであるから、当然給田もなされていたはずである。この場合の工商世業の戸をただちに雑戸のなかの伎作戸とみてよいかどうか問題であろうが、すくなくともその一部は伎作戸であったにちがいない。なかにはさきの太常の民のごときもあったかもしれない。ともかく雑戸は民間にあって生活していたのであるから、給田があったとみてよいであろう。

北朝の雑戸はこの節のはじめにふれたとおり、北周の建徳六(五七七)年八月にいったん廃止されたが、隋代に「番戸」もしくは「官戸」の名で復活された。それが唐にうけつがれたが、唐初のいつごろよりか、さらにその上に「雑戸」が設けられ[21]、唐代の番役の戸は主に雑戸と官戸(番戸)の二本建てとなった。そのほかに唐代に官司に番上する特殊な身分には工楽と太常音声人とがあるわけであるが、工楽はおおむね官戸の特殊なもの[22]、太常音声人は隋代の楽戸に恩典をあたえてとくにつくったものである(「唐の賤民制度に関する雑考」「唐の太常音声人と楽戸、特に雑徭及び散楽との関係」「唐の楽戸について」『唐王朝の賤人制度』第三章)。以上は浜口氏によってあきらかにされたことであって、とくにつけくわえることはない。

いうまでもなく番戸は番役の戸であるところから出た名称であり、官戸の語は、隋書六四麦鉄杖伝に、

陳の大建中(太)(五六九―五八二年)、結聚して群盗と為る。広州刺史欧陽頠、これを俘《とりこ》にして以て献ず。没せられて官戸と為り、執御傘に配せらる。

とあるように、南朝の陳にもあったようであるから、浜口氏はこれをうけついだものであろうとのべている(前掲書三二一頁)。ただ魏書六五李平伝に、

〔侍御史王〕顕劾す、平、冀州に在って、官口を隠截すと。

とあり、周書四明帝紀、元(五五八)年十二月甲午詔に、

元氏の子女、趙貴等の事に坐してより以来、あらゆる没入せられて官口と為りし者、悉く宜しく放免すべし。

などとあって、北朝では官奴婢を官口ともよんでいるところをみると、官戸とは戸を形成する官賤人のいみであり、あるいは北朝でも雑戸などを官戸とよんだ先例があって、隋はそれを復活させたのかもしれない。もっとも曾我部静雄氏は、南北朝では官口も官戸も同じく奴婢の別名にすぎないとのべている(「中国中世の官賤民と我が雑戸と品部」)。いずれが是であるか決定的な証拠はないが、南北朝いずれかに官戸の語の先例があったことはたしかである。唐代になって官戸の上に新設された雑戸は、むろん北朝の旧名称を踏襲したのである。

北朝で一般の均田農民とは別に国家の直接掌握下におかれ、そのために一般良人と差別されてその地位も賤視されてきた雑戸は、隋代に官戸(番戸)として復活すると、あきらかに官賤人のなかにくわえられるにいたった。唐代に新設された雑戸も、第一節に指摘したように、すくなくともそれが良人でなかったことは明瞭である。

(17)　魏書九四閹官、仇洛斉伝に同じ内容が収められているが、それによると「綾羅戸」の楽葵なるものの奏請によって、漏戸から綸綿を出させるようになったという。その結果やはり「雑営戸帥、遍於天下」という状態になったが、仇洛斉の奏によってこれを罷めるにいたったという。ただ仇洛斉伝には食貨志のような年次は記されていない。

(18)　浜口氏は後述するように、雑役の戸の名称としての雑戸は東西魏以後にあらわれるから、この「近世魏律」を東魏あるい

は西魏のものとする。私は雑戸の語の起源については異論があるが、一般に犯罪者を雑戸にあてるのは比較的時期がおそく、東西魏以後としてよいかとおもう。

(19) 北京図書館蔵敦煌文献位字七九号の末尾に、「今貞観八年五月十日壬辰、自今已後、明加禁約、……其三百九十八姓之外、又二千一百雑姓、非史籍所載、雖預三百九十八姓之限、而或媾官混雑、或従賤入良、営門雑戸慕容商賈之類、雖有譜又不通、如有犯者、則除籍」とある。浜口氏は北魏の雑戸は工商等の雑姓の戸を指すというが、工商等を雑姓とよぶ例はほとんどないようである。右の文献には雑姓・雑戸の語が出るが、この場合の雑姓は雑戸とは別であり、雑戸以外をも含むと考えられよう。この文献は従来貞観氏族志の残簡とされてきたが、池田温氏はこれをいわゆる郡望表とし、その末尾に付された右の文は後人の作為したものであるが、問題の「営門雑戸慕容商賈之類」は北魏時代の状況を反映しているとのべている(「唐代の郡望表」)。

(20) 隋書刑法志に、「魏虜西涼之人、没入名為隷戸、魏武入関、隷戸皆在東魏、後斉因之、仍供厮役、建徳六年、斉平後、帝欲施軽典於新国、乃詔、凡諸雑戸、悉放為百姓、自是無復雑戸」とある。北周が北斉を併合したのち、いったん雑戸を廃止したことは前述したが、この記事は雑戸の起源を北魏の隷戸にもとめている。北魏は国初に徙民の一部を隷戸あるいは僮隷と称して功臣に賜与したが、それは西涼征服の場合にかぎらない。しかも隷戸の記録は臣下に賜与したものが大部分であるが、魏書閹官伝に、趙黒というものは「本涼州の隷戸」であり、没入されて閹人となったというから、官府直属の隷戸がなかったわけではなかろう。趙黒が閹人とされたのは何らかの犯罪のせいで例外と考えられるから(浜口『唐王朝の賤人制度』三一六頁)、一般の官府の隷戸の実態は、のちの雑戸と似たものであったろうことは想像できる。一方王公・官人に属する隷戸が、「乞養雑戸」のなかに入る蓋然性もあるのではないかとおもわれる。しかし隷戸と雑戸とを結びつける決定的な証拠はない。

(21) 唐代に賤人としての雑戸の名がはじめて確認されるのは、浜口氏の指摘のごとく、ペリオ漢文文書三六〇八号の則天時代の書写にかかる戸婚律断簡で、大体永徽律(六五一年制定)と推定されている(内藤乾吉「敦煌発見唐職制戸婚廐庫律断簡」)。なお注19に引いた位字七九号文献にも「雑戸」の語がみえ、貞観八年の日付があるが、この場合の雑戸の部分は前述のごとく、北朝の状況をしめしたものと考えられる。

(22) 工楽の等級について、玉井是博・滝川政次郎両氏は、これを官戸と雑戸との中間にあるとするが、曾我部静雄「中国中世の官賤民と我が雑戸と品部」は、工楽の身分を官戸と同じとし、浜口氏もこれに賛成している。

(23)　そのほか北斉書八後主紀、天統四(五六八)年十二月甲申詔に、「掖庭・晋陽・中山宮人等、及鄴下・并州太官官口二処、其年六十已上及有癃患者、仰所司簡放」とあり、同紀、天統五年二月乙丑詔に、「応宮刑者、普免刑為官口」とあり、周書五武帝紀、建徳元(五七二)年十月庚午詔に、「江陵所獲俘虜充官口者、悉免為民」などとある。

四　部曲・客女の由来と身分

1　部曲・客女の由来

さきに北魏の均田制下で「奴良の制」が定められ、奴婢と良人との境界を明確にする措置がとられたことをのべたが、他方では奴婢に良人と同額の土地を支給し、これによって貴族・豪族の大土地所有を容認するとともに、支給した土地の開発と耕作を期待したのである。しかしそのことは、均田制が基礎とする小農民経済に矛盾しないわけにいかなかった。北斉の時代の関東風俗伝(通典二所引)に、「広占とは、令に依れば、奴婢の田を請うこと、亦良人と相似るなり。無田の良口を以て、有地の奴・牛に比《なぞら》う」とあり、奴婢受田による大土地所有の拡大が、他方において良人・良口＝均田農民の土地喪失をもたらしているらしいことをしめしている。そこで北斉では受田すべき奴婢の数を制限し、隋の煬帝にいたって奴婢への給田を廃止してしまうのであるが、そのことは右のような矛盾に対応した結果であろうとおもわれる。それと同時に、北朝の末期にはしばしば奴婢の解放令が出されているのであるが(第四章参照)、そのこともまた右の動向と無関係でないとおもわれる。前節でしめした北周の雑戸廃止も、この奴婢解放の一連の動きのなかでおこなわれるのである。

さてまたこの奴婢の解放にともなって、北周で出現してくるのが部曲・客女である。すなわち周書六武帝紀、建徳六(五七七)年十一月詔に、永熙三(五三四)年七月より已来、去年十月已前に、東土の民の抄略されて化内に在りて奴婢と為れる者、及び江陵を平ぐるの後、良人の没せられて奴婢と為りし者、並びに宜しく放免し、在る所にて籍に附け、一に民伍に同じくすべし。若し旧《も》との主人、猶お須らく共に居るべくんば、留めて部曲及び客女と為すを聴す。

とあるのがそれである。北魏末の動乱以来、西魏と東魏、北周と北斉とのあいだにくりかえされた戦い、また南朝の梁との戦い、なかんずく西魏の江陵占領等、これらの戦争によって奴婢はいちじるしく増加したとみられる。北周ではこれらをしだいに解放していき、建徳六年の華北統一の結果、雑戸の廃止につづいて、右の戦争奴隷の全面的な解放がおこなわれたのであるが、解放後も主人が依然家にとどめて使役するものはこれを許し、男を部曲、女を客女とよんだのである。

元来部曲は隊伍・兵士をいみする語であるから、部曲身分形成の前提として、兵士の地位の変化を想定しておかなければならない。従来これについては、良人としての兵士が私兵化し地位が低下したものとする説と(沈家本「部曲考」、何士驥「部曲考」以来の説)、私家の賤人が家兵として活躍した結果地位の向上をみたものとする説とがあった(浜口「唐の賤民、部曲の成立過程」「唐の部曲・客女と前代の衣食客」)。すなわち部曲の形成を良人身分の分化にもとめる説と、賤人階層の分化にもとめる説とがあったわけである。ここでは部曲の語義の変化をたどるひまはないが、部曲・客女身分の出現は、上記のように、直接には奴婢の解放の結果、その地位が向上したものとしてあらわれたのである。しかし先述したように奴婢の解放がおこなわれたのは、奴婢の増大とその受田による均田制の危機に対応したものであって、関東風俗伝もしめすように、その背景には良人層の分解・没落もあったとみなければならないであろう。しかも国家は奴婢の解放にあたって、これを良人として解放しきるわけにいかず、旧主人の解放された奴婢にたいする支配を認めて、良人と奴婢の中間に位する部曲・客女という新しい身分を設定せざるをえなかったのである。

すでに均田制の成立過程には「客」といったものもあらわれていたのであるし、均田制によってそれが一たび否定されたにしても、いままた良人層の分解の結果は、主奴の関係と異なるなんらかの私的隷属関係が、現実にも生まれていたであろうと推測される。そのことを実証する史料は乏しいが、周書三五薛善伝によると、河東汾陰の大豪族薛善は、東魏のとき僮僕数百人、「坐客」がつねに方丈に満ちていたといわれ、また通典七食貨丁中の条に、隋が北周にかわったとき、豪室に依存して「浮客」となり、大半の賦を納めるものが多かったと記されているのは、そのことを示唆しているとおもう。もちろんこれらの浮客が、均田制の原則のもとでそのまま認められるわけはなく、以下にあきらかなように、部曲・客女はそれらとは異なった形態のものとしてあらわれたのであるが、ともかくこのような部曲・客女の出現が、均田制の一定の矛盾に対処するものであったとみることは許されるとおもう。

上述のような北周における部曲・客女出現のいきさつは、そのまま唐代法においても部曲形成の要因とされていた。唐律疏議一二戸婚、放部曲為良条の問答に、

戸令に拠るに、自ら贖うて賤を免ぜられ、本主留めて部曲と為さざる者、其の楽しむ所に任す。

とある。「自ら贖うて賤を免ぜらる」とは、奴婢が自分の金銭を出して身売りした身体を買いもどすことで、その際奴婢は本来なら良人になるところであるが、主人が手もとに留めようと欲すれば部曲という身分にならざるをえない、主人にその意志がなければはじめて良人になれる、といういみに上文は解されよう。唐初の僧、道宣の量処軽重儀本(大正蔵経四五)という戒律の書には、

部曲なる者は、本是れ賤品にして、姓を賜い良に従いて、而も未だ本主を離れざるを謂う。本主身死すれば、常住に入るべし。

と記されている。ここでは部曲は賤から良にされながら、なお旧主人との絆をたたないものと解されているが、旧主が死ねば常住人戸、すなわち寺院の使用人にされるのであるから、主人の死によっても解放されない存在なのである。それが良人であるかのごとくに説明されているのは、部曲が奴婢の解放過程に成立するものだからで、実際主人が無

条件に奴婢を解放すれば、かれらは良人になるはずなのである。ただそれが良人になりきるか、部曲としてとどまるかは、まったく主人の一方的な意志に依存しているのであって、したがっていったん部曲となったものは、主人に一方的・人身的に従属し、良人のごとき自由をもたないことになるわけである。

2　部曲良人説の検討

部曲の成立過程には国家の奴婢解放の意図があったにしても、それが完全に解放されないで、部曲という中間的な身分としてあらわれるには、主人の相当強い支配が存在したことを上にのべた。それでは部曲は、国家の全身分体系のなかでどのように位置づけられるであろうか。玉井是博氏以来の通説では、部曲・客女は奴婢よりも一段高い身分であるが、奴婢とともに賤人であるとされてきた。ところが近年これに疑いをもち、部曲・客女が良人であると主張する説があらわれたことは、本章のはじめにのべたとおりである。

賤人説の立場にたつ浜口氏がいうように（『唐王朝の賤人制度』四頁以下）、唐代の賤人の語は、唐律疏議によると、奴婢だけを指すせまいいみで用いられる場合と、部曲・客女をふくむひろいいみで用いられる場合と、二通りある。たとえば同書一二戸婚、放部曲為良条に、

諸そ、部曲を放ちて良と為し、已に放書を給し、而して圧して賤と為さば、徒二年。若し〔部曲を放ちて良と為し而して〕圧して部曲と為し、及び奴婢を放ちて良と為し、而して圧して賤と為さば、各々一等を減ず。即《も》し〔奴婢を放ちて良と為し而して〕圧して部曲と為し、及び〔奴婢を〕放ちて部曲と為し、而して圧して賤と為さば、又各々一等を減ず。各々還してこれを正せ。

とあるが、これを表示すれば次のとおりとなる。(24) 一見してわかるとおり、この場合の身分は、良・部曲・賤とわかれており、賤が奴婢のみを指すことはあきらかである。つぎに同書六名例、称道士女冠条に、「諸そ……観寺の部曲・奴

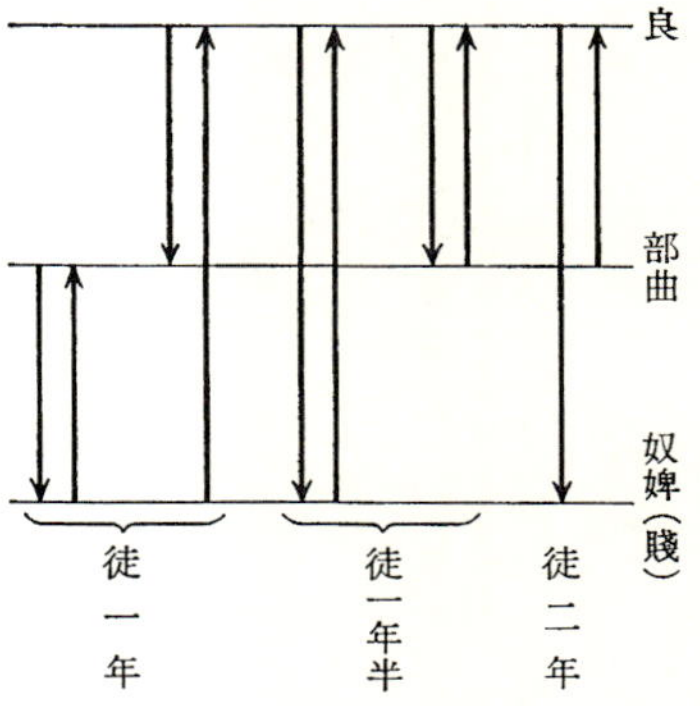

婢の三綱に於けるは主の期親と同じ。余の道士には主の緦麻と同じ」とあり、この律文の注に「姦・盗を犯す者は凡人に同じ」とあるが、この注文にかんする宋刑統六の議に、

　姦とは、僧寺に婢及び客女あり、尼寺に奴及び部曲ありて、良賤相姦する者を謂う。道士・女冠も亦同じ。

とある。この場合は、僧と婢および客女、尼と奴および部曲との姦通を、良賤相姦というのであるから、この場合の賤が部曲・客女をふくむことはあきらかである。部曲・客女を賤という用法は以下にも引用する。なぜこのように賤の用法に使いわけがあるのか、その理由ははっきりしないが、元来は奴婢のみが賤であったところに、部曲が加わったといういきさつが影響しているのかもしれない。

ところでこの賤の二通りの用法のうち、後者すなわち部曲・客女も賤とされる場合にかんして、越智重明氏は、部曲・客女はその主人との関係においてのみ、主人が良、部曲・客女が賤とされるのであって、国家の基本的な支配体制のなかでは、部曲・客女はひろいいみの良なのであるという。家内における私的な関係と、国家の公的な関係とをわけたうえで、両者の関連を考えることは本章の趣旨からいっても賛成なのであるが、しかし国法上の良と賤といった関係が、家内においてのみ成りたつかどうかは疑問であるので、以下にこの説を検討してみたい。

たしかに上に引いた僧尼と部曲・客女との関係は、寺内における主人との関係であり、律本文も認めるとおり、私家における主人との関係に類比される。また唐律疏議八衛禁、不応度関条に、「若し家人相冒さば、杖八十」とあり、その疏に「家人とは良賤を限らず」とある場合も、当然部曲・客女は家内の使用人として賤に入れられる。他方雑戸・官戸・奴婢がそれぞれ同身分内でしか通婚できず、「人各々耦あり、色類須らく同じかるべし。良賤既に殊なれば、何ぞ宜しく配合すべけんや」(同書一四戸婚、奴娶良人為妻条疏)という原則があるのに、部曲だけは客女のみならず良人の女とも通婚できる点は、越智氏の指摘のように、部曲＝良人説に一見有利である。しかしその場合通婚が許されるのは、男性たる部曲と良人の女との間にかぎられ、良人の男と女性たる客女との間には許されていなかったことに注意すべきである。これはおそらく男女の身分差が影響して、良人の男性と客女との間には、確然とした身分のへだたりがあったことをしめすものであろう。

唐律の一般的な扱いのなかで、部曲・客女が良人と同じでないことを明言したものは少なくない。すなわち唐律疏議二名例、十悪反逆縁坐条の問答に、

奴婢・部曲は、良人の例に同じからず。

とあり、そのほか随処に、「部曲・奴婢、良人と殊なるありと雖も云々」(同書一七賊盗、殺一家三人条問答)、「部曲既に転事を許す。奴婢はこれを資財に比す。諸条多く良人に同じからず」(同書一八賊盗、造畜蠱毒条問答)、「諸そ、官戸・部曲・官私奴婢犯有りて、本条に正文無き者、各々良人に准ず」(同書六名例、官戸部曲条律文)などとある。「諸条多く良人に同じからず」というのは、婚姻・養子縁組等の差別をうけ、犯罪において良人と刑の軽重を異にすること等を指すのである。たとえば同書二二闘訟、部曲奴婢良人相殴条に、

諸そ、部曲、良人を殴る者は凡人に一等を加う。……其の良人、他人の部曲を殴傷殺する者は凡人に一等を減ず。

とあるのは、部曲とその主人との関係にかぎらず、他人の部曲と良人とのあいだにも刑法上の身分差があったことをしめしている。先述の戸婚律に、「諸そ、部曲を放ちて良と為し、已に放書を給し云々」とあるように[25]、部曲は正式に解放の手続きを経なければ良人となれなかった。

もちろんこのような例は越智氏も承知のうえで、なお広いいみで部曲を良人とするのであろうから、一般に、主人との関係にかぎらず、部曲・客女を積極的に賤と称する例があるかどうかも検討しておく必要があろう。唐律疏議四

名例、略和誘人条には、

諸そ、人を略・和誘し、若しくは和同相売り、

とあって、良人の略奪・誘拐や両者合意の上での身売り等についてのべたのち、ついで、

及び部曲・奴婢を略・和誘し、若しくはこれを嫁・売し、即ち情を知りて娶・買し、

とのべて、部曲・客女を略奪・誘拐して自家に留めた場合と、さらに他人に嫁がせたり売ったりした場合とを列挙しているが、この部分の疏に、

上文は皆良人に拠る。此れは部曲・客女・奴婢等を論ず。略・和誘の義は並びに上と同じ。

とあるのは、この条文の第一号は良人について論じ、第二号は部曲・客女・奴婢等について論じていることを指摘したものである。ところが第二号の末にある「即ち情を知りて娶・買し」という文は、卒然と読めばすぐ前の嫁・売に対応し、第二号にのみかかる文かとも解されるが、疏では、

其の情を知りて娶・買するとは、略・和誘より以下、良賤を問わず、共に本情を知りて或いは娶り或いは買い、限外首せず、亦蔽匿を為すを謂う。

とのべて、第一号・第二号両文にかかるものとしている。そうするとこの場合の良賤の良は第一号の良人を、賤は第二号の部曲・客女・奴婢を指すと解するのが妥当とおもわれる。これは主人との関係において規定されている条文ではない。

また唐律疏議一二戸婚、養雑戸為子孫条に、「若し部曲及び奴を養いて子孫と為さば、杖一百、各々還してこれを正せ」とあり、その注に、

無主及び主自ら養う者は、良に従うを聴す。

とあるが、その疏に、

注に無主と云うは、養う所の部曲及び奴の本主無き者を謂う。及び主自ら養うとは、主が当家の部曲及び奴を養いて子孫と為すを謂う。亦各々杖一百。並びに良に従うを聴すとは、其の子孫と作《な》すを経て、賤に充つべからざるが為の故なり。

とある。この場合の賤も、当然「部曲及び奴」を指すが、やはり主人との関係ある場合にかぎって用いられているのではない。仁井田陞氏も、「なおこれで見ると、唐では、主人のあるなしにかかわらず、部曲は部曲、奴婢は奴婢であった。主人がいなくなったからとて、当然に解放されるものではなかった。解放には形式的な手続きを経なければならないのが原則であった」（傍点仁井田氏、「敦煌発見則天時代の律断簡」）とのべている。以上の例によって、部曲が主人との関係にかぎって賤であったとする見解には、疑問をさしはさむ余地があるとおもう。

3　部曲の存在形態と身分

このように部曲の賤たる身分は、国家の全体的な身分体系のなかできめられているのであるが、そのことは部曲と主人との私的な関係が重要でないということではない。右にたまたま無主の部曲および奴の例が出たが、私賤人たる部曲は主人をもつのがふつうであり、むしろ部曲身分の性格が部曲と主人との関係に依存していることは、前項でのべた部曲の成立過程からみてもあきらかであろう。私家に使役される私賤人には、部曲・客女と奴婢の別があるわけであるが、両者の違いについては、滝川政次郎氏が指摘した養老戸令、家人所生条に、

凡そ、家人生む所の子孫は、相承けて家人と為し、皆本主の駈使に任す。唯、尽頭駈使すること及び売買することを得ず。

とあるのが、もっとも基本的な点をしめしているようにおもわれる（「唐代奴隷制度概説」）。すなわち日本令の家人は唐令の部曲にあたるわけであるから、部曲の労働についても、尽頭駈使してはならないという規定があったと推定され

る。この尽頭駈使のいみについて、義解には「仮りに家人の男女十人あらば、三両人を放ちて、家業を執らしむるを謂うなり」とあり、古記には「一百あらば、六十・七十を駈使するのみなるを謂う。仮令《たと》えば、一家に二人あらば、一人を役して一人を免じ、若しくは三人あらば、二人役して一人免じ、五人あらば、三人役して二人免じ、老にして丁を免ぜらるれば役を少なくするのみ」とのべている。これらは家人に家族があることを想定した解釈のようであるが、部曲に家族があるとはかぎらないので、いずれにせよ交替で使役し、奴婢のように無制限に休息を与えないで使役することを禁じたものと解してよいのではなかろうか。

つぎに部曲は奴婢のように財物として売買することができなかったが、ただ「転事」と称して他人に譲りわたすことはできた。これについては、唐律疏議二名例、十悪反逆縁坐条の問答に、

> 令に云う、部曲を転易して人に事えしむるには、衣食の直を量り酬いることを聴す。

とあって、部曲の旧主人と新主人とのあいだに、「衣食の直」と称するものを授受することが許されていた。このことは部曲が主家から衣食を支給される存在であったことをしめすものであるが、転事に際してその衣食の費用が支払われなければならなかったということは、浜口氏によれば、支給される衣食の費が労働によって相殺されず、負債となって積っていくのであって、部曲の労働が奴隷的な無対価労働であったことをしめすものにほかならないという(『唐王朝の賤人制度』七二頁以下)。これにたいしては越智氏のように、転事の際の衣食の直は部曲の労働分を差引いたものであろうという説もあるが、かりにこれが正しいにしても、部曲の労働は己が衣食の費をもまかなうものでなかったわけで、その奴隷的性格は否定しきれないことになろう。最近宮崎市定氏は、衣食の直とは、部曲が本来幼年に収養されたところからくる十五歳までの養育費であるという新説を出したが(「部曲から佃戸へ」)、この説によれば、衣食の直と部曲の労働とは直接関係ないことになる。いずれにせよ注意すべきは、部曲が主人の意向によって他人に譲渡される存在であり、それゆえに一種の対価が授受される必要があったことである。その場合部曲は売買の対象にならな

かったから、法的にはいわゆる衣食の直が授受されるよう規定されたが、[26]実際上それまで支給された衣食の額や養育費が計算されたわけではなく、浜口氏のいうように、部曲・客女の利用価値によって決定されることが多く、それは人身売買と異ならない働きをなしたであろうとおもわれる。

このようなわけで、部曲・客女は財物としての奴婢とは区別されたものの、依然として主人にたいする強度の従属性をもっていた。唐律疏議二六雑律、姦徒一年半条に、「佗人の部曲妻、雑戸・官戸の婦女を姦する者は、杖一百」とある文の疏に、

佗人の部曲妻を姦すとは、己が家の部曲妻及び客女を姦するも、各々坐せざるを明らかにす。

とあるように、主人は自家に使役する部曲妻・客女を犯しても罪に問われなかった。また同書二二闘訟、殴部曲死決罰条に、

諸そ、主が部曲を殴りて死に至らしむる者は、徒一年。故殺する者は一等を加う。其の愆《つみ》を犯すありて、決罰して死に致すもの、及び過失もて殺す者は、各々論ずる勿かれ。

とあるように、主人が部曲の罪を罰する際に死にいたらしめたとか、過失によって殺したとかした場合には、まったく罪を問われなかった。したがって部曲・客女は主人にたいして、ほとんど自立的な人格を認められなかったといえる。他方、前条につづく部曲奴婢過失殺主条には、

諸そ、部曲・奴婢、過失もて主を殺す者は絞。傷つけ及び詈《ののし》る者は流。

とあって、前に主人の側で罪に問われなかった過失致死を、部曲・奴婢の側が犯したならば、それは死刑に価いするものとされたのである。

以上のような部曲・客女と主人とのあいだの特殊な関係が認められればこそ、国家の基本的な身分体系のなかでも、部曲・客女は良人と区別された身分として規定されなければならなかったのであると解される。均田制のもとでは良

人は原則としてすべて国家の直接支配下におかれ、一律に給田の対象とされ、一律に課役を負担しなければならなかったのであるが、部曲は奴婢とともに良人にたいする私的隷属を認められ、奴婢とともに主家の戸籍につけられて[27]、隋の煬帝以後は、国家への課役を免除されると同時に、口分田・永業田の支給も停止されたのである。この点は同じく上級賤人といわれても、官に番上する雑戸・官戸が、独立の戸籍をもち、口分田・永業田を支給されて、独立の経営をもっていたのとは根本的に違うのである。右に引いた闘訟律の部曲奴婢過失殺主条の疏に、「部曲・奴婢は是れ家僕たれば、主に事《つか》えて須らく謹敬を存すべし」とあるように、部曲は奴婢とともに主家の家僕、すなわち家内労働者であって、さきにのべたように主家から衣食を支給される存在であった。かれらが右のように口分田・永業田の支給を停止されながら、園宅地については、「諸そ、応《まさ》に園宅地を給すべき者は、良口は三口以下一畝を給し、三口ごとに一畝を加う。賤口は五口〔以下〕に一畝を給し、五口ごとに一畝を加う」(『唐令拾遺』田令一四)とあるように、その支給をうけたのは、ますますかれらが良口たる主家の家族とともに、主家の家内にいたことをしめしている。そしてこのような隷属的な関係にあることが、国家の直接支配する良人＝均田農民と区別して、部曲(および奴婢)の特殊な身分を決定したと考えられる。

部曲をもって農奴とし、この時代を中世とする標識の一つとなそうとする説があるが(宮崎市定前掲論文)、この説は部曲をこの時代の主要な生産者とみなす点で、またその内容を農奴とみる点で、二重の誤をおかしているとおもう。均田制のもとでは、土地を支給される(もしくは土地を支給されるという法的形式のもとで土地を所有している)均田農民が主要な生産者であり、土地の支給を停止された(もしくは土地所有の主体として認められない)部曲・奴婢が副次的な生産者でしかなかったことはあきらかである。また部曲は上記のように、主家の給養をうける家内労働者であって、一応自家の経営をもち、主家に地代を支払う農奴とは異なっていた。もちろん部曲の原義からすれば、部曲はもと兵士であり家兵であったのであって、魏晋南北朝の時代には、家兵であると同時に主家の農奴的な小作人であったりした場合があったとおもわれる。北朝末以後、部曲が法的身分としての賤人を指す名称となったのちも、現実には農奴制的な生産様式が存在しなかったとはいえない。しかしそれが法的表現をえなかったことは、農奴制的生産様式が社会の主要な生産の形態として定着しなかったことをしめしているとみなければならない。

均田制の崩壊後、部曲・客女の実態が消滅してしまうのは、均田制という支配体制と不可分の関係においてつくられた身分であったからであろう。同時に部曲身分は均田制の矛盾をも体現していたのであって、均田制の崩壊後には、良人層の階層分化を反映する戸等制や主戸・客戸制による支配のもとに、[28] いわゆる佃戸制や雇傭制のあたらしい隷属関係が発展する。その際佃戸や雇傭人と主人との関係について、唐律の部曲・奴婢の法が類推適用されることがあっても(仁井田陞「中国の農奴・雇傭人の法的身分の形成と変質」「宋代以後における刑法上の基本問題」)、かれらは身分的にはまさに良人であって、均田制下の部曲とは異なっていたのである(拙稿「唐帝国の崩壊」参照)。官賤人といわれた雑戸・官戸も、均田制の農民支配と結合した制度であり、貨幣経済や雇傭制の発展によって消滅したから、中国社会の賤人身分としては、宋代以後ふたたび官私の奴婢のみが存続することになった。そしてその反面に、右のような良人層の分化がみられるにいたったことが、あたらしい特色として指摘できるであろうとおもわれる。

(24) ここに引用した戸婚律、放部曲為良条は、注21にも言及したペリオ漢文文書三六〇八号の則天時代の書写にかかる律断簡にもみえる。ところがその原文は、開元二十五年律である現存唐律疏議の文(本論で引用・表示した文)と相違し、その傍に開元二十五年律と同じ文を書き加えて、原文を修正している。この点をどう解するか、修正以前の文が永徽律なのか、修正以後の文が永徽律なのであるか等の点で、内藤乾吉「敦煌発見唐職制戸婚廐庫律断簡」、仁井田陞「敦煌発見則天時代の律断簡」、牧英正「戸婚律放家人為良還圧条の研究」等のあいだに意見の相違がある。いずれにせよ内藤・仁井田両氏が、唐初にはまだ部曲の身分的地位が確定していなかったからであるとしているのは興味深い。本文で後述するように、唐律で賤の範囲が一定しないのも、右の点と関係あるかもしれない。もっとも浜口氏は修正前の文は誤写にすぎないといっており(『唐王朝の賤人制度』八八頁以下)、今後検討が必要である。ここでは修正前にせよ修正後にせよ、この条文の賤が奴婢のみを指す点を指摘しておけば足りる。

(25) この律文の疏に、「依戸令、放奴婢為良及部曲・客女者、並聴之、皆由家長給手書、長子以下連署、仍経本属申牒除附」とあるが、中田薫「唐令と日本令との比較研究」は、「放奴婢」を「放部曲・客女・奴婢」の略文であろうといい、仁井田陞『唐令拾遺』戸令四二もこれに従っている。しかし唐会要八六奴婢の条の顕慶二年十二月の勅に同文があり、簡単に略文であるときめられない。ただ律の本文によれば、部曲の解放も同様な手続きを要したことは疑いない。

(26) 唐代の客女の名称が魏晋南北朝の衣食客から出たであろうことは、浜口「唐の部曲・客女と前代の衣食客」で論じられているが、私は本書第二章で、晋代の衣食客は主家から衣食を支給される雇傭人であろうとのべた。南朝に入ってから衣食客は賤人の名称となり、その身分が唐の客女に継承されるわけであるが、このように賤人となったからには、衣食の費が転事に際して支払われなければならないことになったと考えられる。

(27) 部曲の戸籍は、現に吐魯番発見大谷探検隊将来文書のなかに存在している。仁井田『唐宋法律文書の研究』七四一頁参照。

(28) 均田制が均等規模の小土地所有農民の広汎な存在を前提とした支配体制であったのにたいし、均田制崩壊の結果は、これら小農民間の階層分化と地主=佃戸制の発展をうながすことになった。そしてそのような社会の状態を基礎にして、国家の戸等制と主戸・客戸制による人民の把握がうまれたと考えられる。しかし均田制崩壊後の、とくに宋代の社会構造と支配体制については、論者間の実証的・理論的理解が一致していないので、本書でもほとんど見透しをのべえなかった。さしあたり中川学「唐・宋の客戸に関する諸研究」、柳田節子「宋代国家権力と農村秩序」、嶋居一康「宋代の佃戸と主客戸制」等を参照。

第八章　中国古代の土地所有制

一　問題の所在

均田制下の露田と桑田、口分田と永業田とは、制度上一方が国家から個人の生涯の一定期間田土を支給されるだけであり、他方が子孫に伝えられるという違いがあるにもかかわらず、国家の規制・干渉は後者の場合にも強く、土地所有権上の違いはないとおもわれるし、唐代には口分田と永業田の違いは実際上なかったであろうことを、さきに第四章で示唆しておいた[1]。それでは均田制下の田土を、露田と桑田、口分田と永業田の両者をあわせて、土地国有制ないし公有制と解すべきであろうか、それとも私有制と解すべきであろうか。

初期の均田制研究者は、多く国有説ないし公有説の立場をとっている。それは均田制の起源を限田制にもとめ、土地の私有を制限するものとみなし、限田制から均田制への展開を、土地私有制から土地公有制への転化と考えるものである。しかしこれらの説は、土地の還受をおこなう均田制をきわめて常識的ないみで公有制とみるのであって、土地私有の発展があったのちにいかにして公有化が可能であったのかも説明していない。もっとも宮崎市定氏が土地国有説の立場をとりながら、これらの説とはちがって、魏の屯田を「土地国有制の濫觴」(『東洋に於ける素朴主義の民族と文明主義の社会』)とし、この土地国有制の発展によって均田制が出現したと考えるのは一歩進んでいるが、魏の屯田にさきだつ漢の公田をどう考えるかはさておき、この場合にも一部の国有地経営である屯田制から、「天下の人民を悉く国家の小作人化した」(「晋武帝の戸調式に就て」)均田制への移行を可能にした条件は、かならずしもあきらかにされていない。

これらにたいし法制史家の中田薫・仁井田陞両氏が唱えた土地私有説は、その理論構成からも実証性からもとくに注目すべきである。中田氏の「律令時代の土地私有権」という論文は、直接には日本の班田制下の土地所有権を論じたものであるが、中田氏が日本の律令およびその注釈のなかからとりあげたその論拠は、中国の律令からひきついだものであったから、吉田孝氏が指摘しているように(「公地公民について」)、中田説は実質的に中国律令の土地私有権を論じたことになったのであり、また仁井田氏も中国の土地所有権を論ずるに際し、中田氏と同じ方法によって同じ結論に達したのである(「中国・日本古代の土地私有制」)。中田氏らは所有権概念が永久に確固不動のものでなく、時代によって変転する歴史的概念であるとし、近代的所有権の概念をもって古代の土地所有制を断ずることをいましめ、その当時の法律確信に照してこれを判断しなければならないとした。そして中田氏らは律令のなかに、動産・不動産を通じて私有か公有かを識別すべき外的目標が存在するとして、つぎの二点を指摘した。すなわち第一に、私有の動産が「私財」「私物」といわれるのにたいし、官有の動産は「官財」「官物」または「公財」「公物」といわれる。同様に不動産においても「私田」と「公田」「官田」の区別がある。第二に、動産・不動産を問わず、私有物の享有者は「主」であるが、国家が所有権の主体であるときには「官」といわれる。この外的目標に照して班田収授制や均田制を検討するとき、園宅地・永業田はむろんのこと、口分田もまた私有であると主張されるのである。

中田説にたいしては、日本史家の今宮新(『班田収授制の研究』)・虎尾俊哉(『班田収授法の研究』)・菊地康明(『日本古代土地所有の研究』)氏らの批判があるが、そのうち虎尾氏のいわゆる公水公田主義は、日本古代の実情からいえばかなり有力な説とおもわれる。この延喜民部式によった説が、班田制時代全体に妥当しうるかどうかは問題があろう。ただ日本では口分田を公田とする、律令とは異なった観念が、奈良時代後半からあらわれ、その後しだいに一般化するといわれるが(虎尾俊哉「律令時代の公田について」)、このように公・私の観念が容易に変化するのは、中国から継受された律令上の概念が、本来日本の現実にそぐわない点があったからではないかとおもわれる。近年吉田孝氏は継受されたこの概念が、日本では水田についてはまったく機能していなかった可能性が強いとしている（前掲論文）。いずれにせよこの問題は日本特有の問題であるので、中国には相当しない。しかし中田氏が指摘した律令上の外的目標なるものについても、今宮・菊地氏らが指摘しているように疑問がないわけではない。この点は中田氏らの説の実証的な根拠なのであるから、これを考えることによっては、中田氏らとは異なった所有権概念に到達しないともかぎらないのである。

中田・仁井田両氏の私有説は、むろんそのいわゆる私有地の上におよぶ国家の権利を無視するわけではない。中田氏はわが律令上の所有権を、園地・宅地・私墾田・大功田・永代賜田等の永代所有権と、口分田・位田・職田・上中下功田・賜田等の有期所有権にわけ、「有期所有権の背後には、常に国家に属する期待的所有権、若くは類似の物的権利が、潜在して居ることを忘れてはならぬ」といい、また他方では官有の公田を「無主」と称することから、国家がその管理する財産にたいしてもつ権利は所有権ではなく、より強力な公権ではないかという疑問を出している。仁井田氏は中国の均田制下の土地所有権を、桑田・永業田・園宅地・賜田等の無期永代的土地私有権と、露田・麻田・口分田等の限定有期的土地私有権にわけたが、この両所有権の上には国家がつねに「第一次的な物的権利」を有して[2]、「個人の口分田及び永業田所有権は、いはゞ下級所有権の如く、用益権を主内容とする所有権であつた」と解している（『唐宋法律文書の研究』七八八頁）。中田氏が国家の権利を公権ではないかと疑ったのは、所有権を純私法的権利とするローマ法を念頭においたからであるが、そのような私法と公法の分離がそのまま日中の律令に認められるかどうかは問題であろう。これにたいして仁井田氏はゲルマン法におけるごとき二重の所有権があるものと解したのであり、晩年には中国史上の土地所有権をゲルマン法のゲヴェーレ Gewere に類するものとした（「中国法史における占有とその保護」）。中田・仁井田両氏はヨーロッパ法史からえられた鋭利な武器をもって日中律令上の法概念をあきらかにしようとしたのであるが、ローマ法なりゲルマン法なりは、それぞれ民主的な都市共同体や階層制的な中世封建社会の産物なのであるから、専制国家の産物である日中の法の構造とは異なった点があるであろう。土地所有についていえば、両氏が私人の権利を指摘した点はたしかに単純な公有説よりもすぐれた点であり、本章もここから出発しようとおもうのであるが、両氏の説ではそれが私有権であるという指摘にとどまって、アジア的専制国家の構造と密接にかかわるとおもわれる国家の法的権利については、ヨーロッパ法からの類推にとどまっているといえるのではないかとおもう。

この点においてはマルクスが、土地所有の古典古代的形態やゲルマン的形態と比較して、アジア的形態の特質を論じているのが参考になるといわれるかもしれない。それによると、アジア的形態においては個人が共同体から自立しておらず、土地は共同体によって共有されており、その共同体が専制君主に隷属することによって、専制君主が唯一の土地所有者としてたちあらわれるとされている(『資本制生産に先行する諸形態』)。(3) しかしこのような形態の社会をそのまま中国史上にもとめれば、殷・周いずれかの時代、あるいは両者を一括した時代にもとめるほかないとおもわれる(侯外廬『中国古代社会史論』、浜口重国「中国史上の古代社会問題に関する覚書」、好並隆司「秦漢帝国成立過程における小農民と共同体」)。春秋戦国時代を経てこのような社会の基礎にある共同体が崩壊し、一応自立した経営をおこなう小農民が生まれたことは、本書の冒頭以来強調してきたことである。それゆえ史的唯物論の立場にたつ中国の歴史学者のあいだでも、秦漢以降の土地所有形態をめぐっては、それを土地国有制とみるか、それとも民間地主による私有制とみるかで、論争がおこなわれている状態である(『中国封建社会土地所有制形式問題討論集』参照)。私は中田氏らの土地私有説にも、右のようにして生まれてきた小農民の土地にたいする権利が反映しているのではないかとおもうのであるが、しかしこれら小農民の再生産が国家の干与なくして完結しないことは、これまた本書でのべてきたことである。(4) すなわちマルクスの論じたアジア的共同体の解体後、一応自立的な小農民経営が生まれながら、農民の再生産に必要な共同体機能は一層強力な国家によって握られるにいたっているのである。したがって土地所有の問題も、国有か私有かという二者択一的な問題としてでなく、私人の土地にたいする権利と国家の権利との関係という構造をもつものであろうことが予測されるのである。(5)

本章では土地所有制の背景をなす農民の再生産構造の全体にたちいる能力も余裕もない。本書ではこれまで中国古代の土地制度の上ではたす国家の重要な役割を指摘してきたのであるが、そこで論じたのは主として農民の耕地であり、中田・仁井田氏らのいう「私田」についてであった。しかし中国古代の土地所有には、中田氏らが指摘したように、これらの私田のほかに、これに対立する耕地として「公田」があり、さらに私田にも公田にも属さない公私利を共にする「山沢」などの地があり、また山沢の範疇にも入らない未墾の「荒地」など、さまざまなものがあったとおもわれる。そして民の私田だけで再生産が完結するわけではなく、公田以下の土地が私田の存在にとって欠くべからざる役割をはたしたものと考えられる。すなわちこれらの土地は民の再生産を媒介するいわゆる共同体的機能との関係において、重要な地位を占めていたといえるわけである。したがってこれらの土地がどのような存在形態をしめすかは、アジア的社会の一つである中国古代の土地所有問題を解く重要な鍵ともなるとおもわれる。そのようないみで、本章では私田の土地所有権の性格を問題にするばかりでなく、あわせてそれ以外の土地所有の機能や沿革についても考えてみたい。

(1)　第四章では園宅地についても、露田・桑田・口分田・永業田等と所有権上の相違があるかどうか疑問であるとのべたが、露田と桑田、口分田と永業田の間におけるほど、相違のないことが明確に証明されないとおもうので、ここでは言及しない。

(2)　ここで仁井田氏は中国古来の王土思想を念頭においている。すなわち詩経の小雅北山の詩句に、「溥天の下、王土に非ざるは莫く、率土の浜、王臣に非ざるは莫し」とある。この詩の原義は、王事に奔走している臣下が労苦の多いことを嘆いて、王の土地は広く王の臣は多いのに、使役が不公平で自分ひとり働かされると詠ったもので、土地にたいする王の何らかの権利をしめすといったものではないのであるが、この詩句が後世使用される場合意味するところはまた原義とは別である。しかしその場合も土地の所有をしめすとはかぎらず、天子の領有する範囲の無限なことをしめすとするほか、さまざまな解釈がある(平中苓次「王土思想の考察」参照)。この王土思想の影響のもとに成立したと考えられる均田制下の国家による田土統制にかんしても、これを所有権の次元で考えるか、それとも別個の公権力による規制と考えるかは、まさに問題の点なのである。

(3) マルクスは『資本制生産に先行する諸形態』において、このアジア的形態を「総体的奴隷制」とよんだが、もとよりそれを古代奴隷制の一種と考えたり、アジアに固有のものとみることは誤である。前掲『諸形態』の翌年(一八五九年)に著わした『経済学批判』の序言では、マルクスは周知のようにこれを「アジア的生産様式」とよび、古代的生産様式に先行する経済的社会構成として位置づけている。彼は晩年には「アジア的、あるいはインド的な所有形態」が、ヨーロッパのいたる所で端緒をなしていたという立証をえたと確信したようであるが(一八六八年のエンゲルスへの手紙)、他方ではこの同じ形態(土地の共有に基づく村落共同体の形態)がインド等では最近まで存続したと考えていた(『資本論』第三巻第二〇章、エンゲルス『反デューリング論』も同じ)。中国にかんしては「シナでも原初的形態だったものである」とのべて、インドと区別している(『資本論』前掲)。本田喜代治編訳『アジア的生産様式の問題』(岩波書店刊)第三部に収めるマルクス・エンゲルスの文献抜粋を参照せよ。

(4) かつて石母田正「古代法と中世法」は、中田説の意義を高く評価し、奴隷制的公権力が(共同体の残存によって)農民的土地所有権を否定しきれなかったところに中田氏のいう土地私有権が生まれたとした。しかし氏は近年『日本の古代国家』において、日本古代の第一次的生産関係を「首長制」とし、かつての奴隷制説を改め、それにともなって土地公有説に従うにいたった。ただしこの公有概念についての解釈は虎尾氏らの説に変りない。

(5) 小口彦太「北魏均田農民の土地『所有権』についての一試論」は、国家公権の支配を所有権の範疇から排除する中田説を批判して、仁井田氏のいうごときゲヴェーレ的な所有権の存在する社会では、私的なものと公的なものとが未分化であり、均田小農民にたいする国家の人格的支配をぬきにしては当時の土地所有をトータルに把握できないとし、また仁井田説のようにそれをゲルマン法の上級所有権—下級所有権という関係で理解する説にたいしては、均田制的土地所有制はゲルマン法とは別個の歴史的基盤に立つはずであるとして、均田制下の土地所有権が形成されてくる歴史的プロセスを具体的に追究する必要があると主張する。これは中田・仁井田説にたいして従来おこなわれた批判のなかで、最も正統的な理論的批判であり、この点についてはまったく同感である。しかしその具体的な歴史的プロセスの追究のしかたについていえば、氏が均田農民の源流を計口受田民にのみ認め、計口受田制から均田制への連続面のみを強調するのは一面的たるを免れないとおもう。均田制は計口受田民以外の広汎な農民を対象に拡大したものであり、そこに国家の権力が滲透していく場合には、計口受田制の場合とは別個の条件が作用したと考えなければならない。氏の説にはこの点が欠けているために、中田氏らの説とは逆に、土地所有権における国家の役割が強調される反面に、農民の私的な権利の側面が軽視されて、公有説ないし国有説とまぎらわしい内容をもつにいたっているとおもわれる。

二　均田制下の私田と公田

はじめに均田制下の田土が、私田と公田にわかれていたことを確認しておこう。この点について日本令では、養老令の田令荒廃条義解に、「位田・賜田及び口分田・墾田等の類、是れを私田と為す。自余の者、皆公田と為す」とあり、集解の釈説に、「乗田、これを公田と謂う」とあって、私田と公田の内容が明確にしめされていた。ただしこれらは令の注釈であって、令の本文には日中ともにこのような明示的な規定は存在しなかったとおもわれる。したがって現存の中国法史料からは、右のような私田・公田の内容を直接しめす証拠を得ることは難しい。ただ唐律疏議一三戸婚、盗耕種公私田条の律文に、

諸そ、公・私の田を盗耕種する者、一畝以下笞三十、五畝ごとに一等を加う。……苗子は官・主に帰せ。

とあり、同書二七雑律、食官私田園瓜菓条の疏に、

官・私の田園の内に於て輒ち私食する者の若きは、坐贓もて論ず。……並びに費す所の贓を徴して、各々官・主に還せ。

とあって、公田あるいは官田と私田の語が、それぞれ官・主に対応している。この官・主の語が、中田・仁井田説のごとく所有権の所在をしめすかどうかは後述のように問題があるので、ここでは断定を留保しておきたいが、すくな

くとも公田・官田のある種の権利の享有者が官、私田の享有者が主とよばれたことはまちがいない。これを同書一二戸婚、売口分田条の律文に、

諸そ、口分田を売る者、一畝笞十、二十畝ごとに一等を加う。……地は本主に還し、財没して追わず。

とあり、通典二食貨田制に引く唐開元二十五年令に、

諸そ、田は、貼賃及び質するを得ず。違う者は財没して追わず、地は本主に還せ。

とあるのに照しあわせると、さきの日本令の注釈をも考慮して、班給された田土は、永業田はいうまでもなく、口分田をもふくめて、私田であったことが一応類推されるのである。

ところで右の開元二十五年令の文の続きには、「其の官人永業田及び賜田、売らんとし及び貼賃せんと欲する者は、皆禁ずる限りに在らず」とある。したがって右の貼賃と質を禁じられた田土は、一般庶民に給せられた戸内永業田や口分田をいうのであり、それより規制の弛い官人永業田や賜田が私田であることはいうまでもない。北斉の河清三年令に、「職事及び百姓の田を墾《ひら》かんことを請う者は、名づけて永業田と為す」とあるのは、隋・唐の官人永業田の起源と目されるものであるが、これもむろん私田である。これらは日本令の位田・賜田・墾田にあたるものである。

それでは公田に属するのはどのような田土であったか。さきに引いた集解には、「乗田、これを公田と謂う」とあった。乗田（剰田）は、口分田を班給してなお残った土地であり、また将来の班給にそなえて保留しておく土地でもあった。唐にも剰田の名称があったことは、唐律疏議一三戸婚、占田過限条の疏に、

寛閑の処にて占むるものの若きは坐せずとは、謂うところは、口を計って受足する以外に、仍《な》お剰田有らば、務めて墾闢に従い、地利を尽くさんことを庶う。故に占むる所多しと雖も、律、罪に与らしめず。仍《よ》って須らく申牒立案すべし。申請せずして占むる者は、応に言上すべくして言上せざるの罪に従う。

とあることによって知られる。これによると剰田は、官に申請するという一定の手続きを経て希望者が開墾すること

ができたものとおもわれる。このような剰田開墾の規定は、すでに北魏の均田法規のなかに見出される。

諸そ、土広く民稀れの処は、力の及ぶ所に随って、官が民に借して種蒔せしめよ。後に来居する者有らば、法に依って封授せよ。(6)

さきの疏議の文では、申請した田土が永業として与えられるのか、一時的に貸与されるのかあきらかでないが(この点は本章の最後に論ずる)、この北魏の法では、剰田は希望者に貸与されるものとなっている。そしてこのようにして開墾された田土は、新たな移住者がある場合には、均田法規にもとづいてあらためて給田されたのである。いったん給田された田土がふたたび官に返却されれば、それは当然剰田となる。このような剰田が公田であることは、やはり北魏の法規に、

諸そ、遠流配謫せられて子孫無きもの、及び戸絶せる者は、墟宅・桑楡、尽く公田と為し、以て授受に供せしむ。授受の次は、其の親しき所に給せよ。未だ給せざるの間も、亦其の親しき所に借せ。

とあることで推測される。もっともこの条文自体は、絶戸の園宅地(墟宅)・桑田(桑楡)の回収とその後の処置という特殊な場合を規定したもので、園宅地・桑田は本来は永業として回収されないはずのものであるから、近親者の先買権に似た優先権が存したもののようである。いずれにせよ園宅地・桑田はむろんのこと、口分田も私田であることはさきにのべたが、これらが官に回収されれば公田となったのであり、これらは剰田として再度の班給のためにとっておかれたのである。ところで右の絶戸に由来する特殊な場合をみると、回収された園宅地・桑田は近親者に優先的に班給されることになっていたが、まだその手続きがすまないあいだも、近親者に貸しあたえておくことができると規定されている。ここには「給」という手続きと、「借」という手続きが区別されて記されていることに注意すべきである。これはさきの一般剰田の開墾の規定に、「借」と「封授」が区別されているのと同じである。給・授の場合には、公田は口分田・永業田等として私田となるわけであるが、借の場合には公田のまま貸与されたのであろう。

均田制時代の公田としては、このほかに職分田と公廨田がある。日本では雑令宿蔵物条義解に、「其の口分・職分、皆私地と為す」とあり、田令荒廃条集解の朱説に、「職田・位田・功田・賜田等、私田と為すや公田と為すやいかに。……答、皆私田と為す可きなり」とあるように、職分田は私田と観念されていたようであり、それゆえ剰田が公田の主たるものと考えられていたのである。これにたいし中国の職分田は、通典二に収める関東風俗伝に、「魏令、職分公田、貴賤を問わず、一人一頃」とあり、唐律疏議一三戸婚、在官侵奪私田条の疏にも、「職分官田を将って、私家の地と貿易するは云々」とあるように、あきらかに公田であった。それは同性質の公廨田とともに、公田のまま官人なり官衙なりに給せられたのであり、その耕作は佃人を募っておこなわれた。すなわち通典三五職官、職田公廨田の条に、

其の田も亦民に借して佃植せしめ、秋冬に至りて数を受くるのみ。

とあり、佃人に貸与されて、地子または田租を納めさせたのである。地子額は七三一(開元十九)年以後、畝当二斗から六斗の間に定められた。これらのことは第六章で詳しくのべたのであるが、上述の剰田の貸借の場合も、これに似たようなものであったろう。すなわちそれらは、多くの場合収穫後に生産物を納める租佃の形態をとったものとおもわれる。

以上のほかに公田としては、屯田・営田等があったが、これらは均田制時代にかぎらず、それ以前から存在したもので、元来は軍粮供給の目的でおかれ、北朝では屯戸とよばれる世襲的身分によって耕作されたが(第七章参照)、唐代では兵士や民衆の徭役労働力を用いたり、右と同様な租佃の方法によったりしたようである(青山定雄「唐代の屯田と営田」)。

以上に、均田制下の田土が公田と私田にわかれていたことをあきらかにした。なるほど私田は国家から班給された田土であり、本来公田であったものが班給によって私田とされたのであって、それがふたたび官に回収されれば公田となるものであった。ここには私田の上におよぶ国家の支配が具体的にしめされているが、公田と私田との区別自体

は均田制がはじまる以前から存在したこと、均田制下で班給されて老・死にいたるまで用益を許された私田と、一時的な公田の貸借関係とは、まったく別個の権利関係であったことに注意しなければならない。私田の享有者が租庸調等の公課を負担したのにたいし、公田の借地人(租佃人)がそれより相当高額の田租あるいは地子を負担した点にも、その違いがあらわれている。したがって均田制下の田土(口分田・永業田等)を、単純な土地公有ないし国有とみたり、均田制下の農民を国家の小作人とみたりする説がなりたたないことは、きわめて明瞭であろう。

公田と私田の分離を指摘した中田・仁井田説にたいして、吉田孝氏は、「私」は公とか官、すなわち国家にたいする概念であって、共同体との関連における私有権の標識とはなりえないとし、このような対語は、中国社会における官と私との機構的な分離をしめすものにほかならないとしている(「公地公民について」)。たしかに中国における公あるいは官は、国家あるいは皇帝を指すのであって、公田は国家・皇帝の土地、私田は民間私人の土地である。直接にはそのようなものとして公田と私田とは対立している。しかしそのことによって、公田と私田の問題を土地所有権の問題からまったく切り離してしまうわけにはいかないであろう。前節にもその一端をしめした私田と公田の権利の相違は、民間私人の土地にたいする一定の権利の発展を前提として考える必要があるのではないかとおもう。もちろん中国の国家は、古典古代におけるがごとく土地私有者の構成する共同体として成立したものではないから、私田における権利は、古典古代におけるような純粋な私有権としては成立しなかったであろう。共同体の問題についていえば、中国ではその機能が専制国家に握られ、私田はそのような国家の支配をうけるものとしてあらわれたから、それによって私田の所有権は、私人の一定の権利を認めながら、その上に国家が何らかの制約を及ぼしうる構造をもつものとして成立したと考えられる。その国家の力も所有権を超越する公権といったものではなく、所有権に内在するものとして考えられなければならないであろう。この点について、以下にもうすこし具体的に考えてみようとおもう。

(6)　この法規は、魏書一一〇食貨志所収の文では、「諸土広民稀之処、随力所及、官借民種蒔、役有土居者、依法封授」となっているが、通典一食貨田制所収の文では、「官借民種蒔、後有来居者」となっており、これに従った。

三　私田の田主権

1　「主」の語の意味

中田・仁井田説では、私有の外的目標として、上記の私田と公田の別とともに、私田の享有者が「主」と称せられた点をあげている。しかし「主」という語をこのように解することには、すでに今宮・菊地両氏も指摘しているように疑問がある。今宮氏らは日本の史料によっているが、ここでは中国史料をあげよう。

唐律疏議二七雑律、得宿蔵物条の疏に、

凡人、他人の地内に於て宿蔵物を得れば、令に依るに、まさに地主と中分すべし。

とある。この令の原文は今日亡逸しているが、日本の養老雑令と、慶元条法事類八〇に収める宋の慶元雑令にほぼ同文があるので、唐令の原型を推測しうる。日本令と宋令の間の字句の異同を唐律の文とくらべると、おそらく次の宋慶元令の方が、唐令に近かったであろう。仁井田氏も宋令によって唐令を復原している(『唐令拾遺』八五五頁)。

諸そ、官地内にて宿蔵物を得れば、収むるを聴す。佗人の地内にて得る者の若きは、地主とこれを中分せよ。即《も》し器物の形制に異《めずら》しきもの有らば、悉く官に送って其の直を酬いよ。

これによると誰かが価値ある埋蔵物を発見した場合、官地であったならば発見者のものとなり、他人の土地であったならば地主と半分ずつわけよというのである。これだけなら非常に簡単であるが、問題になるのは、官の田地・宅地もしくは私家の田地・宅地を借りたものが、さらにそれを他人に耕作・利用させている場合である。その場合どのように分配するかが問題である。これについて、さきにあげた雑律、得宿蔵物条の問答では、次のようにのべられている。

其の官田・宅を借得する者は、見住・見佃人を以て主と為す。若し作人及び耕犂人得たらば、まさに佃・住の主と中分すべし。其の私田・宅、各々本主あり。借る者功力を施さずして作人得れば、まさに本主と中分すべし。借得の人は既に本主に非ず、人、功を施さざれば、分を得べからず。

これによると私田・宅の場合は「本主」があるから、[7] 本主と発見者との間で中分するのであるが、官田・宅の場合には、「見住・見佃人」(現在住んでいる人、あるいは現在土地の耕作権をもっている人)を「主」として、これと発見者との間で中分するとされている。ここで問題になるのは、官田・宅の場合、「見住・見佃人を以て主と為す」といわれていることである。これによって「主」という語が、中田・仁井田説のように「私田」の享有者を指すとはかぎらず、所有権の主体をいみするとはかぎらないことがあきらかであるとおもう。

もっとも右の場合、令の本文では、官地内のものは発見者のものとなるのが原則であり、地主と中分するのは本来は私地内における場合であると解せられる。養老令ではこの部分を、「他人の私地に於て得たらば、地主とこれを中分せよ」と明記している。したがって官地において「見住・見佃人を以て主と為す」というのは、権利関係が複雑なために、私地内の規定を類推適用した特殊ケースである、と解することができるかもしれない。しかしながら「主」という語の用法には、次のような例もみられるのである。

フランス国立図書館蔵ペリオ漢文文書三二五七号は、劉復編『敦煌掇瑣』に「寡婦阿龍訴状並其連帯各件」と題して収められるものであるが、五代後晋の開運二(九四五)年十二月付の寡婦阿龍の訴状、証拠書類(土地使用貸借契約書一通)、関係者の陳述書、判決文等から成っている。その内容を総合すると、阿龍の子索義成は罪を犯して瓜州に移されその地で死んだが、瓜州に移るにさきだって、土地の一部を売却し、残部を伯父の索懐義に貸与した。しかるに懐義が留守の間に、南山の賊中で生活していた索進君が帰順したので、その土地を請いうけて耕作することになったが、結局沙州(敦煌)では生活が困難であったので、進君はふたたび南山にもどり、土地はその姪《おい》の索仏奴の手に帰した。

今寡婦の阿龍は孫をかかえて貧苦を訴え、土地の返還をもとめたのにたいし、官府の判決もその主張を支持したものである。さて問題は、訴状のなかに、

索仏奴兄弟の言説《はなし》に、其の義成の地は空閑《あきち》で、更に［　］、南山兄弟が投じて来ましたが、地水《とち》・居業《いえ》を得ることができなかったので、義成の地分の弐拾畝を便《か》りることになり、南山に割与《さきあた》えて主と為しました(割与南山為主)。其の他《ご》、南山は三両月余を経《す》ごし得しましたが、沙州は辛苦《くる》しくて活《い》き難《にく》いのを見て、却《また》南山部族に投じ、義成の地分は仏奴が掌《て》に収めて主と為りました(仏奴収掌為主)。

とあり、索懐義の陳述書に、

先に姪《おい》の義成が罪を犯して瓜州に遣《や》られたので、地水《とち》は契を立て、懐義に仰せつけて主と作《な》して佃種《たがや》しました(仰懐義作主佃種)。

とある部分である。右の訴状では、南山兄弟すなわち索進君は義成の地を「便」したもの、すなわち借りたものといっているが、索仏奴の陳述書には「請得索義成口分地貳□□□(拾貳畝)、進君作戸主名?佃種」と記し、(8) 仏奴はこれを受けてから十余年を経ているが、その間異議を申し立てたものはないから、その申し立てには根拠がないと反論している。したがって進君・仏奴の土地にたいする権利の性格には問題がある。後述するように唐令では、荒廃した空閑地は、「借荒」と称して他人が借りることができるようになっていたが、それには年限があったはずである。右は五代の文書であるからそのとおりではないかもしれないが、土地がはじめ借地であった公算は大きい。しかし索義成が死んでしまったため、そのまま占有されつづけてしまったのであろう。いずれにせよ訴状を書いた阿龍の側では、それを借地とみて、南山(進君)・仏奴を「主」と称しているのである。索懐義の土地にたいする関係にいたっては、あきらかに借地人であって、そのことは訴状に添付された契約書によっても証明される(この契については、仁井田『唐宋法律文書の研究』三九二頁以下参照)。このような借地人がここでは「主」と称されているのである。因みに判決文では、「其の

地、便《すなわ》ち阿龍及び義成の男女、主者と為るを任《ゆる》す」と記されている。したがって、さきの雑律の疏文をも参照すれば、「主」という語は、私田の所有者をも、官田・私田の借地人をも指すものとして使用されているのである。

2　私田をめぐる権利関係

もとより私田をもつもの(均田制下では口分田・永業田等の受田者)と、官田・私田の借地人の権利関係がちがうことは、前節でものべたとおりである。にもかかわらず、両種の権利の享受者がともに「主」とよばれたのは何故であろうか。それは「主」という語が、土地の事実上の占有者をいみしたからではなかろうか。それには土地の直接の耕作者たると間接的な収益者たるとを問わず、さまざまな形の占有がありえたであろう。この点にかんして、私は中国における土地の所有が、ゲルマン法上のゲヴェーレと同じく、右のようないみでの占有とわかちがたく結びついているという、仁井田氏の所論に注目したい(「中国法史における占有とその保護」)。氏によると、占有には適法のものも不法原因によるものもありえたが、現実に土地から収益をえている占有者は、適法な権利者としての推定をうける前提をもっていたという。この点をあきらかにするために仁井田氏が引用した魏書五三李安世伝の李安世の上疏は、右のような土地所有のあり方と均田制との関係をしめす好個の史料である。均田制は一般の農民を対象として施行されたのであるから、北魏がはじめてそれを施行しようとした際には、それ以前の農民の土地所有関係を把握しておかなければならなかった。しかるに五胡十六国以来の動乱によって、農民の流亡するものが多く、その間に豪族の占拠するものもあって、土地をめぐる争いが頻発していた。李安世の上疏の一半は、このような状態をいかに処理するかを論じて、

　争う所の田は、宜しく年を限りて断じ、事久しく明らかにし難きものは、悉く今の主に属せしむべし。

とのべている。これは一定の期間を設けて訴訟を処理することとし、(9) 土地の所属が明確でないものは「今の主」に属させる原則をたてようとするものである。ここで「今の主」とよぶものは、さきにのべた主の用法と同じく、現在の

時点(李安世が上疏をおこなった、均田制を施行しようとしている時点)での事実上の占有者である。彼は無前提にいわゆる土地私有権の主体であるわけではない。(10)しかし李安世の提案によって、適法な権利者として推定される前提をもっているのである。

均田制はその施行に際して、このような均田制以前の土地占有者を、適法な権利者と認めてそれをひきついだ。このようにして成立したものが均田制下の「私田」であろうから、「私田」は均田制以前からの民衆の土地にたいする権利をひきついだものといえよう。しかしそれはむろん純粋な私的土地所有というべきものではない。民衆の側には「私田」として認められる前提があるけれども、それが適法な権利をもつ「私田」として確認され保証されるには、国家の公権力をまたなければならなかったとおもわれる。このような国家の役割の重要さは、ゲルマン法の場合とは異なるアジア的専制社会の特徴であるかもしれない。ともかく右のような私田は、均田制より以前、秦漢帝国の時代より実質上成立していたとおもわれるが、均田制下では土地の還受をとおして、そのような私田の上におよぶ公権力の支配が、より現実的・具体的に意識されるようになったであろう。唐律疏議一二戸婚、売口分田条の疏には、口分田は「これを公より受く、私に自ら鬻売するを得ず」と称して、口分田が国家から受けたことを強調している。中田氏は日本律令上の所有権を有期所有権と永代所有権にわけ、口分田等の「有期所有権の背後には、常に国家に属する期待的所有権、若くは類似の物的権利が、潜在して居ることを忘れてはならぬ」といい、仁井田氏はこれをうけて、中国均田制下の所有権を、限定有期的土地私有権と無期永代的土地私有権にわけたが、これは私田の私有権を強調した立場からの分類であって、仁井田氏のいう無期永代的土地私有権に属する永業田等についても、その背後に国家の権利が潜在していたことを忘れてはならない。土地公有論者である虎尾俊哉氏は、「令本来の用法においては、有主田が私田であり、それ以外の無主田が公田であった」(「律令時代の公田について」)とのべており、石母田正氏も土地私有説を否定した文脈のなかで、まったく同様のことをのべている(『日本の古代国家』三一〇頁)。私有説の根拠の一つは「主」

が所有権の主体をしめすという点にあったのであるから、「主」が何をいみするかをあきらかにしなければこれらの文はいみをなさないが、私見ではそれは前述のように占有をいみした。占有という事実を基礎にしなければ「私田」は成りたたないのであって、その要件を欠いた無主田がただちに公田とされるということは、私田の背後に潜在していた国家の権利が発動されるからにほかならない(11)。

中田氏は「主」の語を私有権をいみするものと理解したために、右のような国家の権利を一方で「期待的所有権」とよびながら、他方では「所有権ではない、それよりも強力な公権」ではないかと疑った。しかし主の語がひろく占有をいみすることがあきらかになった以上、この場合の国家の権利を所有権と区別する必要はなく、これを国家的土地所有とよんでよいかもしれない。しかしまた「所有権」を一方的に国家に属するものとして、民衆の側の「占有権」と区別するのは、ローマ法ないし近代法的な理解であって、適当でない。さきにものべたように、民間の「私田」の権利は、公田の貸借関係とは異なる権利であって、秦漢以来私田の自由な処分が許されており、それは均田制下でも完全には否定されなかった。北魏の法規では、余分の桑田を売り、不足分の桑田を買うことができた（第四章参照）。関東風俗伝によると、北斉では露田の「帖売」すなわち買戻条件付売買が令によって許されていたという（中田薫「日本庄園の系統」）。しかし唐代については前節で引いた開元二十五年令に、

> 諸そ、田は、貼賃及び質するを得ず。違う者は財没して追わず、地は本主に還せ。遠役・外任に従い、人の業を守る無きものの若きは、貼賃及び質するを聴す。

とあって、貼賃すなわち買戻条件付売買と質入れはともに禁止されるにいたった(12)。ただし徭役・兵役あるいは遠方への赴任等によって郷里を離れるものは例外とされていた。期限付きの貼や質が禁止されるくらいであるから、永代売買が許されなかったのは当然で、さきに引いた戸婚律、売口分田条には、口分田を売ったものの刑を規定し、その疏文で「これを公より受く、私に自ら鬻売するを得ず」と説明している。しかしこの場合にも例外があるのであって、

律文に「即《も》し応《まさ》に売る合《べ》き者は、此の律を用いず」といい、疏文に令によって売買が許される場合のあることがしめされている。ここでは通典二食貨田制に収める開元二十五年令を引くと、

諸そ、庶人の身死し家貧にして以て葬に供する無き者あらば、永業田を売るを聴す。即し流移する者も亦かくの如し。遷るを楽《この》みて寛郷に就く者は、幷びに口分を売るを聴す。売りて住宅・邸店・碾磑に充つる者は、遷るを楽むに非ずと雖も亦私売するを聴す。

とある。これによると、貧乏で葬式が出せない者と他郷に流移する者の永業田は売ることができ、また狭郷から寛郷に遷る者、住宅・邸店・碾磑にあてる者は、永業田・口分田ともに売ることができた。このうち住宅・邸店・碾磑にあてる場合が注文の形式になっているのは、元来初期の唐令になかったものが、いつの時点かで加えられたものではないかとおもう。というのは、この規定は商業に従事するものが土地を離れることを許すものであって、おそらく唐代における商業の発展が、人民を土地に定着させようとする均田制の原則を修正させ、「私田」の処分の自由を拡大させる結果になったものとおもわれる。なおきびしい制約をうけたのは庶民の田土であって、官人永業田と賜田の売買・貼賃はまったく自由であった(13)。

右のように均田制下の私田の処分が完全には否定されなかったということは、さきにのべたように私田が均田制以前の私人の土地にたいする権利をひきついだからであろう。このように私田にはそれにともなう固有の権利があるとともに、その背後にある国家の権利をも無視できない。したがって中国におけるいわゆる所有権の問題は、このような私田の権利と国家の権利の両者をあわせて考えられなければならず、いずれか一方を除外して考えるわけにいかない。それを仁井田氏のように上級所有権と下級所有権にわけてよぶことにはなお問題があるかもしれないが、たといそうよぶにしても、ヨーロッパ法からの類推ではなく、上にのべてきた具体的な内容を考えたうえでのことでなくてはならない。

（7）　仁井田氏は「中国・日本古代の土地私有制」のなかで、「本主」について、「右の例証のうち、本主とあるのは所有者が現

在占有していない場合の用法である」といい、本来土地を占有すべき主であるが、現在は占有していない者を指すと解しているが、「本主」の用法をそのように限る必要はない。本文に引いた「私田・宅、各々本主あり。……借得の人は既に本主に非ず」という場合は、あきらかに現在収益をえている占有者を指している。

（8）　劉復編『敦煌掇瑣』ではこの文を「□君作戸生名佃種」と読んでいるが、仁井田氏が「作戸生名(主?)」としているように(「敦煌発見の唐宋取引法関係文書(その一)」)、「作戸主名」とするのが正しいであろう。原文書の書体では何れとも断定しがたいが、「主」と読んでも支障はないとおもう。「□君」は原文書であきらかに「進君」と読める。これは進君が帰順したので、新しく戸籍をつくって戸主としたもので、仏奴の場合の「為主」や、懐義の場合の「作主」とは別であろう。

（9）　「宜しく年を限りて断じ(宜限年断)」という句の解釈には幾つかの説がある。これを本文のように解するについては、第三章注46を参照されたい。

（10）　仁井田氏は前掲「中国・日本古代の土地私有制」において、李安世伝の「悉属今主」を、私有者を指す主の例として引いており、「中国法史における占有とその保護」で占有を論じた場合には、とくに主の語のいみについてはふれていない。

（11）　均田制崩壊後の「戸状」にも、私田を「受田壹拾伍畝半」(ペリオ四九八九号、唐安善進等戸状)、「都受田肆拾畝半」(ペリオ三三八四号、唐大順二年戸状)などと記すのは、私田の上におよぶ国家の支配をなおつよく意識したものであろう。

（12）　開元二十五年令の「貼賃」について、仁井田氏は「おそらく買戻条件付売買であろうかと思う」といい(「唐宋時代の保証と質制度」)、加藤繁氏は「一個年を期限として土地を売渡す一種の慣習である」としているが(「唐代に於ける不動産質に就いて」)、この一個年という説が何によったかあきらかでない。北斉の帖売の期間は荒田が七年、熟田が五年とされている(関東風俗伝)。貼賃の賃は本来は賃貸借をいみする語であるが、賃貸料を受けとって土地を引渡す行為が貼と類似しているところから、熟して用いられたのであろう。貼と質(典)との間も、法的には所有権が移転するか否かという違いがあるが、実際には区別しがたい場合が多かったとおもわれ、典貼という熟語が用いられる場合もあった。

（13）　官人永業田や賜田の売買は、庶民の田土のように条件をつけられなかった。しかし一般に田土の売買には、官に申請して文牒を受ける必要があり、それを怠ると効果がなかった。通典に引く開元二十五年令に、「凡売買、皆須経所部官司申牒、年終彼此除附、若無文牒輒売買、財没不追、地還本主」とある。官司の登録替えが年末におこなわれるのは、田土の還受の時期にあわせたのであろうか。

四　私田と公田の由来

上に均田制時代の土地所有権を考察した際、均田制下の私田は公田に対して、あるいは公田を前提として存在するものであるが、他方それは均田制以前の私人の土地にたいする権利をひきついでいることを指摘した。公田と私田の起源は中国ではきわめて古くさかのぼるのであって、すでに詩経の詩に、

(1)　我が公田に雨ふりて、遂に我が私に及ぶ(小雅大田)。

(2)　駿《おおい》に爾《なんじ》の私を発し、三十里を終え、亦《おおい》に爾の耕に服し、十千維《こ》れ耦せよ(周頌噫嘻)。

という二つの詩句がある。もっとも後者の「私」については、旧来の私田説のほかに、近年これを「耜《し》」(すき)の誤とする説(郭沫若「由周代農事詩論到周代社会」)、「禾」(穀物)をいみするという説(岑仲勉『西周社会制度問題』一七頁)、「私人」を指すとする説(白川静「詩経に見える農事詩」)など、さまざまな説が出されている。また両詩の制作年代についても、一方にはこれらを西周安定期におく説があり(白川前掲論文)、他方には周頌噫嘻を西周時代におくとしても、小雅大田の詩を春秋時代に降るとする説があって(郭沫若前掲論文、松本雅明『詩経諸篇の成立に関する研究』八〇五頁以下)、一致しない。

詩の制作年代は確定できないにしても、(1)の小雅大田の詩は、同じく小雅の楚茨、信南山、甫田の詩や、有名な豳風七月の詩などと共通性、同時代性があるようである。七月の詩には年間を通じての農民の多様な労働が描かれているが、そのなかで一〇月の収穫後に饗宴を開くことが記されており、大田以下の小雅の詩は、この収穫祭の饗宴を主題としたものである。そこでこれらの詩の内容から、大田に出てくる公田・私田の性格を類推できないものかとおもう。七月の詩の農民の労働は、田畯とよばれる役人の監督をうけたようであり、その労働の一部は、かれらがくさぐさの貢納を差し出したであろう「公」ないし「公子」のためにおこなわれたとおもわれる。小雅の詩では、「曾孫」と

よばれるものが田畯とともに畑に出て祭祀をとりおこなっているが、曾孫は祖先に対する語で、祭祀の執行者としての族長をいみすると考えられる。ここにみえるのは、古くからの共同体の農耕儀礼の遺制なのであるが、農民の共同性は薄れて、領主一族の祭礼と化しており(松本前掲書七九二頁以下)、これが七月の詩にもみえる階級関係に対応することになろう。

他方(2)の周頌の詩篇はこれとは別なグループであるが、噫嘻の詩では、三十里という広い土地、十千すなわち一万人という多数の労働者があげられており、同じ周頌の載芟の詩にも「千耦其れ耘《くさぎ》る」とあって、一千人の労働者があげられていて、これらを集団的に把握して労働させる支配者がいたことを窺わせる。これを奴隷制的な大農場経営とみる説が中国の学界では有力であるが(郭沫若前掲論文、李亜農『中国的奴隷制与封建制』等)、この詩が王室の藉田における農耕儀礼をしめすとする説があることや(白川前掲論文)、大田や七月の詩よりも古い形のものであることを考えると、むしろ共同体農民を総体的に把握し動員しているものとみた方がよいとおもう。

このような状態において、農民の労働する土地に公田と私田の別があったとすれば、公田は右の七月の詩にみえる「公」「公子」に所属する土地と考えられる。公田はのちには最高の天子に専属する土地をいみしたのであるが、周代においては天子よりもむしろ諸侯を公と称する場合が多かったのであるから、公田も天子にかぎらず、ひろく諸侯ら貴族の土地をいみしたであろう。(14) これら貴族は、七月や大田等の詩の段階においては、共同体を代表する族長の地位を脱却して、ようやく共同体を従属させる支配者の地位を確立するにいたっているとおもわれる。それにともなって、公田もかつては共同体の共用に供するために留保されていた土地であったかもしれないが、いまは共同体の支配者＝公のために共同体農民が奉仕する土地に転化していると考えられる。公田を王領地にかぎり、私田を貴族の土地と考える説もあるが、公田を右のように考えるならば、私田は農民の土地とみるのが自然であろう。(15) その場合、(2)の周頌噫嘻の「私」が私田を指すならば、私田における労働は共同体のつよい制約をうけたとみてよいであろう。しかし周頌の詩篇は王領地の耕作をしめしているという説が有力であるから、この場合の「私」は先述のごとく私田以外のいみにとった方がよいかもしれない。[16]（1）の小雅大田の「私」はあきらかに私田であり、農民が小規模な土地を占有していたことは想像されるが、それがどの程度共同体の規制をうけたか、それがどの程度弛緩していたかはあきらかでない。[17]

しかし民衆の土地にたいする権利がより強力なものとなり、古くからの共同体の規制がほとんど消滅するのは、詩経のつぎの時代、春秋中期以降の動乱時代に属するであろう。それは古い共同体が崩壊してゆくなかから、自立的な経営をおこなう小農民が成長してきたことによるのであって、その典型が戦国初期の李悝ののべる一夫五口、治田一〇〇畝の農民であり、戦国中期の孟子のいう五畝の宅、一〇〇畝の田、八口の家の農民であることは、第一章にのべたところである。孟子はこのような農民の「私田」を「公田」と組みあわせて、あらためて共同体的な土地所有制＝井田制を再建しようとしたが、それは詩経時代以前の土地制度の実際とも、当時現実に進行しつつあった土地制度の動向とも異なるものであった。民衆の側の私田の発展とともに、公田の意義もまた変化したのである。かつて公田の所有者であった旧貴族らは、その勢力の基礎をなしていた共同体の崩壊とともに没落して、専制権力による統一が進行し、そのもとに厖大な土地が集積されていった。こうして形成された帝室の所有地が、秦漢時代には公田とよばれるようになる。

この公田の形成過程については、増淵龍夫氏の著名な論文がある（「先秦時代の山林藪沢と秦の公田」）。氏によれば秦漢の公田は、強化されていく君主権力が、かつて邑共同体の共同利用にゆだねられていた山林藪沢を、囲い込み独占することから主として生じたという。さきにあげた豳風七月の詩には、軍事演習を兼ねた田猟の獲物を、大獣は公に献じ、小獣は私するとのべられている。たしかにここには田猟の場である山林の共同体的規制の形跡がうかがわれるが、同じ時期に公田・私田の別が生じ、耕地の個別的占有がおこなわれているのであるから、山林の共同体的規制も、共同体の支配者＝公によって握られている状態にあったというべきであろう。山林藪沢は単に田猟の場であるだけでなく、柴草・材木・魚鼈・地下資源等の獲得の場でもあったが、荀子王制篇には、「関市は幾《しら》ぶれども征せず、山林沢梁は時を以て禁発すれども税せず……是れ王者の法なり」とある。これは後世の言ではあるが、山沢への立入りが季節的に規制されており、その規制の権が公によって握られている時期が当然あったと考えてよい。しかるにこれらの山沢が、専制化する君主権力によって囲い込まれると、右の荀子の言とは逆に、山林沢梁に「税」するという状態が生まれてくる。すなわち山沢の産物をあつかう商人に課税し、あるいは苑囿・公田と化した山沢の利用者・耕作者から仮税をとることによって、それらは君主権力を強化するための重要な経済的基盤となるといわれるのである。

　このようにして形成されてきた土地が、増淵氏の強調するように、君主の家産としての性格をもつことはまちがいない。それはこれらの土地からの収入が、漢帝国成立後も国家財政とは区別された帝室財政に属していたことによって、具体的にしめされている（加藤繁「漢代に於ける国家財政と帝室財政との区別並に帝室財政一斑」）。したがってそのなかから生まれた「公田」なるものは、君主の私有地にほかならないのであって、それは民衆の側においても共同体的規制を排除して生まれてくる私田と、本来は異ならないものといえよう。したがってこのような公田・私田が形成されてくる背景には、普遍的ないみでの土地私有権の発展があったといってよいであろう。ただ中国においては、君主が最大の土地所有者としてあらわれる点に特徴があるのであって、そこに専制権力が生まれてくる理由の一つがあると考えられる。

　しかし山沢・苑囿・公田等の家産としての性格は、これらの土地がもつ性格の一面にすぎないとおもわれる。すでに西嶋定生氏は、これらの君主権力によって占取された土地が、国家の大規模な工事によって開墾され、そこに民衆の移住が強制されて、新しい郡県（いわゆる初県）が設置され、秦漢的郡県制の理念的形態が形成されることを指摘している（『中国古代帝国の形成と構造』第五章第三節）。さらに私は、これらの土地がもと共同体農民の生産にとって必要な公共的意味をもっていた以上、それが囲い込まれて苑囿・公田等になった後にも、何らかの形で公共的役割をはたさざるをえないのではないかと考える。たしかに漢初においては、これらの土地は家産的収入を得ることを主たる目的として運営されたようであるが、前漢の末から後漢にかけて、貧民を救済するために、しきりに苑囿・池籞・公田等の貸与がおこなわれるようになるのは（第一章参照）、国家の小農民支配の危機に際して、これらの土地が潜在的にもっていた公共的性格が顕在化するものといえるのではないかとおもう。このように漢代の公田・苑囿は、一般小農民の自立を維持するうえで重要な役割を一部はたしたのであるが、この点は専制権力が成立するもう一つの理由——その公共的役割を考える場合に重要な示唆を与えるものとおもう。このような専制権力の役割を一層顕著にしめすのは、山沢が公田・苑囿等にならずに、山沢のままの形でひきつがれた部分においてである。この点をつぎに考えてみよう。

(14)　木村正雄氏は、公田は周初には公族である周族姫姓の所有田であり、後期には周の同姓ばかりでなく一般封君の田をいみするようになったという（『中国古代帝国の形成』九五頁以下）。これは「公」字の用例の変遷にもとづいた説であるが、公という呼称が周王朝の側から発生したものであるとすれば、そういうことがあるかもしれない。本章ではそこまで立ちいらず、公田が諸侯ら貴族の田であるということにとどめておくが、木村説と矛盾はしないであろう。

(15)　白川静氏は、私田を管理者の土地とみるか、農民の土地とみるか、二つの可能性があるという。しかし前者の場合、公田を王領地とみて、この王領地が他氏族の所有田と併存して、管理・耕作が他氏族に付託されている場合、他氏族の所有田を私田とよぶというのであるから、公田を王領地・私田を貴族の土地とする説と変りない。

(16)　李亜農氏は、周頌噫嘻篇の冒頭に「噫嘻《ああ》成王」とあるところから、「爾の私」を「成王の有する私田」と解しているが、王領地をも公田でなく私田と称したというのは無理がある。

(17)　私田にしめされるような農民家族の個別的占有が存在しながら、それが一定の共同体的規制をうけているとすれば、それはなお「アジア的生産様式」に比定できよう。いわゆる周の封建制においては、そのような共同体が族長の支配を通じて、上位の共同体の族長に隷属していると考えられる。このような形態が、春秋時代から戦国時代にかけて弛緩し、崩壊してゆくものと考えられる。

五　山沢と荒地

1　山沢の管理と開放

前述のように春秋・戦国以来、一応自立的な小農民経営が生まれ、耕地の私的占有が発展したが、耕地の再生産のためには、耕地外のいわゆる山林藪沢の利用が必要であった。この点についてさきに引いた荀子王制篇には、「山林沢梁は時を以て禁発すれども税せず……是れ王者の法なり」とあり、礼記王制にも「古は……林麓川沢、時を以て入りて禁ぜず」とあり、穀梁伝荘公二十八年、成公十八年両条にも、「山林藪沢の利は、民と共にする所以なり」とある。これらは戦国時代以降の儒家の言であるが、実際にもこれを古法として理解してよいであろうことは、増淵氏も私も指摘したところである。これによると古法では、季節的規制のもとで山沢への民の入会がおこなわれていたわけであるが、規制をおこなう管理の権は「公」の手に握られていたと考えられる。増淵氏は戦国時代の荀子らの言が、当時発展しつつあった現実を批判するために吐かれたのであって、現実には右のような入会権が否定され、山沢の地盤が専制化する君主権力によって独占されてゆく状態にあり、漢代ではそこからの収入が帝室財政の重要な項目になったことを強調している。

それではここにみられる古法の原則はまったく廃れてしまったのかというと、そうではなさそうである。漢の文帝の後元六(前一五八)年四月に、「山沢を弛む」(漢書四文帝紀)という記録があるが、これは国家が山沢利用の規制の権を握っており、その規制を弛めて民の入会を許したものと解釈される。ついで武帝の元鼎二(前一一五)年九月の詔には、「山林池沢の饒は、民とこれを共にす」(漢書六武帝紀)とあって、山沢にたいする先秦以来の観念がそのままひきつがれていたことを知ることができるのである。もちろん先秦時代とちがって、規制の権限は「公」ではなく専制君主が握っているのであるが、それは増淵氏が強調したような、帝室の家産として囲い込まれた土地とは別である。これらの囲い込まれた土地のなかにも、耕地とはされずに、山沢のまま民の利用に供された部分も多いのであるが、そこでは仮税をとるのがふつうであったから（第一章注27参照）、それは「民と利を共にする」という観念には合致しない。漢代にすべての山沢が囲い込まれていたわけではなく、税をとられたわけでもないことは、王莽が六筦の令を設けて、山沢に税をかけたときの状況であきらかである。漢書九九下王莽伝によると、このとき多くの非難がおこったのであるが、たまたま荊州牧となった費興の言に、

荊・揚の民、おおむね山沢に依り阻《たの》み、漁采をもって業と為す。このごろ国、六筦を張り、山沢に税して、民の利を妨げ奪う。連年久しく旱《ひでり》し、百姓飢え窮み、故に盗賊と為る。

とあって、山沢の自由な利用が民間の慣行としておこなわれていたこと、それがさまたげられたために社会不安がおこったことがしめされている。結局王莽の末年にこれを撤回して、

其れ且く天下の山沢の防を開き、諸々の能く山沢の物を采取して月令に順ずる者は、其れ恣にこれを聴し、税を出さしむる勿かれ。

と称し、季節に応ずるかぎり、山沢に自由に出入することを許したのである。

山沢の自由な利用を原則とするためには、それを保障するだけの充分な管理機構が整っていなければならない。古典古代やゲルマンの社会のように、土地私有者らの比較的平等な共同体が形成される場合には、共同地は共同体の所有ないし管理に属することになろうが、中国の郷村はそのような共同体の機能をほとんどもたなかったようである。山沢にたいする民の入会はおこなわれても、入会地の地盤を村落が所有したり、管理したりすることはあまりなかったのである。宋代以後同族村落があらわれると、同族村落による土地所有が注目されるようになるが（仁井田陞「中国の同族又は村落の土地所有問題」）、中国村落における共同体的性格の欠如は、近代においても指摘されている（旗田巍『中

国村落と共同体理論』）。中国では土地所有の不均等な発展によって、山沢利用の権も有力者の握るところとなりやすく、村落が山沢の自由な利用を保障する機関とはなりにくかったとおもわれる。そこで山沢の管理権はまず古い邑共同体を支配する公の手に移り、ついで邑共同体の崩壊後は専制権力の手に集中するにいたった。これが「山林池沢の饒は、民とこれを共にす」といわれるものである。後述するようにこれは唐令において、「山川藪沢の利は、公私これを共にす」と規定されるにいたった。しかし専制権力は、大量の未墾地を集積して最大の土地所有者として成立したのであるから、漢代には帝室領とされた山沢も多く、「公私これを共にする」という原則はかならずしも貫徹していなかったのである(18)。

ともかく中国では、民衆の側に山沢を管理してかれらの再生産を保障するだけの共同体が形成されず、国家がその共同体の機能を代行することになったわけであるが、このような場合ひとたび国家権力が弱体化すれば、山沢が有力者の侵奪にまかされることは必至であった。そしてそのような状態は、漢帝国崩壊後の魏晋南北朝の時代に、とくに新開地の江南においていちじるしくなった。宋書五四羊玄保伝に付載する甥の羊希の伝に、つぎのような記録がある。

> 時に揚州刺史・西陽王子尚上言す、山湖の禁には旧科ありと雖も、民俗相因り替《すた》れて奉ぜず。山を熂《や》き水を封じ、保ちて家の利と為す。頃《このごろ》より以来、頽弛日に甚しく、富強なる者は嶺を兼ねて占め、貧弱なる者は薪蘇も託するところ無し。漁採の地に至るもまた又茲《か》くの如し。斯れ寔《まこと》に治を害するの深弊にして、政を為すに宜しく去絶すべき所なり。旧条を損益して、更《あらた》めて恒制を申《の》べよ、と。
>
> 有司、壬辰詔書を検《しら》ぶるに、山を占め沢を護るものは彊盗の律もて論じ、贓一丈以上は皆棄市せよとあり。希以《おもえ》らく、壬辰の制は其の禁厳酷にして、事既に遵《したが》い難く、理時とともに弛み、山を占め水を封ずること漸く染みて復滋《またしげ》く、更に相因仍《いんじょう》して便ち先業を成す。一朝頓《にわか》に去れば、嗟怨を致し易し。今更めて刊革し、制五条を立てん。凡そ是れ山沢の先に常《かっ》て熂《や》き炉《や》きて、竹林・雑果を種え養いて林と為すもの、及び陂湖江海の魚梁、鰌鮆《しゅうせい》の場に

して、常て功を加えて脩作する者は、聴して追奪せず。官品第一・第二は山を占むること三頃、第三・第四品は二頃五十畝、第五・第六品は二頃、第七・第八品は一頃五十畝、第九品及び百姓は一頃を聴す。皆定格に依り、貲簿を条して上らしむ。若し先に已に山を占むるものは更に占むるを得ず。先に占むるも闕少せるものは限に依りて占め足らしむ。前条に非ざる旧業の若《ごと》きは一も禁ずるを得ず。犯す者あらば、水土一尺以上は並びに贓を計って、常盗の律に依って論じ、咸康二年壬辰の科を停除せよ、と。これに従う。

これは羊希が「大明の初め」尚書左丞になったときのこととされているから、四五七年頃のことである。これによると、東晋の咸康二(三三六)年の「壬辰詔書」もしくは「壬辰の科」とよばれるものが存在し、山沢の占奪は強盗の場合と同じく贓一丈以上は棄市するというほどきびしい罰則が定められていたことがわかる。しかしこれは有名無実と化していたので、このときにいたって羊希が新たに「制五条」を立法し、官品に応じて一定面積の占山を認め、これをこえた場合の罰則についてもこれを緩和して、常盗の例に準じて罪を科したという。これは本書の第二章で論じた晋の占田・給客の制と同じく、現実に山沢の占奪が進行している状況のもとで、これに一定の譲歩をしめしながら、国家の山沢支配権を確認しようとしたものである。しかもその後、大明七(四六三)年七月丙申詔に、「前に詔して[19]、江海田池は民と利を共にせしむ。歳を歴ること未だ久しからざるに、浸く以て弛替して、名山大川、往々にして占固せらる。有司厳しく検糾を加え、申《かさ》ねて旧制を明らかにせよ」(宋書六孝武帝紀)とあるところをみると、山沢占奪の大勢をくいとめることはできなかった模様である[20]。

山沢の管理・規制の権をにぎる国家と、これを侵奪しようとする有力者との争いは、華北の王朝においても、江南ほどめだたないが存在した。例えば後趙の石虎にかんして、「令長をして丁壮を率い、山沢に随いて橡を採り魚を捕えて以て老弱を済《すく》わしむ。而れども復《また》雄豪の奪う所と為り、人得る所無し」(晋書一〇六石季龍載記)という記録があり、また彼の下した書に、「公侯卿牧、山沢を規《たも》ち占め、百姓の利を奪うを得ず」(同上)とある。前秦の苻堅は「山沢の利を開き、公私これを共にせよ」(晋書一一三苻堅載記)といい、北魏でも「林慮山禁を開き、民とこれを共にせよ」(魏書七上高祖紀、太和七年十二月庚午条)などといっているが、太和九(四八五)年十月丁未の均田制発布の詔には、「富強なる者は山沢を幷兼し」(同上)、これによって貧者の窮乏・没落を来したため、均田制を施行すると称している。したがって均田制は単に農耕地の還受をおこなっただけでなく、山沢の管理権を国家が回収しなければならなかったはずであるが、その点を明示する史料は北朝ではみあたらない。唐代については、六典三〇州士曹司士参軍条に、

凡そ、州界の内、銅鉄を出だす処にして官未だ採らざる者有らば、百姓の私採する者を聴せ。鋳て銅及び白蠟(鑞?)を得ば、官為に市取せよ。如し課役に折充せんと欲せば、亦これを聴せ。其の四辺、公私を問う無く、鉄冶及び採銅を置くを得ず。自余の山川藪沢の利は、公私これを共にせよ。

とある。六典の文は取意文である場合も多いが、この文は日本の雑令に対応する文があるので、唐雑令(この場合は開元七年令)の原文とみてよいであろう(『唐令拾遺』八四八頁)[21]。唐会要五九尚書省諸司、虞部員外郎条所収、大暦十四(七七九)年八月の虞部の奏には、「式に准るに、山沢の利は、公私これを共にせよ」とあるから、式にも令と同文があったことがわかる。この令・式に対応する律は、唐律疏議二六雑律、占山埜陂湖利条に、「諸そ、山野陂湖の利を占固する者は杖六十」とあるが、この罰則は、さきの東晋の壬辰の科や南朝宋の大明の制に比べれば、かなり軽いとみてよいであろう。

均田制は国家が農耕地を直接還受し、個々の農民の生産に干与したのであるから、その再生産に必要な山沢の「公私利を共にする」原則も、均田制時代にいたって確立したとおもわれる。それをしめすものが右の令・式の規定であろう。しかし農民の生産上における国家の役割は、均田制時代に最も顕在化したとはいえ、古くから重要であったことは、ここにのべてきた先秦以来の山沢の扱いにしめされている。そしてそのことは、さきにのべた中国古代の土地所有権の構造とふかくかかわっているとおもわれる。

2　荒地の管理と開墾

農耕地以外の未墾地には、以上にのべた山林藪沢のほかに荒地があった。山沢はそれ自体で価値を生みだすが、荒地はそうでないから、「民と利を共にする」という原則はなりたたない。しかし荒地のなかには資本と労力を投ずれば開墾可能な土地が多かったから、原則としてやはり国家の管理下におかれたとおもわれる。漢書六五東方朔伝には、武帝が上林苑を開設したとき、鄠・杜両県の民田をとりあげたことをのべて、

中尉・左右内史に詔し、属県の草田を表して、以て鄠・杜の民に償わんと欲す。

とあり、顔師古はこの草田に注して、「草田とは荒田の未だ耕墾せざるを謂うなり」と説明している。このように漢代では荒地のことを草田とよんだのであるが、右の場合草田は県の管轄に属していたらしい。唐長孺氏はこれをもって草田が「官有或いは皇室の所有」に属する証拠としている(「西晋戸調式的意義」)。

また漢書七七孫宝伝には、つぎのような話がのっている。

時に帝舅紅陽侯立は、客をして南郡太守李尚に因り、草田数百頃を墾《ひら》かんと占《しんこく》す。頗る民の仮る所の少府の陂沢有り。略々皆開発し、上書して以て県官に入れんことを願う。詔有り、郡は田を平《おさ》めて直を予えよと。銭貴きこと一万万以上なりき。宝これを聞き、丞相の史を遣りて按験し、其の姦を発《あば》く。

これは紅陽侯立というものが、郡の太守に申請して、草田数百頃を開墾する認可をえ、その開発した土地を官に入れて多額の銭をうけとったが、実はその土地のなかには、庶民の利用に委ねられていた少府管轄の帝室の陂沢がふくまれていた。丞相司直孫宝の調べによって、その罪が発覚したというのである。山林・陂沢と草田とはまったく異なった地目に属するのであるが、実際にはまぎらわしいためにこのようなことが可能であったのであろう。ともかくこれによって知られるのは、未墾地の開墾は官に申請する必要があり、その窓口が郡であったらしいことである。後述す

るように均田制下では、剰田の開墾は官に申請したうえでおこなうよう規定されていたが、そのような規定は漢代にまでさかのぼることになる。官の管理下にあった土地にせよ、いったん申請を経て開墾されれば、開墾者の資本なり労力なりが加わったわけであるから、官は無償でとりあげるわけにはいかなかったのであろう。右の話では不当に高い金額が支払われたところに問題があるものとおもわれる。

後漢書七九仲長統伝に引く仲長統の昌言では、後漢末の喪乱に際して、

> 今は土広く民稀れにして、中地未だ墾《ひら》けず。……其の地の草有る者は、尽く官田と曰う。力農事に堪えれば、乃ちこれを受くるを聴さん。

といい、魏志一五司馬朗伝によると、そのころ司馬朗は井田の復活を提唱して、

> 今大乱の後を承けて、民人分散し、土業主無く、皆公田と為る。宜しく此の時に及んでこれを復すべし。

とのべている。これらにおいては未墾の草田、もしくは無主の田土が、官田・公田になるのは自明の理と考えられているようにおもわれる。すなわち山沢が「公私利を共にする」土地であるのにたいし、無主の荒地ははっきりとした「公田」と考えてよいようである。[22] しかしさきの紅陽侯立の開拓しようとした草田に少府の陂沢がふくまれていたように、これらの土地にたいする管理はかなりルーズな場合があったとおもわれる。晋書九四郭翻伝には、

> 貧に居りて業無く、荒田を墾かんと欲す。先ず表題を立つるに、年を経るも主無し。然る後乃ち稲を作る。将に熟《みの》らんとするにこれを認むる者有り。悉く推してこれに与う。県令聞いてこれを詰り、稲を以て翻に還さしむ。翻遂に受けず。

とある。これは荒田が無主であるか有主であるか不明のまま放置されていたのであり、荒田を開墾するのに申告を要しなかったのであるが、上記の漢代の例や後述する唐代の法からみて、常態であるとは考えがたく、[23] やはり国家の管理がルーズであったのであろう。以上を要するに、荒地・草田にたいする管理は充分であるとはおもえないが、それ

は無主の地として、理念の上では官田・公田ということになるのであろう。

均田制のもとでは、未墾地にたいする管理はもっとゆきとどいてくる。第二節にも引いた北魏の田令には、

諸そ、土広く民稀れの処は、力の及ぶ所に随って、官が民に借して種蒔せしめよ。後に来居する者有らば、法に依って封授せよ。

とあるが、これは余分な田土、すなわちいわゆる剰田にかんする規定で、これらの田土は官、おそらくは郡県の手をとおして民に貸与して耕作させたのである。ここには既墾・未墾の別は記されていないが、当然上述の草田・荒地の場合が多かったであろう。ついで北斉の河清三年令になると、

職事及び百姓の田を墾かんことを請う者は、名づけて永業田と為す。

とあって、荒地の開墾を申請するものは、開墾した土地を永業田として保有することが許されるようになった。同じ時期の関東風俗伝(通典二所引)に、「河渚山沢の耕墾す可きもの有らば、肥饒の処は、悉く是れ豪勢が、或いは借り或いは請うて、編戸の人は一壟だも得ず」とあって、未墾地獲得の手段として「借」と「請」の二種類があったことが知られるが、このうち「借」は北魏以来の剰田の貸借を、「請」は北斉ではじまった墾田永業化の申請を指すものといえよう。

唐代にも借と請があったが、今日残存している史料から推測すると、内容は右とかならずしも同じでない。一つは六典三戸部倉部郎中員外郎条に、

凡そ、王公已下、毎年戸別に已受田及び借荒等に拠り、種苗する所の頃畝を具して、青苗簿を造り、諸州は七月已前を以て尚書省に申す。徴収の時に至って、畝別に粟二升を納めて、以て義倉と為す。

とあるものである。これは開元七年賦役令の一文とみられるが(『唐令拾遺』六七四頁)、これによって王公以下の保有する田土に、「已受田」と「借荒」の別があったことがわかる。しかし借荒とは何なのか、これにかんする唐令の条文

は今日亡逸しているので、日本令から推測するほかない。養老田令荒廃条に、「公私の田の荒廃」して三年以上を経たものは、官司を経て借佃することができるというのがそれにあたるであろう。この場合「荒廃」とは、いったん耕作された土地が放棄されて荒れはてたもので、上にのべてきた荒地とはちがうらしい。集解に引く古記に、「荒地とは、未だ熟せざる荒野の地を謂う。先に熟して荒廃せる者はさに非ず。唯荒廃の地、能く借佃する者有らば判借する耳」とある。唐の天宝十一載(七五二年)十一月乙丑詔(冊府元亀四九五邦計部田制所収)のなかでは、いったん「借荒」とよんだものを「借公私荒廃地」といいかえているから、中国にも日本令の右の解釈があてはまるのではないかと推測される。唐律疏議一三戸婚、盗耕種公私田条律文には、公私の田を盗耕種した場合の刑を定めて、「荒田は一等を減ず」と規定しているが、疏ではこの「荒田」について、「帳籍の内に在りて、荒廃して未だ畊種せざる者を謂う」と説明しているから、「荒廃地」は「荒田」と称してもよいとおもわれる。要するに借荒とは荒廃地あるいは荒田を借りることであって、さきの北魏の「土広く民稀れの処」の規定とはちがうようである。借荒の年限について、養老令は私田で三年、公田で六年とするが、唐令の場合あきらかでない[24]。

養老田令荒廃条には、公私の荒廃地を借佃させる右の規定につづいて、「空閑地」の営種を官人(国司)に許す規定が存在する。しかし古記にいう「荒地」の開墾にかんする規定はない。古記は大宝令の注釈であるから、弥永貞三氏は、大宝令では空閑地と荒地が別に規定されていたが、開墾の奨励によって国司以外の開墾が進んだ結果、国司の対象とする空閑地の独自性が失われて、空閑地は未墾の荒蕪地一般とかわらなくなったと推定している(「律令制的土地所有」)。時野谷滋氏のごとく、大宝令における「荒地」の存在を疑う説もあるわけだから(「田令と墾田法」)、この推定が正しいかどうかは問題であろうが、ともかく今日我々が見る養老令では、空閑地と荒地とはかわらないとみてよいであろう。さて唐の律令においてはどうか。古記に引く開元式に、「其の荒地を開くや、二年を経て熟したるを収め、然る後例に准ぜよ」とあり、通典二に引く開元二十五年令に、五品以上の官人永業田は「無主の荒地を射《もと》めて充てよ」とあるから、荒廃地と区別されたいみでの荒地の概念が、唐法にも存在したと推測される。ところで唐律疏議一三戸婚、占田過限条律文に、均田法規によって規定された限度をこえて田土を占有した場合の刑を定めたのち、「寛閑の処に於てする者の若きは坐せず」とのべ、その疏にこれを説明して、

口を計って受足する以外に、仍《な》お剰田有らば、務めて墾闢に従い、地利を尽くさんことを庶う。故に占むる所多しと雖も、律、罪に与らしめず。仍《よ》って須らく申牒立案すべし。申請せずして占むる者は、応に言上すべくして言上せざるの罪に従う。

とある。「寛閑の処」というのは、北魏令の「土広く民稀れの処」と同じで、養老令の「空閑地」と似た概念であろう。それを疏では「剰田」といっているが、「務めて墾闢に従う」のであるから、実際には未墾の荒地が多かったであろう。荒地は前述のごとく五品以上の官人永業田にあてるほか、なお剰田があれば官に申請して開墾することができたのである。

借荒の対象となる土地が公私両田にわたったのにたいし、無主の荒地はいうまでもなく本来公田である。北魏ではこれらの土地が民に貸与されて耕作されたのであるが、北斉にいたってこれを永業田となす道が開かれた。それでは唐代で申請によって占有された剰田はどう扱われたか。大谷文書三四八一号、天山県到来文書目録には、次のような一条がある（小笠原宣秀「吐魯番出土の唐代官庁記録文書二種」）。

□八斤?百姓窠外剰田地子粟三百石事、

この文書は、右の条の二行ばかり後に、「戸曹符、為當縣開十九□」とあるから、おそらく開元十九（七三一）年頃の文書で、そのころ吐魯番で剰田の租佃（賃貸借）がおこなわれ、地子が収納されていたことがわかる。大谷三四七八号もこれと一連の文書であるが、その一条に「□為張石君等窠外地子□」とあるから、これも右と同じ剰田の地子を収納した記録であろう。吐魯番では職田・公廨田・屯田等が賃貸借に出されていたから（第六章参照）、剰田の賃貸借

もそれら公田賃貸借の一環としておこなわれたものであろう。これは平常賃貸借に出され、新たに受田を必要とするものが出た場合にはそれにあてられたのであろうから、北魏の田令の「土広く民稀れの処」の規定が、唐代にもうけつがれていたということができよう。

しかし未墾地を開墾する場合、賃貸借以外に手段がなかったかどうか。一つは官人であれば官人永業田としてこれを開くことができたわけであるが、庶民の場合には私田とする手段がなかったのかどうか、前にも引用した古記の引く開元式には、

其の荒地を開くや、二年を経て熟したるを収め、然る後例に准ぜよ。

とある。この部分の古記の本文には、「百姓の墾く者は、正身亡ずるを待ちて、即ち収授す。……其の租は、初めて耕すや明年始めて輸《いた》すなり」といい、そのあとに右の開元式を引くのであるから、この場合荒地を開いた土地は私田とされたのであり、「例に准ぜよ」というのは、他の私田なみに租を出させることをいみしている。しかしこの式の文が、口分田・永業田として支給された土地が荒地である場合をいっているのか、それ以外に荒地を開いた場合をすくなくとも含んでいっているのか判明しない。日本ではやがて墾田永代私有令が出るわけであるが、中国ではすでに北斉の時代に、墾田申請による永業化がおこなわれていた。この場合既述のごとく「請」と「借」とははっきり区別されていた。これを参照すると、唐の戸婚律の占田過限条疏にいう「申牒立案」とか「申請」とかの手段によって占有した余剰田土は、賃貸借とは区別されて、官人ばかりでなく庶民の場合にも、永代私有地(永業田)とされた公算もあるとおもう。天宝十一載十一月乙丑詔には「蔭外請射」が土地所有拡大の手段として記されているから、すくなくとも官人の場合には、官人永業田の規定外の土地を請求することが容易であったようである。(25)

借荒はすでに受田した田土や、かつて農耕地だった公田の荒廃を防ぐ目的でおこなわれたのであろうし、剰田は本来は将来の給田に備えて開墾しておく必要があったのであろう。それは前項でのべた山沢の国家管理とともに、均田

制の実効を保障する重要な役割をはたしたのであるが、他面私的な資本を投じて造作を加えた場合には、造作者の既得権を認めざるをえない事情があったし、またそのような法理も存在したとおもわれる。その点は山沢の法規に明確にあらわれている。さきに引いた宋書羊玄保伝の大明の制では、官品に応じて占山の面積を制限したが、竹林・果樹を植えて造成した林、人工的な漁業設備を設けた陂湖江海等は、追奪されずに私有を許された。また唐律疏議の雑律には、山野陂湖の利を占固したものの刑が定められているが、その疏文には「已に功を施して取る者は追わず」と明記されている。このようにして有力者の山沢独占への道が開かれていたわけである。剰田の開墾の場合も、北斉以後官人・富豪に開墾を委ねるようになると、その永業化を認めざるをえなくなったとおもわれる。それは当然還受の実行を怠り、大土地所有を拡大させる趨勢を生みだした。前述の天宝十一載十一月乙丑詔には、「借荒」という形式をかりた熟田の侵奪、「置牧」すなわち牧場の設置という口実による山谷の囲い込み、「蔭外請射」すなわち官人永業田の限度外の余剰田の開墾申請等が、口分田・永業田の違法売買、籍書の改竄、典貼等とともに、荘園を拡大する手口としてあげられており、均田制崩壊の過程がどのようにしてはじまるかがうかがわれる。山沢・荒地にたいする国家の管理が、小農民の農耕地における生産を保障し、中国古代の土地所有制の構造に影響したことは山沢の項でも指摘したが、そうとすれば山沢・荒地を基盤とする私的大土地所有の拡大は、小農民の没落をうながす直接の原因となり、地主=佃戸関係にもとづく新しい生産関係を発展させたばかりでなく、国家の共同体的役割の減少にともなって、仁井田氏が「宋代以後のいわゆる『共同体』の問題としてとりあげた「同族又は村落の土地所有問題」を発生させたといえる。ただしそこでもあきらかにされているように、この時期に形成される新しい村落はやはり地主層の支配する村落であったのであり、そのなかでもっとも「共同体」としての役割をはたしたのが、地主勢力の安定をはかるために形成された同族村落であったのは偶然でない（仁井田「中国の同族又は村落の土地所有問題」）。

(18)　漢書二八下地理志には、前漢末元始二(西暦二)年のものとおもわれる次のような全国の田土統計がのっている。

一四五、一三六、四〇五頃　提封田(田土総計)

一〇二、五二八、八八九頃　邑居道路、山川林沢、羣不可墾

三二、二九〇、九四七頃　可墾不(衍)可墾(開墾可能な未墾地)

八、二七〇、五三六頃　定墾田(既墾の耕地)

これによると可墾田(未墾地)が全体の五分の一、定墾田が二十分の一、可墾・定墾を合しても全体の四分の一である。残りの四分の三のうち邑居道路の面積は知れているから、厖大な山沢があったことが想像される。もっとも漢書食貨志にのせる魏の李悝の「尽地力之教」では、「地方百里、提封九万頃、除山沢邑居参分去一、為田六百万晦」とし、商君書徠民篇では、「地方百里者、山陵処什一、藪沢処什一、谿谷流水処什一、都邑蹊道処什一、悪田処什二、良田処什四」とする。古賀登氏は、漢代の県においては、墾田と可墾田をあわせて三分の二を占め、残る三分の一が邑居道路・山川藪沢であるとし(したがって李悝の言に一致する)、この山川藪沢は県が管理して、県民の利用に供し、全国田土の四分の三におよぶ邑居道路・山川藪沢のうち、右の部分を除いた残部を国が管理したが、ときおり「山沢の禁をゆるめ、民とその利を共にする」という措置をとったのは、民にこの部分の利用を許したものだという(「県郷亭里制度の原理と由来」)。県とは別に国が管理した山沢というのは、帝室の家産としてのそれをいうのであろうか、その点は明確でない。しかし後述するように、唐令の「山川藪沢之利、公私共之」という文の前文には「州界内」という語があり、山沢の公私共利の原則は州県の管理を通して実現されるようになっている。しかもこれは令に規定された原則であって、古賀氏のいうような「ときおり、皇帝の恩恵としてとられた」ものではない。唐令のこの部分は先秦以来の伝統をついだものであるから、漢代がまったく別であったとは考えられない。

(19)　ここにいう前の詔とは、宋書六孝武帝紀、元嘉三十年七月辛酉詔に、「其江海田池、公家規固者、詳所開弛、貴咸競利、悉皆禁絶」とあるものであろう。

(20)　江南における山沢占有の問題は、唐長孺「南朝的屯、邸、別墅及山沢佔領」、大川富士夫「東晋・南朝時代における山林叢沢の占有」等に詳論されているが、両氏が山沢を天子の所有もしくは国有としているのは正しくない。弥永貞三「律令制的土地所有」は、一応唐長孺説を引きながら、「公私共利」の山沢の所有の主体は「公」でも「私」でもなく、「国家の所有に属しその用益に一定の負担が伴うような国有地でもなかった」と正しく指摘している。

(21) 中央で山沢を管掌するのは工部の虞部であるが、六典七虞部郎中員外郎条に、「虞部郎中員外郎、掌天下虞衡山沢之事、而辨其時禁、凡採捕畋猟、必以其時云々」とあって、季節的規制が規定されている。慶元条法事類四九農田水利条所収の宋慶元田令には、「諸江河山野陂沢湖塘池濼之利、与衆共者、不得禁止及請佃承買、監司常切覚察、如許人請佃承買、并犯人糾劾以聞、河道不得築堰或束狭以利種植、即瀦水之地、衆共漑田者、官司仍明立界至注籍請佃及買者追地、利入官」とあって、唐で雑令に入れられていたものが、宋では田令に詳細に規定されるようになったことが知られる。

(22) もっとも漢書六三広陵厲王胥伝に、「相勝之奏、奪王射陂草田、以賦貧民、奏可」とあり、草田が諸王に属する場合もあったようにおもわれるが、これは数々の乱行をおこなった王の場合で、しかも国相がこれをとりあげようとしているのであるから、王のこの草田占有は合法的でなかったのではないかとおもわれる。

(23) 唐代では無断で公田・私田を耕作すれば、唐律疏議一三戸婚、盗耕種公私田条に、「諸、盗耕種公・私田者、一畝以下笞三十、五畝加一等、過杖一百、十畝加一等、罪止徒一年半、荒田減一等、強者各加一等、苗子帰官・主」とあるように、盗耕種の罪によって罰せられた。

(24) 令集解田令荒廃条に引く古記に、「開元令云、(a)令其借而不耕、経二年者、任有力者借之、(b)即不自加功転分与人者、其地即廻借見佃之人、若佃人雖経熟訖、三年之外、不能種耕、依式追収、改給也」とあり、『唐令拾遺』(六四一頁)のようにこの全文を開元令ととれば、唐でも借荒の年限は三年であったと推測しうるが、開元令の引用は(a)の部分だけで、(b)以下は古記の地の文であるという説もあるので断定できない(時野谷滋「田令と墾田法」、虎尾俊哉『班田収授法の研究』五〇一頁)。なお(a)の「令其借而不耕」はこのままでは読めない。あるいは「令」は開元令の「令」が誤って重出したものであるかもしれない。また「借」の下にも脱字があるかもしれない。ともかく借荒は荒廃田を熟田にかえすことに目的があって、一般の賃貸借とちがい、借りたままに放置することも、転貸することも許されず、年限にも制限があったわけである。

(25) さきに引いた六典所収の唐賦役令に、「凡王公已下、毎年戸別拠已受田及借荒等、具所種苗頃畝、造青苗簿」とあるので、吉田孝氏はこれによって、無主の荒地を請射した場合は、借荒ではなく「已受田」に入ると推測した(「公地公民について」)。しかし義倉米の賦課対象となる王公以下の田土には、已受田と借荒のほかに、その他の各種公田の租佃などもあったとおもわれ、それゆえ「已受田及借荒等」とされているのであろう。ここからは荒地が已受田以外の借地とされる可能性を否定できない。已受田は戸籍に登載されたが、借荒やその他の借地は青苗簿にのみ登載されたはずである。

参考文献目録

この目録は本書であつかった主題(中国古代の土地制度・税役制度・身分制度等)にかんして、(1)現在の研究段階で参考すべき文献(とくに邦文文献)をなるべく広く採録すること、(2)初学者のための手引きとして簡単な解説をつけること、(3)本書に引用した文献(本書中では掲載誌・年次等を省いてある)の検索に役立てること、等を目的として作成した。(3)の目的に沿うため、右の主題に外れるが本書の行論上引用した文献を若干ふくんでいる。また単行本に収められた論文は、本書引用文献以外は、単行本名をあげて収録論文を省略した。邦文文献は編著者名の五十音順に、中文文献は最初に基本的な論文集を掲げ、つぎに便宜的に日本読みによる五十音順に、欧文文献はアルファベット順に配列してある(一九七五年一月)。

〈邦　文〉

(1) 青山定雄「唐代の屯田と営田」『史学雑誌』六三―一、一九五四。
屯田・営田の経営形態の変遷が詳細にたどられている。
(2) 天野元之助「漢代農業とその構造」『東亜経済研究』復刊一、一九五七。
漢代の生産力・生産諸関係の総合的な叙述。
(3) 天野元之助「漢代豪族の大土地経営試論」『滝川博士還暦記念論文集㈠東洋史篇』同書刊行委員会、一九五七。
(2)(3)の二論文はいわゆる小作制も半奴隷制的な関係として理解している。
(4) 天野元之助「西晋の占田・課田制についての試論」『人文研究』八―九、一九五七。
(5) 天野元之助「後魏の均田制」『松山商大論集』八―三、一九五七。
(6) 天野元之助「魏晋南北朝時における農業生産力の展開」『史学雑誌』六六―一〇、一九五七。
農具、牛耕、農業技術の発達、度量衡等に言及。
(7) 天野元之助「中世農業の展開」藪内清編『中国中世科学技術史の研究』角川書店、一九六三。
六朝隋唐の農業と土地制度を概観する。

(8) 井上晃「曹魏の屯田に就て」『史観』一六、一九三八。
(9) 井上晃「魏の典農部廃止に就いて」『史観』五二、一九五八。
晋の田制との関連が注目される魏の民屯廃止の事情について、西嶋氏(272)等と説を異にする。
(10) 池田温「敦煌発見唐大暦四年手実残巻について」『東洋学報』四〇—二、三、一九五七。
大暦四年籍の全貌をはじめて紹介し、天宝六載籍と比較し、土地所有の不均衡と国家権力の貫徹を説いている。
(11) 池田温「唐代の郡望表——九・十世紀の敦煌写本を中心として——」『東洋学報』四二—三、四、一九五九—六〇。
(12) 池田温『西域文化研究第二、敦煌吐魯番社会経済資料(上)』書評、『史学雑誌』六九—八、一九六〇。
(117)の書評であるが、吐魯番の均田制についての独自の見解、賀昌群氏(438)紹介の貸合文書の分析、新しい戸籍の紹介等を含む。
(13) 池田温「均田制——六世紀中葉における均田制をめぐって——」『古代史講座』八(古代の土地制度) 学生社、一九六三。
華北平原の関東風俗伝と辺境敦煌の計帳様文書(399参照)を分析し、前者で荘園の併存を、後者で計画的地割の存在を指摘している。
(14) 池田温「唐代均田制をめぐって」『法制史研究』一四、一九六四。
とくに土地所有の身分制的秩序を指摘している。
(15) 池田温「中国古代籍帳集録」『北海道大学文学部紀要』一九—四、一九七一。
敦煌・吐魯番出土の戸籍・計帳類の最もすぐれたテキスト。
(16) 池田温「中国古代の租佃契」上中、『東洋文化研究所紀要』六〇、六五、一九七三、七五。
敦煌・吐魯番出土の土地賃貸借契約書の最もすぐれたテキストと翻訳と研究。
(17) 石母田正『日本の古代国家』岩波書店、一九七一。
日本古代国家の第一次的生産関係を「首長制」と規定している。
(18) 石母田正「古代法と中世法」『法学志林』四七—一、一九四九。同氏著『中世的世界の形成』東京大学出版会、一九五七。
著者は本論文で日本古代社会を奴隷制とする立場から中田薫氏の土地私有説(232)を高く評価したが、(17)で首長制説をとるにいたり土地国有説に立つにいたった。

(19) 今宮新『班田収授制の研究』竜吟社、一九四四。
土地公有説の立場から中田薫氏の私有説(232)を批判している。
(20) 弥永貞三「律令制的土地所有」『岩波講座日本歴史』三(古代三)岩波書店、一九六二。
日本律令制下の各種の土地を体系的にのべているが、中国の土地所有を考える場合にも示唆を与える点が多い。
(21) 宇都宮清吉「僮約研究」『名古屋大学文学部研究論集』五、一九五三。同氏著『漢代社会経済史研究』弘文堂、一九五五。
漢代大土地所有における奴隷制と小作制を論じて、小作制の優勢なことを結論、それが漢帝国の矛盾となる点をのべた長篇。
(22) 宇都宮清吉「史記貨殖列伝研究」前掲書所収。
(23) 宇都宮清吉「中国古代中世史把握のための一視角」中国中世史研究会編『中国中世史研究』東海大学出版会、一九七〇。
漢・六朝史把握のための著者の視角を総括したもの。
(24) 宇野精一『中国古典学の展開』北隆館、一九四九。
周礼の制作をめぐる研究史と著者の見解をのべる。
(25) 内田銀蔵「我国中古の班田収授法及近時まで本邦中所々に存在せし田地定期割替の慣行に就きて」同氏著『日本経済史の研究』上巻、同文館、一九二一。
日本の班田制を大化前代の共同体的な耕地割替慣行を継承したものとして、租税徴収のための経済政策としての均田制と対比している。
(26) 内田吟風「魏書刑罰志欠葉考」『関西大学東西学術研究所論叢』三四、一九六〇。同氏著『北アジア史研究・鮮卑柔然突厥篇』同朋舎、一九七五。
魏書刑罰志の奴隷売買が出てくる部分はこれによって補わなければならない。
(27) 内田智雄編『訳注中国歴代刑法志』創文社、一九六四。『訳注続中国歴代刑法志』創文社、一九七〇。
前者は漢書・晋書・魏書、後者は隋書・旧唐書・新唐書の刑法志の訳注。
(28) 小笠原宣秀・西村元佑「唐代役制関係文書考」『西域文化研究』第三(117)、一九六〇。
(29) 小笠原宣秀「竜谷大学所蔵大谷探検隊将来吐魯番出土古文書素描」『西域文化研究』第二、一九五九。

(30) 小笠原宣秀「吐魯番出土の宗教生活文書」『西域文化研究』第三、一九六〇。
(31) 小笠原宣秀「西域出土の寺領文書再論——西州の寺田——」『印度学仏教学研究』八—一、一九六〇。
(32) 小笠原宣秀「吐魯番文書に現れたる偽濫僧の問題」『印度学仏教学研究』九—二、一九六一。
(33) 小笠原宣秀「吐魯番出土の唐代官庁記録文書二種」『竜谷史壇』五一、一九六三。
(28)以下は主に大谷文書の紹介。(33)についてはこれを計会帳とする滝川氏の説(186)を参照せよ。
(34) 小島祐馬「支那古来の限田策」『経済論叢』一一—四、一九二〇。
(35) 小田義久「西域における寺院経済について」『竜谷大学仏教文化研究所紀要』一、一九六二。
(36) 小竹文夫「中国井田論考」『東京教育大学文学部紀要』三一、一九六一。
日・中における井田制の研究史を概観した点が便利である。
(37) 尾形勇「良賤制の形成と展開」『岩波講座世界歴史』五(古代五) 岩波書店、一九七〇。
西嶋定生氏の論旨(275)をついで良賤身分を中国の国家秩序と不可分のものとし、庶民奴婢制→良民奴婢制→良民賤民制と展開するという。
(38) 尾形勇「漢代における『家人』と君臣関係」『史学雑誌』八三—四、一九七四。
天子は庶民を家人として把握したという浜口重国説を批判して、家人の私的秩序によっては公権力は構成されないとし、また前稿(37)にたいする好並隆司氏の批判(416)にも答えている。
(39) 越智重明「西晋の田制、賦税に関する近年の諸研究」『東洋学報』四三—一、一九六〇。
占田・課田、田租・戸調に関する学界動向。
(40) 越智重明『魏晋南朝の政治と社会』吉川弘文館、一九六三。
魏晋南朝の田制・税役制・戸籍と客戸の制度等に関する研究。
(41) 越智重明「晋南朝の税制をめぐって——晋故事の税制を論じて『均政役』の解釈に及ぶ——」『史淵』一〇二、一九七〇。
晋故事の解釈を中心として、そこにみえる税制と、魏の屯田廃止との関係にもふれる。
(42) 越智重明「晋南朝の戸籍と客戸」『社会経済史学』三三—五・六合併号、一九六七。
(43) 越智重明「唐時代の部曲と魏晋南北朝時代の客」『古代東方研究』一一、一九六三。

(44) 越智重明「客と部曲」『史淵』一一〇、一九七三。
魏の屯田客、晋の給客制の客、南朝の衣食客その他、唐の部曲・客女の身分が形成される前提を論ずる。
(45) 越智重明「北魏の均田制をめぐって」『史淵』一〇八、一九七二。
(46) 越智重明「南北朝時代の幹僮、雑役、雑使、雑任などについて」『史淵』九一、一九六三。
唐の色役の前提になる諸役の考察。
(47) 越智重明「北朝の丁兵制について」『東方学』三二、一九六六。
(48) 越智重明「西魏、北周、北斉の均田制をめぐって」『東洋学報』五六—一、一九七四。
(49) 越智重明「税租をめぐって」『九州大学東洋史論集』三、一九七四。
(47)以下は、西魏の計帳様文書(399)の考察。
(50) 大川富士夫「東晋・南朝時代における山林叢沢の占有」『立正史学』二五、一九六一。
(51) 大崎正次「唐代京官職田攷」『史淵』二一—三・四合併号、一九四三。
(52) 大庭脩「吐魯番出土北館文書——中国駅伝制度上の一資料——」『西域文化研究』第二(117)、一九五九。
本書の課題のうち戸税に関係する。
(53) 大庭脩「敦煌漢簡釈文私考」関西大学『文学論集』二三—一、一九七四。
(54) 岡崎文夫「漢書食貨志上に就て」『支那学』三—一、一九二二。同氏著『南北朝に於ける社会経済制度』弘文堂、一九三五。
漢書食貨志の田制記事が後漢の儒家的重農論の立場からまとめられていることを指摘。
(55) 岡崎文夫「魏の屯田策」『支那学』五—二、一九二九。前掲書所収。
屯田廃止が晋の田制に連るという指摘は、のちに宮崎市定氏(384)等の研究で継承される。
(56) 岡崎文夫「魏晋南北朝を通じ北支那に於ける田土問題綱要」『支那学』六—三、一九三二。前掲書所収。
後漢末以後均田制にいたる土地制度史の先駆的な研究。
(57) 岡崎文夫『魏晋南北朝通史』弘文堂、一九三二。
今日では読みづらいが、この時代については最も詳細で、洞察に富む概説書。
(58) 岡崎文夫「唐の均田法に就いて」『支那学』二—七、一九二二。

均田制は旧来の私有財産の容認のもとに一部の地域で行なわれたとする。
(59) 岡崎文夫「唐の衛府制と均田租庸調法に関する一私見」東北帝国大学法文学部編『十周年記念史学文学論集』岩波書店、一九三五。
均田制は府兵制と密接な関係があり、府兵制実施の中心となった陝西・河南西部で行なわれたとする。
(60) 岡崎文夫「宇文融の括戸政策について」『支那学』二―五、一九二二。
(61) 奥村郁三「唐代公廨の法と制度」『法学雑誌』九―三・四合併号、一九六三。
公廨は官庁一般を指す語でなく、独特の法的主体であったとする。
(62) 加藤繁『支那古田制の研究』京都法学会、一九一六。同氏著『支那経済史考証』上巻、東洋文庫、一九五二、に再録。
井田制に関する文献の詳細な批判研究。
(63) 加藤繁「漢代に於ける国家財政と帝室財政との区別並に帝室財政一斑」『東洋学報』八―一、九―一、二、一九一八―一九。前掲『支那経済史考証』上巻。
前漢では後代とちがって、国家財政とは区別された帝室の家産的収入が厖大であったことを論証したもの。
(64) 加藤繁「唐の荘園の性質及び其の由来に就いて」『東洋学報』七―三、一九一七。前掲書所収。
(65) 加藤繁「唐宋時代の荘園の組織並に其の聚落としての発達に就きて」『狩野教授還暦記念支那学論叢』弘文堂、一九二八。前掲書所収。
右の二篇は荘園研究の基礎的文献。唐までは自作農が多かったが、唐の中期以後均田制の崩壊にともなって小作制が普及し、荘園が発達したという。
(66) 加藤繁「唐代に於ける不動産質に就いて」『東洋学報』一二―一、一九二二。前掲書所収。
(67) 香川黙識編『西域考古図譜』上下、国華社、一九一五。
大谷探検隊蒐集史料の一部の図録。
(68) 影山剛「塩鉄論について」『福井大学学芸学部紀要Ⅲ社会科学』四、一九五五。
(69) 影山剛「前漢時代の奴隷制をめぐる一、二の問題に関する覚書」『福井大学学芸学部紀要Ⅲ社会科学』五、一九五六。
この時代の生産は奴隷制を基本とし、小作制も地主直営的、雇傭的性格が強いとみる。

(70) 片倉穰「漢唐間における良家の一解釈」『史林』四八―六、一九六五。
(71) 金井之忠「唐均田論」『文化』一〇―五、一九四三。
還受よりも田土の登記に均田制の意義をもとめる。
(72) 鎌田重雄「漢代の後宮」『史潮』一〇―一、一九四〇。同氏著『漢代史研究』川田書店、一九四九、および『秦漢政治制度の研究』日本学術振興会、一九六二。
片倉論文(70)とともに、良家についての解釈がみられる。
(73) 川勝義雄・谷川道雄「中国中世史研究における立場と方法」中国中世史研究会編『中国中世史研究』(23参照)。
共同体の発展によって中国史を理解しようとする方法論の提唱。漢代を里共同体、六朝を豪族共同体の時代とする。
(74) 川勝義雄「漢末のレジスタンス運動」『東洋史研究』二五―四、一九六七。
(75) 川勝義雄「貴族制社会と孫呉政権下の江南」前掲『中国中世史研究』。
右二篇は著者の貴族制論をうかがうのに最もよい。漢末・三国の領主化豪族と清流豪族と民衆との関係を描く。
(76) 川勝義雄「重田氏の六朝封建制論批判について」『歴史評論』二四七、一九七一。
(126)に対する反論。
(77) 河地重造「漢代の土地所有制について」『大阪市立大学経済学年報』五、一九五五。
漢代公田の経営が武帝時代に奴隷制からコロナートス的小作制へ移るとする。
(78) 河地重造「秦・漢帝国の基本構造と歴史的性格」『歴史学研究』二二五、一九五八。
国家の直接支配が豪族支配の枠を貫いて、小農民に対する二重の支配関係が成立していたとする。
(79) 河地重造「王莽政権の出現」『岩波講座世界歴史』四(古代四)岩波書店、一九七〇。
(80) 河地重造「晋の限客法にかんする若干の考察――中国三世紀の社会に関連して――」『経済学雑誌』三五―一・二合併号、一九五六。
給客制の考察とともに当時の荘園の性格をあわせ論じている。
(81) 河地重造「晋代の『士』身分と社会秩序の諸問題」『経済学雑誌』三九―二、一九五八。
(82) 河地重造「北魏王朝の成立とその性格について――徙民政策の展開から均田制へ――」『東洋史研究』一二―五、一九五三。

拓跋族の共同体制がデスポティズムへ変化していく過程と均田制の出現を関連させて描く。

(83) 河原正博「西晋の戸調式に関する一考察――『遠夷不課田者』を中心として――」『法政大学文学部紀要』一〇、一九六五。

遠夷を辺夷、すなわち部落組織を維持する帰順蛮人とする。

(84) 木村正雄『中国古代帝国の形成――特にその成立の基礎条件――』不昧堂、一九六五。

第二次農地の開発を基礎に成立した国家的生産体が専制主義を生みだしたとする。

(85) 菊池英夫「北朝軍制に於ける所謂郷兵について」『重松先生古稀記念九州大学文学部東洋史論叢』九州大学文学部東洋史研究室、一九五七。

郷兵の実態と意義にふれ、浜口重国説(301)を批判して郷兵と府兵とは別であるとしている。

(86) 菊池英夫「南朝田制に関する一考察――唐田令体系との関連において――」『山梨大学教育学部紀要』四、一九六九。

唐の田制の起源を北朝ばかりでなく南朝にも求むべきであるとし、晋制との関連にもふれている。

(87) 菊池英夫「唐令復原研究序説――特に戸令・田令にふれて――」『東洋史研究』三一―四、一九七三。

仁井田氏らの唐令復原の再検討すべき問題点を指摘する。とくに田令の基本は官品に応じた田土の身分的統制にあるとする。

(88) 菊地康明『日本古代土地所有の研究』東京大学出版会、一九六九。

賃租・土地売買と質の関係・収取体系・土地所有権の問題等をのべる。

(89) 草野靖「占田課田制について」『史淵』七六、一九五八。

(90) 草野靖「宋代の主戸・客戸・佃戸」附論Ⅱ晋代の給客制、『東洋学報』四六―二、一九六三。

(91) 草野靖「唐律にみえる私賤民、奴婢・部曲に就いての一考察」『重松先生古稀記念九州大学文学部東洋史論叢』九州大学文学部東洋史研究室、一九五七。

国法上の奴婢は犯罪没官人のみで、部曲は賤人でなく封建的関係にあるとする。

(92) 草野靖「宋代合種制補考」『東洋学報』五五―一、一九七二。

氏は地主佃戸関係を合種と租佃に大別するが、ここでは合種の先行形態として漢魏の分田や北魏恭宗の政策や唐代の吐魯番文書にも言及する。
(93) 窪添慶文「魏晋南北朝における地方官の本籍地任用について」『史学雑誌』八三—一、二、一九七四。
他の時代のように地方官の本籍地廻避が行なわれなかったこの時代の特徴に注目して、本籍地任用の事例を詳細に跡づけている。
(94) 熊谷宣夫「橘師将来吐魯番出土紀年文書」『美術研究』二一三、一九六〇。
(95) 栗原益男「府兵制の崩壊と新兵種」『史学雑誌』七三—二、三、一九六四。
府兵制崩壊過程の健児・防丁の徴集法とその基礎をなす村落共同体の分解状況をしめす。(202)を参照。
(96) 桑田六郎「王莽の土地改革について」『東洋研究』一三、一九六六。
(97) 五井直弘「漢代の公田における仮作について」『歴史学研究』二二〇、一九五八。
公田仮作の諸形態と収奪形態をのべ、国家の郡県民支配との関係に及ぶ。
(98) 五井直弘「中国古代史と共同体——谷川道雄氏の所論をめぐって——」『歴史評論』二五五、一九七一。
階級社会における共同体についての理論上、および漢代共同体の実際上からの、谷川氏の所論(187以下)に対する批判。
(99) 古賀昭岑「北魏における徙民と計口受田について」『九州大学東洋史論集』一、一九七三。
北魏初期の徙民に遊牧民が多く、かならずしも計口受田されなかったことを指摘する。
(100) 古賀登「県郷亭里制度の原理と由来」『史林』五六—二、一九七三。
秦漢の県郷亭里の戸数と構成のしかた、付属の耕地・山川林沢等を推定する。
(101) 古賀登「南朝租調攷」『史学雑誌』六八—九、一九五九。
隋書食貨志の税制記事の批判。
(102) 古賀登「北魏の俸禄制施行について」『東洋史研究』二四—二、一九六五。
俸禄制施行記事を解釈し、その背景に北魏の貿易独占があったとする。
(103) 古賀登「北魏三長攷」『東方学』三一、一九六五。
宗主制から三長制への変化を論じて、宗主制を鮮卑の制度とする清水泰次説(124)を支持する。
(104) 古賀登「均田法と犂共同体」『早稲田大学大学院文学研究科紀要』一七、一九七二。

五世紀における農業生産力の発展と牛犂を用いるための共同体の編成が均田制の背景にあったとする。
(105) 古賀登「唐代均田制度の地域性」『史観』四六、一九五六。
租と地税額の推定から、江淮で反均田的な地税が多いとする。
(106) 古賀登「唐の地税とその展開——主として西域出土文書からみた——」『東方学創立三十五周年記念東方学論集』東方学会、一九七二。
(107) 古賀登「夏税・秋税の源流」『東洋史研究』一九—三、一九六〇。
夏秋両税の起源を地税にもとめる。
(108) 小口彦太「北魏均田農民の土地『所有権』についての一試論」『早稲田法学会誌』二三、一九七三。
中田・仁井田氏の土地私有論(232・239)を批判し、均田制における国家の土地支配の源流を北魏初期の計口受田制に求める。
(109) 小口彦太「中国土地所有法史序説——均田制研究のための予備的作業——」『比較法学』九—一、一九七四。
前半は中国学界の土地所有権論争(431)を批判し、後半で唐代吐魯番の土地関係を考察して国家の干渉を指摘。
(110) 佐々木栄一「李安世の上奏と均田制の成立——上奏年次の追求を通して——」「同補遺」『東北学院大学論集』歴史学・地理学二、四、一九七一、七四。
李安世の上奏年次(281・373参照)を均田制・三長制施行以前とする。
(111) 佐々木栄一「いわゆる計帳様文書をめぐって——麻田の班給を中心として——」『集刊東洋学』二二、一九六九。
西魏計帳様文書(399)の麻田は農民の旧所有地の上に割当てられたとし、正田の班給基準をもあわせて論じている。
(112) 佐竹靖彦「唐末宋初の敦煌地方における戸籍制度の変質について」『岡山大学法文学部学術紀要』三〇、一九七〇。
均田制崩壊後の戸籍様文書を、手実ないしそれをそのまま戸籍として使用したものとし、労働過程の再編や耕地単位の変化にも言及する。(345)をも参照。
(113) 佐藤武敏「『新唐書』地理志に見える農業水利記事——唐代水利史料研究の一——」『中国水利史研究』一、一九六五。
(114) 佐藤武敏「敦煌発見唐水部式残巻訳注——唐代水利史料研究の二——」前掲誌二、一九六七。
(115) 佐藤武敏「唐代地方における水利施設の管理」前掲誌三、一九六七。

(113)以下は唐代水利史関係史料の研究。(115)は佃人文書・差科簿・渠人転帖を扱う。
(116)佐野利一「晋代の農業問題」『世界歴史大系』四(東洋中世史一)平凡社、一九三四。
(117)西域文化研究会編『西域文化研究』第二(敦煌吐魯番社会経済資料上)、第三(同下)、法蔵館、一九五九—六〇。
大谷探検隊将来文書の研究のうち土地関係の分野の研究報告書。
(118)滋賀秀三『「課役」の意味及び沿革』『国家学会雑誌』六三—一〇・一一・一二合併号、一九四八。
課役のいみについての日・中の相違および中国における租調役の沿革を論ずる。
(119)滋賀秀三「訳註唐律疏議」『国家学会雑誌』七二—一〇、一九五八、七三—三、一九五九、七四—三・四合併号、一九六一、七五—一一・一二合併号、一九六二、七八—一一・一二合併号、一九六四。
名例律疏三六条までの詳細な訳注。
(120)志田不動麿「晋代の土地所有型態と農民問題」『史学雑誌』四三—一、二、一九三二。
専制国家の基礎条件の崩壊と封建制度の発展を主題とし、均田制研究者の視角に対する批判を含む。
(121)志田不動麿「北朝の均田制度」『世界歴史大系』四(東洋中世史一)平凡社、一九三四。
右のような情勢の結果として国家への権力集中と農民の農奴的隷属化がなされたと説く。
(122)清水泰次「限田説」『東亜経済研究』一五—三、一九三一。
限田策の起源を商鞅にありとする。
(123)清水泰次「漢代の屯田」『東亜経済研究』一四—三・四合併号、一九三〇。
民屯の端緒を魏に求める岡崎文夫説(55)に対し、漢代にも軍屯・民屯両方ありとする。
(124)清水泰次「北魏均田考」『東洋学報』二〇—一、一九三二。
志田説(121)とちがい遊休地の多いのを耕作させることに法の精神があるとする。
(125)清水泰次「魏の均田制に就いて」『歴史学研究』四—一、一九三五。
前稿の補足。牛の受田を論ずる。
(126)重田徳「中国封建制研究の方向と方法——六朝封建制論の一検討——」大阪歴史科学協議会『歴史科学』三三、一九七〇。
『歴史評論』二四七、一九七一、に再録。

谷川道雄氏の六朝史研究の方法を批判し、論争を誘発した論文。

(127) 滋野井恬「唐代の僧道給田制に就いて」『大谷学報』三七―四、一九五八。同氏著『唐代仏教史論』平楽寺書店、一九七三。

(128) 嶋居一康「宋代の佃戸と主客戸制」『東洋史研究』三〇―四、一九七二。

佃戸制・主戸客戸制研究の動向と批評。

(129) 嶋崎昌「高昌国の城邑について」『中央大学文学部紀要』一七、一九五九。

(130) 白川静「詩経に見える農事詩」『立命館文学』一三八、一三九、一九五六。

(131) 鈴木俊「占田、課田と均田制」『中央大学七十周年記念論文集』中央大学、一九五五。

(132) 鈴木俊「晋の戸調式と田租」『東方学会創立十五周年記念東方学論集』東方学会、一九六二。

(133) 鈴木俊「唐の均田法と唐令との関係に就いて」『東亜』七―四、一九三四。

唐田令の疑問点についての解釈。

(134) 鈴木俊「唐代の戸籍と税制との関係に就いて」『東亜』七―九、一九三四。

(135) 鈴木俊「唐の均田制と租庸調制との関係に就いて」『東亜』八―四、一九三五。

均田制は占田制限策で、受田はないが租庸調は規定通りとられたとする。

(136) 鈴木俊「唐代丁中制の研究」『史学雑誌』四六―九、一九三五。

(137) 鈴木俊「敦煌発見唐代戸籍と均田制」『史学雑誌』四七―七、一九三六。

戸籍の田土記載方式を論じて還受を否定した最も代表的な論文。

(138) 鈴木俊「唐代均田法施行の意義について」『史淵』五〇、一九五一。

均田制は一丁一〇〇畝の限田策で、農民は一〇〇畝以下で生活でき、租庸調はその担税能力を考慮したものとする。

(139) 鈴木俊「唐令の上から見た均田租庸調制の関係について」『中央大学文学部紀要』六、一九五六。

中国学界の鄧広銘(494)・岑仲勉(475)諸氏等の論争批判。

(140) 鈴木俊「戸籍作成の年次と唐令」『中央大学文学部紀要』九、一九五七。

(141) 鈴木俊「唐代租庸調制小考」『歴史教育』六―六、一九五八。

租庸調の換算規定のくいちがいを問題にしたもの。
(142) 鈴木俊「麻田考」『中央大学文学部紀要』二〇、一九六〇。
北魏・西魏の麻田についての解釈。
(143) 鈴木俊「隋の均田制度について」『和田博士古稀記念東洋史論叢』講談社、一九六一。
隋の田令の解釈を通して唐田令の形成過程をあきらかにする。
(144) 鈴木俊「均田制についての二、三の疑問」『中央大学文学部紀要』二八、一九六三。
嶺南の税米と戸調式の関係、老・小男の受田の沿革、敦煌戸籍に女子の多い理由等を論ずる。
(145) 鈴木俊「均田制における老人と女子とについて」『鹿児島史学』一一、一九六三。
前論文と重複する部分が多い。
(146) 鈴木俊「匹(疋)と端」『石田博士頌寿記念東洋史論叢』石田博士古稀記念事業会、一九六五。
庸調の絹と布の単位の沿革。(323)をも参照せよ。
(147) 鈴木俊「宇文融の括戸について」『和田博士還暦記念東洋史論叢』講談社、一九五一。
礪波護氏による批判(207)がある。
(148) 鈴木俊「旧唐書食貨志の史料系統について」『史淵』四五、一九五〇。
(149) 鈴木俊「新唐書食貨志の史料的考察」『岩井博士古稀記念典籍論集』岩井博士古稀記念事業会、一九六〇。
(150) 鈴木俊「唐の戸税と青苗銭との関係に就いて」『池内博士還暦記念東洋史論叢』座右宝刊行会、一九四〇。
青苗銭・地頭銭を戸税の付加税としてこれらが両税法になるとする。
(151) 鈴木俊「唐の夏税・秋税について」『加藤博士還暦記念東洋史集説』冨山房、一九四一。
夏税・秋税は京兆府でのみ行なわれた地税で両税法と無関係とする。
(152) 鈴木俊「唐の戸税と均田制」『中央大学文学部紀要』三、一九五五。
戸税の沿革をのべ、曾我部静雄説(170)を批判している。
(153) 鈴木俊「青苗銭と夏税・秋税」『古代学』六—四、一九五八。
(154) 周藤吉之「唐末五代の荘園制」『東洋文化』一二、一九五三。同氏著『中国土地制度史研究』東京大学出版会、一九五四。

均田制崩壊直後の荘園についての詳細な研究。

(155) 周藤吉之「吐魯番出土の佃人文書研究——唐代前期の佃人制——」『西域文化研究』第二(117)、一九五九。同氏著『唐宋社会経済史研究』東京大学出版会、一九六五。

大谷文書により吐魯番均田制下の小作制の普及をはじめてあきらかにしたもの。

(156) 周藤吉之「佃人文書研究補考——特に郷名の略号記載について——」前掲『唐宋社会経済史研究』、一九六五。

前稿を補足し、小作制普及の原因にかんする西嶋定生説(274)に疑問を出している。

(157) 周藤吉之「唐代中期における戸税の研究」『西域文化研究』第三、一九六〇。前掲『唐宋社会経済史研究』。

大谷文書により戸税徴収の実情を具体的にあきらかにしたもの。

(158) 曾我部静雄『均田法とその税役制度』講談社、一九五三。

均田制を井田制以来の伝統から説きおこして日本の班田制にも及んだ総合的な著作。

(159) 曾我部静雄「日唐令に見ゆる力役制度の研究」『史学雑誌』五五—八、一九四四。

課＝雑徭説をはじめて提唱した論文。

(160) 曾我部静雄「その後の課役の解釈問題」『史林』三八—四、一九五五。

(161) 曾我部静雄「北魏・東魏・北斉・隋時代の課口と不課口」『東方学』一一、一九五五。

(162) 曾我部静雄「西涼及び両魏の戸籍と我が古代戸籍との関係」『法制史研究』七、一九五七。同氏著『律令を中心とした日中関係史の研究』吉川弘文館、一九六八。

山本達郎氏のいう計帳様文書(399)を戸籍とする。

(163) 曾我部静雄「両魏の戸籍と唐の差科簿との関係と課の意味の変遷」『東洋史研究』一七—四、一九五九。同氏著『中国律令史の研究』吉川弘文館、一九七一。

両魏の戸籍(山本氏のいう計帳様文書)と唐の差科簿との類似を指摘し、前者にみえる課が力役をいみすることを主張する。

(164) 曾我部静雄「中国古代の施舎制度」『東北大学文学部研究年報』一二、一九六二。

中国では古来力役免除はあるが租税免除はないとする。平中苓次説(333)に対する批判。

(165) 曾我部静雄「日中の律令における寡妻妾及び妻妾に対する授田とその義務免除」『日本歴史』二二〇、一九六六。前掲『中国律令史の研究』。

(166) 曾我部静雄「均田法と班田収授法の税役の一種・調の性格について」『山崎先生退官記念東洋史学論集』山崎先生退官記念会、一九六七。前掲『中国律令史の研究』。

(167) 曾我部静雄「養老令の田租の条文について」『日本歴史』二三九、一九六八。前掲『中国律令史の研究』。
養老令の田租が、唐のように賦役令でなく、田令に入っている由来を晋制に求めたもの。

(168) 曾我部静雄「我が大宝及び養老の令制による義倉の貯蔵穀について」前掲『律令を中心とした日中関係史の研究』一九六八。

(169) 曾我部静雄「日中の律令時代の戸の等級制」(旧題「日中戸等制の実施情況」)『日本歴史』一一五、一一七、一九五八。前掲『律令を中心とした日中関係史の研究』。

(170) 曾我部静雄「唐の戸税と地頭銭と青苗銭の本質」『文化』一九—一、一九五五。前掲『中国律令史の研究』。
これら諸税の沿革と、それが官人の俸銭として両税法以後も続いたことを論ずる。

(171) 曾我部静雄「均田法の園宅地」『史林』四〇—二、一九五七。前掲『中国律令史の研究』。
両魏の戸籍(いわゆる計帳様文書)によって、北朝の園宅地にかんする疑点を論じている。

(172) 曾我部静雄「北斉の均田法」『文化』二七—三、一九六三。前掲『中国律令史の研究』。
河清三年田令の解釈をめぐって西嶋定生説(273)を反駁したもの。

(173) 曾我部静雄「井田法と均田法」(旧題「均田法の名称と実態について」)『東洋史研究』二六—三、一九六七、二八—二・三合併号、一九六九。前掲『中国律令史の研究』。
均田制は井田制の後身で、公式の名称は井田であるという。

(174) 曾我部静雄「いわゆる均田法における永業田について」『集刊東洋学』二七、一九七二。

(175) 曾我部静雄「中国中世の官賤民と我が雑戸と品部」(旧題「雑戸と品部」)『文化』二一—四、一九五〇。前掲『律令を中心とした日中関係史の研究』。
中国の賤人制度の体系と日本との相違について。

(176) 曾我部静雄「中国の中世及び宋代の客戸について」『社会経済史学』二七—五、一九六二。前掲『中国律令史の研究』。
(177) 多田狷介「後漢豪族の農業経営——仮作・傭作・奴隷労働——」『歴史学研究』二八六、一九六四。
豪族の大土地経営は小経営生産様式を前提とする仮作を主とし、それが皇帝支配と矛盾しないという。
(178) 多田狷介「漢代の地方商業について——豪族と小農民の関係を中心に——」『史潮』九二、一九六五。
前述のような豪族の農業経営に対応して、小農民の存在を前提とした地方商業があったとする。
(179) 多田狷介「中国古代史研究覚書」『史艸』一二、一九七一。
秦漢社会を総体的奴隷制＝アジア的生産様式として理解しようとする。
(180) 田中整治「魏の屯田制度について」『北海道学芸大学紀要第一部』八—二、一九五七。
(181) 田中整治「曹魏が屯田策を採用するに至った事情について」『北海道学芸大学紀要第一部』九—一、一九五八。
(182) 田村実造「代国時代のタクバツ政権」『東方学』一〇、一九五五。
(183) 田村実造「均田法の系譜——均田法と計口受田制との関係——」『史林』四五—六、一九六二。
北魏の均田制創始を遊牧民的な計口受田制に連続するものとする。
(184) 滝川政次郎『律令時代の農民生活』(旧題『法制史上より観たる日本農民の生活・律令時代』一九二六)刀江書院、一九四三。
内田銀蔵説(25)を批判して大化前代に階級分化が進んでおり、班田収授制は社会政策として行なわれたもので、労働力に対応した経済政策としての均田制と違うという。
(185) 滝川政次郎「唐代奴隷制度概説」同氏著『支那法制史研究』有斐閣、一九四〇。
(186) 滝川政次郎「律令の計会制度と計会帳」『国学院法学』一—一、一九六三。同氏著『律令諸制及び令外官の研究』(法制史論叢第四冊)角川書店、一九六七。
小笠原宣秀氏(33)およびマスペロ氏(535)紹介の文書を唐の計会帳と断定する。ただし大庭脩氏(52)はこれを鈔目と称している。
(187) 谷川道雄「一東洋史研究者における現実と学問」『新しい歴史学のために』六八、一九六〇。
中国古代における共同体の指摘がある。

(188) 谷川道雄「北魏研究の方法と課題」『名古屋大学文学部研究論集』三二、一九六四。
拓跋社会における共同体の存続を把握すべきであるとする。
(189) 谷川道雄「慕容国家における君権と部族制」(旧題「慕容国家の権力構造」)『名古屋大学文学部研究論集』二九、一九六三。同氏著『隋唐帝国形成史論』筑摩書房、一九七一。
(190) 谷川道雄「初期拓跋国家における王権」『史林』四六―六、一九六三。
(191) 谷川道雄「北魏の統一過程とその構造」前掲『隋唐帝国形成史論』。
(192) 谷川道雄「均田制の理念と大土地所有」『東洋史研究』二五―四、一九六七。
大土地所有を抑制し、小農民の存立を保証しようとする士大夫理念の実現したものが均田制であるという。
(193) 谷川道雄「北朝貴族の生活倫理」中国中世史研究会編『中国中世史研究』東海大学出版会、一九七〇。
右のような士大夫理念の生まれる場として、郷党における貴族の生活を描き出す。
(194) 谷川道雄「北魏末の内乱と城民」『史林』四一―三、五、一九五八。前掲『隋唐帝国形成史論』。
北族系軍士の反乱を本来の自由を恢復しようとする運動として描く。
(195) 谷川道雄「『共同体』論争について――中国史研究における思想状況――」『名古屋人文科学研究会年報一九七四(第一号)』。
著者の六朝士大夫論・共同体論にたいする諸批判の傾向を指摘・反論し、著者の立場をあきらかにした最近作。
(196) 谷川道雄「唐代の職田制とその克服」『東洋史研究』一二―五、一九五二。
動揺をつづけた職田制を官僚制の矛盾との関係で論じたもの。
(197) 玉井是博「唐時代の土地問題管見」『史学雑誌』三三―八、九、一〇、一九二二。同氏著『支那社会経済史研究』岩波書店、一九四二。
均田制についての最初の体系的な専論。
(198) 玉井是博「唐の賤民制度とその由来」京城帝国大学法文学会編『朝鮮支那文化の研究』刀江書院、一九二九。前掲書所収。
唐の賤民身分にかんする最初の総合的研究、浜口重国氏等の研究(312)によって補正する必要がある。
(199) 玉井是博「敦煌戸籍残簡について」『東洋学報』一六―二、一九二七。前掲書所収。
戸籍によって給田の制度および実施状況を論じた初期の研究。

(200) 玉井是博「再び敦煌戸籍残巻について」『東洋学報』二四—四、一九三七。前掲書所収。
英仏留学中書写した戸籍の紹介・研究。

(201) 玉井是博「支那西陲出土の契」『京城帝国大学創立十周年記念論文集史学篇』大阪屋号書店、一九三六。前掲書所収。
均田制後の土地賃貸借・質地契約書を含む。

(202) 玉井是博「唐代防丁考」『池内博士還暦記念東洋史論叢』座右宝刊行会、一九四〇。前掲書所収。
府兵制崩壊過程にあらわれる防丁・健児等が徴兵制であるとする。栗原益男氏の近説(95)を参照。

(203) 竺沙雅章「敦煌の寺戸について」『史林』四四—五、一九六一。
唐代吐蕃占領期の寺戸文書を紹介、寺戸を農奴とし、唐末にこれが解放されて新しい労働力が現われたとする。

(204) 塚本善隆「北魏の僧祇戸・仏図戸」『東洋史研究』二—三、一九三七。同氏著『支那仏教史研究・北魏篇』弘文堂、一九四二。
北魏の被征服徙民「平斉戸」および仏教教団に奉仕する表記の身分の研究。

(205) 礪波護「課と税に関する諸研究について」『東洋史研究』二〇—四、一九六二。
「課」の語の意味をめぐる論争史の整理。

(206) 礪波護「隋の貌閲と唐初の食実封」『東方学報京都』三七、一九六六。
隋の輸籍・貌閲を低く評価し、唐初の食実封を重視して、中央集権制および庶族地主の進出を強調する説を批判する。

(207) 礪波護「唐の律令体制と宇文融の括戸」『東方学報京都』四一、一九七〇。
宇文融の括戸政策が均田制の衰退でなく、府兵制の崩壊、徴兵から募兵への転換によるとする。

(208) 礪波護「両税法制定以前における客戸の税負担」『東方学報京都』四三、一九七二。
前稿にたいする栗原益男氏の批判に答え、客戸の税にかんする中川学氏の説(229)を批判する。

(209) 土肥義和「唐令よりみたる現存唐代戸籍の基礎的研究」『東洋学報』五二—一、二、一九六九。
敦煌の開元四年・十年籍草案を紹介し、戸籍形式の変遷を考察する。

(210) 東洋文庫敦煌文献研究委員会『スタイン敦煌文献及び研究文献に引用紹介せられたる西域出土漢文文献分類目録初稿　非仏教文献之部　古文書類』Ⅰ公文書、一九六四、Ⅱ寺院文書、一九六七。

諸文書を分類列挙し、個々の文書についてそれを引用した研究文献を注記する。
(211) 時野谷滋「田令と墾田法」『歴史教育』四―五、六、一九五六。
日本田令荒廃条・三世一身法・永世私有法の関係を論じたもの。
(212) 虎尾俊哉「敦煌文書における税租」『古代文化』三―一〇、一九五九。
西魏の計帳様文書(399)の税租記事の解釈。
(213) 虎尾俊哉『班田収授法の研究』吉川弘文館、一九六一。
土地公有説の立場から中田薫氏の私有説(232)を批判している。また「均田法私見」という一文を含む。
(214) 虎尾俊哉「律令時代の公田について」『法制史研究』一四、一九六四。
墾田永年私財法を機に公田・私田の概念が変化すると説く。
(215) 那波利貞「塢主攷」『東亜人文学報』二―四、一九四三。
晋代の自衛団について。
(216) 那波利貞「唐鈔本唐令の一遺文」『史林』二〇―三、四、二一―三、四、一九三五―三六。
唐永徽職員令断簡の紹介・研究。
(217) 那波利貞「正史に記載せられたる大唐天宝時代の戸数と口数との関係に就きて」『歴史と地理』三三―一、二、三、四、一九三六。
敦煌戸籍の初期の紹介。これによって正史の戸口統計記載について疑問を提出している。
(218) 那波利貞「中晩唐時代に於ける偽濫僧に関する一根本史料の研究」『竜谷大学仏教史学論叢』一九三九。
多数の土地賃貸借文書を紹介している。
(219) 那波利貞「梁戸攷」『支那仏教史学』二―一、二、四、一九三八。同氏著『唐代社会文化史研究』創文社、一九七四。
唐末敦煌寺院で製油に従事する戸の研究。
(220) 那波利貞「中晩唐時代に於ける敦煌地方仏教寺院の碾磑経営に就きて」『東亜経済論叢』一―三、四、二―二、一九四一―四二。
前稿と同じく製粉業とそれに従事する戸の研究。

(221) 那波利貞「敦煌発見文書に拠る中晩唐時代の仏教寺院の銭穀布帛類貸附営利事業運営の実況」『支那学』一〇―三、一九四二。
唐末敦煌寺院の高利貸事業の研究。

(222) 那波利貞「唐代の農田水利に関する規定について」『史学雑誌』五四―一、二、一九四三。
敦煌地方の渠水管理・運営の施行細則の研究。

(223) 内藤乾吉「敦煌発見唐職制戸婚廐庫律断簡」『石浜先生古稀記念東洋学論叢』石浜先生古稀記念会、一九五八。同氏著『中国法制史考証』有斐閣、一九六三。
永徽律ではないかと思われる則天時代の律断簡の研究。

(224) 内藤乾吉「西域発見唐代官文書の研究」『西域文化研究』第三(117)、一九六〇。前掲書所収。
大谷文書のなかの官文書の書式にかんする詳細な研究。

(225) 中川学「唐代の逃戸・浮客・客戸に関する覚書」『一橋論叢』五〇―三、一九六三。

(226) 中川学「唐・宋の客戸に関する諸研究」『東洋学報』四六―二、一九六三。
客戸研究の動向と問題点の指摘。

(227) 中川学「唐代の客戸による逃棄田の保有」『一橋論叢』五三―一、一九六五。
逃戸の放棄した田土に対する政策の変遷を論じて、承佃地が永業化する方向を見出す。

(228) 中川学「唐代における括戸実行方式の変化について――両税法的権衡原則による客戸の制度化――」中国古代史研究会編『中国古代史研究第二』吉川弘文館、一九六五。
本籍地送還主義の武周期の括戸から現住地付籍主義の玄宗期の宇文融の括戸への変化が、租庸調から両税法へ近づくものであることを論ずる。

(229) 中川学「租庸調法から両税法への転換期における制度的客戸の租税負担」『一橋大学経済学研究』一〇、一九六六。
宇文融の括戸以後あらわれる客戸の税を論ず。礪波護氏の批判(208)を参照。

(230) 中田薫「唐令と日本令との比較研究」『国家学会雑誌』一八―一一、一二、一九〇四。同氏著『法制史論集』第一巻、一九二六。

唐戸令・田令・賦役令の復原と日本令との比較。
(231) 中田薫「日本庄園の系統」『国家学会雑誌』二〇—一、二、一九〇六。同氏著『法制史論集』第二巻、一九三八。
日本庄園の源流を尋ねて中国の庄園を論じた初期の研究。
(232) 中田薫「律令時代の土地私有権」『国家学会雑誌』四二—一〇、一九二八。前掲書所収。
日本律令上の私田が土地私有権の客体であることを論じて反響をまきおこした論文。
(233) 中村篤二郎「唐代における屯田経営の一考察——主として直接耕作者について——」東京教育大学東洋史学研究室編『東洋史学論集』不昧堂、一九五三。
(234) 仁井田陞『唐令拾遺』東方文化学院、一九三三。東京大学出版会、一九六四。
散逸した唐令の復旧を試みたもの。これによってほぼ唐令の全貌をうかがいうる。
(235) 仁井田陞『唐宋法律文書の研究』東方文化学院東京研究所、一九三七。大安、一九六七。
法律文書の総合的基礎的研究。土地制度にかんしては各種契約書・戸籍があり、均田制の実行を肯定している。
(236) 仁井田陞『支那身分法史』座右宝刊行会、一九四二。
親族・家族・部曲奴婢法等。奴婢の生産上の役割が指摘されている。
(237) 仁井田陞『中国法制史』岩波書店、一九五二。増訂版、一九六三。
著者の法制史研究の大要をのべたもの。
(238) 仁井田陞『中国法制史研究』全四冊、東京大学出版会、(1)刑法、一九五九、(2)土地法・取引法、一九六〇、(3)奴隷農奴法・家族村落法、一九六二、(4)法と慣習・法と道徳、一九六四。
(239) 仁井田陞「中国・日本古代の土地私有制」(旧題「古代支那・日本の土地私有制」)『国家学会雑誌』四三—一一、四四—一、二、七、八、一九二九—三〇。(238)の(2)所収。
中田薫氏(232)の方法に従って、日・中両国古代の土地法を体系的にのべたもの。
(240) 仁井田陞「中国法史における占有とその保護」(238)の(2)所収、一九六〇。
中国の土地所有制をゲルマン法のゲヴェーレによって解したもの。
(241) 仁井田陞「唐宋時代の保証と質制度」(旧題「唐宋時代に於ける債権の担保」)『史学雑誌』四二—一〇、一九三一。(238)の

(2)所収。
財貨の融資が行なわれる場合の担保としての保証制と質制度の発展を論じたもの。

(242) 仁井田陞「唐の律令および格の新資料――スタイン敦煌文献――」『東洋文化研究所紀要』一三、一九五七。(238)の(4)所収。
開元賊盗律・永徽職員令・開元戸部格・神龍散頒刑部格等の紹介。

(243) 仁井田陞「唐の僧道・寺観関係の田令の逸文」『塚本博士頌寿記念仏教史学論集』塚本博士頌寿記念会、一九六一。

(244) 仁井田陞「敦煌発見唐水部式の研究」『服部先生古稀祝賀記念論文集』一九三六。(238)の(4)所収。

(245) 仁井田陞「敦煌等発見唐宋戸籍の研究」『国家学会雑誌』四八―七、一九三四。
戸籍の研究によって田令の疑点を正したもの。その内容はほぼ(235)に収録されている。

(246) 仁井田陞「敦煌発見の中国の計帳と日本の計帳」(238)の(2)所収、一九六〇。
西魏のいわゆる計帳様文書(399)を計帳と断じたもの。曾我部静雄氏の戸籍説(162)と対立する。

(247) 仁井田陞「吐魯番発見の唐代土地法関係文書」(238)の(2)所収、一九六〇。
大谷探検隊将来給退田文書についての所見。

(248) 仁井田陞「吐魯番発見唐代の庸調布と租布――日本庸調布との比較――」『東方学報東京』一一―一、一九四〇、(238)の(2)所収。
スタイン将来、江南輸納の庸調布・租布の研究。江南における折租の問題は(300)の所論と関連する。

(249) 仁井田陞「唐律令上の課役制度――曾我部教授の新説をよみて――」『史学雑誌』五六―三、一九四五。
(159)に対する反論。

(250) 仁井田陞「敦煌発見の唐宋取引法関係文書(その一)」(旧題「スタイン・ペリオ両氏敦煌将来法律史料数種」)『東方学報東京』九、一九三九。(238)の(2)所収。

(251) 仁井田陞「敦煌発見の唐宋取引法関係文書(その二)」(238)の(2)所収、一九六〇。

(252) 仁井田陞「スタイン第三次中亜探検将来の中国文書とマスペロの研究――法律経済史料を中心として――」『史学雑誌』六四―六、一九五五。(238)の(2)所収。

(253) 仁井田陞「吐魯番発見の唐代取引法関係文書」『西域文化研究』第三(117)、一九六〇。(238)の(2)所収。
(250)以下は、(235)以後知られた各種契約文書等の紹介・研究。

(254) 仁井田陞「吐魯番発見の唐代租田文書の二形態」『東洋文化研究所紀要』二三、一九六一。(238)の(3)所収。
新発見の貞観十七年文書(476紹介)が従来知られた田主・佃人間の対等な契約関係と違う点を指摘。

(255) 仁井田陞「吐魯番発見の高昌国および唐代租田文書」『東洋文化研究所紀要』二九、一九六三。(238)の(4)所収。
さらに新しく紹介された小作契約書(460紹介)の分析。

(256) 仁井田陞「唐末五代の敦煌寺院佃戸関係文書——人格的不自由規定について——」『西域文化研究』第二、一九五九。「附載」を加えて(238)の(3)に収録。
寺院の人戸関係文書の研究。とくに人戸に対する身分的規制をのべる。竺沙雅章氏の研究(203)をも参照。

(257) 仁井田陞「中国法における奴隷の地位と主人権——奴隷法小史——」(238)の(3)所収、一九六二。

(258) 仁井田陞「唐代法における奴婢の地位再論——浜口教授の批判に答えて——」『史学雑誌』七四—一、一九六五。
(311)の批判に対する反論。

(259) 仁井田陞「敦煌発見則天時代の律断簡——日本と唐の奴隷解放撤回に対する制裁規定——」(238)の(4)所収、一九六四。
内藤乾吉氏(223)に紹介された戸婚律の放部曲為良条の解釈をめぐる論議。

(260) 仁井田陞「中国社会の『封建』とフューダリズム」『東洋文化』五、一九五一。(238)の(3)所収。
周代の「封建」は奴隷制社会であり、世界史的範疇としての封建社会は宋代に始まることを論じたもの。

(261) 仁井田陞「中国の農奴・雇傭人の法的身分の形成と変質——主僕の分について——」『封建制と資本制——野村博士還暦記念論文集』有斐閣、一九五六。(238)の(3)所収。
宋代法にはじめて佃戸・雇傭人と主人との間の法的身分的差別があらわれ、明清で解消するとし、ここに中国社会の農奴制の展開をみようとする。

(262) 仁井田陞「中国の同族又は村落の土地所有問題——宋代以後のいわゆる『共同体』——」『東洋文化研究所紀要』一〇(『土地所有の史的研究』と題して東京大学出版会より再刊)、一九五六。(238)の(3)所収。
中国古代では入会地の地盤が開放的で有力者の占取に任されたが、宋代以後同族による共有地があらわれて私的保証機能をもつとともに大地主体制の支柱ともなったという。
(263) 仁井田陞「元明時代の村の規約と小作証書など㈠——日用百科全書の類二十種の中から——」『東洋文化研究所紀要』八、一九五六。(238)の(3)所収。
(264) 仁井田陞「宋代以後における刑法上の基本問題——法の類推解釈と遡及処罰——」(238)の(1)所収、一九五九。
(265) 仁井田陞「旧中国人の言語表現に見る倫理的性格——罵詈五題——」『新中国』一八、一九四七。(238)の(4)所収。
(266) 西嶋定生「漢代の土地所有制——特に名田と占田について——」『史学雑誌』五八—一、一九四九。
漢代の名田・占田の語を官によって所有を識認された私有地とする。平中苓次氏の批判(329)がある。
(267) 西嶋定生「古代国家の権力構造」歴史学研究会編『国家権力の諸段階』岩波書店、一九五〇。
秦漢帝国を家父長的家内奴隷所有者たる豪族の形態をもつものとする。
(268) 西嶋定生『中国古代帝国の形成と構造——二十等爵制の研究——』東京大学出版会、一九六一。
前稿の見解を改めて、皇帝の小農民に対する直接的・個別人身的支配に秦漢帝国の基本的な階級関係があるとする。
(269) 西嶋定生「代田法の新解釈」『封建制と資本制——野村博士還暦記念論文集』有斐閣、一九五六。「補論」を加えて、同氏著『中国経済史研究』東京大学出版会、一九六六、に収録。
(270) 西嶋定生「秦漢時代の農学」『古代史講座』八(古代の土地制度)学生社、一九六三。前掲書所収。
漢代の公田にかんする論議を含む。
(271) 西嶋定生「武帝の死——『塩鉄論』の政治史的背景——」『古代史講座』一一(古代における政治と民衆)学生社、一九六五。
(272) 西嶋定生「魏の屯田制——特にその廃止問題をめぐって——」『東洋文化研究所紀要』一〇(『土地所有の史的研究』と題して東京大学出版会より再刊)、一九五六。前掲書所収。
魏の屯田にかんする詳細な研究。とくにその矛盾を追究して廃止の事情に及ぶ。
(273) 西嶋定生「北斉河清三年田令について」『和田博士古稀記念東洋史論叢』講談社、一九六一。「補論」を加えて、前掲書に収録。
曾我部静雄氏の批判(172)をうけ、「補論」で反論を行ない一部自説を改めている。
(274) 西嶋定生「吐魯番出土文書より見たる均田制の施行状態——給田文書・退田文書を中心として——」『西域文化研究』第

二、第三(117)、一九五九―六〇。前掲書所収。
　大谷文書の研究によって、唐代吐魯番で田土の還受が実施されたことを確認したもの。敦煌でも実施されたと推論する。

(275) 西嶋定生「中国古代奴婢制の再考察――その階級的性格と身分的性格――」『古代史講座』七(古代社会の構造下、古代における身分と階級)学生社、一九六三。
　皇帝の一般良人支配を基本的階級関係とし、それとの関係において奴婢身分が生まれたとする。

(276) 西村元佑「漢代の騎士」『竜谷史壇』四四、一九五八。

(277) 西村元佑「漢代の勧農政策」『史林』四二―三、一九五九。同氏著『中国経済史研究――均田制度篇――』東洋史研究会、一九六八。

(278) 西村元佑「漢代における限田・王田制と大土地所有問題」『竜谷大学論集』三九七、一九七一。

(279) 西村元佑「漢代王・侯の私田経営と大土地所有の構造――秦漢帝国の人民支配形態に関連して――」『東洋史研究』三一―一、一九七二。
　国家の良人支配に規制されて、大土地所有の基本的生産関係は奴隷制であったとする。

(280) 西村元佑「魏晋の勧農政策と占田課田」『史林』四一―二、一九五八。前掲書所収。

(281) 西村元佑「北魏均田攷」『竜谷史壇』三二、一九四九。
　計口受田制から均田制にいたる過程を論じ、李安世上疏を三長制施行後の状況を示すものとする。(110)を参照せよ。

(282) 西村元佑「北魏の均田制度――均田制成立期の問題――」前掲書所収、一九六八。
　均田制成立過程について前稿を書きかえ、さらに均田法規に発布時のものと修正を加えた部分とがあるといい、均田制以前の露田重視から桑田重視に移るという。

(283) 西村元佑「西魏・北周の均田制度――西魏計帳戸籍(スタイン漢文文書六一三号)における諸問題――」前掲書所収、一九六八。
　西魏のいわゆる計帳様文書(399参照。西村氏は一部戸籍、一部計帳とする)の詳細な分析。一九六一―六二年発表の諸論文を改編したもの。

(284) 西村元佑「北斉均田制度の一問題点――北斉河清三年令における墾田永業規定成立の意義――」(もと副題を本題とする)『東方学』三三、一九六七。前掲書所収。

奴婢受田制限がともなうのは奴隷労働力を開墾にふりむけるものとする。

(285) 西村元佑「唐代均田制度における班田の実態——大谷探検隊将来、唐代西州高昌県出土、欠田文書を中心として——」(旧題「唐代吐魯番における均田制の意義」)『西域文化研究』第二(117)、一九五九。前掲書所収。

西嶋論文(274)とともに、唐代吐魯番における還受の実施をあきらかにしたもの。

(286) 西村元佑「唐代敦煌差科簿を通じてみた均田制時代の徭役制度——大谷探検隊将来、敦煌・吐魯番古文書を参考史料として——」(旧題「唐代敦煌差科簿の研究」)『西域文化研究』第三、一九六〇。前掲書所収。

差科簿にあらわれた吏職・色役の詳細な研究。

(287) 西村元佑「唐律令における雑任役と色役資課に関する一考察」『竜谷史壇』五〇、一九六二。前掲書所収。

色役は律令では雑任役といい、資課額は身分を基準とするという。

(288) 西村元佑「均田法における二系列」『竜谷史壇』五六・五七合併号、一九六六。前掲書所収。

課口の受田・賦課は丁身対象に向い、不課戸については戸産保護のための受田が拡大するという。

(289) 西村元佑「均田法における受田と賦課に関する一考察——敦煌計帳戸籍の受田欠少と丁男の位置——」『史林』五〇—二、一九六七。前掲書所収。

桑田・麻田・永業田の受田率に比べて、丁口の露田・口分田の受田率が低いのは、徭役によって耕作不可能なため国家が放置したのだという。

(290) 西山武一『アジア的農法と農業社会』東京大学出版会、一九六九。

前半は北魏の斉民要術の農法の研究。

(291) 旗田巍『中国村落と共同体理論』岩波書店、一九七三。

中国村落の完結性の欠如を説く点に特徴がある。

(292) 服部宇之吉「井田私考」『漢学』二—一、二、三、一九一一。同氏著『支那研究』明治出版社、一九一六。増訂版、京文社、一九二六。

(293) 浜口重国「漢代に於ける地方官の任用と本籍地との関係」『歴史学研究』一〇一、一九四二。同氏著『秦漢隋唐史の研究』下巻、東京大学出版会、一九六六。

本籍地回避が行なわれたことを実証する。
(294) 浜口重国「唐に於ける雑徭の開始年齢」『東洋学報』二三―一、一九三五。前掲書上巻、東京大学出版会、一九六六。
(295) 浜口重国「唐に於ける雑徭の義務年限」『歴史学研究』八―五、一九三七。前掲書上巻所収。
(296) 浜口重国「唐の雑徭の義務日数について」前掲書下巻所収、一九六六。
(297) 浜口重国「唐に於ける両税法以前の徭役労働」『東洋学報』二〇―四、二一―一、一九三三。前掲書上巻所収。
いわゆる雑役・色役にかんする最初の基礎的研究。
(298) 浜口重国「唐の白直と雑徭と諸々の特定の役務」『史学雑誌』七八―二、一九六九。
白直等のいわゆる色役を雑徭の変役とし、西村元佑説(287)とちがって雑任と区別する。
(299) 浜口重国「唐の地税に就いて」『東洋学報』二〇―一、一九三一。前掲書下巻所収。
地税が義倉米であることをあきらかにしたもの。
(300) 浜口重国「唐の玄宗朝に於ける江淮上供米と地税との関係」『史学雑誌』四五―一、二、一九三四。前掲書下巻所収。
通典の天宝中国庫収支記事を分析し、中央・辺境の需要に応じて江南の租を布に代えたため、上供米には地税を流用することになったことを論ずる。
(301) 浜口重国「西魏の二十四軍と儀同府」『東方学報東京』八、九、一九三八―三九。前掲書上巻所収。
府兵制の起源と初期の組織にかんする研究。
(302) 浜口重国「唐の部曲・客女と前代の衣食客」『山梨大学学芸学部紀要』一、一九五二。(312)所収。
各種の客にかんする史料に詳細な分析を加え、そのなかから出客・賤人衣食客を唐の客女の前身とする。
(303) 浜口重国「唐の賤民、部曲の成立過程」『山梨大学学芸学部研究報告』三、一九五二。(312)所収。
賤人部曲の起源について、良人の私兵(部曲)の身分が低下したという説を批判し、賤人たる家兵(部曲)の身分が向上したものとする。
(304) 浜口重国「中国史上の古代社会問題に関する覚書」『山梨大学学芸学部研究報告』四、一九五三。(312)所収。
大土地所有において奴隷は多いが、より重要なのは一般農民が君主の農奴たる点にあるとする。
(305) 浜口重国「唐の賤民制度に関する雑考」『山梨大学学芸学部研究報告』七、一九五六。

(306) 浜口重国「北朝の史料に見えた雑戸・雑営戸・営戸について」『山梨大学学芸学部研究報告』八、一九五七。
(307) 浜口重国「唐の官有賤民、雑戸の由来について」『山梨大学学芸学部研究報告』一〇、一九五九。
(308) 浜口重国「唐の賤民法に関する雑説」『山梨大学学芸学部研究報告』一二、一九六一。
(309) 浜口重国「唐の太常音声人と楽戸、特に雑徭及び散楽との関係」『山梨大学学芸学部研究報告』一三、一九六三。
(310) 浜口重国「唐の楽戸について、附―部曲妻・客女の語」『山梨大学学芸学部研究報告』一四、一九六三。
(305)以下の趣旨は(312)に改編されて入れられている。
(311) 浜口重国「唐法上の奴婢を半人半物とする説の検討」『史学雑誌』七二―九、一九六三。
仁井田説(236)に対する批判。奴婢は物だが王法の下ではじめて人として認められるという。
(312) 浜口重国『唐王朝の賤人制度』東洋史研究会、一九六六。
主篇は著者の賤人制研究を集大成したもの。外篇に若干の論文を付載する。
(313) 日野開三郎「大唐租調惑疑」『東洋史学』九、一九五四。
(314) 日野開三郎「租調(庸)と戸等――大唐租調惑疑第三章――」『東洋史学』一一、一九五四。
右二篇は租庸調の負担を華北と江南について算定し、前提としての均田制実施は必要なかったとする。
(315) 日野開三郎「玄宗時代を中心として見たる唐代北支禾田地域の八・九両等戸に就いて――主として土地関係を中心として――」『社会経済史学』二一―五・六合併号、一九五五。
天宝六載籍により農民の経営を推定。戸等が已受田額に対応し、田畝配分に国家権力の介入がなかったとして均田制実施を否定している。
(316) 日野開三郎「唐代課丁の庸調免除と租調免除」『法制史研究』八、一九五七。
単貧戸への庸調免除から租調免除への変化をのべる。
(317) 日野開三郎「唐代天宝以前に於ける土戸の対象資産」『東方学』一七、一九五八。
課税の対象となる資産の範囲と評価法をのべる。
(318) 日野開三郎「唐代の課丁数に就いて」『東方学会創立十五周年記念東方学論集』東方学会、一九六二。
(319) 日野開三郎「唐代租庸調制下の勾徴に就いて」『東洋学報』四五―二、一九六二。

物納課税の粗悪・欠損部分の追徴にかんする研究。
(320) 日野開三郎「租粟と軍糧——『天宝末以前に於ける唐の軍糧政策』の第一——」『東洋史学』二五、一九六二。
(321) 日野開三郎「天宝末以前に於ける唐の軍糧田——『天宝末以前に於ける唐の軍糧政策』の第二——」『東洋史研究』二一—一、一九六二。
右の二篇は唐代前期の軍粮調達方法を論じ、屯田・営田が開元二十五年ごろ直営から小作経営へ変ったとする。青山定雄論文(1)をも参照せよ。
(322) 日野開三郎「唐の賦役令に於ける調の色目」『鈴木俊教授還暦記念東洋史論叢』鈴木俊教授還暦記念会、一九六四。
(323) 日野開三郎「唐代庸調の布絹課徴額と匹端制」『法制史研究』一五、一九六五。
(324) 日野開三郎「唐朝租庸調時代食封制の財政史的考察」『東洋学報』四九—二、一九六六。
武韋時代に増加した実封を玄宗時代に縮減し国庫収入を増加させたことをのべる。
(325) 日野開三郎「戸税なる語の用法より見た大暦の夏税・秋税と両税法との関係」『東方学』二五、一九六三。
(326) 日野開三郎「両税法成立の由来と大暦の夏税・秋税」『東洋史学』二九、一九六六。『九州大学文学部創立四十周年記念論集』九州大学文学部、一九六六。
夏税・秋税は全国的に施行され、両税法の祖型となったもので、従来の戸税・地税とは関係ないとする。
(327) 日野開三郎『唐代租調庸の研究』1色額篇、自費出版、一九七四。
(328) 平中苓次「王土思想の考察」『立命館文学』六八、一九四九。同氏著『中国古代の田制と税法——秦漢経済史研究——』東洋史研究会、一九六一。
(329) 平中苓次「漢代の『名田』・『占田』について」『和田博士還暦記念東洋史論叢』講談社、一九五一。前掲書所収。
西嶋定生説(266)に対する批判。名田・占田などの特定の土地名称はなかったとする。
(330) 平中苓次「漢代の公田の『仮』——塩鉄論園池篇の記載について——」『和田博士古稀記念東洋史論叢』講談社、一九六一。前掲書所収。
公田の中心史料である塩鉄論園池篇の新しい読み方を提唱する。
(331) 平中苓次「漢代の田租と災害による其の減免」『立命館文学』一七二、一七八、一八四、一九一、一九五九—六一。前掲書所収。
田租の制度的側面ばかりでなく、土地所有権や経営形態にまで及んだ大作。
(332) 平中苓次「漢代の官吏の家族の復除と『軍賦』の負担」『立命館文学』一二七、一九五五。前掲書所収。
(333) 平中苓次「漢代の復除と周礼の施舎」『立命館文学』一三八、一九五六。前掲書所収。
曾我部静雄氏の批判(164)がある。
(334) 平井正士「漢の武帝時代に於ける儒家任用」東京教育大学東洋史研究室編『東洋史学論集』第三、不昧堂、一九五四。
(335) 福井重雅「儒教成立史上の二三の問題」『史学雑誌』七六―一、一九六七。
(336) 福島繁次郎『中国南北朝史研究』教育書籍、一九六二。
北斉・北周の村落制の研究を含む。
(337) 福島繁次郎「北魏孝文帝の考課と俸禄制(第一期)」『滋賀大学学芸学部紀要』一二、一九六二。
(338) 藤家礼之助「曹魏の屯田制」『早稲田大学大学院文学研究科紀要』八、一九六二。
(339) 藤家礼之助「曹魏の典農部屯田の消長」『東洋学報』四五―二、一九六二。
(340) 藤家礼之助「『均政役』考――屯田制から課田制への移行に関連して――」『史観』八九、一九七四。
(341) 藤家礼之助「西晋の田制と税制」『史観』七三、一九六六。
(342) 藤家礼之助「西晋諸侯の秩奉――『初学記』所引『晋故事』の解釈をめぐって――」『東洋史研究』二七―二、一九六八。
諸侯の秩奉については越智重明氏の異説(41)がある。
(343) 藤枝晃「沙州帰義軍節度使始末」『東方学報京都』一二―三、四、一三―一、二、一九四二―四三。
(344) 藤枝晃「吐蕃支配期の敦煌」『東方学報京都』三一、一九六一。
右二篇は敦煌の歴史、各時期の文書の特徴等重要な示唆を含む。
(345) 藤枝晃「敦煌の僧尼籍」『東方学報京都』二九、一九五九。
表題の僧尼籍のほか、均田制崩壊後の戸籍様文書に言及し、これを手実であろうという。これについてはその後佐竹靖彦氏(112)、ティロ氏(542)の研究がある。
(346) 船越泰次「唐代均田制下における佐史・里正」『文化』三一―三、一九六八。

均田制下の中間的農民層の役割を問題にする。
(347) 船越泰次「両税法成立に関する一考察」『文化』三六—一・二合併号、一九七二。
従前の税制を改革し、京兆府の夏税・秋税及び税銭の徴科方式によったのが両税法であるとし、また戸税という特定税目は存在しないとする。
(348) 堀敏一「王莽の王田について」『山本博士還暦記念東洋史論叢』山川出版社、一九七二。
本書第一章第六節に収める。
(349) 堀敏一「九品中正制度の成立をめぐって——魏晋の貴族制社会にかんする一考察——」『東洋文化研究所紀要』四五、一九六八。
(350) 堀敏一「魏晋の占田・課田と給客制の歴史的意義」『東洋文化研究所紀要』六二、一九七四。
本書第二章に収める。
(351) 堀敏一「トゥルファンの佃人制をめぐる二、三の問題」『歴史学研究』二四二、一九六〇。
(352) 堀敏一「均田制の実施情況をめぐる問題点」『東洋学報』四四—四、一九六二。
田土の還受の有無等をめぐる研究史と問題点。
(353) 堀敏一「北朝の均田法規をめぐる諸問題」『東洋文化研究所紀要』二八、一九六二。
改訂して本書第四章・第五章中に入れる。
(354) 堀敏一「均田制の成立」『東洋史研究』二四—一、二、一九六五。
改訂して本書第三章に収める。
(355) 堀敏一「西域文書よりみた唐代の租佃制——とくに均田制およびその崩壊過程と関連して——」『明治大学人文科学研究所紀要』五、一九六七。
改訂して本書第六章に収める。
(356) 堀敏一「均田制と良賤制」『前近代アジアの法と社会——仁井田陞博士追悼論文集第一巻』勁草書房、一九六七。
改訂して本書第七章に収める。
(357) 堀敏一「均田制と租庸調制の展開」『岩波講座世界歴史』五(古代五)岩波書店、一九七〇。

この内容は改訂して本書第一・四・五・八章等に入れる。

(358) 堀敏一「唐帝国の崩壊——その歴史的意義——」『古代史講座』一〇(世界帝国の諸問題)学生社、一九六四。

(359) 前田直典「東アジヤに於ける古代の終末」『歴史』一—四、一九四八。鈴木俊・西嶋定生編『中国史の時代区分』東京大学出版会、一九五七。前田著『元朝史の研究』東京大学出版会、一九七三。

中国の古代を唐末までとし、日・朝・中三国間の社会発展に関連あるとする。

(360) 牧英正「戸婚律放家人為良還圧条の研究」『法学雑誌』九—三、四、一九六三。

内藤乾吉氏(223)がとりあげた律断簡の条文について日本律との関係を問題にしている。(259)をも参照せよ。

(361) 増淵龍夫「先秦時代の山林藪沢と秦の公田」中国古代史研究会編『中国古代の社会と文化』東京大学出版会、一九五七。同氏著『中国古代の社会と国家』弘文堂、一九六〇。

先秦時代の未墾の共有地が独占されて専制権力の基盤となっていく過程を論ずる。

(362) 増淵龍夫「戦国秦漢時代における集団の『約』について」『東方学論集』三、一九五五。前掲書所収。

「約」の強制的性格とそれを支える任侠的関係を説く。

(363) 増淵龍夫「中国古代国家の構造——郡県制と官僚制の社会的基盤の考察を中心として——」『古代史講座』四(古代国家の構造上、デスポティズムと古代民主制)学生社、一九六二。

秦漢帝国の皇帝権力は地方豪族の社会的規制力に依存しているとする。秦漢帝国史研究の問題点を概観した好論文。

(364) 松永雅生「北魏の官吏俸禄制実施と均田制」『九州学園福岡女子短期大学研究紀要』二、三、一九六九—七〇。

(365) 松永雅生「唐代の勲官について」『西日本史学』一二、一九五二。

(366) 松永雅生「唐代の課について」『史淵』五五、一九五三。

「課」の語のさまざまな用法を詳説する。

(367) 松永雅生「均田制下に於ける唐代戸等の意義」『東洋史学』一二、一九五五。

均田制下でも諸種税役が戸等を考慮していることを総括的にのべたもの。

(368) 松永雅生「唐代差役考」『東洋史学』一五、一九五六。

番役・色役を雑徭の一種とする説を否定し、前者は戸等・戸内丁の多少により差をつけてとるから差役といわれ、正役・

雑徭の外にあるとする。
(369) 松永雅生「両税法以前に於ける唐代の差科」其一『重松先生古稀記念九州大学東洋史論叢』九州大学文学部東洋史研究室、一九五七。其二『東洋史学』一八、一九五七。
差科を徭役賦課のいみにとる通説を否定し、地方的・臨時的・戸等対応の税物をいみするとする。
(370) 松永雅生「両税法以前に於ける唐代の資課」『東方学』一四、一九五七。
資と課という別個の税目が合して資課となった次第をのべる。
(371) 松本雅明『詩経諸篇の成立に関する研究』東洋文庫、一九五八。
詩経に現れた農耕儀礼の内容とその年代にかんする議論がある。
(372) 松本善海訳注「北魏の均田法」『世界歴史事典・史料篇東洋』(『東洋史料集成』と改題して再刊)平凡社、一九五五。
魏書食貨志所収均田法規の訳と注。
(373) 松本善海「北魏における均田・三長両制の制定をめぐる諸問題」『東洋文化研究所紀要』一〇(262参照)、一九五六。
均田・三長両制制定の年次にかんする諸説を詳細な考証をもって批判したもの。
(374) 松本善海「北朝における三正・三長両制の関係」『和田博士古稀記念東洋史論叢』講談社、一九六一。
畿内を三正、畿外を三長とよんだとする。
(375) 道端良秀「寺田僧田と僧尼の私有財」(旧題「唐代の寺田・僧田と僧尼の私報財産」)『叡山史学』一七、一九三七、同氏著『唐代仏教史の研究』法蔵館、一九五七。
(376) 宮川尚志「北朝における貴族制度」『東洋史研究』八—四、五・六合併号、一九四三—四四。同氏著『六朝史研究・政治社会篇』日本学術振興会、一九五六。
(377) 宮川尚志「六朝時代の村について」『羽田博士頌寿記念東洋史論叢』東洋史研究会、一九五〇。前掲書所収。
(378) 宮川尚志「六朝時代の都市」(一部は「三—七世紀における中国の都市」として発表、『史林』三六—一、一九五三)前掲書所収、一九五六。
(379) 宮川尚志「六朝時代の奴隷制の問題」『古代学』八—四、一九六〇。
「耕は奴に問え」式の語は主人の身辺に関するもので、当時は奴隷制社会としがたいことを論じたもの。

(380) 宮崎市定『東洋に於ける素朴主義の民族と文明主義の社会』冨山房、一九四〇。
(381) 宮崎市定『九品官人法の研究——科挙前史——』東洋史研究会、一九五六。
(382) 宮崎市定「中国上代は封建制か都市国家か」『史林』三三—二、一九五〇。同氏著『アジア史研究』第三、東洋史研究会、一九六三。
いわゆる周の封建制を都市国家の時代と断じたもの。
(383) 宮崎市定「中国における村制の成立——古代帝国崩壊の一面——」『東洋史研究』一八—四、一九六〇。
都市中心の漢帝国が崩壊した後、未開の地に屯田がおかれ、異民族が侵入、定着し、江南にも北来の漢人が定着して、新しい村が作られたことをのべる。
(384) 宮崎市定「晋武帝の戸調式に就て」『東亜経済研究』一九—四、一九三五。前掲書第一、一九五七。
晋の土地法を魏の屯田から北朝の均田制にいたる過程に位置づけたもので、均田制自体についても言及している。
(385) 宮崎市定「中国史上の荘園」『歴史教育』二—六、一九五四。前掲書第四、一九六四。
六朝時代には農奴制的な荘園が発達し、魏の屯田・晋の課田・北魏以後の均田はこれと同質なものであることを論じたもの。
(386) 宮崎市定「唐代賦役制度新考」『東洋史研究』一四—四、一九五六。
均田農民の負担体系、とくに番役を詳述して、その基礎に農奴制的な賦役労働があることを論じたもの。
(387) 宮崎市定「トルファン発見田土文書の性質について」『史林』四三—三、一九六〇。
大谷文書中の土地文書(274・285等参照)は均田制でなく屯田に関するものであると主張する。池田温氏の批判(425)がある。
(388) 宮崎市定「部曲から佃戸へ——唐宋間社会変革の一面——」『東洋史研究』二九—四、三〇—一、一九七一。
部曲は農奴的な荘園労働者であり、これが小作制に移ることによって身分制社会が消滅したという。著者年来の主張を詳述したもの。
(389) 宮原武夫「公廨稲出挙制の成立」(旧題「公廨稲出挙論定の意義」)『史学雑誌』七一—一一、一九六二。同氏著『日本古代の国家と農民』法政大学出版局、一九七三。
(390) 守屋美都雄「晋故事について」『和田博士古稀記念東洋史論叢』講談社、一九六〇。同氏著『中国古代の家族と国家』東洋史研究会、一九六八。
(391) 森慶来「唐の均田法に於ける僧尼の給田に就いて」『歴史学研究』四―一、一九三五。
(392) 諸戸立雄「唐代の僧道給田規定に対する一解釈」『集刊東洋学』一二、一九六四。
(393) 矢野主税「曹魏屯田の系譜試論」『社会科学論叢』一二、一三、一九六三―六四。
(394) 柳田節子「宋代土地所有にみられる二つの型――先進と辺境――」『東洋文化研究所紀要』二九、一九六三。
地主・佃戸間の身分的隷属関係が江浙で弱く四川・湖広で強いことを論じたもの。
(395) 柳田節子「宋代国家権力と農村秩序――戸等制支配と客戸――」『前近代アジアの法と社会――仁井田陞博士追悼論文集第一巻』勁草書房、一九六七。
均田制時代の個別人身的支配と異なる戸等制支配の下で、客戸が戸等外に位置づけられるとするもの。
(396) 山田勝美『塩鉄論』(明徳出版社、一九六七)解説。
西嶋定生(271)・郭沫若(442)説等と同様な説が幕末に有吉敏によって唱えられていることを指摘する。
(397) 山田勝芳「漢代の公田――経営形態を中心として――」『集刊東洋学』二五、一九七一。
(398) 山田信夫「ウイグル文貸借契約書の書式」『大阪大学文学部紀要』一一、一九六五。
吐魯番がウイグルに占領された後の貸借契約の形式を知ることができる。
(399) 山本達郎「敦煌発見計帳様文書残簡――大英博物館所蔵スタイン将来漢文文書六一三号――」『東洋学報』三七―二、三、一九五四。
(400) 山本達郎「敦煌発見戸制田制関係文書十五種」『東洋文化研究所紀要』一〇(262参照)、一九五六。
北朝唯一の均田制関係文書をはじめて紹介し、分析したもの。
(401) 山本達郎「敦煌発見の大足元年籍と漢書刑法志――ペリオ蒐集漢文文書三五五七号・三六六九号――」『鈴木俊教授還暦記念東洋史論叢』鈴木俊教授還暦記念会、一九六四。
(402) 山本達郎「敦煌発見オルデンブルグ将来田制関係文書五種」『石田博士頌寿記念東洋史論叢』石田博士古稀記念事業会、一九六五。
以上いずれも新史料の紹介。

(403) 山本達郎「敦煌地方における均田制末期の田土の四至記載に関する考察」『東方学会創立二十五周年記念東方学論集』東方学会、『東方学』四六、四八、一九七二―七四。

開元十年籍と大暦四年籍とにみえる四至記載の同一地段をめぐって均田制の施行状況を考察する。

(404) 楊聯陞「竜谷大学所蔵の西域文書と唐代の均田制」『史林』四五―五、一九六二。

大谷文書の研究について、二、三の疑点をのべたもの。

(405) 吉田孝「日唐律令における雑徭の比較」『歴史学研究』二六四、一九六二。

唐の雑徭は均田制の受田・課役の制度外の存在で、同時に自由に労働力を徴発できる制度だという新見解をのべている。

(406) 吉田孝「公地公民について」『続日本古代史論集』中巻、吉川弘文館、一九七二。

中国から継受した律令の公田・私田概念とは異なった公地公民の意識が日本にあり、律令の公田概念がまもなく変化することの理由を、日本の班田制が課田的な水田においてのみ機能していたことに求めている。

(407) 吉田虎雄『両漢租税の研究』大阪屋号書店、一九四二。大安、一九六六。

(408) 吉田虎雄『魏晋南北朝租税の研究』大阪屋号書店、一九四三。大安、一九六六。

(409) 吉田虎雄『唐代租税の研究』汲古書院、一九七三。

以上は各時代の税制にかんする便利な概説。

(410) 好並隆司「西漢元帝期前後に於ける藪沢・公田と吏治」『岡山大学法文学部学術紀要』一九、一九六四。

元帝期頃から公田政策や吏治が小農民救済のために変化することをのべる。

(411) 好並隆司「西漢皇帝支配の性格と変遷――帝陵・列侯・家産をつうじてみたる――」『歴史学研究』二八四、一九六四。

(412) 好並隆司「漢代の治水灌漑政策と豪族」『中国水利史研究』一、一九六五。

前漢中期以後土豪の成長に対応して治水灌漑政策が転換することをのべる。

(413) 好並隆司「前漢後半期における皇帝支配と官僚層の動向」『東洋史研究』二六―四、一九六八。

右のような土豪の成長に対応する官僚層の動向と内朝勢力の台頭等を描く。

(414) 好並隆司「前漢帝国の二重構造と時代規定」『歴史学研究』三七五、一九七一。

個別人身的支配と共同体的関係との二重構造を負担体系や中央・地方の行政機構等において指摘する。

(415) 好並隆司「秦漢帝国成立過程における小農民と共同体」『歴史評論』二七九、一九七三。
農民の小土地所有と共同体的土地所有との相互規定のなかに戦国・秦漢の生産関係と権力をみて、多田狷介説等のアジア的生産様式論を批判する。

(416) 好並隆司「漢代下層庶人の存在形態」『史学雑誌』八二—一、二、一九七三。
漢代下層庶民は賤民とされ、富庶と区別されたとして、庶民と奴婢の別を重視する尾形勇説(37)を批判する。

(417) 好並隆司「曹魏屯田に於ける方格地割制」『歴史学研究』二二四、一九五八。

(418) 善峰憲雄「北魏均田制寡婦受田考」『竜谷史壇』五六・五七合併号、一九六六。

(419) 善峰憲雄「唐律疏議における課役の用語例」『竜谷史壇』五九、一九六八。
課役=租調役の通説を確認する。

(420) 善峰憲雄「唐代の雑徭と番役」『竜谷大学論集』四〇四、一九七四。

(421) 米田賢次郎「漢代田租査定法管見」『滋賀大学教育学部紀要』一七、一九六七。
平中苓次説(331)をさらに進めた推論。

(422) 米田賢次郎「漢魏の屯田と晋の占田・課田」『東洋史研究』二一—四、一九六三。

(423) 米田賢次郎「晋の占田・課田——その学説の整理——」『歴史教育』一二—五、一九六四。

(424) 渡辺信一郎「漢六朝期における大土地所有と経営」『東洋史研究』三三—一、二、一九七四。
当時の土地所有の基本は富豪層の家父長的奴隷制経営で、その中に奴隷の小経営を胚胎しつつあったとする。

(425) 座談会「均田制をどう見るか」『東洋文化』三七、一九六四。
大谷文書研究後における均田制研究の問題点を論じ、参考文献を付載している。

〈中　文〉

(426) 歴史研究編輯部編『中国的奴隷制与封建制分期問題論文選集』北京、三联書店、一九五六。

(427) 歴史研究編輯部編『中国古代史分期問題討論集』北京、三联書店、一九五七。

(428) 歴史研究編輯部編『中国歴代土地制度問題討論集』北京、三联書店、一九五七。

(429) 中国人民大学中国歴史教研室編『中国的奴隷制経済形態的片断探討』北京、三联書店、一九五八。

(430) 中国人民大学中国歴史教研室編『中国封建経済関係的若干問題』北京、三联書店、一九五八。

(431) 南開大学歴史系中国古代史教研組編『中国封建社会土地所有制形式問題討論集』上下、北京、三联書店、一九六二。以上は中国学界で行なわれた諸論争にかんする論文を集録したもの。(427)・(431)には文献目録をも付す。これらに収められた論文は本書に引用したもののみを以下に示す。

(432) 烏廷玉「関于唐代均田制度的幾個問題」『東北人民大学人文科学学報』一九五五―一。鄧広銘(494)・陳登原らの説を批判して、均田制の実施を主張する。

(433) 王永興「敦煌唐代差科簿考釈」『歴史研究』一九五七―一二。

(434) 王思治・杜文凱・王汝豊「関於両漢社会性質問題的探討」『歴史研究』一九五五―一。(426)所収。漢代を奴隷制社会とする論。(515)の批判がある。

(435) 王治来「均田制的産生及其実質――北魏社会研究評論――」『北京大学学報〔人文科学〕』一九五六―四。(428)所収。李亜農(520)・唐長孺(502)ら北族の後進性との関係を強調する説を批判する。

(436) 王天奨「西晋的土地和賦税制度」『歴史研究』一九五六―七。(428)所収。これに対して(464)・(523)の批判がある。

(437) 何士驥「部曲考」『国学論叢』一―一、一九二七。

(438) 賀昌群『漢唐間封建的国有土地制与均田制』上海人民出版社、一九五八。のち「漢唐間封建国家土地所有制和均田制」と改題して、同氏著『漢唐間封建土地所有制形式研究』上海人民出版社、一九六四、に収録。漢武帝―唐玄宗間の土地制度を、公田制の優位な体制として理解する。なお下篇で吐魯番発見の貲合文書を紹介している。

(439) 賀昌群「秦漢間個体小農的形成和発展――並論陳渉起義的階級関係」『歴史研究』一九五九―一二。前掲『漢唐間封建土地所有制形式研究』所収。

(440) 郭沫若『十批判書』重慶、文治出版社、一九四五。上海、群益出版社、一九五〇。北京、人民出版社、一九五四(野原四郎・佐藤武敏・上原淳道訳『中国古代の思想家たち』上下、岩波書店、一九五三・五七)。

最初の一章で最近の著者の古代史にかんする見解を総括的にのべている。
(441) 郭沫若「由周代農事詩論到周代社会」同氏著『青銅時代』重慶、文治出版社、一九四五。上海、群益出版社、一九四七。北京、人民出版社、一九五四。
(442) 郭沫若『塩鉄論読本』北京、科学出版社、一九五七。
(443) 韓国磐『北朝経済試探』上海人民出版社、一九五八。
(444) 韓国磐『南朝経済試探』上海人民出版社、一九六三。
(445) 韓国磐『隋唐的均田制度』上海人民出版社、一九五七。
以上三篇は程度の高い概説書。(443)では拓跋族の国家形成に関して李亜農説(520)を批判しているが、均田制についての理解は唐長孺説に近い。
(446) 韓国磐「唐代的均田制与租庸調」『歴史研究』一九五五―五。
鄧広銘論文(494)に対する批判。
(447) 韓国磐「根拠敦煌和吐魯番発現的文件略談有関唐代田制的幾個問題」『歴史研究』一九六二―四。
均田制の実施、永業田の退田、戸籍にみえる自田の性格、租佃関係と荘園経済等に言及する。
(448) 鞠清遠「三国時代的『客』」『食貨半月刊』三―四、一九三六。
(449) 鞠清遠「両晋南北朝的客、門生、故吏、義附、部曲」『食貨半月刊』二―一二、一九三五。
右二篇は「客」に関する先駆的研究。浜口重国氏の研究(302)等で補う必要がある。
(450) 鞠清遠「唐代的戸税」『食貨半月刊』一―八、一九三五。
(451) 鞠清遠『唐代経済史』上海、商務印書館、一九三七(岡本午一・六花謙哉訳、生活社、一九四二)。
(452) 鞠清遠『唐代財政史』上海、商務印書館、一九四〇(中島敏訳、図書出版株式会社、一九四四)。
唐代の財政に関する好概説書。訳注もよい。
(453) 金毓黻「敦煌写本唐天宝官品令攷釈」『説文月刊』三―一〇、一九四三。王重民編『敦煌古籍叙録』北京、商務印書館、一九五八、に節録。
(454) 金家瑞「西晋的占田制」『新史学通訊』一九五五―一一。(428)所収。

(455) 金祖同『流沙遺珍』一九四〇。
日本の中村不折氏旧蔵、現書道博物館所蔵の文書を印行したもの。
(456) 厳耕望『中国地方行政制度史』上編三、四(巻中、魏晋南北朝地方行政制度)、台北、中央研究院歴史語言研究所、一九六三。きわめて詳細に地方行政関係史料を蒐集し整理している。
(457) 胡如雷「唐代均田制研究」『歴史研究』一九五五―五。
鄧広銘論文(494)に対する批判。
(458) 胡節「唐代的田庄」『歴史教学』一九五八―一二。
(459) 呉雁南「試談唐代的土地制度和賦税制度」『歴史教学』一九六〇―二。
(460) 呉震「介紹八件高昌契約」『文物』一九六二―七・八合併号。
一九六〇年アスターナ北区古墓群から発掘した契の紹介。均田制の不徹底の結果租佃契約関係を通じて地主の搾取が行なわれたと説く。
(461) 洪序「西晋李重駁恬和一事発生時間的商榷」『歴史研究』一九五八―六。
西晋で奴婢制限案をめぐって行なわれた論議の年代を考証したもの。
(462) 侯外廬『中国古代社会史論』(旧題『中国古代社会史』)上海、新知書店、一九四七。改訂増補改題版、北京、人民出版社。
先秦社会を特殊アジア的な古代社会構成とする(著者はこれをアジア的生産様式として奴隷制のアジア的形態とする)。
(463) 侯外廬「関于封建主義生産関係的一些普遍原理」『新建設』一九五九―四。(431)所収。(同氏主編『中国思想通史』第四巻、北京、人民出版社、一九五九、の「第二・三・四巻序論補」は同文。)
(464) 高志辛「対〃西晋的土地和賦税制度〃的意見」『光明日報』一九五六・一一・二二。(428)所収。
(465) 黄文弼『吐魯番考古記』北京、中国科学院、一九五四。
(466) 黄文弼『塔里木盆地考古記』北京、科学出版社、一九五八。
右二書は一九二八―三五年の西北科学考査団による発掘・調査報告。
(467) 谷霽光『府兵制度考釈』上海人民出版社、一九六二。
府兵制にかんする最もまとまった研究書。

(468) 沙知「吐魯番佃人文書里的唐代租佃関係」『歴史研究』一九六三—一。
私田では小農民相互の佃作が一般的だが、官田の佃作では強制的割当が行なわれていたと指摘する。
(469) 朱捷元「長安県発現唐丁課銀錠」『文物』一九六四—六。
(470) 朱紹侯「歴代均田制、租庸調対照表及幾点説明」『史学月刊』一九六〇—四。
(471) 周一良「隋唐時代之義倉」『食貨半月刊』二—六、一九三五。
(472) 沈家本「部曲考」『沈寄簃先生遺書』甲編(歴代刑法考、分攷十五)。
部曲研究の古典的論文。
(473) 岑仲勉『西周社会制度問題』上海人民出版社、一九五七。
(474) 岑仲勉『府兵制度研究』上海人民出版社、一九五七。
(475) 岑仲勉「租庸調与均田有無関係」『歴史研究』一九五五—五。
鄧広銘論文(494)に対する批判。
(476) 新疆維吾爾自治区博物館「新疆吐魯番阿斯塔那北区墓葬発掘簡報」『文物』一九六〇—六。
一九五九年発掘の古墓および副葬品の紹介。
(477) 新疆維吾爾自治区博物館「吐魯番県阿斯塔那——哈拉和卓古墓群清理簡報」『文物』一九七二—一。
一九六六—六九年アスターナ・カラ＝ホージョ発掘の多数の古墓および副葬品の紹介。
(478) 新疆維吾爾自治区博物館「吐魯番阿斯塔那三六三号墓発掘簡報」『文物』一九七二—二。
一九六七年発掘の一古墓副葬品の紹介。
(479) 新疆維吾爾自治区博物館「吐魯番県阿斯塔那——哈拉和卓古墓群発掘簡報(一九六三—一九六五)」『文物』一九七三—一〇。
一九六三—六五年発掘の古墓および副葬品の紹介。新種の文書類が多数発見されたことが知られる。
(480) 曾謇「晋的占田与課田的考察」『食貨半月刊』五—八、一九三七。
(481) 孫達人「対唐至五代租佃契約経済内容的分析」『歴史研究』一九六二—六。
土地賃貸借契約書を、地主が有利な封建的租佃関係と、土地の借主が有利な高利貸的関係とに分類する。
(482) 譚恵中「関于北魏均田制的実質」『歴史研究』一九六三—五。

北魏社会の特殊性から均田制を理解しようとする説(520等)を批判して、中原社会の階級矛盾を強調する。
(483) 中国科学院歴史研究所編『敦煌資料』第一集、北京、中華書局、一九六一。
籍帳類・各種契約文書を集録した史料集。池田温氏が詳細な正誤表を作成している(『東洋学報』四六—一、一九六三)。
(484) 張維華「試論曹魏屯田与西晋占田上的某些問題」『歴史研究』一九五六—九。(428)所収。
(485) 張維華「対于〝初学記〟宝器部絹第九所引〝晋故事〟一文之考釈」『山東大学学報』一九五七—一。(428)所収。
(486) 張沢咸「唐代的客戸」『歴史論叢』一、一九六四。
(487) 張傳璽「従土地契約形式的演変看我国封建土地所有制」『光明日報』一九六三・六・一九。
(488) 陳賀「関于唐代均田制与租庸調法問題的討論」『歴史研究』一九五六—一一。
鄧広銘氏の均田制否定論(494)をめぐって行なわれた論争の動向。
(489) 陳登原『中国田賦史』上海、商務印書館、一九三六。
(490) 陳登原「試論北魏的均田制度」『人文雑誌』一九五七—三。
(491) 陳登原「唐均田制為閑手耕棄地説」『歴史研究』一九五八—三。
農民に班給されたのは寛郷の空閑地で、流亡者の安插の為に均田制が行なわれたとする。
(492) 程樹徳『九朝律考』一九二七初刊。上海、商務印書館大学叢書本、一九三四。
漢から隋までの律の逸文を蒐集したもの。
(493) 鄭昌淦「論唐宋封建庄園的特徴——与鄧広銘同志商榷之一——」『歴史研究』一九六四—一二。
(494)に対する批判。
(494) 鄧広銘「唐代租庸調法的研究」『歴史研究』一九五四—四。
均田制と租庸調制を不可分の体系とする通説を排し、両者の無関係なことを論じて論争をひき起したもの。
(495) 鄧広銘「唐宋庄園制質疑」『歴史研究』一九六三—六。
(496) 唐長孺「魏晋戸調制及其演変」同氏著『魏晋南北朝史論叢』北京、三联書店、一九五五。
(497) 唐長孺「西晋田制試釈」前掲書所収。
(498) 唐長孺「西晋戸調式的意義」同氏著『魏晋南北朝史論叢続編』北京、三联書店、一九五九。

(499) 唐長孺「晋代北境各族『変乱』的性質及五胡政権在中国的統治」前掲『魏晋南北朝史論叢』所収。
(500) 唐長孺「拓跋国家的建立及其封建化」前掲書所収。
(501) 唐長孺「北魏均田制中的幾個問題」前掲続編所収。
(502) 唐長孺「均田制度的産生及其破壊」『歴史研究』一九五六—六。(428)所収。
均田制を北方民族の共同体社会の封建化という観点から理解する。
(503) 唐長孺「魏周府兵制度辨疑」前掲『魏晋南北朝史論叢』所収。
(504) 唐長孺「南朝的屯、邸、別墅及山沢佔領」『歴史研究』一九五四—三。
江南における豪族の山沢占有と国家の対策を論ずる。
(505) 唐長孺『三至六世紀江南大土地所有制的発展』上海人民出版社、一九五七。
(506) 唐長孺「関于武則天統治末年的浮逃戸」『歴史研究』一九六一—六。
敦煌発見括逃使牒(223紹介)等を利用して則天武后時代の逃戸対策をのべ、これを宇文融括戸政策の前提とみる。
(507) 莫非斯「論孟子並没有所謂井田制」『食貨半月刊』二—一、一九三五。
(508) 萬国鼎『中国田制史』上冊、上海、南京書店、一九三三。
(509) 傅挙有「従《斉民要術》看北魏対桑田的規定」『光明日報』一九六四・七・二九。
(510) 武仙卿「北魏均田制度之一考察」『食貨半月刊』三—三、一九三六。
均田制の出現を勧農課耕政策として説いている。
(511) 武仙卿『南北朝経済史』上海、商務印書館、一九三七(宇都宮清吉・増村宏訳『魏晋南北朝経済史』生活社、一九四二)。
(512) 『文化大革命期間出土文物』第一輯、北京、文物出版社、一九七二。
文化大革命後展示された出土文物の良好な図録。
(513) 余遜「由占田課田制看西晋的土地与農民」『進歩日報』一九五一・二・一六。(428)所収。
(514) 余遜「読魏書李沖伝論宗主制」『中国科学院歴史語言研究所集刊』二〇下、一九四九。
三長制制定の際に問題になった宗主とは何かを論じたもの。
(515) 楊偉立・魏君弟「漢代是奴隷社会還是封建社会?——読王思治、杜文凱、王汝豊三同志〃関于両漢社会性質問題探討〃之后」『歴史研究』一九五六―一二。(427)所収。

(516) 楊志玖「関于北魏均田制的幾個問題」『南開大学学報』一九五七―四。
(434)の漢代奴隷制社会説に対する批判。

(517) 楊聯陞「与曾我部静雄教授論課役書」『清華学報』新一―一、一九五六。
曾我部氏の課=力役・雑徭説(159以下)への批判。

(518) 姚薇元『北朝胡姓考』北京、科学出版社、一九五八。
魏書官氏志等所載の胡姓をその他の史料を参照して考証・解説したもの。

(519) 李亜農『中国的奴隷制与封建制』上海、華東人民出版社、一九五四(中村篤二郎訳『中国の奴隷制と封建制』日本評論新社、一九五六)。
西周を奴隷制社会とし、春秋戦国期にそれが崩壊するという立場で書かれている。

(520) 李亜農『周族的氏族制与拓跋族的前封建制』上海人民出版社、一九五四。
北魏社会における氏族制の遺制を重視して、前封建制と規定する。

(521) 李剣農『魏晋南北朝隋唐経済史稿』北京、中華書局、一九六三。

(522) 李必忠「唐代均田制的一些基本問題的商榷――兼質鄧広銘先生」『四川大学学報社会科学版』一九五五―一。
鄧広銘論文(494)に対する批判。

(523) 柳春藩「関于西晋田賦制度問題――対王天奨〝西晋的土地和賦税制度〟一文的意見」『史学集刊』一九五六―二、(428)所収。

(524) 劉毓璜「論漢晋南朝的封建庄園制度」『歴史研究』一九六二―三。

(525) 劉業農「北朝的均田制」『文史哲』一九五五―一。

(526) 劉復編『敦煌掇瑣』上中下、南京、国立中央研究院歴史語言研究所専刊二、一九二五―三五。北京、中国科学院考古研究所、一九五七。
ペリオ探検隊入手の敦煌文献の一部を印刷したもの。

(527) 呂思勉『両晋南北朝史』上下、上海、開明書店、一九四八。
『先秦史』『秦漢史』『隋唐五代史』等とともに、原史料を整理分類した概説書。

〈欧　文〉

(528) Balazs, Étienne, "Transformation du régime de propriété dans la Chine tartare et dans la Chine chinoise aux IVe–Ve siècles." *Cahiers d'histoire mondiale* I, 1953. ("Evolution of Landownership in Fourth-and Fifth-Century China". *Chinese Civilization and Bureaucracy*, translated by H. M. Wright, Yale Univ. Press, 1964. 村松祐次訳『中国文明と官僚制』みすず書房、一九七一)

西晋および北魏の土地法についての考察。

(529) Balazs, Étienne, "Etudes sur la société et l'économie de la Chine médiévale, I : Le Traité économique du Souei-chou", *T'oung Pao* XLII, 1953.

隋書食貨志の訳注。

(530) Balazs, Étienne, "Beiträge zur Wirtschaftgeschichte der T'ang-Zeit(618–906)", *Mitteilungen des Seminars für Orientalische Sprachen* XXXIV–XXXVI, 1931–33.

(531) Chavannes, Édouard, *Les documents chinois découverts par Aurel Stein dans les sables du Turkestan oriental*, Oxford, 1913.

スタイン第二次探検隊発見の中国文献の一部の紹介・解説。

(532) Dubs, Homer H., "Wang Mang and his Economic Reforms", *T'oung Pao* XXXV, 1940.

(533) Gernet, Jacques, *Les aspects économiques du bouddhisme dans la société chinoise du V^{e}au Xe siècle*, Saigon, 1956.

敦煌の寺院経済に関する詳細な研究。

(534) Gernet, Jacques, "La vente en Chine d'après les contrats de Touen-houang", *T'oung Pao* XLV, 1957.

(535) Maspero, Henri, *Les documents chinois de la troisième expédition de Sir Aurel Stein en Asie centrale*, London, 1953.

スタイン第三次探検隊発見の中国文献の紹介・解説。

(536) Меньшиков, Л. Н. [ред.], Описание китайских рукописей дуньхуанского фонда Института Народов Азии. Выпуск 1, 2, Москва, 1963, 67.

レニングラードのアジア民族研究所(現東洋研究所)所蔵の敦煌文献目録。第二巻まで既刊。
(537) Pulleyblank, E. G., "The Origins and Nature of Chattel Slavery in China", *Journal of Economic and Social History of the Orient* I–2, 1958.
(538) Stein, Aurel, *Ancient Khotan*, 2 vols., Oxford, 1907.
スタイン第一次中央アジア探検の報告。中国文献も収む。
(539) Stein, Aurel, *Serindia*, 5 vols., Oxford, 1921.
スタイン第二次中央アジア探検の報告。中国文献も収む。
(540) Stein, Aurel, *Innermost Asia*, 4 vols., Oxford, 1928.
スタイン第三次中央アジア探検の報告。中国文献・租布・庸調布等を収む。
(541) Thilo, Thomas, "Fragmente chinesischer Haushaltsregister der T'ang-Zeit in der Berliner Turfan-Sammlung", *Mitteilungen des Instituts für Orientforschung* XVI–1, 1970.
東ベルリンの東洋学研究所所蔵吐魯番出土の唐代戸籍断片の研究。
(542) Thilo, Thomas, "Fragmente chinesischer Haushaltsregister aus Dunhuang in der Berliner Turfan-Sammlung", *Mitteilungen des Instiluts Pür Orientforschung* XIV–2, 1968.
同右所蔵均田制崩壊後の戸籍様文書の紹介。(112)・(345)参照。
(543) Twitchett, Denis C., "Monastic Estates in T'ang China", *Asia Major* n. s. V–2, 1956.
(544) Twitchett, Denis C., "The Fragment of the T'ang Ordinances of the Department of Waterways discovered at Tun-huang", *Asia Major* n. s. VI–1, 1957.
敦煌発見唐水部式の訳注。
(545) Twitchett, Denis C., "Lands under State Cultivation under the T'ang", *Journal of Economic and Social History of the Orient*, II–2•3, 1959.
唐代の屯田・営田・軍田の研究。
(546) Twitchett, Denis C., *Financial Administration under the T'ang Dynasty*, Cambridge, 1963.

唐代財政史に関する総合的研究書。内外の研究をよく参照している。

(547) Yang, Lien-sheng, "Notes on the Economic History of the Chin Dynasty", *Harvard Journal of Asiatic Studies* IX-2, 1946. *Studies in Chinese Institutional History*, Harvard, 1961.

晋書食貨志の訳注。

■岩波オンデマンドブックス■

均田制の研究——中国古代国家の土地政策と土地所有制

1975年 9月29日 第1刷発行
2002年 6月7日 第2刷発行
2025年 3月7日 オンデマンド版発行

著 者 堀《ほり》 敏一《としかず》

発行者 坂本政謙

発行所 株式会社 岩波書店
〒101-8002 東京都千代田区一ツ橋 2-5-5
電話案内 03-5210-4000
https://www.iwanami.co.jp/

印刷／製本・法令印刷

ISBN 978-4-00-731539-8 Printed in Japan